大学数学

U0795363

工科数学分析

（第六版） 下册

哈尔滨工业大学数学学院

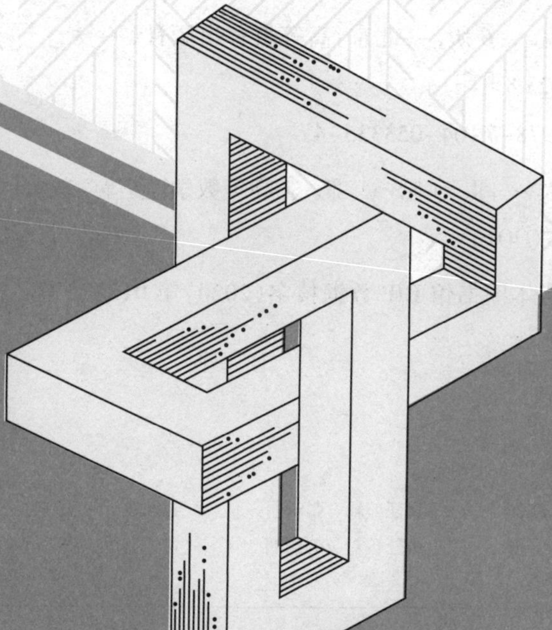

高等教育出版社·北京

内容简介

本书是哈尔滨工业大学编写的大学数学系列教材中的一本，该系列教材包括《工科数学分析（第六版）（上、下册）》《线性代数与空间解析几何（第五版）》《概率论与数理统计（第三版）》，共4本。

《工科数学分析（第六版）》是在第五版的基础上修订而成的，分上、下两册。上册共七章，包括函数，极限与连续，导数与微分，微分中值定理与导数的应用，不定积分，定积分，微分方程；下册共四章，包括多元函数微分学，多元函数积分学，第二型曲线积分与第二型曲面积分、向量场，无穷级数。每章后有供自学的综合性例题，并以附录形式开辟了一些新知识的窗口。

本书可作为工科大学本科一年级新生数学课教材，也可作为准备报考工科硕士研究生的人员和工程技术人员的参考书。

图书在版编目（CIP）数据

大学数学：工科数学分析. 下册/哈尔滨工业大学数学学院编. --6版. --北京：高等教育出版社，2020.5（2023.8重印）

ISBN 978-7-04-053335-4

Ⅰ. ①大… Ⅱ. ①哈… Ⅲ. ①高等数学-高等学校-教材 Ⅳ. ①O13

中国版本图书馆 CIP 数据核字（2020）第013272号

Gongke Shuxue Fenxi

策划编辑 张晓丽　责任编辑 张晓丽　封面设计 王　洋　版式设计 王艳红
插图绘制 于　博　责任校对 刘丽娴　责任印制 高　峰

出版发行 高等教育出版社
社　　址 北京市西城区德外大街4号
邮政编码 100120
印　　刷 固安县铭成印刷有限公司
开　　本 787mm×1092mm 1/16
印　　张 16.25
字　　数 390千字
购书热线 010-58581118
咨询电话 400-810-0598
网　　址 http://www.hep.edu.cn
　　　　 http://www.hep.com.cn
网上订购 http://www.hepmall.com.cn
　　　　 http://www.hepmall.com
　　　　 http://www.hepmall.cn
版　　次 2001年7月第1版
　　　　 2020年5月第6版
印　　次 2023年8月第6次印刷
定　　价 35.80元

本书如有缺页、倒页、脱页等质量问题，请到所购图书销售部门联系调换
版权所有　侵权必究
物 料 号 53335-00

工科数学分析

（第六版）

哈尔滨工业大学

数学学院

1. 计算机访问http://abook.hep.com.cn/1259522，或手机扫描二维码、下载并安装Abook应用。
2. 注册并登录，进入“我的课程”。
3. 输入封底数字课程账号（20位密码，刮开涂层可见），或通过Abook应用扫描封底数字课程账号二维码，完成课程绑定。
4. 单击“进入课程”按钮，开始本数字课程的学习。

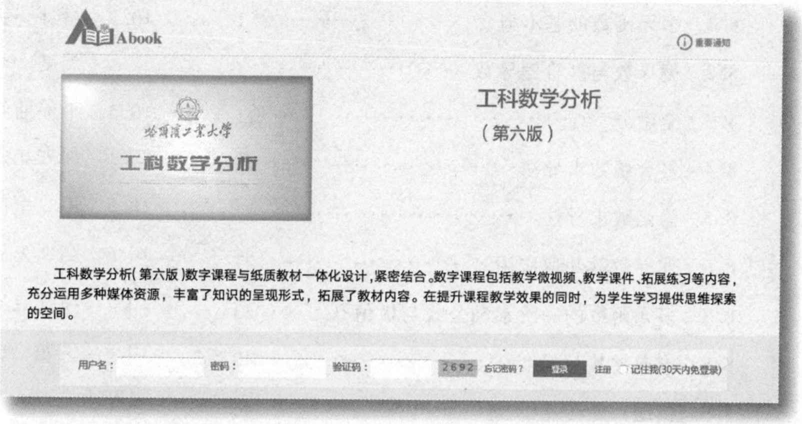

课程绑定后一年为数字课程使用有效期。受硬件限制，部分内容无法在手机端显示，请按提示通过计算机访问学习。

如有使用问题，请发邮件至abook@hep.com.cn。

http://abook.hep.com.cn/1259522

目　录

第八章

多元函数微分学

前几章研究了仅依赖一个自变量的函数—— 一元函数,由于客观上许多事情是受多方面因素制约的,所以在数量关系上必须研究依赖多个自变量的函数,即多元函数.多元函数微积分学的内容和方法都与一元函数的内容和方法紧密相关,但由于自变量的增加,问题更加复杂多样.在学习时,应注意与一元函数有关内容的对比,找出异同.这样不但有利于理解和掌握多元函数的知识,而且复习巩固了一元函数的知识.本章介绍多元函数的基本概念及其微分学.

8.1 多元函数的基本概念

8.1.1 预备知识

本段介绍 n 维空间及点集的术语和概念.

在空间引入坐标系 $Oxyz$ 后,空间的点 P 和三个实数构成的有序数组 (x,y,z) 一一对应,这样数组 (x,y,z) 就等同于点 P,所有的三元有序数组 (x,y,z) 就表示空间所有点的集合,即整个空间.推而广之,有下面的定义.

定义 8.1 称 n 元有序实数组 $(x_1,x_2,\cdots,x_n)$ $(x_i\in\mathbf{R})$ 为一个 **n 维点**(或 **n 维向量**),所有 n 维点构成的集合叫做 **n 维空间**,记为 $\mathbf{R}^n$. 点 $(0,0,\cdots,0)$ 称为 n 维空间的**原点**.

微视频
8.1.1 多元函数的基本概念

所有实数构成一维空间 $\mathbf{R}$,几何上就是数轴;所有实数偶 (x,y)

的集合为二维空间 $\mathbf{R}^2$,几何上是坐标平面;日常说的空间就是三维空间 $\mathbf{R}^3$. 当 $n>3$ 时,空间 $\mathbf{R}^n$ 没有直观的几何形象,但它们客观上是存在的,比如,我们生活的“时-空”空间是四维空间. 我们常常可以借助于二维、三维空间来想象三维以上的空间.

定义 8.2 $\mathbf{R}^n$ 中任意两点 $A(a_1,a_2,\cdots,a_n)$ 和 $B(b_1,b_2,\cdots,b_n)$ 间的**距离** $\rho(A,B)$ 规定为

$$\rho(A,B)=\sqrt{(a_1-b_1)^2+(a_2-b_2)^2+\cdots+(a_n-b_n)^2}.$$

这与 n 维向量的模(范数)的定义是一致的. 线性代数已经证明,若 P_1,P_2,P_3 是三个 n 维点,则有“三角不等式”:

$$\rho(P_1,P_3)\leqslant\rho(P_1,P_2)+\rho(P_2,P_3).$$

定义 8.3 设 $P_0\in\mathbf{R}^n$,常数 $\delta>0$,则称 $\mathbf{R}^n$ 的子集

$$\{P\mid\rho(P,P_0)<\delta,P\in\mathbf{R}^n\}$$

为**点 P_0 的 δ 邻域**,记为 $U_\delta(P_0)$.

$U_\delta(P_0)$ 是以 P_0 为中心,δ 为半径的“n 维球”内部所有点的集合. 当我们不关心半径 δ 的大小时,就把它称为 **P_0 的邻域**,记为 $U(P_0)$①. 用 $\mathring{U}_\delta(P_0)$ 表示点 P_0 的去心 δ 邻域.

① 除这种“球”型邻域外,有时,还用到所谓的“长方”型邻域. 设 $P_0(a_1,a_2,\cdots,a_n)\in\mathbf{R}^n$. 常数 $\eta_i>0,i=1,2,\cdots,n$,称点集 $\{(x_1,x_2,\cdots,x_n)\mid |x_i-a_i|<\eta_i,i=1,2,\cdots,n\}$ 为点 P_0 的“长方”型邻域. 显然在“球”型邻域内可以作出“长方”型邻域,在“长方”型邻域内也可作出“球”型邻域.

定义 8.4 设集合 $E\subseteq\mathbf{R}^n$,点 $P_0\in\mathbf{R}^n$,若 $\exists\delta>0$,使 $U_\delta(P_0)\subseteq E$,则称 P_0 为 E 的**内点**. 若 P_0 的任何邻域内部有属于 E 的点,也有不属于 E 的点(P_0 可以属于 E,也可以不属于 E),则称 P_0 为 E 的**边界点**. E 的边界点的全体称为 E 的**边界**,记为 ∂E(图 8.1).

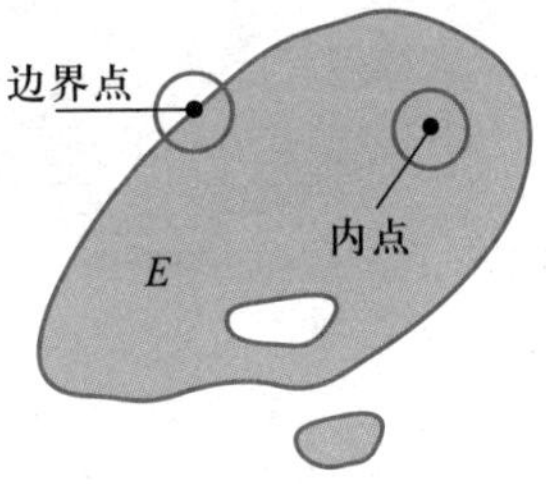

图 8.1

定义 8.5 若集合 E 的每个点都是它的内点,则说 E 是**开集**. 若 E 中任何两点都有 E 中的曲线($\mathbf{R}^n$ 中的曲线是满足单参数 t 的连续函数 $x_i=x_i(t),i=1,2,\cdots,n$ 的点集)连接,则说 E 是(**线**)**连通集**. 连通开集称为**区域或开区域**. 区域和它的边界的并集叫做**闭区域**.

定义 8.6 若 $\exists\delta>0$,使集合 $E\subseteq U_\delta(O)$,其中 O 是 $\mathbf{R}^n$ 中的原点 $(0,0,\cdots,0)$,则说 E **有界**,否则说 E **无界**.

例如,$\{(x,y)\mid x+y>0\}$ 是 $\mathbf{R}^2$ 中无界区域,而集合 $\{(x,y,z)\mid x^2+y^2+z^2\leqslant1\}$ 是 $\mathbf{R}^3$ 中有界闭区域.

8.1.2 多元函数

现实生活中,经常遇到依赖两个或两个以上变量的函数,举例如下.

例 1 一定量的某种理想气体的压强 p,体积 V 和热力学温度 T

之间有依赖关系，为

$$p=\frac{RT}{V},$$

其中 R 为常数.

微视频
8.1.2 多元函数

例 2 长方体的体积 V 由它的长 x，宽 y 和高 z 确定：

$$V=xyz \quad (x,y,z>0).$$

例 3 冷却过程中的铸件，温度 τ 与铸件内点的位置 x,y,z 和时间 t，以及外界环境温度 τ_0，空气流动的速度 v 有关：

$$\tau=f(t,x,y,z,\tau_0,v).$$

定义 8.7 设 D 是 Oxy 平面的点集，若变量 z 与 D 中的变量 x,y 之间有一个依赖关系，使得在 D 内每取定一个点 $P(x,y)$ 时，按着这个关系有确定的 z 值与之对应，则说 z 是 x,y 的**二元(点)函数**，记为

$$z=f(x,y) \quad (\text{或 } z=f(P)).$$

二元函数 $z=f(x,y)$ 就是 Oxy 平面点集 D 到 z 轴上的映射 $f:D\to\mathbf{R}$. 称 x,y 为**自变量**，称 z 为**因变量**，点集 D 称为该函数的**定义域**，数集

$$\{z \mid z=f(x,y),(x,y)\in D\}$$

称为该函数的**值域**.

函数 $z=f(x,y)$ 在点 $P_0(x_0,y_0)$ 处的函数值记为 $f(x_0,y_0)$ 或 $f(P_0)$.

类似地，可以定义 n 元函数. 二元及二元以上的函数统称**多元函数**.

关于多元函数的定义域，实际问题中函数的定义域由实际意义确定，纯数学地研究函数时，定义域就是在实数范围内能够得到确定函数值的所有点所确定的点集.

例 4 函数 $z=\ln(x+y)$ 的定义域是 $\{(x,y) \mid x+y>0\}$，在平面直角坐标系下是直线 $x+y=0$ 右上方的半平面(不含该直线)，是无界开区域(图 8.2).

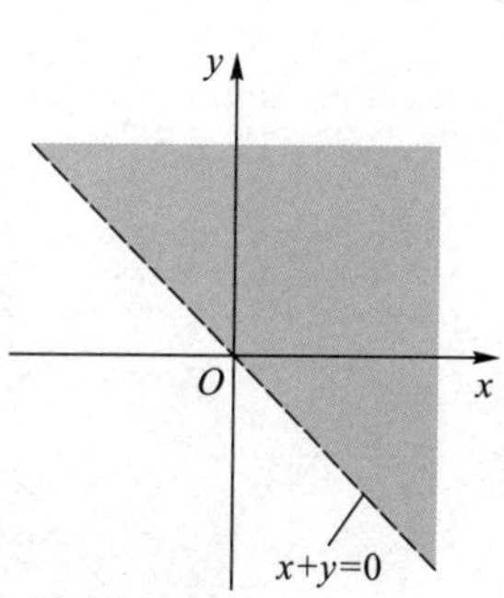

图 8.2

例 5 函数 $z=\sqrt{2x-x^2-y^2}\,/\sqrt{x^2+y^2-1}$ 的定义域是 $\{(x,y) \mid (x-1)^2+y^2\leqslant 1,\text{且 } x^2+y^2>1\}$，图 8.3 中有阴影的月牙形有界点集.

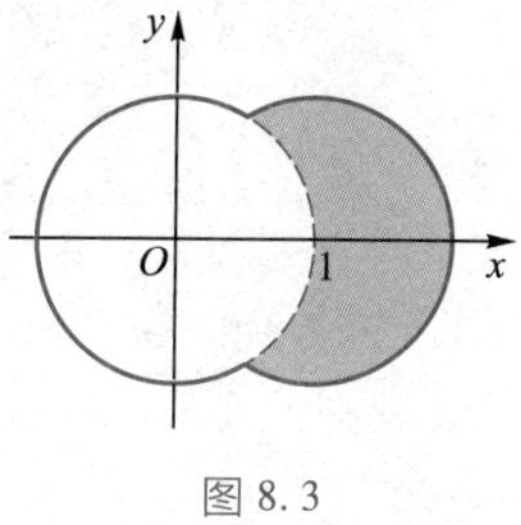

图 8.3

例 6 函数 $u=\sqrt{z-x^2-y^2}+\arcsin(x^2+y^2+z^2)$ 的定义域是 $\{(x,y,z) \mid x^2+y^2\leqslant z\text{且 } x^2+y^2+z^2\leqslant 1\}$，在空间直角坐标系下是以原点为球心，1 为半径的球体内，旋转抛物面 $z=x^2+y^2$ 上方的部分，是有界闭区域(图 8.4).

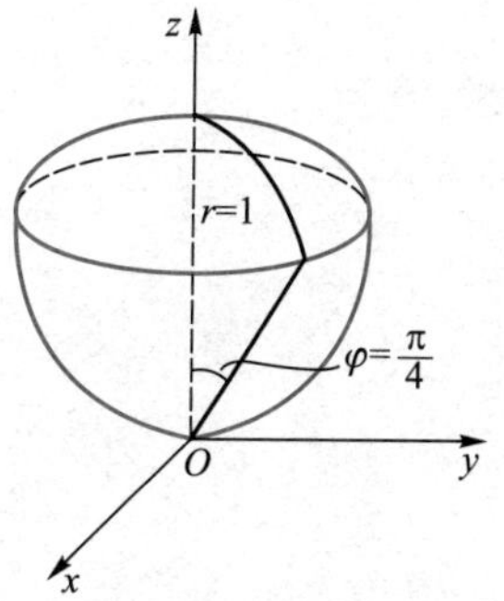

图 8.4

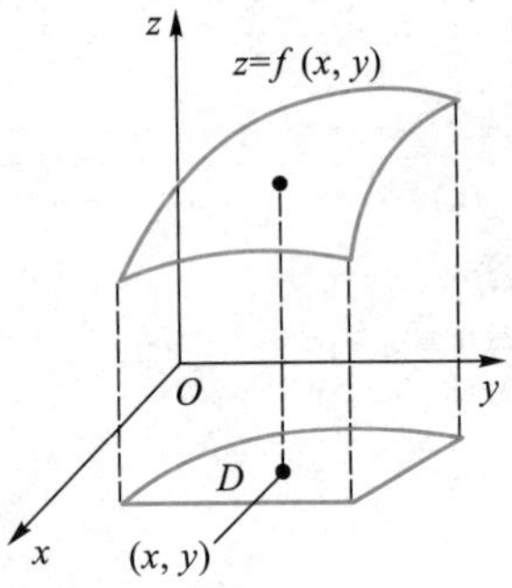

图 8.5

我们经常接触到的平面区域 D 上的二元函数

$$z=f(x,y),\quad (x,y)\in D$$

的图形是三维空间中的曲面(图 8.5).

例如,由空间解析几何知,函数 $z=\sqrt{R^2-x^2-y^2}$ 的图形是以原点为球心,R 为半径的上半球面;函数 $z=x^2+y^2$ 的图形是旋转抛物面;函数 $z=\sqrt{x^2+y^2}$ 的图形是圆锥面;函数 $z=xy$ 的图形是双曲抛物面;二元隐函数 $Ax+By+Cz+D=0$ 的图形是平面.

最后指出,从一元函数到二元函数,在内容和方法上都会出现一些实质性的差别,而多元函数之间差异不大,因此讨论多元函数时,将以二元函数为主.

8.1.3 多元函数的极限与连续

设集合 $E\subseteq\mathbf{R}^n$,点 $P_0\in\mathbf{R}^n$,如果 P_0 的任何邻域中都有无穷多个点属于 E,则称 P_0 为集合 E 的一个**聚点**. 聚点本身可能属于 E,也可能不属于 E. 集合的内点必是聚点,边界点可能是聚点,也可能不是.

微视频
8.1.3 二重极限

定义 8.8 设 $u=f(P)$, $P\in D$, P_0 是 D 的聚点,A 是常数. 如果 $\forall\varepsilon>0$, $\exists\delta=\delta(\varepsilon)>0$,使得当 $P\in D$,且 $0<\rho(P,P_0)<\delta$ 时,恒有

$$|f(P)-A|<\varepsilon,$$

则说 $P\to P_0$ 时,函数 $f(P)$ 以 A 为**极限**,记作

$$\lim_{P\to P_0}f(P)=A.$$

当 P 是二维点,D 为二维区域时,若 $P_0(x_0,y_0)$ 是 D 的聚点,上述极限记为

$$\lim_{(x,y)\to(x_0,y_0)}f(x,y)=A\quad 或\quad \lim_{\substack{x\to x_0\\ y\to y_0}}f(x,y)=A.$$

多元函数极限的含义是:只要点 $P(P\in D)$ 到 P_0 的距离 $\rho(P,P_0)\to 0$,就有 $f(P)\to A$.

微视频
8.1.4 二重极限计算

例 7 试证 $\lim\limits_{(x,y)\to(0,0)}(x^2+y^2)\sin\dfrac{1}{xy}=0$.

证明 因为

$$\left|(x^2+y^2)\sin\frac{1}{xy}-0\right|=(x^2+y^2)\left|\sin\frac{1}{xy}\right|\leqslant x^2+y^2=\rho^2,$$

所以,$\forall\varepsilon>0$,取 $\delta=\sqrt{\varepsilon}$,则当 $0<\rho<\delta(xy\neq 0)$ 时,恒有

$$\left|(x^2+y^2)\sin\frac{1}{xy}-0\right|<\varepsilon,$$

故

$$\lim_{(x,y)\to(0,0)}(x^2+y^2)\sin\frac{1}{xy}=0.\quad \square$$

务必注意,虽然多元函数的极限与一元函数的极限的定义相似,但它复杂得多.一元函数在某点处极限存在的充要条件是左右极限存在且相等,而多元函数必须是点 P 在定义域内以任何可能的方式和途径趋于 P_0 时,$f(P)$ 都有极限,且相等.因此:

1. 如果点 P 以两种不同的方式或途径趋于 P_0 时,$f(P)$ 趋于不同的值,则可断定 $\lim\limits_{P\to P_0}f(P)$ 不存在.

2. 已知点 P 以几种方式和途径趋于 P_0 时,$f(P)$ 趋于同一个数,这时还不能断定 $f(P)$ 有极限.

3. 如果已知 $\lim\limits_{P\to P_0}f(P)$ 存在,则可取一特殊途径来求极限值.

例 8 讨论极限 $\lim\limits_{(x,y)\to(0,0)}\dfrac{xy^2}{x^2+y^4}$ 的存在性.

解 当点 (x,y) 沿直线 $y=kx$ 趋于 $(0,0)$ 时,

$$\lim_{(x,kx)\to(0,0)}f(x,y)=\lim_{x\to0}\frac{k^2x^3}{x^2+k^4x^4}=\lim_{x\to0}\frac{k^2x}{1+k^4x^2}=0.$$

又当点 (x,y) 沿直线 $x=0$ 趋于 $(0,0)$ 时,也有

$$\lim_{(0,y)\to(0,0)}f(x,y)=\lim_{y\to0}f(0,y)=0.$$

这说明沿任何直线趋于原点时,$f(x,y)$ 都趋于零.尽管如此,还不能说 $f(x,y)$ 以零为极限,因为点 (x,y) 趋于 $(0,0)$ 的方式还有无穷多种.请看,当点 (x,y) 沿抛物线 $x=y^2$ 趋于 $(0,0)$ 时,

$$\lim_{(y^2,y)\to(0,0)}f(x,y)=\lim_{y\to0}\frac{y^4}{y^4+y^4}=\frac{1}{2}.$$

故例 8 中的极限不存在.

函数 $f(x,y)=\dfrac{xy^2}{x^2+y^4}$ 是 x 的奇函数,关于 y 轴对称;又是 y 的偶函数,图形关于坐标面 $y=0$ 对称,如图 8.6.

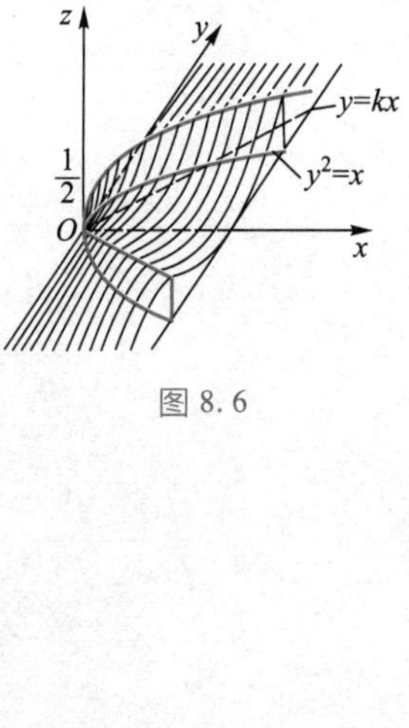

图 8.6

一元函数求极限的四则运算法则、夹挤准则都可以推广到多元函数极限运算上来,唯一性、极限点附近的保序性和有界性也都成立.

例 9 $\lim\limits_{\substack{x\to0\\y\to a}}\dfrac{\sin(xy)}{x}=\lim\limits_{\substack{x\to0\\y\to a}}y\cdot\dfrac{\sin(xy)}{xy}=a\quad(a\neq0).$

例 10 求$\lim\limits_{\substack{x\to0\\y\to0}}\dfrac{2xy^2}{x^2+y^2-y^4}$.

解 作变换令 $x=\rho\cos\theta, y=\rho\sin\theta$, $(x,y)\to(0,0)$ 化为 $\rho\to0$，又 $\left|\dfrac{2\rho\cos\theta\sin^2\theta}{1-\rho^2\sin^4\theta}\right|<\dfrac{2\rho}{1-\rho^2}\quad(0<\rho<1)$，注意$\dfrac{2\rho}{1-\rho^2}$与 θ 无关，且$\lim\limits_{\rho\to0}\dfrac{2\rho}{1-\rho^2}=0$，故由夹挤准则知

$$\lim_{\substack{x\to0\\y\to0}}\frac{2xy^2}{x^2+y^2-y^4}=\lim_{\rho\to0}\frac{2\rho\cos\theta\sin^2\theta}{1-\rho^2\sin^4\theta}=0.$$

顺便指出：$(x,y)\to(x_0,y_0)$ 的过程中，x 和 y 是作为点的坐标同时趋于 x_0 和 y_0 的，不能把它分开先后. 如

$$\lim_{y\to0}\lim_{x\to0}\frac{xy^2}{x^2+y^4}=\lim_{y\to0}0=0$$

与例 8 的极限不是一回事.

定义 8.9 设函数 $f(P)$ 的定义域为 D，P_0 是 D 的聚点. 如果 $P_0\in D$，且

$$\lim_{P\to P_0}f(P)=f(P_0),$$

则称函数 $f(P)$ 在点 P_0 处**连续**，并称 P_0 是 $f(P)$ 的**连续点**. 否则称 P_0 是 $f(P)$ 的**间断点**.

若记 $\Delta u=f(P)-f(P_0)$，$\rho=\rho(P,P_0)$，函数 $u=f(P)$ 在 P_0 处连续等价于

$$\lim_{\rho\to0}\Delta u=0.$$

如果函数 $f(P)$ 在区域 E 的每一点处都连续，则说函数 $f(P)$ 在区域 E 上连续，记为 $f(P)\in C(E)$.

例如，函数 $f(x,y)=\dfrac{xy}{1+x^2+y^2}$ 在 (x,y) 平面上处处连续，函数 $f(x,y)=\dfrac{xy^2}{x^2+y^4}$ 仅在原点 $(0,0)$ 处不连续，函数 $f(x,y)=\sin\dfrac{1}{1-x^2-y^2}$ 在单位圆 $x^2+y^2=1$ 上处处间断.

在空间直角坐标系下，平面区域 E 上的二元连续函数 $z=f(x,y)$ 的图形是在 E 上张开的一张“无孔无缝”的连续曲面.

同一元函数一样，多元连续函数的和、差、积、商（分母不为零）及复合仍是连续的. 各个自变量的基本初等函数经有限次四则运算和有限次复合，由一个式子表达的函数称为多元初等函数，多元初等函数在它们定义域的内点处均连续.

有界闭区域上的多元连续函数有如下重要性质：

1. ［最大最小值存在性］

在有界闭区域上连续的函数必有界，且有最大值和最小值.

2. ［介值存在性］

在有界闭区域上连续的函数必能取到介于最大值与最小值之间的任何值.

8.2 偏导数与高阶偏导数

8.2.1 偏导数

工作中，常常需要了解一个受多种因素制约的量，在其他因素固定不变的情况下，随一种因素变化的变化率问题. 这促使人们研究多元函数在其他自变量固定不变时，函数随一个自变量变化的变化率——偏导数问题.

定义 8.10 设函数 $z=f(x,y)$ 在点 (x_0,y_0) 的某邻域内有定义，固定 $y=y_0$，给 x_0 以增量 Δx，称

$$\Delta_x z=f(x_0+\Delta x,y_0)-f(x_0,y_0)$$

为 $f(x,y)$ 在点 (x_0,y_0) 处关于 x 的**偏增量**. 若极限

$$\lim_{\Delta x\to 0}\frac{\Delta_x z}{\Delta x}=\lim_{\Delta x\to 0}\frac{1}{\Delta x}[f(x_0+\Delta x,y_0)-f(x_0,y_0)]$$

存在，则称此极限值为函数 $z=f(x,y)$ 在点 (x_0,y_0) 处**关于 x 的偏导数**，记为

$$\left.\frac{\partial z}{\partial x}\right|_{(x_0,y_0)} \quad 或 \quad f'_x(x_0,y_0)\text{①}.$$

同样定义 $z=f(x,y)$ 在点 (x_0,y_0) 处**关于 y 的偏导数**为

$$\left.\frac{\partial z}{\partial y}\right|_{(x_0,y_0)}=f'_y(x_0,y_0)=\lim_{\Delta y\to 0}\frac{\Delta_y z}{\Delta y}=\lim_{\Delta y\to 0}\frac{1}{\Delta y}[f(x_0,y_0+\Delta y)-f(x_0,y_0)].$$

如果在区域 E 内每一点 (x,y) 处函数 $z=f(x,y)$ 关于 x 的偏导数都存在，那么这个偏导数就是 E 内点 (x,y) 的函数，称之为 $z=f(x,y)$ **关于 x 的偏导函数**，简称**对 x 的偏导数**，记为

$$z'_x,\quad \frac{\partial z}{\partial x},\quad \frac{\partial f(x,y)}{\partial x} \quad 或 \quad f'_x(x,y).$$

同样，$z=f(x,y)$ **对 y 的偏导(函)数**记为

微视频
8.2.1 连续与偏导数的概念

① 一元函数 $f(x)$ 的导数，可用"′"表示. 多元函数 $f(x,y)$ 的偏导数，可通过下标标明对哪个自变量求偏导，可以省略"′"，如 $f_x(x_0,y_0)$ 表示 $f(x,y)$ 在点 (x_0,y_0) 处关于 x 的偏导数.

$$z'_y,\quad \frac{\partial z}{\partial y},\quad \frac{\partial f(x,y)}{\partial y}\quad \text{或}\quad f'_y(x,y).$$

偏导函数 $f'_x(x,y)$ 在点 (x_0,y_0) 处的值,就是函数 $f(x,y)$ 在点 (x_0,y_0) 处关于 x 的偏导数 $f'_x(x_0,y_0)$.

对一般多元函数可以类似地定义偏导数. 如函数 $u=f(x,y,z)$ 在点 (x_0,y_0,z_0) 处关于 x 的偏导数为

$$\left.\frac{\partial u}{\partial x}\right|_{(x_0,y_0,z_0)}=f'_x(x_0,y_0,z_0)=\lim_{\Delta x\to 0}\frac{1}{\Delta x}[f(x_0+\Delta x,y_0,z_0)-f(x_0,y_0,z_0)].$$

由偏导数的定义知,多元函数对某个自变量的偏导数,就是把其他自变量视为常量,考察函数对这个自变量变化的变化率. 所以利用一元函数的导数公式与法则,就可计算偏导数了.

微视频
8.2.2 偏导数的计算

例 1 求 $z=x^2y+\sin y$ 在点 $(1,0)$ 处的两个偏导数.

解 由于

$$\frac{\partial z}{\partial x}=2xy,\quad \frac{\partial z}{\partial y}=x^2+\cos y,$$

故

$$\left.\frac{\partial z}{\partial x}\right|_{(1,0)}=2xy\Big|_{\substack{x=1\\y=0}}=0,\quad \left.\frac{\partial z}{\partial y}\right|_{(1,0)}=(x^2+\cos y)\Big|_{\substack{x=1\\y=0}}=2.$$

例 2 求 $f(x,y,z)=(z-a^{xy})\sin\ln x^2$ 在点 $(1,0,2)$ 处的三个偏导数.

解 求某一点的偏导数时,可以先将其他变量的值代入,变为一元函数,再求导,常常较简便.

$$f'_x(1,0,2)=(\sin\ln x^2)'\big|_{x=1}=\frac{2}{x}\cos\ln x^2\big|_{x=1}=2,$$

$$f'_y(1,0,2)=0'\big|_{y=0}=0,\quad f'_z(1,0,2)=0'\big|_{z=2}=0.$$

例 3 求 $z=x^y(x>0)$ 的偏导数.

解 $z'_x=yx^{y-1}$, $z'_y=x^y\ln x$.

例 4 已知电阻 R_1,R_2,R_3 并联的等效电阻为

$$R=\left(\frac{1}{R_1}+\frac{1}{R_2}+\frac{1}{R_3}\right)^{-1},$$

若 $R_1>R_2>R_3>0$,问改变三个电阻中的哪一个,对等效电阻 R 影响最大?

解 因为

$$\frac{\partial R}{\partial R_1}=\frac{R^2}{R_1^2},\quad \frac{\partial R}{\partial R_2}=\frac{R^2}{R_2^2},\quad \frac{\partial R}{\partial R_3}=\frac{R^2}{R_3^2},$$

R_3 最小,所以 $\frac{\partial R}{\partial R_3}$ 最大. 故改变 R_3 对 R 影响最大.

例 5 求二元函数

$$f(x,y)=\begin{cases}\dfrac{xy^2}{x^2+y^4}, & (x,y)\neq(0,0),\\ 0, & (x,y)=(0,0)\end{cases}$$

在点(0,0)处的两个偏导数.

解 这里必须由偏导数定义计算：

$$f'_x(0,0)=\lim_{\Delta x\to 0}\frac{f(0+\Delta x,0)-f(0,0)}{\Delta x}=\lim_{\Delta x\to 0}\frac{0}{\Delta x}=0,$$

$$f'_y(0,0)=\lim_{\Delta y\to 0}\frac{f(0,0+\Delta y)-f(0,0)}{\Delta y}=\lim_{\Delta y\to 0}\frac{0}{\Delta y}=0.$$

两个偏导数都存在，回顾 8.1 节例 8 知，当 $(x,y)\to(0,0)$ 时这个函数无极限，所以在点(0,0)处不连续.

微视频
8.2.3 连续与偏导的关系

一元函数可导必连续. 但对多元函数，偏导数都存在，函数未必有极限，更保证不了连续性.

为了一般地说明这一问题，先介绍偏导数的几何意义.

因为偏导数 $f'_x(x_0,y_0)$ 就是一元函数 $f(x,y_0)$ 在 x_0 处的导数，所以几何上 $f'_x(x_0,y_0)$ 表示曲面 $z=f(x,y)$ 与平面 $y=y_0$ 的交线 $z=f(x,y_0)$ 在点 $(x_0,y_0,f(x_0,y_0))$ 处的切线 T_x 对 x 轴的斜率. 同样 $f'_y(x_0,y_0)$ 表示曲面 $z=f(x,y)$ 与平面 $x=x_0$ 的交线 $z=f(x_0,y)$ 在点 $(x_0,y_0,f(x_0,y_0))$ 处的切线 T_y 对 y 轴的斜率(见图 8.7).

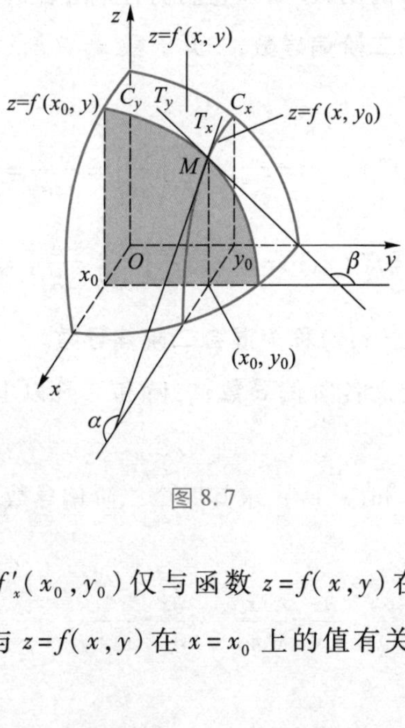

图 8.7

因为偏导数 $f'_x(x_0,y_0)$ 仅与函数 $z=f(x,y)$ 在 $y=y_0$ 上的值有关，$f'_y(x_0,y_0)$ 仅与 $z=f(x,y)$ 在 $x=x_0$ 上的值有关，与 (x_0,y_0) 邻域

内其他点上的函数值无关,所以偏导数的存在不能保证函数有极限.

例 6 由理想气体的物态方程 $pV=RT$,推证热力学中的公式

$$\frac{\partial p}{\partial V}\cdot\frac{\partial V}{\partial T}\cdot\frac{\partial T}{\partial p}=-1.$$

证明 因为

$$p=\frac{RT}{V},\quad V=\frac{RT}{p},\quad T=\frac{pV}{R},$$

$$\frac{\partial p}{\partial V}=-\frac{RT}{V^2},\quad \frac{\partial V}{\partial T}=\frac{R}{p},\quad \frac{\partial T}{\partial p}=\frac{V}{R},$$

所以

$$\frac{\partial p}{\partial V}\cdot\frac{\partial V}{\partial T}\cdot\frac{\partial T}{\partial p}=-1.\quad \square$$

例 6 说明偏导数符号 $\frac{\partial z}{\partial x},\frac{\partial z}{\partial y}$ 都是整体记号,不能像一元函数导数那样理解为商.

8.2.2 高阶偏导数

微视频
8.2.4 高阶偏导数

设函数 $z=f(x,y)$ 在区域 E 内有偏导数

$$\frac{\partial z}{\partial x}=f'_x(x,y),\quad \frac{\partial z}{\partial y}=f'_y(x,y),$$

它们仍是 E 内 x,y 的函数. 如果它们仍有偏导数,则称它们的偏导数是函数 $z=f(x,y)$ 的**二阶偏导数**,二元函数 $z=f(x,y)$ 可以有如下四个二阶偏导数:

$$\frac{\partial}{\partial x}\left(\frac{\partial z}{\partial x}\right)=\frac{\partial^2 z}{\partial x^2}=f''_{xx}(x,y)=z''_{xx},\quad \frac{\partial}{\partial y}\left(\frac{\partial z}{\partial x}\right)=\frac{\partial^2 z}{\partial x\partial y}=f''_{xy}(x,y)=z''_{xy},$$

$$\frac{\partial}{\partial x}\left(\frac{\partial z}{\partial y}\right)=\frac{\partial^2 z}{\partial y\partial x}=f''_{yx}(x,y)=z''_{yx},\quad \frac{\partial}{\partial y}\left(\frac{\partial z}{\partial y}\right)=\frac{\partial^2 z}{\partial y^2}=f''_{yy}(x,y)=z''_{yy},$$

其中 $f''_{xy}(x,y)$ 和 $f''_{yx}(x,y)$ 称为**混合二阶偏导数**.

递推地可以定义各阶偏导数,二阶和二阶以上的偏导数统称为**高阶偏导数**.

例 7 已知 $z=\ln(x^2+y)$,求其四个二阶偏导数.

解 由于

$$\frac{\partial z}{\partial x}=\frac{2x}{x^2+y},\quad \frac{\partial z}{\partial y}=\frac{1}{x^2+y},$$

故

$$\frac{\partial^2 z}{\partial x^2}=\frac{2(x^2+y)-4x^2}{(x^2+y)^2}=\frac{2(y-x^2)}{(x^2+y)^2},\quad \frac{\partial^2 z}{\partial x\partial y}=\frac{-2x}{(x^2+y)^2},$$

$$\frac{\partial^2 z}{\partial y\partial x}=\frac{-2x}{(x^2+y)^2},\quad \frac{\partial^2 z}{\partial y^2}=\frac{-1}{(x^2+y)^2}.$$

例 7 中两个混合二阶偏导数相等，一般情况下这虽不是必然的，但在一定条件下是成立的.

定理 8.1 如果在点(x,y)的邻域内函数$z=f(x,y)$的偏导数z'_x,z'_y及z''_{xy}都存在，且z''_{xy}在点(x,y)处连续，那么混合偏导数z''_{yx}在点(x,y)处也存在，且

$$z''_{yx}=z''_{xy}.$$

（证明略）

一般地，多元函数的混合偏导数如果连续，就与求导次序无关.

例 8 设$u=\mathrm{e}^{xy}\sin z$，求u'''_{xxz},u'''_{xzx}.

解 $u'_x=y\mathrm{e}^{xy}\sin z, u''_{xx}=y^2\mathrm{e}^{xy}\sin z, u''_{xz}=y\mathrm{e}^{xy}\cos z, u'''_{xxz}=y^2\mathrm{e}^{xy}\cos z$. 因为$u''_{xx},u''_{xz}$存在，且$u'''_{xxz}$连续，所以

$$u'''_{xxz}=u'''_{xzx}=y^2\mathrm{e}^{xy}\cos z.$$

最后指出，确有混合偏导数不相等的函数，比如

$$f(x,y)=\begin{cases}xy\dfrac{x^2-y^2}{x^2+y^2}, & (x,y)\neq(0,0),\\ 0, & (x,y)=(0,0).\end{cases}$$

在点$(0,0)$的两个混合二阶偏导数

$$f''_{xy}(0,0)=-1,\quad f''_{yx}(0,0)=1.$$

这只能说明f''_{xy}和f''_{yx}在点$(0,0)$处都不连续.

8.3 全 微 分

对多元函数也有自变量的微小变化导致函数变化多少的问题.

设函数$z=f(x,y)$在点$P(x,y)$的某邻域内有定义，$P'(x+\Delta x,y+\Delta y)$为该邻域内任意一点，则称

$$\Delta z=f(x+\Delta x,y+\Delta y)-f(x,y)\tag{1}$$

为函数在点$P(x,y)$处的**全增量**.

二元函数在一点的全增量是$\Delta x,\Delta y$的函数. 一般说来，Δz是

$\Delta x,\Delta y$ 的较复杂的函数，当自变量的增量 $\Delta x,\Delta y$ 很小的情况下，自然希望能像可微的一元函数那样，用 $\Delta x,\Delta y$ 的线性函数来近似代替 Δz，即希望

$$\begin{aligned}\Delta z &= A\Delta x+B\Delta y+o(\rho)\\ &=(A,B)\begin{pmatrix}\Delta x\\ \Delta y\end{pmatrix}+o(\rho),\end{aligned}\tag{2}$$

微视频
8.3.1 全微分的概念

其中 A,B 不依赖于 $\Delta x,\Delta y,\rho=\sqrt{(\Delta x)^2+(\Delta y)^2}$. 这就产生了全微分的概念.

定义 8.11 若函数 $z=f(x,y)$ 在点 $P(x,y)$ 处的全增量(1)能表示成(2)的形式，则称函数 $z=f(x,y)$ 在点 P 处**可微**，并称 $A\Delta x+B\Delta y$ 为函数在点 P 处的**全微分**，记为 $\mathrm{d}z$ 或 $\mathrm{d}f$，即

$$\mathrm{d}z=A\Delta x+B\Delta y=(A,B)\begin{pmatrix}\Delta x\\ \Delta y\end{pmatrix}.\tag{3}$$

在区域 E 内每一点都可微的函数，称为区域 E 内的**可微函数**，此时也称函数**在 E 内可微**.

由(2)式知，多元函数可微必连续.

可微与偏导数存在有何关系呢？微分系数 A,B 如何确定？由下面两个定理来回答.

定理 8.2 若函数 $z=f(x,y)$ 在点 $P(x,y)$ 处可微，则在点 P 处偏导数 $\dfrac{\partial z}{\partial x}$ 及 $\dfrac{\partial z}{\partial y}$ 都存在，且

$$\frac{\partial z}{\partial x}=A,\quad \frac{\partial z}{\partial y}=B.$$

证明 因 $f(x,y)$ 可微，有

$$\Delta z=f(x+\Delta x,y+\Delta y)-f(x,y)=A\Delta x+B\Delta y+o(\rho),$$

特别取 $\Delta y=0$ 时，有

$$\Delta_x z=f(x+\Delta x,y)-f(x,y)=A\Delta x+o(|\Delta x|).$$

因此

$$\frac{\partial z}{\partial x}=\lim_{\Delta x\to 0}\frac{f(x+\Delta x,y)-f(x,y)}{\Delta x}=\lim_{\Delta x\to 0}\left(A+\frac{o(|\Delta x|)}{\Delta x}\right)=A.$$

同法可证，$\dfrac{\partial z}{\partial y}$ 存在，且 $\dfrac{\partial z}{\partial y}=B$. □

由此可见，$z=f(x,y)$ 的全微分(3)可表示为

$$dz=\frac{\partial z}{\partial x}\Delta x+\frac{\partial z}{\partial y}\Delta y=\left(\frac{\partial z}{\partial x},\frac{\partial z}{\partial y}\right)\begin{pmatrix}\Delta x\\ \Delta y\end{pmatrix}.$$

因为自变量的微分等于它的增量,$dx=\Delta x, dy=\Delta y$,所以函数 $z=f(x,y)$ 的全微分习惯上写为

$$dz=\frac{\partial z}{\partial x}dx+\frac{\partial z}{\partial y}dy=\left(\frac{\partial z}{\partial x},\frac{\partial z}{\partial y}\right)\begin{pmatrix}dx\\ dy\end{pmatrix}. \tag{4}$$

我们把$\frac{\partial z}{\partial x}dx,\frac{\partial z}{\partial y}dy$ 分别叫做函数 $z=f(x,y)$ 在点 $P(x,y)$ 处关于 x,y 的**偏微分**,它们分别是偏增量 $\Delta_x z,\Delta_y z$ 的线性主部. 所以,二元函数的全微分等于它的两个偏微分之和——称为微分的**叠加原理**. 这对一般多元函数也成立. 比如,对三元可微函数 $u=f(x,y,z)$ 有

$$\begin{aligned}du&=\frac{\partial u}{\partial x}dx+\frac{\partial u}{\partial y}dy+\frac{\partial u}{\partial z}dz\\&=\left(\frac{\partial u}{\partial x},\frac{\partial u}{\partial y},\frac{\partial u}{\partial z}\right)\begin{pmatrix}dx\\ dy\\ dz\end{pmatrix}.\end{aligned}$$

对一元函数来说可导与可微是等价的. 而对多元函数来说,偏导数都存在也保证不了可微性. 这是因为偏导数仅仅是在特定的方向上函数的变化率,它对函数在一点附近变化情况的描述是极不完整的. 前面讲过偏导数都存在也保证不了函数的连续性,而可微必连续,所以偏导数存在推不出可微性.

定理 8.3 若在点 $P(x,y)$ 的某邻域内,函数 $z=f(x,y)$ 的偏导数 $\frac{\partial z}{\partial x},\frac{\partial z}{\partial y}$都存在,且它们在点 P 处连续,则 $z=f(x,y)$ 在点 P 处可微.

微视频
8.3.2 可微的充分条件

证明 设$(x+\Delta x,y+\Delta y)$是 $P(x,y)$ 的邻域内的任一点,考察全增量

$$\begin{aligned}\Delta z&=f(x+\Delta x,y+\Delta y)-f(x,y)\\&=[f(x+\Delta x,y+\Delta y)-f(x,y+\Delta y)]+[f(x,y+\Delta y)-f(x,y)],\end{aligned}$$

第一个方括号里,由于第二个自变量固定在 $y+\Delta y$ 处,可视为 x 的一元函数$f(x,y+\Delta y)$的增量,第二个方括号里第一个自变量固定在 x 处,可视为 y 的一元函数 $f(x,y)$ 的增量,分别应用拉格朗日中值定理就得到

$$\Delta z=f'_x(x+\theta_1\Delta x,y+\Delta y)\Delta x+f'_y(x,y+\theta_2\Delta y)\Delta y,$$

其中 $0<\theta_1,\theta_2<1$，此式称为**二元函数中值公式**.

利用 $f'_x(x,y)$，$f'_y(x,y)$ 在点 $P(x,y)$ 处的连续性得到

$$\begin{aligned}\Delta z&=[f'_x(x,y)+\alpha]\Delta x+[f'_y(x,y)+\beta]\Delta y\\&=f'_x(x,y)\Delta x+f'_y(x,y)\Delta y+\alpha\Delta x+\beta\Delta y,\end{aligned}$$

其中 α,β 满足

$$\lim_{\rho\to 0}\alpha=0,\quad \lim_{\rho\to 0}\beta=0.$$

下面只需证明 $\alpha\Delta x+\beta\Delta y$ 是 ρ 的高阶无穷小. 因为当 $\rho\to 0$ 时，

$$\frac{|\alpha\Delta x+\beta\Delta y|}{\rho}\leqslant|\alpha|\left|\frac{\Delta x}{\rho}\right|+|\beta|\left|\frac{\Delta y}{\rho}\right|\leqslant|\alpha|+|\beta|\to 0,$$

故

$$\alpha\Delta x+\beta\Delta y=o(\rho),$$

$$\Delta z=f'_x(x,y)\Delta x+f'_y(x,y)\Delta y+o(\rho),$$

所以 $z=f(x,y)$ 在点 P 处可微. □

注意，定理 8.3 的条件是可微的充分条件，函数在一点可微，在这点偏导数不一定连续.

例 1 试证函数

$$z=\begin{cases}(x^2+y^2)\sin\dfrac{1}{\sqrt{x^2+y^2}}, & x^2+y^2\neq 0,\\ 0, & x^2+y^2=0\end{cases}$$

在原点 $O(0,0)$ 处可微，但偏导数在 O 点不连续.

证明 因为

$$\Delta z=z(\Delta x,\Delta y)-z(0,0)=[(\Delta x)^2+(\Delta y)^2]\sin\frac{1}{\sqrt{(\Delta x)^2+(\Delta y)^2}}=o(\rho),$$

其中 $\rho=\sqrt{(\Delta x)^2+(\Delta y)^2}$，即有

$$\Delta z=0\Delta x+0\Delta y+o(\rho),$$

所以，z 在原点处可微，且

$$z'_x(0,0)=0,\quad z'_y(0,0)=0.$$

再来证明 $\dfrac{\partial z}{\partial x}$ 在原点 $O(0,0)$ 处不连续. 为此，我们这里仅沿 x 轴正半轴来考察 $\dfrac{\partial z}{\partial x}$，因为

$$z'_x(x,0)=\left(x^2\sin\frac{1}{x}\right)'=2x\sin\frac{1}{x}-\cos\frac{1}{x}\quad(x>0),$$

所以,当 $x\to 0$ 时,$z'_x(x,0)$ 无极限. 这足以说明函数 $z(x,y)$ 在原点 O 处关于 x 的偏导数不连续.

类似地可证,$\dfrac{\partial z}{\partial y}$在点 O 处也不连续. □

对一元函数,在一点处

$$\boxed{\text{可微}}\Leftrightarrow\boxed{\text{可导}}\underset{\not\Leftarrow}{\Rightarrow}\boxed{\text{连续}}\underset{\not\Leftarrow}{\Rightarrow}\boxed{\text{有极限}}.$$

对多元函数,在一点处

$$\boxed{\text{偏导连续}}\underset{\not\Leftarrow}{\Rightarrow}\boxed{\text{可微}}\underset{\not\Leftarrow}{\Rightarrow}\boxed{\text{连续}}\underset{\not\Leftarrow}{\Rightarrow}\boxed{\text{有极限}}\quad(\text{全方位性})$$

$$\swarrow\!\!\!\!\!\not\nearrow\qquad \not\Uparrow\!\not\Downarrow\qquad \not\nwarrow\!\!\not\searrow$$

$$\boxed{\text{有偏导}}\qquad\qquad(\text{单向性})$$

例 2 求函数 $z=x^4y^3+2x$ 在点(1,2)处的全微分.

解 由于

$$\frac{\partial z}{\partial x}=4x^3y^3+2,\quad \frac{\partial z}{\partial y}=3x^4y^2$$

连续,特别$\left.\dfrac{\partial z}{\partial x}\right|_{(1,2)}=34$,$\left.\dfrac{\partial z}{\partial y}\right|_{(1,2)}=12$,故有

$$\mathrm{d}z\,|_{(1,2)}=34\mathrm{d}x+12\mathrm{d}y.$$

例 3 求函数 $u=x+\sin\dfrac{y}{2}+\mathrm{e}^{yz}$的全微分.

解 因为

$$\frac{\partial u}{\partial x}=1,\quad \frac{\partial u}{\partial y}=\frac{1}{2}\cos\frac{y}{2}+z\mathrm{e}^{yz},\quad \frac{\partial u}{\partial z}=y\mathrm{e}^{yz}$$

都连续,所以有全微分

$$\mathrm{d}u=\mathrm{d}x+\left(\frac{1}{2}\cos\frac{y}{2}+z\mathrm{e}^{yz}\right)\mathrm{d}y+y\mathrm{e}^{yz}\mathrm{d}z.$$

下面介绍全微分在近似计算和误差估计中的应用.

由全微分的定义,当 $z=f(x,y)$ 在点 $P_0(x_0,y_0)$ 处可微,且 $|\Delta x|$,$|\Delta y|$充分小时,有近似式

$$\Delta z\approx \mathrm{d}z=f'_x(x_0,y_0)\Delta x+f'_y(x_0,y_0)\Delta y \tag{5}$$

及

$$f(x_0+\Delta x,y_0+\Delta y)\approx f(x_0,y_0)+f'_x(x_0,y_0)\Delta x+f'_y(x_0,y_0)\Delta y. \tag{6}$$

这两个式子可以用来计算 Δz 及 $f(x_0+\Delta x,y_0+\Delta y)$ 的近似值,(5)式还可用来估计间接误差.

例 4 计算 $1.01^{1.98}$ 的近似值.

解 设 $f(x,y)=x^y$,则

$$f(1.01,1.98)=1.01^{1.98}.$$

取 $x_0=1,y_0=2,\Delta x=0.01,\Delta y=-0.02$. 由于 $f(1,2)=1$,

$$f'_x(1,2)=yx^{y-1}\big|_{(1,2)}=2,\quad f'_y(1,2)=x^y\ln x\big|_{(1,2)}=0,$$

所以,由(6)式有

$$1.01^{1.98}\approx 1+2\times 0.01+0\times(-0.02)=1.02.$$

例 5 有一圆柱体受压后发生形变,它的半径由 20 cm 增大到 20.05 cm,高度由 100 cm 减少到 99 cm,求此圆柱体体积变化的近似值.

解 设圆柱体的半径、高和体积依次为 r,h 和 V,则有

$$V=\pi r^2 h.$$

由(5)式,有

$$\Delta V\approx \mathrm{d}V=2\pi rh\Delta r+\pi r^2\Delta h,$$

将 $r=20,h=100,\Delta r=0.05,\Delta h=-1$ 代入,就得到体积变化的近似值

$$\Delta V\approx 2\pi\times 20\times 100\times 0.05+\pi\times 20^2\times(-1)=-200\pi\ (\mathrm{cm}^3).$$

例 6 利用单摆测定重力加速度

$$g=\frac{4\pi^2 l}{T^2}.$$

现已测得摆长 $l=(100\pm 0.1)\mathrm{cm}$,周期 $T=(2\pm 0.004)\mathrm{s}$,问由于 l 与 T 的误差而引起 g 的误差为多少?

解 由于

$$\mathrm{d}g=4\pi^2\left(\frac{1}{T^2}\Delta l-\frac{2l}{T^3}\Delta T\right),$$

所以

$$|\Delta g|\approx|\mathrm{d}g|\leqslant 4\pi^2\left(\frac{1}{T^2}|\Delta l|+\frac{2l}{T^3}|\Delta T|\right).$$

将 $l=100,T=2,|\Delta l|=0.1,|\Delta T|=0.004$ 代入,得到 g 的绝对误差

$$|\Delta g|\approx|\mathrm{d}g|\leqslant 4\pi^2\left(\frac{0.1}{2^2}+\frac{200}{2^3}\times 0.004\right)=0.5\pi^2<5\ (\mathrm{cm/s^2}),$$

相对误差

$$\frac{|\Delta g|}{g}\leqslant\frac{0.5\pi^2}{\dfrac{4\pi^2\times 100}{2^2}}=0.5\%.$$

8.4　复合函数求导法

微视频
8.4.1 复合函数链式法则

定理 8.4　如果函数 $u=u(x,y)$, $v=v(x,y)$ 在点 (x,y) 处对 x 的偏导数都存在，而函数 $z=z(u,v)$ 在 (x,y) 的对应点 (u,v) 处可微，则复合函数

$$z=z(u(x,y),v(x,y))$$

在点 (x,y) 处对 x 的偏导数存在，且

$$\frac{\partial z}{\partial x}=\frac{\partial z}{\partial u}\frac{\partial u}{\partial x}+\frac{\partial z}{\partial v}\frac{\partial v}{\partial x}. \tag{1}$$

证明　固定 y，给 x 以增量 Δx，引起 u,v 有偏增量 $\Delta_x u,\Delta_x v$，从而导致 z 有增量 $\Delta_x z$. 由于 $z=z(u,v)$ 可微，所以有

$$\Delta_x z=\frac{\partial z}{\partial u}\Delta_x u+\frac{\partial z}{\partial v}\Delta_x v+o(\rho),$$

其中 $\rho=\sqrt{(\Delta_x u)^2+(\Delta_x v)^2}$. 上式两边同除以 Δx，再令 $\Delta x\to 0$，注意此时 $\Delta_x u\to 0$, $\Delta_x v\to 0$，进而 $\rho\to 0$，于是，有

$$\frac{\partial z}{\partial x}=\frac{\partial z}{\partial u}\frac{\partial u}{\partial x}+\frac{\partial z}{\partial v}\frac{\partial v}{\partial x}.$$

最后的运算中用到

$$\lim_{\Delta x\to 0}\frac{o(\rho)}{\Delta x}=\pm\lim_{\Delta x\to 0}\frac{o(\rho)}{\rho}\sqrt{\left(\frac{\Delta_x u}{\Delta x}\right)^2+\left(\frac{\Delta_x v}{\Delta x}\right)^2}=0.\qquad\square$$

由 (1) 式不难看出：当 $u(x,y)$, $v(x,y)$ 关于 x 的偏导数和 $z(u,v)$ 关于 u,v 的偏导数都连续时，z 关于 x 的偏导数也连续.

同样条件下，公式 (1) 可以推广到一般复合函数上去. 设

$$z=z(u_1,\cdots,u_n),\ u_i=u_i(x_1,\cdots,x_l),\ i=1,2,\cdots,n, \tag{2}$$

则 z 关于某个自变量 x_j 的偏导数等于 z 对每个与 x_j 有关的中间变量 u_i 的偏导数与这个中间变量 u_i 对 x_j 的偏导数之积的总和，即

$$\frac{\partial z}{\partial x_j}=\sum_{i=1}^{n}\frac{\partial z}{\partial u_i}\frac{\partial u_i}{\partial x_j}=\frac{\partial z}{\partial u_1}\frac{\partial u_1}{\partial x_j}+\cdots+\frac{\partial z}{\partial u_n}\frac{\partial u_n}{\partial x_j},\ j=1,2,\cdots,l. \tag{3}$$

公式 (3) 称为**链式法则**.

求复合函数的偏导数关键在于明确函数间的复合关系，认定中间变量与自变量.

在 (2) 式中，当 $n=1$, $l=1$ 时，$z=z(u_1)$, $u_1=u_1(x_1)$，得到一元复合函数 $z=z(u_1(x_1))$. 公式 (3) 恰是我们熟知的一元复合函数求导法则.

在(2)式中,当中间变量都是同一个自变量的一元函数时,即 $l=1$, $u_i=u_i(x_1)$, $i=1,2,\cdots,n$, z 就是 x_1 的一元函数 $z=z(u_1(x_1),\cdots,u_n(x_1))$,公式(3)变为

$$\frac{\mathrm{d}z}{\mathrm{d}x_1}=\frac{\partial z}{\partial u_1}\frac{\mathrm{d}u_1}{\mathrm{d}x_1}+\cdots+\frac{\partial z}{\partial u_n}\frac{\mathrm{d}u_n}{\mathrm{d}x_1}, \tag{4}$$

称为 z 的**全导数公式**.

链式法则公式(3)可借助于矩阵简单地表示为

$$\left(\frac{\partial z}{\partial x_1},\cdots,\frac{\partial z}{\partial x_l}\right)=\left(\frac{\partial z}{\partial u_1},\cdots,\frac{\partial z}{\partial u_n}\right)\begin{pmatrix}\dfrac{\partial u_1}{\partial x_1} & \cdots & \dfrac{\partial u_1}{\partial x_l}\\ \vdots & & \vdots\\ \dfrac{\partial u_n}{\partial x_1} & \cdots & \dfrac{\partial u_n}{\partial x_l}\end{pmatrix}. \tag{5}$$

称矩阵

$$\begin{pmatrix}\dfrac{\partial u_1}{\partial x_1} & \cdots & \dfrac{\partial u_1}{\partial x_l}\\ \vdots & & \vdots\\ \dfrac{\partial u_n}{\partial x_1} & \cdots & \dfrac{\partial u_n}{\partial x_l}\end{pmatrix}$$

为函数组 $u_i=u_i(x_1,\cdots,x_l)$, $i=1,\cdots,n$ 的**雅可比矩阵**[①],记为

$$\left(\frac{\partial(u_1,\cdots,u_n)}{\partial(x_1,\cdots,x_l)}\right),$$

则链式法则公式(3)又可写为

$$\left(\frac{\partial(z)}{\partial(x_1,\cdots,x_l)}\right)=\left(\frac{\partial(z)}{\partial(u_1,\cdots,u_n)}\right)\left(\frac{\partial(u_1,\cdots,u_n)}{\partial(x_1,\cdots,x_l)}\right). \tag{6}$$

其结构简洁,形式漂亮,便于记忆和推广. 请读者自己把它推广到 m 维向量值函数$(z_1,\cdots,z_m)$的复合函数上去.

① 雅可比(Jacobi C G J, 1804—1851), 德国数学家. 他为人大方、谦虚、慷慨, 鼓励学生早做独立的研究工作.

微视频
8.4.2 复合函数链式法则举例

例 1 已知 $z=\mathrm{e}^u\sin v$, $u=xy$, $v=x+y$, 求$\dfrac{\partial z}{\partial x},\dfrac{\partial z}{\partial y}$.

解 因

$$\frac{\partial z}{\partial u}=\mathrm{e}^u\sin v,\quad \frac{\partial z}{\partial v}=\mathrm{e}^u\cos v,$$

$$\frac{\partial u}{\partial x}=y,\quad \frac{\partial u}{\partial y}=x,\quad \frac{\partial v}{\partial x}=1,\quad \frac{\partial v}{\partial y}=1$$

都连续,故

$$\frac{\partial z}{\partial x}=\frac{\partial z}{\partial u}\frac{\partial u}{\partial x}+\frac{\partial z}{\partial v}\frac{\partial v}{\partial x}=\mathrm{e}^u\sin v\cdot y+\mathrm{e}^u\cos v\cdot 1=\mathrm{e}^{xy}[y\sin(x+y)+\cos(x+y)],$$

$$\frac{\partial z}{\partial y}=\frac{\partial z}{\partial u}\frac{\partial u}{\partial y}+\frac{\partial z}{\partial v}\frac{\partial v}{\partial y}=\mathrm{e}^u\sin v\cdot x+\mathrm{e}^u\cos v\cdot 1=\mathrm{e}^{xy}[x\sin(x+y)+\cos(x+y)].$$

例 2　设 $y=(\cos x)^{\sin x}$，求 $\frac{\mathrm{d}y}{\mathrm{d}x}$.

解　这个幂指函数的导数可以利用取对数求导法计算，但用全导数公式(4)比较简便. 令

$$u=\cos x,\quad v=\sin x,$$

则

$$y=u^v.$$

由公式(4)

$$\frac{\mathrm{d}y}{\mathrm{d}x}=\frac{\partial y}{\partial u}\frac{\mathrm{d}u}{\mathrm{d}x}+\frac{\partial y}{\partial v}\frac{\mathrm{d}v}{\mathrm{d}x}=vu^{v-1}(-\sin x)+u^v\ln u(\cos x)$$
$$=(\cos x)^{1+\sin x}(\ln\cos x-\tan^2 x).$$

例 3　已知 $f(t)$ 可微，证明 $z=\frac{y}{f(x^2-y^2)}$ 满足方程

$$\frac{1}{x}\frac{\partial z}{\partial x}+\frac{1}{y}\frac{\partial z}{\partial y}=\frac{z}{y^2}.$$

证明　引入中间变量，令 $t=x^2-y^2$，则 $z=\frac{y}{f(t)}$. 注意这里 t,y 为中间变量，x,y 为自变量.

$$\frac{\partial z}{\partial x}=-\frac{2xyf'(t)}{f^2(t)},\quad \frac{\partial z}{\partial y}=\frac{1}{f(t)}+\frac{2y^2f'(t)}{f^2(t)}.$$

于是

$$\frac{1}{x}\frac{\partial z}{\partial x}+\frac{1}{y}\frac{\partial z}{\partial y}=-\frac{2yf'(t)}{f^2(t)}+\frac{2yf'(t)}{f^2(t)}+\frac{1}{yf(t)}=\frac{z}{y^2}.\quad \square$$

（请读者通过矩阵的运算来证明此题.）

例 4　设 $u=f(x,xy,xyz)$，其中 f 可微，求 $\frac{\partial u}{\partial x},\frac{\partial u}{\partial z}$.

解　计算复合函数偏导数时，适当地引入中间变量，将函数分解是很关键的. 像例 3 那样给中间变量一个记号也可，而本例中 f 的三个变量也可简单地用 1,2,3 来标记. 如 f'_1 表示 f 对第一个变量的偏导数. 这样

$$\frac{\partial u}{\partial x}=f'_1+f'_2\cdot y+f'_3\cdot yz,\quad \frac{\partial u}{\partial z}=f'_3\cdot xy.$$

例 5 设 $z=F(x,y)$，$y=\psi(x)$，其中 F,ψ 都有二阶连续的导数，求 $\frac{\mathrm{d}^2z}{\mathrm{d}x^2}$.

解 由全导数公式得

$$\frac{\mathrm{d}z}{\mathrm{d}x}=\frac{\partial F}{\partial x}+\frac{\partial F}{\partial y}\frac{\mathrm{d}y}{\mathrm{d}x}=F'_x(x,y)+F'_y(x,y)\psi'(x)^{①} \tag{7}$$

求二阶导数时，务必注意 $\frac{\partial F}{\partial x}$，$\frac{\partial F}{\partial y}$ 仍是 x,y 的二元函数，y 还是 x 的函数，再用全导数公式得

$$\begin{aligned}\frac{\mathrm{d}^2z}{\mathrm{d}x^2}&=\left(\frac{\partial^2F}{\partial x^2}+\frac{\partial^2F}{\partial x\partial y}\frac{\mathrm{d}y}{\mathrm{d}x}\right)+\left(\frac{\partial^2F}{\partial y\partial x}+\frac{\partial^2F}{\partial y^2}\frac{\mathrm{d}y}{\mathrm{d}x}\right)\frac{\mathrm{d}y}{\mathrm{d}x}+\frac{\partial F}{\partial y}\frac{\mathrm{d}^2y}{\mathrm{d}x^2}\\&=\frac{\partial^2F}{\partial x^2}+2\frac{\partial^2F}{\partial x\partial y}\frac{\mathrm{d}y}{\mathrm{d}x}+\frac{\partial^2F}{\partial y^2}\left(\frac{\mathrm{d}y}{\mathrm{d}x}\right)^2+\frac{\partial F}{\partial y}\frac{\mathrm{d}^2y}{\mathrm{d}x^2}\\&=F''_{xx}(x,y)+2F''_{xy}(x,y)\psi'(x)+F''_{yy}(x,y)\psi'^2(x)+F'_y(x,y)\psi''(x).\end{aligned} \tag{8}$$

显然在求高阶导数时，用(7)，(8)式中最后的表达式表示导数是有利的.

① 如果 $z=F(x,y)$，$y=\psi(x,t)$，x 既是自变量，又是中间变量. 用 $\frac{\partial z}{\partial x}$ 表示 z 对自变量 x 的偏导数，用 $\frac{\partial F}{\partial x}$ 表示 z 对中间变量 x 的偏导数，以示区别.

例 6 设 f 具有二阶连续偏导数，求函数 $u=f\left(x,\frac{x}{y}\right)$ 的混合二阶偏导数.

解 由条件知，两个混合二阶偏导数相等，只需求一个. 因 $\frac{\partial u}{\partial x}=f'_1+f'_2\cdot\frac{1}{y}$，所以

$$\begin{aligned}\frac{\partial^2u}{\partial x\partial y}&=f''_{12}\cdot\frac{-x}{y^2}+f''_{22}\cdot\frac{-x}{y^2}\cdot\frac{1}{y}+f'_2\cdot\frac{-1}{y^2}\\&=-\frac{1}{y^3}(xyf''_{12}+xf''_{22}+yf'_2).\end{aligned}$$

例 7 设 $u=F(x,y)$ 具有二阶连续偏导数，求表达式

$$\left(\frac{\partial u}{\partial x}\right)^2+\left(\frac{\partial u}{\partial y}\right)^2,\quad \frac{\partial^2u}{\partial x^2}+\frac{\partial^2u}{\partial y^2}$$

在极坐标系中的形式.

解 由直角坐标与极坐标的关系 $x=r\cos\theta$，$y=r\sin\theta$ 知，u 是 r,θ 的函数

$$u=F(x,y)=F(r\cos\theta,r\sin\theta)=\Phi(r,\theta),$$

而 $r=\sqrt{x^2+y^2}$，$\theta=\arctan\dfrac{y}{x}$，故

$$\frac{\partial u}{\partial x}=\frac{\partial u}{\partial r}\frac{\partial r}{\partial x}+\frac{\partial u}{\partial \theta}\frac{\partial \theta}{\partial x},\quad \frac{\partial u}{\partial y}=\frac{\partial u}{\partial r}\frac{\partial r}{\partial y}+\frac{\partial u}{\partial \theta}\frac{\partial \theta}{\partial y}.$$

而

$$\frac{\partial r}{\partial x}=\frac{x}{\sqrt{x^2+y^2}}=\frac{x}{r}=\cos\theta,\quad \frac{\partial r}{\partial y}=\frac{y}{\sqrt{x^2+y^2}}=\frac{y}{r}=\sin\theta,$$

$$\frac{\partial \theta}{\partial x}=-\frac{y}{x^2+y^2}=-\frac{\sin\theta}{r},\quad \frac{\partial \theta}{\partial y}=\frac{x}{x^2+y^2}=\frac{\cos\theta}{r}.$$

从而

$$\frac{\partial u}{\partial x}=\frac{\partial u}{\partial r}\cos\theta-\frac{\partial u}{\partial \theta}\frac{\sin\theta}{r},\quad \frac{\partial u}{\partial y}=\frac{\partial u}{\partial r}\sin\theta+\frac{\partial u}{\partial \theta}\frac{\cos\theta}{r},\tag{9}$$

(9)中两式平方相加，得

$$\left(\frac{\partial u}{\partial x}\right)^2+\left(\frac{\partial u}{\partial y}\right)^2=\left(\frac{\partial u}{\partial r}\right)^2+\frac{1}{r^2}\left(\frac{\partial u}{\partial \theta}\right)^2.$$

将(9)中两式分别关于 x,y 求导相加，得

$$\frac{\partial^2 u}{\partial x^2}+\frac{\partial^2 u}{\partial y^2}=\frac{\partial^2 u}{\partial r^2}+\frac{1}{r^2}\frac{\partial^2 u}{\partial \theta^2}+\frac{1}{r}\frac{\partial u}{\partial r}$$

（请读者详细推导）.

全微分形式不变性. 设 $z=z(u,v)$，$u=u(x,y)$，$v=v(x,y)$ 均可微，则

微视频
8.4.3 复合函数的全微分

$$\begin{aligned}
\mathrm{d}z &=\frac{\partial z}{\partial x}\mathrm{d}x+\frac{\partial z}{\partial y}\mathrm{d}y=\left(\frac{\partial z}{\partial x},\frac{\partial z}{\partial y}\right)\begin{pmatrix}\mathrm{d}x\\ \mathrm{d}y\end{pmatrix}\\
&=\left(\frac{\partial z}{\partial u},\frac{\partial z}{\partial v}\right)\begin{pmatrix}\dfrac{\partial u}{\partial x} & \dfrac{\partial u}{\partial y}\\ \dfrac{\partial v}{\partial x} & \dfrac{\partial v}{\partial y}\end{pmatrix}\begin{pmatrix}\mathrm{d}x\\ \mathrm{d}y\end{pmatrix}\\
&=\left(\frac{\partial z}{\partial u},\frac{\partial z}{\partial v}\right)\begin{pmatrix}\mathrm{d}u\\ \mathrm{d}v\end{pmatrix}\\
&=\frac{\partial z}{\partial u}\mathrm{d}u+\frac{\partial z}{\partial v}\mathrm{d}v.
\end{aligned}$$

这说明：当 z 是 u,v 的函数时，不论 u,v 是自变量还是中间变量，z 的全微分形式不变：

$$\mathrm{d}z=\frac{\partial z}{\partial u}\mathrm{d}u+\frac{\partial z}{\partial v}\mathrm{d}v.$$

这对计算全微分和求偏导数都是有益的. 此外，还有下列四则运算的

全微分法则：

1. $\mathrm{d}(u\pm v)=\mathrm{d}u\pm\mathrm{d}v$.

2. $\mathrm{d}(uv)=u\mathrm{d}v+v\mathrm{d}u$, $\mathrm{d}(Cu)=C\mathrm{d}u$ （C 为常数）.

3. $\mathrm{d}\left(\dfrac{u}{v}\right)=\dfrac{v\mathrm{d}u-u\mathrm{d}v}{v^2}$ $(v\neq 0)$.

例 8 求函数 $z=\arctan\dfrac{x}{x^2+y^2}$的全微分与偏导数.

解 令 $z=\arctan u$, $u=\dfrac{x}{v}$, $v=x^2+y^2$, 于是由全微分法则得

$$\begin{aligned}\mathrm{d}z&=\frac{\mathrm{d}u}{1+u^2}=\frac{1}{1+u^2}\,\frac{v\mathrm{d}x-x\mathrm{d}v}{v^2}\\&=\frac{(x^2+y^2)\mathrm{d}x-x(2x\,\mathrm{d}x+2y\mathrm{d}y)}{(x^2+y^2)^2+x^2}=\frac{(y^2-x^2)\mathrm{d}x-2xy\mathrm{d}y}{(x^2+y^2)^2+x^2}.\end{aligned}$$

故

$$\frac{\partial z}{\partial x}=\frac{y^2-x^2}{(x^2+y^2)^2+x^2},\quad \frac{\partial z}{\partial y}=\frac{-2xy}{(x^2+y^2)^2+x^2}.$$

例 9 设 $u=f(x,y,z)$, $y=\varphi(x,t)$, $t=\psi(x,z)$, 其中 f,φ,ψ 均可微, 求 u 的两个偏导数.

解 由全微分形式不变性得

$$\begin{aligned}\mathrm{d}u&=\frac{\partial f}{\partial x}\mathrm{d}x+\frac{\partial f}{\partial y}\mathrm{d}y+\frac{\partial f}{\partial z}\mathrm{d}z\\&=\frac{\partial f}{\partial x}\mathrm{d}x+\frac{\partial f}{\partial y}\left(\frac{\partial\varphi}{\partial x}\mathrm{d}x+\frac{\partial\varphi}{\partial t}\mathrm{d}t\right)+\frac{\partial f}{\partial z}\mathrm{d}z\\&=\frac{\partial f}{\partial x}\mathrm{d}x+\frac{\partial f}{\partial y}\left[\frac{\partial\varphi}{\partial x}\mathrm{d}x+\frac{\partial\varphi}{\partial t}\left(\frac{\partial\psi}{\partial x}\mathrm{d}x+\frac{\partial\psi}{\partial z}\mathrm{d}z\right)\right]+\frac{\partial f}{\partial z}\mathrm{d}z\\&=\left(\frac{\partial f}{\partial x}+\frac{\partial f}{\partial y}\frac{\partial\varphi}{\partial x}+\frac{\partial f}{\partial y}\frac{\partial\varphi}{\partial t}\frac{\partial\psi}{\partial x}\right)\mathrm{d}x+\left(\frac{\partial f}{\partial y}\frac{\partial\varphi}{\partial t}\frac{\partial\psi}{\partial z}+\frac{\partial f}{\partial z}\right)\mathrm{d}z.\end{aligned}$$

故

$$\frac{\partial u}{\partial x}=\frac{\partial f}{\partial x}+\frac{\partial f}{\partial y}\frac{\partial\varphi}{\partial x}+\frac{\partial f}{\partial y}\frac{\partial\varphi}{\partial t}\frac{\partial\psi}{\partial x},\quad \frac{\partial u}{\partial z}=\frac{\partial f}{\partial y}\frac{\partial\varphi}{\partial t}\frac{\partial\psi}{\partial z}+\frac{\partial f}{\partial z}.$$

通过全微分求所有一阶偏导数,比用链式法则求偏导数有时会显得灵活方便,不易出错.

8.5 隐函数求导法

隐函数在实际问题中是常见的. 比如,平面曲线方程 $F(x,y)=0$,

空间曲面方程 $F(x,y,z)=0$,以及空间曲线方程$\begin{cases}F(x,y,z)=0,\\G(x,y,z)=0\end{cases}$等. 下面讨论如何由隐函数方程求偏导数.

一个方程的情况 现在利用复合函数的链式法则给出隐函数的求导公式,并指出隐函数存在的一个充分条件.

微视频
8.5.1 隐函数的存在准则

定理 8.5(隐函数存在定理) 设函数 $F(x,y,z)$ 在点 (x_0,y_0,z_0) 的某邻域内具有连续的偏导数,且

$$F(x_0,y_0,z_0)=0,\quad F'_z(x_0,y_0,z_0)\neq 0,$$

则方程

$$F(x,y,z)=0 \tag{1}$$

在点 (x_0,y_0,z_0) 的某邻域内确定唯一一个函数 $z=f(x,y)$,满足

$$F(x,y,f(x,y))\equiv 0,\quad z_0=f(x_0,y_0).$$

函数 $z=f(x,y)$ 在 (x_0,y_0) 的某邻域内单值、有连续的偏导数,且有偏导数公式

$$\frac{\partial z}{\partial x}=-\frac{F'_x(x,y,z)}{F'_z(x,y,z)},\quad \frac{\partial z}{\partial y}=-\frac{F'_y(x,y,z)}{F'_z(x,y,z)}. \tag{2}$$

(证明从略)仅推导公式(2)的前式. 将恒等式

$$F(x,y,f(x,y))\equiv 0$$

两边关于 x 求导,由链式法则得

$$F'_x(x,y,z)+F'_z(x,y,z)\frac{\partial z}{\partial x}=0.$$

因为 $F'_z(x,y,z)$ 连续,$F'_z(x_0,y_0,z_0)\neq 0$,所以在点 (x_0,y_0,z_0) 的某邻域内,$F'_z(x,y,z)\neq 0$,于是

$$\frac{\partial z}{\partial x}=-\frac{F'_x(x,y,z)}{F'_z(x,y,z)}.$$

同法可推导公式(2)的后式.

对方程 $F(x_1,\cdots,x_n)=0$ 有类似的隐函数存在定理,要求有点 $(x_{1_0},\cdots,x_{n_0})$ 满足方程,在该点处,函数 $F(x_1,\cdots,x_n)$ 对哪个变量的偏导数不等于零,就能把哪个变量作为因变量表示为其余变量的函数,且有公式(2)那样的隐函数求导公式. 例如,当函数 $F(x,y)$ 在点 (x_0,y_0) 附近偏导数连续,且

$$F(x_0,y_0)=0,\quad F'_y(x_0,y_0)\neq 0$$

时,方程

$$F(x,y)=0 \tag{3}$$

可确定函数 $y=f(x)$，并有导数公式

$$\frac{\mathrm{d}y}{\mathrm{d}x}=-\frac{F'_x(x,y)}{F'_y(x,y)}. \tag{4}$$

例 1 已知 $\frac{x^2}{a^2}+\frac{y^2}{b^2}+\frac{z^2}{c^2}=1$，求 $\frac{\partial z}{\partial x},\frac{\partial z}{\partial y}$ 及 $\frac{\partial^2 z}{\partial x\partial y}$.

解 设 $F(x,y,z)=\frac{x^2}{a^2}+\frac{y^2}{b^2}+\frac{z^2}{c^2}-1$，则

$$F'_x=\frac{2x}{a^2},\quad F'_y=\frac{2y}{b^2},\quad F'_z=\frac{2z}{c^2},$$

故

$$\frac{\partial z}{\partial x}=-\frac{c^2x}{a^2z},\quad \frac{\partial z}{\partial y}=-\frac{c^2y}{b^2z}\quad (z\neq 0),$$

$$\frac{\partial^2 z}{\partial x\partial y}=-\left(\frac{c^2x}{a^2z}\right)'_y=\frac{c^2}{a^2}\frac{xz'_y}{z^2}=-\frac{c^4xy}{a^2b^2z^3}.$$

例 2 设有隐函数 $F\left(\frac{x}{z},\frac{y}{z}\right)=0$，其中 F 的偏导数连续，求 $\frac{\partial z}{\partial x}$，$\frac{\partial z}{\partial y}$.

解法 1 由隐函数、复合函数求导法得

$$\frac{\partial z}{\partial x}=-\frac{F'_1\cdot z^{-1}}{F'_1\cdot(-xz^{-2})+F'_2\cdot(-yz^{-2})}=\frac{zF'_1}{xF'_1+yF'_2},$$

$$\frac{\partial z}{\partial y}=-\frac{F'_2\cdot z^{-1}}{F'_1\cdot(-xz^{-2})+F'_2\cdot(-yz^{-2})}=\frac{zF'_2}{xF'_1+yF'_2}.$$

解法 2 利用全微分，将隐函数方程两边取全微分，得

$$F'_1\mathrm{d}\left(\frac{x}{z}\right)+F'_2\mathrm{d}\left(\frac{y}{z}\right)=0,$$

即

$$F'_1\frac{z\mathrm{d}x-x\mathrm{d}z}{z^2}+F'_2\frac{z\mathrm{d}y-y\mathrm{d}z}{z^2}=0,$$

$$zF'_1\mathrm{d}x+zF'_2\mathrm{d}y-(xF'_1+yF'_2)\mathrm{d}z=0,$$

故

$$\mathrm{d}z=\frac{zF'_1\mathrm{d}x+zF'_2\mathrm{d}y}{xF'_1+yF'_2}.$$

从而

$$\frac{\partial z}{\partial x}=\frac{zF_1'}{xF_1'+yF_2'},\quad \frac{\partial z}{\partial y}=\frac{zF_2'}{xF_1'+yF_2'}.$$

由此可见,用全微分来求隐函数的偏导数也是一个途径,且步骤清楚.

方程组的情况 下面讨论由联立方程组所确定的隐函数的求导方法. 设由方程组

$$\begin{cases}F(x,y,u,v)=0,\\G(x,y,u,v)=0\end{cases}\tag{5}$$

微视频
8.5.2 方程组确定隐函数的存在准则

确定两个二元函数

$$u=u(x,y),\quad v=v(x,y).$$

将恒等式

$$\begin{cases}F(x,y,u(x,y),v(x,y))=0,\\G(x,y,u(x,y),v(x,y))=0\end{cases}$$

两边关于 x 求偏导,由链式法则得到

$$\begin{cases}\dfrac{\partial F}{\partial x}+\dfrac{\partial F}{\partial u}\dfrac{\partial u}{\partial x}+\dfrac{\partial F}{\partial v}\dfrac{\partial v}{\partial x}=0,\\[2ex]\dfrac{\partial G}{\partial x}+\dfrac{\partial G}{\partial u}\dfrac{\partial u}{\partial x}+\dfrac{\partial G}{\partial v}\dfrac{\partial v}{\partial x}=0.\end{cases}$$

解这个以$\dfrac{\partial u}{\partial x},\dfrac{\partial v}{\partial x}$为未知量的代数方程组,当系数行列式不为零时,即

$$\begin{vmatrix}\dfrac{\partial F}{\partial u} & \dfrac{\partial F}{\partial v}\\[2ex]\dfrac{\partial G}{\partial u} & \dfrac{\partial G}{\partial v}\end{vmatrix}\neq 0$$

(这就是方程组(5)能确定出两个二元函数 $u=u(x,y)$,$v=v(x,y)$所需要的条件),解得

$$\frac{\partial u}{\partial x}=-\begin{vmatrix}\dfrac{\partial F}{\partial x} & \dfrac{\partial F}{\partial v}\\[2ex]\dfrac{\partial G}{\partial x} & \dfrac{\partial G}{\partial v}\end{vmatrix}\Bigg/\begin{vmatrix}\dfrac{\partial F}{\partial u} & \dfrac{\partial F}{\partial v}\\[2ex]\dfrac{\partial G}{\partial u} & \dfrac{\partial G}{\partial v}\end{vmatrix},\quad \frac{\partial v}{\partial x}=-\begin{vmatrix}\dfrac{\partial F}{\partial u} & \dfrac{\partial F}{\partial x}\\[2ex]\dfrac{\partial G}{\partial u} & \dfrac{\partial G}{\partial x}\end{vmatrix}\Bigg/\begin{vmatrix}\dfrac{\partial F}{\partial u} & \dfrac{\partial F}{\partial v}\\[2ex]\dfrac{\partial G}{\partial u} & \dfrac{\partial G}{\partial v}\end{vmatrix}.\tag{6}$$

上面出现的由函数的偏导数构成的行列式称为**雅可比行列式**. 为简便起见,记

$$\begin{vmatrix}\dfrac{\partial F}{\partial u} & \dfrac{\partial F}{\partial v}\\[2ex]\dfrac{\partial G}{\partial u} & \dfrac{\partial G}{\partial v}\end{vmatrix}=\frac{\partial(F,G)}{\partial(u,v)}.$$

于是

$$\frac{\partial u}{\partial x}=-\frac{\partial(F,G)}{\partial(x,v)}\Bigg/\frac{\partial(F,G)}{\partial(u,v)},\quad \frac{\partial v}{\partial x}=-\frac{\partial(F,G)}{\partial(u,x)}\Bigg/\frac{\partial(F,G)}{\partial(u,v)}. \tag{6'}$$

如果方程组(5)中不出现 y,则 u,v 是 x 的一元函数,(6)式就是其导数公式. 若出现 y,则类似地有

$$\frac{\partial u}{\partial y}=-\frac{\partial(F,G)}{\partial(y,v)}\Bigg/\frac{\partial(F,G)}{\partial(u,v)},\quad \frac{\partial v}{\partial y}=-\frac{\partial(F,G)}{\partial(u,y)}\Bigg/\frac{\partial(F,G)}{\partial(u,v)}. \tag{7}$$

例 3 设 $\begin{cases}x^2+y^2+z^2=50,\\x+2y+3z=4,\end{cases}$ 求 $\frac{\mathrm{d}y}{\mathrm{d}x},\frac{\mathrm{d}z}{\mathrm{d}x}$.

微视频
8.5.3 方程组确定隐函数举例

解 令 $F(x,y,z)=x^2+y^2+z^2-50,G(x,y,z)=x+2y+3z-4$. 这里确定 y,z 是 x 的函数. 由

$$\frac{\partial(F,G)}{\partial(y,z)}=\begin{vmatrix}\frac{\partial F}{\partial y} & \frac{\partial F}{\partial z}\\ \frac{\partial G}{\partial y} & \frac{\partial G}{\partial z}\end{vmatrix}=\begin{vmatrix}2y & 2z\\2 & 3\end{vmatrix}=2(3y-2z),$$

$$\frac{\partial(F,G)}{\partial(x,z)}=\begin{vmatrix}\frac{\partial F}{\partial x} & \frac{\partial F}{\partial z}\\ \frac{\partial G}{\partial x} & \frac{\partial G}{\partial z}\end{vmatrix}=\begin{vmatrix}2x & 2z\\1 & 3\end{vmatrix}=2(3x-z),$$

$$\frac{\partial(F,G)}{\partial(y,x)}=\begin{vmatrix}\frac{\partial F}{\partial y} & \frac{\partial F}{\partial x}\\ \frac{\partial G}{\partial y} & \frac{\partial G}{\partial x}\end{vmatrix}=\begin{vmatrix}2y & 2x\\2 & 1\end{vmatrix}=2(y-2x),$$

于是

$$\frac{\mathrm{d}y}{\mathrm{d}x}=-\frac{\partial(F,G)}{\partial(x,z)}\Bigg/\frac{\partial(F,G)}{\partial(y,z)}=\frac{z-3x}{3y-2z},$$

$$\frac{\mathrm{d}z}{\mathrm{d}x}=-\frac{\partial(F,G)}{\partial(y,x)}\Bigg/\frac{\partial(F,G)}{\partial(y,z)}=\frac{2x-y}{3y-2z}.$$

例 4 设 $u=u(x)$ 由方程组 $u=f(x,y,z),g(x,y,z)=0,h(x,z)=0$ 确定,其中 f,g,h 均可微,且 $g'_y\neq 0,h'_z\neq 0$,求 u'.

解法 1 对隐函数方程组确定的函数求导,首要是认准变量间的关系,分清自变量和因变量. 这里 u 是 x 的一元函数,所以 y,z 都应是 x 的函数. 从方程组

$$g(x,y,z)=0,\quad h(x,z)=0$$

确定 y,z 是 x 的函数. 因

$$\begin{vmatrix} g'_y & g'_z \\ h'_y & h'_z \end{vmatrix} = g'_y h'_z, \quad \begin{vmatrix} g'_x & g'_z \\ h'_x & h'_z \end{vmatrix} = g'_x h'_z - g'_z h'_x, \quad \begin{vmatrix} g'_y & g'_x \\ h'_y & h'_x \end{vmatrix} = g'_y h'_x,$$

故

$$\frac{\mathrm{d}y}{\mathrm{d}x} = \frac{g'_z h'_x - g'_x h'_z}{g'_y h'_z}, \quad \frac{\mathrm{d}z}{\mathrm{d}x} = -\frac{h'_x}{h'_z}.$$

再由链式法则得

$$\frac{\mathrm{d}u}{\mathrm{d}x} = f'_x + f'_y y'_x + f'_z z'_x = f'_x + f'_y \frac{g'_z h'_x - g'_x h'_z}{g'_y h'_z} - f'_z \frac{h'_x}{h'_z}.$$

解法 2　隐函数方程组的偏导数公式(6)可推广到 n 个方程上去. 如本题，设

$$F(x,y,z,u) = f(x,y,z) - u,$$

则

$$\frac{\mathrm{d}u}{\mathrm{d}x} = -\frac{\partial(F,g,h)}{\partial(x,y,z)} \Bigg/ \frac{\partial(F,g,h)}{\partial(u,y,z)} = -\begin{vmatrix} f'_x & f'_y & f'_z \\ g'_x & g'_y & g'_z \\ h'_x & 0 & h'_z \end{vmatrix} \Bigg/ \begin{vmatrix} -1 & f'_y & f'_z \\ 0 & g'_y & g'_z \\ 0 & 0 & h'_z \end{vmatrix}$$

$$= f'_x + f'_y \frac{g'_z h'_x - g'_x h'_z}{g'_y h'_z} - f'_z \frac{h'_x}{h'_z}.$$

解法 3　将每个方程两边取全微分得

$$\begin{cases} \mathrm{d}u = f'_x \mathrm{d}x + f'_y \mathrm{d}y + f'_z \mathrm{d}z, \\ g'_x \mathrm{d}x + g'_y \mathrm{d}y + g'_z \mathrm{d}z = 0, \\ h'_x \mathrm{d}x + h'_z \mathrm{d}z = 0. \end{cases}$$

注意要求的 $\frac{\mathrm{d}u}{\mathrm{d}x}$ 中 x 是唯一的自变量. 由后两式解出 $\mathrm{d}y$, $\mathrm{d}z$，代入第一式，不难得到 $\frac{\mathrm{d}u}{\mathrm{d}x}$.

8.6 偏导数的几何应用

8.6.1 空间曲线的切线与法平面

微视频
8.6.1 空间线面方程
8.6.2 曲线的切线与法平面

设曲线 l 以参数方程

$$x = x(t), \quad y = y(t), \quad z = z(t), \quad t \in I \tag{1}$$

给出. $P_0(x_0, y_0, z_0)$ 和 $P_1(x_0+\Delta x, y_0+\Delta y, z_0+\Delta z)$ 是曲线 l 上的两个点，

对应的参量为 t_0 和 $t_0+\Delta t$. 于是割线 P_0P_1 的方向向量是 $\{\Delta x,\Delta y,\Delta z\}$ 或

$$\left\{\frac{\Delta x}{\Delta t},\frac{\Delta y}{\Delta t},\frac{\Delta z}{\Delta t}\right\}.$$

设 $x'(t_0),y'(t_0),z'(t_0)$ 都存在且不同时为零. 因为点 P_1 沿曲线 l 趋于点 P_0 时 $(\Delta t\to 0)$, 割线的极限位置是曲线 l 在点 P_0 处的**切线**, 所以向量

$$\boldsymbol{t}=\{x'(t_0),y'(t_0),z'(t_0)\} \tag{2}$$

是切线的方向向量, 称为曲线 l 在点 P_0 处的**切向量**. 故曲线 l 在 P_0 处的切线方程为

$$\frac{x-x_0}{x'(t_0)}=\frac{y-y_0}{y'(t_0)}=\frac{z-z_0}{z'(t_0)}. \tag{3}$$

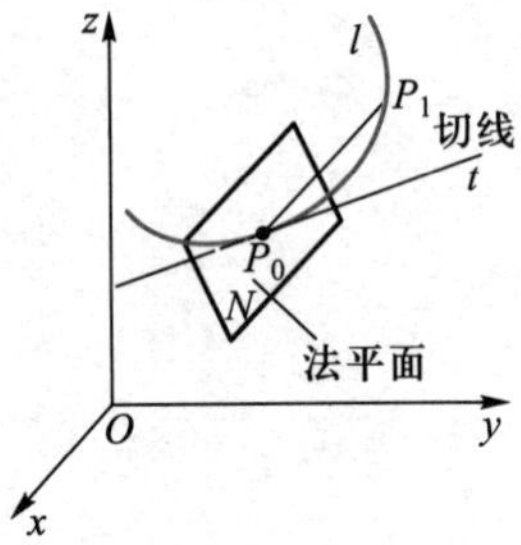

图 8.8

过点 P_0, 且与切线垂直的平面, 称为曲线 l 在点 P_0 处的**法平面** (见图 8.8), 其方程为

$$x'(t_0)(x-x_0)+y'(t_0)(y-y_0)+z'(t_0)(z-z_0)=0. \tag{4}$$

例 1　求曲线 $x=t,y=t^2,z=t^3$ 在点 $P_0(1,1,1)$ 处的切线方程和法平面方程.

解　因 $x'=1,y'=2t,z'=3t^2$, 及点 $P_0(1,1,1)$ 对应参数 $t_0=1$, 所以曲线在点 P_0 处的切向量 $\boldsymbol{t}=\{1,2,3\}$. 于是所求的切线方程为

$$\frac{x-1}{1}=\frac{y-1}{2}=\frac{z-1}{3},$$

法平面方程为

$$(x-1)+2(y-1)+3(z-1)=0,$$

即

$$x+2y+3z-6=0.$$

例 2　设曲线 $x=x(t),y=y(t),z=z(t)$ 在任一点的法平面都过原点, 证明此曲线必在以原点为球心的某球面上.

证明　任取曲线上一点 $(x(t),y(t),z(t))$, 曲线过该点的法平面方程为

$$x'(t)[X-x(t)]+y'(t)[Y-y(t)]+z'(t)[Z-z(t)]=0.$$

因原点 $(0,0,0)$ 在法平面上, 故有

$$x(t)x'(t)+y(t)y'(t)+z(t)z'(t)=0,$$

即

$$[x^2(t)+y^2(t)+z^2(t)]'=0,$$

于是

$$x^2(t)+y^2(t)+z^2(t)=C. \quad \square$$

例 3 在抛物柱面 $y=6x^2$ 与 $z=12x^2$ 的交线上,求对应 $x=\dfrac{1}{2}$ 的点处的切向量.

解 取 x 为参数,题中所述交线的参数方程为

$$x=x, \quad y=6x^2, \quad z=12x^2.$$

于是,$x'=1$,$y'=12x$,$z'=24x$. 所以交线上与 $x=\dfrac{1}{2}$ 对应的点处的切向量

$$\boldsymbol{t}=\{1,6,12\}.$$

设曲线 l 以方程组

$$\begin{cases}F(x,y,z)=0,\\ G(x,y,z)=0\end{cases} \tag{5}$$

给出. $P_0(x_0,y_0,z_0)\in l$,设 F,G 的偏导数在 P_0 处连续,且 $\{F'_x,F'_y,F'_z\}$ 与 $\{G'_x,G'_y,G'_z\}$ 线性无关. 方程组(5)确定两个变量是另一个变量的显函数,例如 $y=y(x)$,$z=z(x)$,则 l 的方程为 $x=x$,$y=y(x)$,$z=z(x)$,所以由隐函数求导法,不难得到曲线 l 在点 P_0 处的切向量

$$\boldsymbol{t}=\left\{\begin{vmatrix}F'_y & F'_z\\ G'_y & G'_z\end{vmatrix},\begin{vmatrix}F'_z & F'_x\\ G'_z & G'_x\end{vmatrix},\begin{vmatrix}F'_x & F'_y\\ G'_x & G'_y\end{vmatrix}\right\}_{P_0}. \tag{6}$$

三个二阶行列式中至少有一个不为零(请读者推出(6)式,并写出切线方程及法平面方程).

例 4 求曲线

$$\begin{cases}2x^2+3y^2+z^2=9,\\ z^2=3x^2+y^2\end{cases}$$

上点 $P_0(1,-1,2)$ 处的切线方程与法平面方程.

解 设 $F=2x^2+3y^2+z^2-9$,$G=3x^2+y^2-z^2$,则

$$F'_x=4x, \quad F'_y=6y, \quad F'_z=2z,$$
$$G'_x=6x, \quad G'_y=2y, \quad G'_z=-2z,$$

所以在点 $P_0(1,-1,2)$ 处的切向量

$$\boldsymbol{t}=\left\{\begin{vmatrix}6y & 2z\\ 2y & -2z\end{vmatrix},\begin{vmatrix}2z & 4x\\ -2z & 6x\end{vmatrix},\begin{vmatrix}4x & 6y\\ 6x & 2y\end{vmatrix}\right\}_{P_0}=\{32,40,28\}.$$

故切向量的方向数为 8,10,7. 于是所求的切线方程为

$$\frac{x-1}{8}=\frac{y+1}{10}=\frac{z-2}{7}.$$

法平面方程为

$$8(x-1)+10(y+1)+7(z-2)=0,$$

即

$$8x+10y+7z-12=0.$$

8.6.2 曲面的切平面与法线

微视频
8.6.3 空间二次曲面方程
8.6.4 曲面的切平面与法线

设曲面 Σ 由隐函数方程

$$F(x,y,z)=0 \tag{7}$$

给出,点 $P_0(x_0,y_0,z_0)\in\Sigma$,函数 $F(x,y,z)$ 在 P_0 处可微,F'_x,F'_y,F'_z 在点 P_0 处不同时为零. 在曲面 Σ 上过 P_0 任意作一条(光滑)曲线,设其方程为

$$x=x(t),\quad y=y(t),\quad z=z(t). \tag{8}$$

点 P_0 对应参数 t_0,于是有

$$F(x(t),y(t),z(t))\equiv 0.$$

两边在 t_0 处求导,由全导数公式得

$$F'_x(x_0,y_0,z_0)x'(t_0)+F'_y(x_0,y_0,z_0)y'(t_0)+F'_z(x_0,y_0,z_0)z'(t_0)=0.$$

此式表明:向量

$$\boldsymbol{n}=\{F'_x(x_0,y_0,z_0),F'_y(x_0,y_0,z_0),F'_z(x_0,y_0,z_0)\} \tag{9}$$

与曲线(8)在 P_0 处的切向量 $\boldsymbol{t}=\{x'(t_0),y'(t_0),z'(t_0)\}$ 垂直. 由曲线(8)的任意性知,曲面 Σ 上过点 P_0 的任何(光滑)曲线在 P_0 处的切线都与向量 $\boldsymbol{n}$ 垂直,从而这些切线都在一个平面上,称此平面为曲面在点 P_0 处的**切平面**,$\boldsymbol{n}$ 为其法向量,也称 $\boldsymbol{n}$ 为曲面在点 P_0 处的**法向量**. 故曲面 Σ 在 P_0 处的切平面方程为

$$F'_x(x_0,y_0,z_0)(x-x_0)+F'_y(x_0,y_0,z_0)(y-y_0)+F'_z(x_0,y_0,z_0)(z-z_0)=0. \tag{10}$$

过点 P_0 且以法向量 $\boldsymbol{n}$ 为方向向量的直线称为曲面在 P_0 处的**法线**,其方程为

$$\frac{x-x_0}{F'_x(x_0,y_0,z_0)}=\frac{y-y_0}{F'_y(x_0,y_0,z_0)}=\frac{z-z_0}{F'_z(x_0,y_0,z_0)}. \tag{11}$$

现在从几何上考察曲线(5),它是两个曲面的交线,所以它的切

向量同时垂直于两个曲面的法向量,故

$$t=n_F\times n_G=\begin{vmatrix} i & j & k \\ F'_x & F'_y & F'_z \\ G'_x & G'_y & G'_z \end{vmatrix}$$

是曲线(5)的切向量,与公式(6)完全一致.

当曲面 Σ 由显函数

$$z=f(x,y) \tag{12}$$

给出,且 $f(x,y)$ 可微时,将曲面方程变为

$$F(x,y,z)=f(x,y)-z=0,$$

从而有

$$F'_x(x_0,y_0,z_0)=f'_x(x_0,y_0),F'_y(x_0,y_0,z_0)=f'_y(x_0,y_0),F'_z(x_0,y_0,z_0)=-1.$$

即曲面在点 $P_0(x_0,y_0,z_0)$ 处的法向量

$$n=\{f'_x(x_0,y_0),f'_y(x_0,y_0),-1\}. \tag{13}$$

故曲面在点 $P_0(x_0,y_0,z_0)$ 处的切平面方程为

$$z-z_0=f'_x(x_0,y_0)(x-x_0)+f'_y(x_0,y_0)(y-y_0), \tag{14}$$

法线方程为

$$\frac{x-x_0}{f'_x(x_0,y_0)}=\frac{y-y_0}{f'_y(x_0,y_0)}=\frac{z-z_0}{-1}. \tag{15}$$

微视频

8.6.5 曲面的切平面与法线举例

例 5 求椭球面 $\frac{x^2}{3}+\frac{y^2}{12}+\frac{z^2}{27}=1$ 上点 $P_0(1,2,3)$ 处的切平面和法线方程.

解 设 $F(x,y,z)=\frac{x^2}{3}+\frac{y^2}{12}+\frac{z^2}{27}-1$,则曲面在点 P_0 处的法向量为

$$n=\left\{\frac{2}{3}x,\frac{1}{6}y,\frac{2}{27}z\right\}\bigg|_{(1,2,3)}=\frac{1}{9}\{6,3,2\}.$$

故所求的切平面方程为

$$6(x-1)+3(y-2)+2(z-3)=0,$$

即

$$6x+3y+2z-18=0.$$

法线方程为

$$\frac{x-1}{6}=\frac{y-2}{3}=\frac{z-3}{2}.$$

例 6 求旋转抛物面 $z=x^2+y^2-1$ 在任意点 $P(x,y,z)$ 处向上的法向量(即与 z 轴夹角为锐角的法向量).

解 因为$f(x,y)=x^2+y^2-1$,而

$$\{f'_x,f'_y,-1\}_P=\{2x,2y,-1\}$$

为向下的法向量(第三个分量为负),故向上的法向量

$$\boldsymbol{n}=\{-2x,-2y,1\}.$$

当曲面Σ以参数方程

$$x=x(u,v),\quad y=y(u,v),\quad z=z(u,v) \tag{16}$$

给出,其中u,v为双参变量.求(u_0,v_0)对应的点$P_0(x_0,y_0,z_0)$处的法向量$\boldsymbol{n}$.

固定$v=v_0$,让u变化得到曲面Σ上一条所谓的u曲线

$$x=x(u,v_0),\quad y=y(u,v_0),\quad z=z(u,v_0).$$

它在P_0处的切向量为

$$\boldsymbol{t}_u=\left\{\frac{\partial x}{\partial u},\frac{\partial y}{\partial u},\frac{\partial z}{\partial u}\right\}\Bigg|_{\substack{u=u_0\\v=v_0}}.$$

同样,固定$u=u_0$,得到另一条所谓的v曲线,它在P_0处的切向量为

$$\boldsymbol{t}_v=\left\{\frac{\partial x}{\partial v},\frac{\partial y}{\partial v},\frac{\partial z}{\partial v}\right\}\Bigg|_{\substack{u=u_0\\v=v_0}}.$$

曲面Σ的法向量$\boldsymbol{n}_{P_0}$同时与$\boldsymbol{t}_u,\boldsymbol{t}_v$垂直,故有公式

$$\boldsymbol{n}_{P_0}=\begin{vmatrix}\boldsymbol{i}&\boldsymbol{j}&\boldsymbol{k}\\x'_u&y'_u&z'_u\\x'_v&y'_v&z'_v\end{vmatrix}_{P_0}. \tag{17}$$

例7 求马鞍面$x=u+v,y=u-v,z=uv$上$u=1,v=1$对应点处的切平面方程.

解 $u=1,v=1$对应的点为$(2,0,1)$,曲面的法向量

$$\boldsymbol{n}=\begin{vmatrix}\boldsymbol{i}&\boldsymbol{j}&\boldsymbol{k}\\1&1&v\\1&-1&u\end{vmatrix}_{\substack{u=1\\v=1}}=\{2,0,-2\},$$

故所求的切平面方程为

$$2(x-2)-2(z-1)=0,$$

即

$$z=x-1.$$

8.6.3 二元函数全微分的几何意义

微视频
8.6.6 全微分的几何意义

因为切平面方程(14)的右边的表达式恰好是二元函数$z=f(x,y)$

在点(x_0,y_0)处的全微分，所以(14)式说明：二元函数$z=f(x,y)$在点(x_0,y_0)处的全微分等于其切平面竖坐标的增量(见图8.9).

二元函数$z=f(x,y)$在点(x_0,y_0)处可微，几何上表明曲面$z=f(x,y)$在点(x_0,y_0,z_0)处有切平面，且此切平面不平行于z轴.

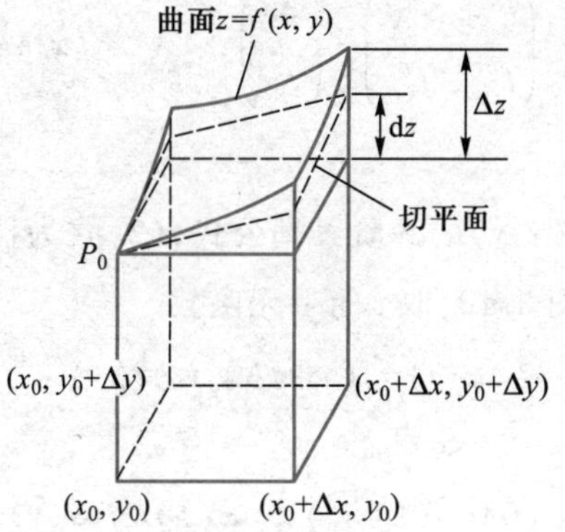

图8.9

8.7　多元函数的一阶泰勒公式与极值

8.7.1　多元函数的一阶泰勒公式

同一元函数一样，多元函数也有泰勒公式，用以解决多元多项式逼近多元函数问题. 这里为了解决二元函数极值问题，仅介绍二元函数的一阶泰勒公式①. 利用向量、矩阵，将使二元函数的一阶泰勒公式结构更精美. 为此，先熟悉一些记号.

设$z=f(x,y)$在点$X_0(x_0,y_0)$的某邻域$U(X_0)$内有二阶连续的偏导数，$X(x,y)$是$U(X_0)$内的点. 记$\Delta X=(\Delta x,\Delta y)=(x-x_0,y-y_0)$. 称函数$z=f(x,y)$的两个一阶偏导数构成的向量

$$(f'_x,f'_y)_X$$

为$f(x,y)$的梯度. 四个二阶偏导数构成的方阵

$$\boldsymbol{H}(X)=\begin{pmatrix} f''_{xx} & f''_{xy} \\ f''_{yx} & f''_{yy} \end{pmatrix}_X$$

称为$f(x,y)$的黑塞(Hessian)矩阵.

定理8.6　若二元函数$z=f(x,y)$在X_0的某邻域$U(X_0)$内有二阶连续的偏导数，则对$U(X_0)$内任一点$X(x,y)$，存在数$\theta(0<\theta<1)$，

① 若二元函数$f(x,y)$在(x_0,y_0)的邻域内有$n+1$阶导数连续，则有n阶泰勒公式

$$\begin{aligned} &f(x_0+h,y_0+k)\\ &=f(x_0,y_0)+\left(h\frac{\partial}{\partial x}+k\frac{\partial}{\partial y}\right)f(x_0,y_0)\\ &\quad+\cdots+\frac{1}{n!}\left(h\frac{\partial}{\partial x}+k\frac{\partial}{\partial y}\right)^n f(x_0,y_0)\\ &\quad+\frac{1}{(n+1)!}\left(h\frac{\partial}{\partial x}+k\frac{\partial}{\partial y}\right)^{n+1} f(x_0+\theta h,\\ &\quad y_0+\theta k), \end{aligned}$$

其中$0<\theta<1$，$\left(h\frac{\partial}{\partial x}+k\frac{\partial}{\partial y}\right)^n$是形式地按牛顿二项展开式展开的微分算符(算子).

微视频
8.7.1 多元函数的泰勒公式

使得

$$f(x,y)=f(x_0,y_0)+(f'_x,f'_y)_{X_0}\begin{pmatrix}\Delta x\\ \Delta y\end{pmatrix}+R, \tag{1}$$

其中

$$R=\frac{1}{2!}(\Delta x,\Delta y)\begin{pmatrix}f''_{xx} & f''_{xy}\\ f''_{yx} & f''_{yy}\end{pmatrix}_{X^*}\begin{pmatrix}\Delta x\\ \Delta y\end{pmatrix},\quad X^*=(x_0+\theta\Delta x,y_0+\theta\Delta y). \tag{2}$$

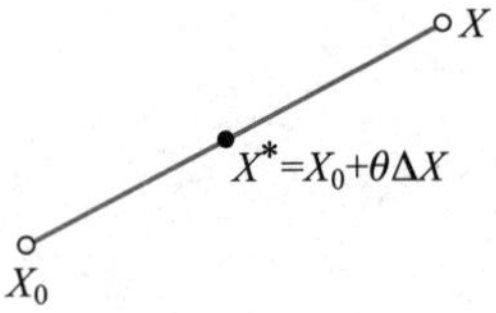

图 8.10

称(1)式为$f(x,y)$的一阶**泰勒公式**,(2)式为拉格朗日型余项.

*证明 参看图 8.10,取 t 的一元函数

$$\varphi(t)=f(x_0+t\Delta x,y_0+t\Delta y)$$

为辅助函数,则

$$\varphi(0)=f(x_0,y_0),\quad \varphi(1)=f(x,y).$$

由全导数公式

$$\begin{aligned}\varphi'(t)&=f'_x\Delta x+f'_y\Delta y\\ &=(f'_x,f'_y)_{X_0+t\Delta X}\begin{pmatrix}\Delta x\\ \Delta y\end{pmatrix}=(\Delta x,\Delta y)\begin{pmatrix}f'_x\\ f'_y\end{pmatrix}_{X_0+t\Delta X},\end{aligned}$$

$$\varphi''(t)=(\Delta x,\Delta y)\begin{pmatrix}f''_{xx} & f''_{xy}\\ f''_{yx} & f''_{yy}\end{pmatrix}_{X_0+t\Delta X}\begin{pmatrix}\Delta x\\ \Delta y\end{pmatrix}.$$

在 $\varphi(t)$ 的一阶麦克劳林公式

$$\varphi(t)=\varphi(0)+\varphi'(0)t+\frac{1}{2!}\varphi''(\theta t)t^2,0<\theta<1$$

中令 $t=1$,并将上面计算的结果代入,便得到公式(1). □

推论 在定理 8.6 的条件下,$f(x,y)$还可表示为

$$f(x,y)=f(x_0,y_0)+(f'_x,f'_y)_{X_0}\begin{pmatrix}\Delta x\\ \Delta y\end{pmatrix}+$$

$$\frac{1}{2!}(\Delta x,\Delta y)\begin{pmatrix}f''_{xx} & f''_{xy}\\ f''_{yx} & f''_{yy}\end{pmatrix}_{X_0}\begin{pmatrix}\Delta x\\ \Delta y\end{pmatrix}+o(|\Delta X|^2). \tag{3}$$

称(3)式为$f(X)$带佩亚诺型余项的二阶泰勒公式. 与一元函数的泰勒公式比较,不难想象$f(X)$的雅可比矩阵和黑塞矩阵(在连续的条件下),在多元函数微分学中起着一元函数的导数与二阶导数的作用. 比如在公式(1)中,去掉余项 R,得到$f(X)$的线性近似. 对二元函数来说就是用切平面

$$z=f(x_0,y_0)+(f'_x,f'_y)\begin{pmatrix}x-x_0\\y-y_0\end{pmatrix}$$

近似代替曲面 $z=f(x,y)$. 由公式(3)知,当 $\boldsymbol{H}(X_0)$ 正定时,曲面位于切平面上方,表明曲面是局部下凸的;当 $\boldsymbol{H}(X_0)$ 负定时,曲面位于切平面下方,表明曲面局部是上凸的.

8.7.2 多元函数的极值

微视频
8.7.2 二元函数的极值

定义 8.12 设二元函数 $z=f(X)$ 在点 X_0 的某邻域 $U_\delta(X_0)$ 内有定义,且

$$f(X)\leqslant f(X_0)\quad (f(X)\geqslant f(X_0)),$$

则称函数 $z=f(X)$ 在点 X_0 处取**极大(小)值** $f(X_0)$,并称 X_0 为**极值点**.

极大值与极小值统称为函数的**极值**.

例如,二元函数 $f(x,y)=3x^2+4y^2$(椭圆抛物面)在点(0,0)处取极小值 $f(0,0)=0$,二元函数 $g(x,y)=1-\sqrt{x^2+(y-1)^2}$(锥面)在点(0,1)处取极大值 $g(0,1)=1$.

定理 8.7(极值的必要条件) 设函数 $z=f(X)$ 在点 X_0 处取极值,且在该点处函数的偏导数都存在,则必有

$$(f'_x,f'_y)_{X_0}=\mathbf{0}. \tag{4}$$

证明 因为 $f(X)$ 在 X_0 处取极值,所以一元函数 $f(x,y_0)$ 在 x_0 处取极值,故 $f'_x(X_0)=0$. 同理可证 $f'_y(X_0)=0$. □

凡使(4)式成立的点 X_0,均称为函数 $u=f(X)$ 的**驻点**. 可微函数的极值点必为驻点,但驻点不一定是极值点,例如 $z=x^2-y^2$,显然原点(0,0)是驻点,却不是极值点(是马鞍形的鞍点). 所以,驻点是否为极值点还要进一步判定.

定理 8.8(极值的充分条件) 设 X_0 是函数 $f(X)$ 的驻点,$f(X)\in C^2(U_\delta(X_0))$. 若 $f(X)$ 在点 X_0 的黑塞矩阵 $\boldsymbol{H}(X_0)$ 正定(负定),则 $f(X_0)$ 为 $f(X)$ 的极小值(极大值);若 $\boldsymbol{H}(X_0)$ 变号,则 $f(X_0)$ 不是 $f(X)$ 的极值.

证明 由于 X_0 是 $f(X)$ 的驻点,所以

$$(f'_x,f'_y)=\mathbf{0}.$$

因此,由 $f(X)$ 在 X_0 处的二阶泰勒公式(3)得

$$f(X)-f(X_0)=\frac{1}{2!}\Delta X\boldsymbol{H}(X_0)(\Delta X)^{\mathrm{T}}+o(|\Delta X|^2). \tag{5}$$

当 $\boldsymbol{H}(X_0)$ 定号时,在 X_0 充分小的去心邻域内,$f(X)-f(X_0)$ 的符号取决于(5)式右端第一项. 若 $\boldsymbol{H}(X_0)$ 正定,则 $f(X)-f(X_0)>0$,$f(X_0)$ 为极小值;若 $\boldsymbol{H}(X_0)$ 负定,则 $f(X)-f(X_0)<0$,$f(X_0)$ 为极大值.

当 $\boldsymbol{H}(X_0)$ 是变号的,在 X_0 的充分小的邻域内,总有点 X_1 和 X_2,使二次型

$$\Delta X_1 H(X_0)(\Delta X_1)^{\mathrm{T}}>0, \quad \Delta X_2 \boldsymbol{H}(X_0)(\Delta X_2)^{\mathrm{T}}<0,$$

从而 $f(X_1)>f(X_0)$,$f(X_2)<f(X_0)$,所以 $f(X_0)$ 不是极值. □

推论 设 (x_0,y_0) 为二元函数 $f(x,y)$ 的驻点,且 $f(x,y)\in C^2(U(x_0,y_0))$,记

$$f''_{xx}(x_0,y_0)=A, \quad f''_{xy}(x_0,y_0)=B, \quad f''_{yy}(x_0,y_0)=C.$$

(1) 若 $A>0, AC-B^2>0$,则 $f(x_0,y_0)$ 为极小值;

(2) 若 $A<0, AC-B^2>0$,则 $f(x_0,y_0)$ 为极大值;

(3) 若 $AC-B^2<0$,则 $f(x_0,y_0)$ 不是极值.

这是因为 $\boldsymbol{H}(x_0,y_0)=\begin{pmatrix}A & B\\ B & C\end{pmatrix}$ 正定的充要条件是顺序主子式均为正,负定的充要条件是顺序主子式负正相间. 而 $\boldsymbol{H}(x_0,y_0)$ 的行列式小于零,说明它的两个特征值异号,所以 $\boldsymbol{H}(x_0,y_0)$ 是变号的,此时点 (x_0,y_0) 对应曲面 $z=f(x,y)$ 上的鞍点或双曲点.

微视频
8.7.3 二元函数的极值举例

例 1 确定函数 $f(x,y)=x^3-y^2+3x^2+4y-9x$ 的极值.

解 由方程组

$$\begin{cases} f'_x(x,y)=3x^2+6x-9=0, \\ f'_y(x,y)=-2y+4=0 \end{cases}$$

解得驻点为 $(-3,2)$ 及 $(1,2)$,又

$$f''_{xx}(x,y)=6x+6, \quad f''_{xy}(x,y)=0, \quad f''_{yy}(x,y)=-2.$$

在点 $(-3,2)$ 处,$A=-12<0$,$AC-B^2=24>0$,故 $f(-3,2)=31$ 为极大值.

在点 $(1,2)$ 处,$AC-B^2=-24<0$,故 $f(1,2)=-1$ 不是极值.

同一元函数一样,求多元可微函数在有界闭域上的最大(小)值,可先求出函数在该闭域内的一切驻点上的函数值,以及函数在闭域的边界上的最大(小)值,这些函数值中最大(小)的便是所求的最大(小)值. 但要注意,多元可微函数在区域内若有唯一驻点,且取极大值,也未必是最大值!

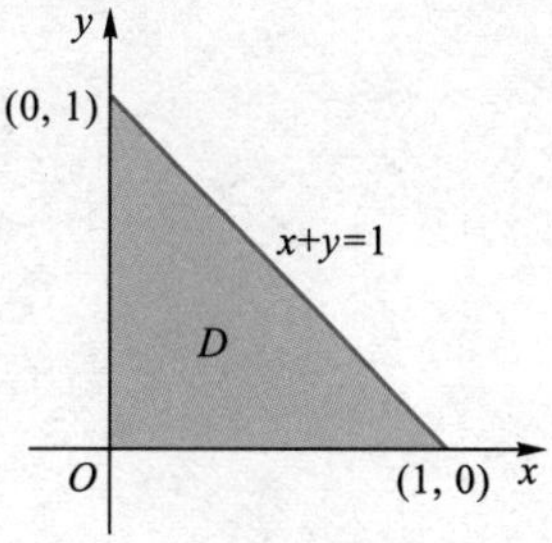

图 8.11

例 2 求函数 $z=1-x+x^2+2y$ 在直线 $x=0, y=0$ 及 $x+y=1$ 围成的三角形闭域 D(见图 8.11)上的最大(小)值.

解 由于 $z'_x=-1+2x, z'_y=2\neq 0$,所以在 D 内函数无极值,最大(小)值只能在边界上.

(1) 在边界线 $x=0, 0\leqslant y\leqslant 1$ 上,

$$z=1+2y.$$

由于 $z'_y=2>0$,$z=1+2y$ 单调上升,所以,$z(0,0)=1$ 最小,$z(0,1)=3$ 最大.

(2) 在边界线 $y=0, 0\leqslant x\leqslant 1$ 上,

$$z=1-x+x^2.$$

由于 $z'_x=-1+2x$,有驻点 $x=\frac{1}{2}$,对应的函数值为 $z\left(\frac{1}{2},0\right)=\frac{3}{4}$,又在端点(1,0)处有 $z(1,0)=1$.

(3) 在边界线 $x+y=1, 0\leqslant x\leqslant 1$ 上,

$$z=1-x+x^2+2(1-x)=3-3x+x^2.$$

由于 $z'_x=-3+2x<0\,(0\leqslant x\leqslant 1)$,所以函数单调下降,最大(小)值在端点处.

比较 $z(0,0), z(1,0), z(0,1)$ 及 $z\left(\frac{1}{2},0\right)$ 知

$$z_{\min}=z\left(\frac{1}{2},0\right)=\frac{3}{4},\quad z_{\max}=z(0,1)=3.$$

例 3 在椭球 $\frac{x^2}{a^2}+\frac{y^2}{b^2}+\frac{z^2}{c^2}=1$ 的内接长方体中,求最大的体积.

解 设长方体的棱与坐标轴平行,在第一卦限内的顶点为 $M(x,y,z)$,则

$$V=8xyz=8cxy\sqrt{1-\frac{x^2}{a^2}-\frac{y^2}{b^2}}.\quad D:\frac{x^2}{a^2}+\frac{y^2}{b^2}<1, x>0, y>0.$$

因为

$$\frac{\partial V}{\partial x}=\frac{8cy}{\sqrt{1-\frac{x^2}{a^2}-\frac{y^2}{b^2}}}\left(1-2\frac{x^2}{a^2}-\frac{y^2}{b^2}\right),$$

$$\frac{\partial V}{\partial y}=\frac{8cx}{\sqrt{1-\frac{x^2}{a^2}-\frac{y^2}{b^2}}}\left(1-\frac{x^2}{a^2}-2\frac{y^2}{b^2}\right).$$

令$\dfrac{\partial V}{\partial x}=0,\dfrac{\partial V}{\partial y}=0$,解得唯一的驻点 $x=\dfrac{a}{\sqrt{3}},y=\dfrac{b}{\sqrt{3}}$. 又由于 V 的最大值显然存在,且在区域 D 内,故所求的最大体积为

$$V_{\max}=V\left(\frac{a}{\sqrt{3}},\frac{b}{\sqrt{3}}\right)=\frac{8\sqrt{3}}{9}abc.$$

8.7.3 条件极值、拉格朗日乘数法

微视频
8.7.4 函数的条件极值

极值问题有两类. 其一,求函数在给定的区域上的极值,对自变量没有其他要求,这种极值称为**无条件极值**,如例 1. 其二,对自变量另有一些附加的约束条件限制下的极值,称为**条件极值**,如例 3,对体积函数 $V=8xyz$ 附加条件为 x,y,z 满足$\dfrac{x^2}{a^2}+\dfrac{y^2}{b^2}+\dfrac{z^2}{c^2}=1$. 对条件极值问题我们可以像例 3 那样从约束条件中解出$z=c\sqrt{1-\dfrac{x^2}{a^2}-\dfrac{y^2}{b^2}}$代入体积函数中,将问题转化为新的函数 $V=8cxy\sqrt{1-\dfrac{x^2}{a^2}-\dfrac{y^2}{b^2}}$ 的无条件极值问题来处理. 但有时这样做很困难,甚至是做不到的. 下面根据例 3 中处理问题的思想,推导出一个直接的方法——拉格朗日乘数法.

设函数

$$z=f(x,y) \tag{6}$$

在约束条件

$$\varphi(x,y)=0 \tag{7}$$

下,在点(x_0,y_0)处取极值. 在(x_0,y_0)的某邻域内,函数$f(x,y)$,$\varphi(x,y)$有连续的偏导数,且 $\varphi_y'(x_0,y_0)\neq 0$. 于是由隐函数存在定理,知方程 $\varphi(x,y)=0$ 在 x_0 的某邻域内确定一个单值连续可微函数 $y=y(x)$ $(y_0=y(x_0))$. 从而一元函数

$$z=f(x,y(x))$$

在 x_0 处取极值. 由取极值的必要条件知

$$\left.\frac{\mathrm{d}z}{\mathrm{d}x}\right|_{x=x_0}=f_x'(x_0,y_0)+f_y'(x_0,y_0)\left.\frac{\mathrm{d}y}{\mathrm{d}x}\right|_{x=x_0}=0.$$

又由隐函数求导法得

$$\left.\frac{\mathrm{d}y}{\mathrm{d}x}\right|_{x=x_0}=-\frac{\varphi_x'(x_0,y_0)}{\varphi_y'(x_0,y_0)},$$

从而有

$$f'_x(x_0,y_0)-\frac{f'_y(x_0,y_0)}{\varphi'_y(x_0,y_0)}\varphi'_x(x_0,y_0)=0.$$

设

$$\frac{f'_y(x_0,y_0)}{\varphi'_y(x_0,y_0)}=-\lambda_0,$$

则 x_0,y_0,λ_0 必须满足

$$\begin{cases}f'_x(x_0,y_0)+\lambda_0\varphi'_x(x_0,y_0)=0,\\f'_y(x_0,y_0)+\lambda_0\varphi'_y(x_0,y_0)=0,\\\varphi(x_0,y_0)=0.\end{cases}$$

这恰好相当于函数

$$F(x,y,\lambda)=f(x,y)+\lambda\varphi(x,y) \tag{8}$$

在 (x_0,y_0,λ_0) 处取无条件极值的必要条件.

总之,求函数(6)在条件(7)下的条件极值,可以通过函数(8)取无条件极值来解决.如果 (x_0,y_0,λ_0) 是函数(8)的驻点,则 (x_0,y_0) 就可能是条件极值点,这种方法叫做**拉格朗日乘数法**.函数(8)称为拉格朗日函数.

例 4 长方体表面积为 a^2,底面长与宽的比值为 3 : 2,求长、宽与高各为多少时体积最大.

微视频
8.7.5 函数的条件极值举例

解 设长方体的长为 $3x$,宽为 $2x$,高为 y,则体积

$$V=6x^2y \quad (x>0,y>0).$$

约束条件是表面积为 a^2,即

$$12x^2+10xy=a^2.$$

设

$$F(x,y,\lambda)=6x^2y+\lambda(12x^2+10xy-a^2).$$

令

$$\begin{cases}F'_x=12xy+24\lambda x+10\lambda y=0,\\F'_y=6x^2+10\lambda x=0,\\12x^2+10xy=a^2.\end{cases}$$

解得唯一可能的极值点 $x=\frac{a}{6},y=\frac{2a}{5}$.而这一实际问题的最大体积存

在,所以,长为$\frac{a}{2}$,宽为$\frac{a}{3}$,高为$\frac{2a}{5}$的长方体体积最大.

拉格朗日乘数法对一般多元函数在多个附加条件下的条件极值问题也适用. 比如,求函数

$$u=f(x_1,\cdots,x_n)$$

在条件

$$\varphi_i(x_1,\cdots,x_n)=0 \quad (i=1,2,\cdots,m,m<n)$$

下的条件极值. 可以从函数

$$F(x_1,\cdots,x_n,\lambda_1,\cdots,\lambda_m)=f(x_1,\cdots,x_n)+\sum_{i=1}^{m}\lambda_i\varphi_i(x_1,\cdots,x_n)$$

的驻点$(x_1,\cdots,x_n,\lambda_1,\cdots,\lambda_m)$中得到可能的条件极值的极值点$(x_1,\cdots,x_n)$.

例5 求旋转抛物面$z=x^2+y^2$与平面$x+y+z=1$的交线上到坐标原点最近的点与最远的点.

解 设

$$F(x,y,z,\lambda_1,\lambda_2)=x^2+y^2+z^2+\lambda_1(x^2+y^2-z)+\lambda_2(x+y+z-1).$$

令F的所有偏导数为零,得

$$2x+2\lambda_1x+\lambda_2=0,\quad 2y+2\lambda_1y+\lambda_2=0,\quad 2z-\lambda_1+\lambda_2=0,$$

$$x^2+y^2-z=0,\quad x+y+z-1=0.$$

解得两个可能的极值点

$$M_1\left(-\frac{1+\sqrt{3}}{2},-\frac{1+\sqrt{3}}{2},2+\sqrt{3}\right),\quad M_2\left(\frac{\sqrt{3}-1}{2},\frac{\sqrt{3}-1}{2},2-\sqrt{3}\right).$$

由于

$$|OM_1|=\sqrt{9+5\sqrt{3}},\quad |OM_2|=\sqrt{9-5\sqrt{3}},$$

所以,离原点最近的点是M_2,最远的点是M_1.

8.8 方向导数与梯度

微视频
8.8.1 数量场的概念

如果在空间(或部分空间区域)D上,每个点都对应着某个物理量的一个确定值. 我们把该物理量在D上的这个分布称为该物理量的场. 若分布不随时间变化,称为**稳定场**,否则称为**不稳定场**. 物理量为数量的场叫做**数量场**,物理量为向量的场叫做**向量场**. 例如,温度场、密度场、电位场都是数量场,而力场、速度场、电场强度场都是向

量场. 如果 D 是平面区域,相应的场叫**平面场**.

稳定的数量场中,物理量 u 的分布是点 P 的数量函数 $u=u(P)$,$P\in D$. 稳定的向量场中,物理量 $\boldsymbol{A}$ 的分布是点 P 的向量函数 $\boldsymbol{A}=\boldsymbol{A}(P)$,$P\in D$.

本节只介绍稳定的数量场(就是区域 D 上的点函数)的两个重要概念.

8.8.1 方向导数

在数量场 $u=u(P)$,$P\in D$ 中,使 u 取同一值 C 的点的集合 $\{P\mid u(P)=C,P\in D\}$ 称为数量场的一个**等值面**. 它通常是空间曲面,例如温度场中的等温面,电势场中的等势面.

所有等值面充满了场,并把场分"层",不同的等值面不相交,场内每一点都有且仅有一个等值面通过(见图 8.12).

图 8.12

平面数量场 $v=v(P)$,$P\in D$ 中,取同一数值 C 的点的集合称为**等值线**. 如地形图上的等高线,地面气象图上的等压线等. 图 8.13 画出了 $v=\sqrt{4-x^2-y^2}$ 的图形及等值线.

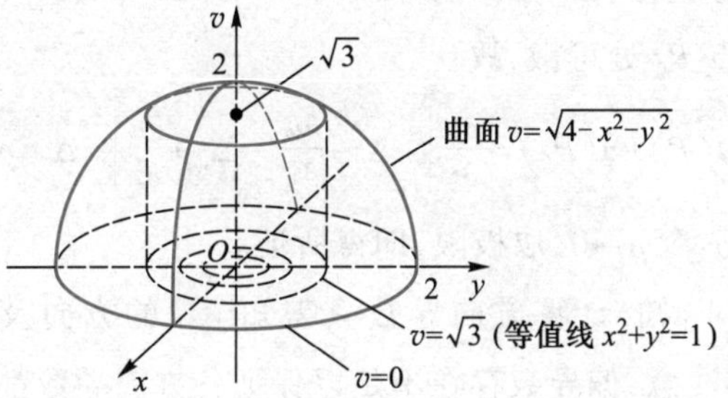

图 8.13

考察数量场 $u=u(P)$,$P\in D$ 在一点处沿指定方向的变化率问题是数量场研究中的核心问题之一.

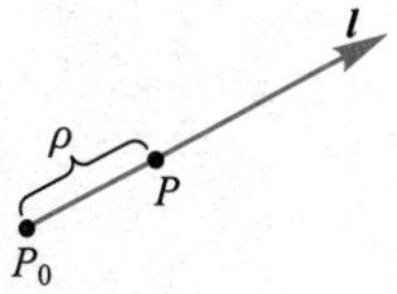

图 8.14

定义 8.13 设点 $P_0\in D$,l 是从 P_0 引出的射线(图8.14),$\boldsymbol{l}$ 为其方向向量. 在 l 上取一邻近点 P_0 的动点 P,记 $|PP_0|=\rho$,如果当 $P\xrightarrow{l}P_0$ 时,比式

$$\frac{\Delta u}{\rho}=\frac{u(P)-u(P_0)}{|PP_0|}$$

的极限存在,则称此极限为场(函数)$u=u(P)$在点 P_0 处沿 $\boldsymbol{l}$ 方向的

微视频
8.8.2 方向导数

方向导数，记为$\left.\frac{\partial u}{\partial \boldsymbol{l}}\right|_{P_0}$，即

$$\left.\frac{\partial u}{\partial \boldsymbol{l}}\right|_{P_0}=\lim_{\rho\to 0}\frac{\Delta u}{\rho}=\lim_{P\to P_0}\frac{u(P)-u(P_0)}{|PP_0|}.$$

由定义 8.13 知，方向导数就是函数 $u=u(P)$ 沿指定方向对距离 ρ 的变化率，当 $\left.\frac{\partial u}{\partial \boldsymbol{l}}\right|_{P_0}>0$ 时，函数 u 在 P_0 处沿 $\boldsymbol{l}$ 方向是增加的，当 $\left.\frac{\partial u}{\partial \boldsymbol{l}}\right|_{P_0}<0$ 时，函数 u 在 P_0 处沿 $\boldsymbol{l}$ 方向是减小的.

如果引进空间直角坐标系 $Oxyz$，数量场 $u=u(P)$，$P\in D$ 可以通过 D 上的三元函数 $u=u(x,y,z)$ 表达. 关于方向导数的存在性及其计算，有下面的定理.

定理 8.9　设 $u=u(x,y,z)$ 在点 $P_0(x_0,y_0,z_0)$ 处可微，则函数 $u(x,y,z)$ 在点 P_0 处沿任意指定方向 $\boldsymbol{l}$ 的方向导数都存在，且

$$\left.\frac{\partial u}{\partial \boldsymbol{l}}\right|_{P_0}=\left.\frac{\partial u}{\partial x}\right|_{P_0}\cos\alpha+\left.\frac{\partial u}{\partial y}\right|_{P_0}\cos\beta+\left.\frac{\partial u}{\partial z}\right|_{P_0}\cos\gamma, \tag{1}$$

其中 $\cos\alpha,\cos\beta,\cos\gamma$ 是 $\boldsymbol{l}$ 的方向余弦.

微视频
8.8.3 方向导数与其他概念的关系

证明　在射线 l 上取邻近 P_0 的动点 $P(x_0+\Delta x,y_0+\Delta y,z_0+\Delta z)$，由直线的参数方程知，$\Delta x=\rho\cos\alpha,\Delta y=\rho\cos\beta,\Delta z=\rho\cos\gamma(\rho=|PP_0|)$. 因函数 u 在点 P_0 处可微，故

$$\Delta u=u(P)-u(P_0)=\left.\frac{\partial u}{\partial x}\right|_{P_0}\Delta x+\left.\frac{\partial u}{\partial y}\right|_{P_0}\Delta y+\left.\frac{\partial u}{\partial z}\right|_{P_0}\Delta z+o(\rho).$$

两边同除以 ρ，令 $\rho\to 0$，取极限，即得所证.　□

由公式(1)知，计算方向导数只需知道 l 的方向及函数的偏导数. 但是务必注意，偏导数存在不足以保证各方向导数都存在.

例 1　求 $u=x^2y+y^2z+z^2x$ 在点 $P_0(1,1,1)$ 处沿向量 $\boldsymbol{l}=\boldsymbol{i}-2\boldsymbol{j}+\boldsymbol{k}$ 方向的方向导数.

解　由于

$$\frac{\partial u}{\partial x}=2xy+z^2,\quad \frac{\partial u}{\partial y}=2yz+x^2,\quad \frac{\partial u}{\partial z}=2zx+y^2$$

都连续，又

$$\left.\frac{\partial u}{\partial x}\right|_{(1,1,1)}=3,\quad \left.\frac{\partial u}{\partial y}\right|_{(1,1,1)}=3,\quad \left.\frac{\partial u}{\partial z}\right|_{(1,1,1)}=3,$$

且 $\boldsymbol{l}$ 的方向余弦

$$\cos\alpha=\frac{1}{\sqrt{6}},\quad \cos\beta=\frac{-2}{\sqrt{6}},\quad \cos\gamma=\frac{1}{\sqrt{6}},$$

所以

$$\left.\frac{\partial u}{\partial \boldsymbol{l}}\right|_{(1,1,1)}=\frac{3}{\sqrt{6}}+\frac{-6}{\sqrt{6}}+\frac{3}{\sqrt{6}}=0.$$

8.8.2 梯度

方向导数描述了函数 $u=u(P)$ 在一点处沿某一方向的变化率,但从一点出发的射线有无穷多条,能否既简单又全面地掌握函数在一点处的变化情况呢？沿哪个方向变化率最大,这个最大的变化率为多少？为解决这些问题,下面来分析一下点 $P(x,y,z)$ 处方向导数的公式

微视频
8.8.4 梯度的概念

$$\frac{\partial u}{\partial \boldsymbol{l}}=\frac{\partial u}{\partial x}\cos\alpha+\frac{\partial u}{\partial y}\cos\beta+\frac{\partial u}{\partial z}\cos\gamma.$$

它等于下述两个向量的数量积：

$$\boldsymbol{l}^{\circ}=(\cos\alpha)\boldsymbol{i}+(\cos\beta)\boldsymbol{j}+(\cos\gamma)\boldsymbol{k},$$

$$\boldsymbol{G}=\frac{\partial u}{\partial x}\boldsymbol{i}+\frac{\partial u}{\partial y}\boldsymbol{j}+\frac{\partial u}{\partial z}\boldsymbol{k},$$

其中 $\boldsymbol{l}^{\circ}$ 是 $\boldsymbol{l}$ 方向的单位向量,与点 P 的位置无关,$\boldsymbol{G}$ 依赖于点 P 的位置,与 $\boldsymbol{l}$ 的方向无关.

$$\frac{\partial u}{\partial \boldsymbol{l}}=\boldsymbol{G}\cdot\boldsymbol{l}^{\circ}=|\boldsymbol{G}|\cos(\widehat{\boldsymbol{G},\boldsymbol{l}})=\mathrm{Prj}_{\boldsymbol{l}}\boldsymbol{G}.$$

这说明方向导数等于向量 $\boldsymbol{G}$ 在 $\boldsymbol{l}$ 上的投影. 只要知道向量 $\boldsymbol{G}$,任何方向的方向导数就都清楚了. 所以 $\boldsymbol{G}$ 在数量场(函数)的研究中十分重要. 当 $\boldsymbol{l}$ 与 $\boldsymbol{G}$ 方向一致时,方向导数最大,等于 $|\boldsymbol{G}|$. 所以,向量 $\boldsymbol{G}$ 的方向是函数 $u(P)$ 在点 P 处变化率最大的方向,其模 $|\boldsymbol{G}|$ 是这个最大的变化率.

定义 8.14 数量场(函数) $u(P)$ 在点 P 处的**梯度**是个向量,其方向为 $u(P)$ 在点 P 的变化率最大的方向,其模恰好等于这个最大的变化率,记为 $\mathbf{grad}\ u$.

在空间直角坐标系下,梯度的表达式为

$$\mathbf{grad}\ u=\frac{\partial u}{\partial x}\boldsymbol{i}+\frac{\partial u}{\partial y}\boldsymbol{j}+\frac{\partial u}{\partial z}\boldsymbol{k}. \tag{2}$$

梯度 $\left(\frac{\partial u}{\partial x},\frac{\partial u}{\partial y},\frac{\partial u}{\partial z}\right)$ 恰好是过点 P 的等值面 $u(x,y,z)=C$ 在点 P 处的一个法向量. 由梯度的定义、公式(2)以及求导法则,可以直接推出下列性质(见图 8.15)及运算法则：

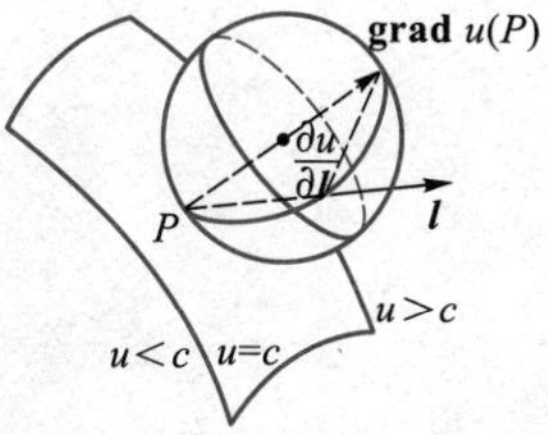

图 8.15

1. 方向导数等于梯度在该方向投影，即

$$\frac{\partial u}{\partial \boldsymbol{l}}=\mathrm{Prj}_{l}\boldsymbol{G}.$$

2. 梯度 **grad** $u(P)$ 垂直于过点 P 的等值面，并指向 $u(P)$ 增大的方向.

3. 梯度运算法则

（1）$\mathbf{grad}\ C=\mathbf{0}$ （C 为常数）.

（2）$\mathbf{grad}\ (C_1u_1+C_2u_2)=C_1\mathbf{grad}\ u_1+C_2\mathbf{grad}\ u_2$ （C_1,C_2 为常数）.

（3）$\mathbf{grad}\ (u_1u_2)=u_1\mathbf{grad}\ u_2+u_2\mathbf{grad}\ u_1$.

（4）$\mathbf{grad}\left(\dfrac{u_1}{u_2}\right)=(u_2\mathbf{grad}\ u_1-u_1\mathbf{grad}\ u_2)/u_2^2$ （$u_2\neq 0$）.

（5）$\mathbf{grad}\ f(u)=f'(u)\mathbf{grad}\ u$.

其中 u,u_1,u_2,f 都是可微的函数.

例 2 求电位 $u=\dfrac{q}{4\pi\varepsilon r}$ 的梯度.

解 设 $\boldsymbol{r}=x\boldsymbol{i}+y\boldsymbol{j}+z\boldsymbol{k}$，$r=|\boldsymbol{r}|$，由梯度运算法则(5)有

$$\mathbf{grad}\ u=-\frac{q}{4\pi\varepsilon r^2}\mathbf{grad}\ r,$$

$$\mathbf{grad}\ r=\frac{\partial r}{\partial x}\boldsymbol{i}+\frac{\partial r}{\partial y}\boldsymbol{j}+\frac{\partial r}{\partial z}\boldsymbol{k}=\frac{x}{r}\boldsymbol{i}+\frac{y}{r}\boldsymbol{j}+\frac{z}{r}\boldsymbol{k}=\boldsymbol{r}^{\circ},$$

故

$$\mathbf{grad}\ u=-\frac{q}{4\pi\varepsilon r^2}\boldsymbol{r}^{\circ}=-\boldsymbol{E}.$$

这说明电场强度 $\boldsymbol{E}$ 是与电位 u 的梯度相反的向量.

最后介绍一个美妙和谐的向量微分算子 ∇. 在空间直角坐标系 $Oxyz$ 下，记

$$\nabla=\boldsymbol{i}\frac{\partial}{\partial x}+\boldsymbol{j}\frac{\partial}{\partial y}+\boldsymbol{k}\frac{\partial}{\partial z},$$

称之为哈密顿(Hamilton)算子，符号 ∇读作“纳布拉”(Nabla)，则

$$\mathbf{grad}\ u=\nabla u.$$

8.9 例 题

例 1 已知 $u=f(t)$，$t=\ln\sqrt{x^2+y^2+z^2}$，满足

$$\frac{\partial^2 u}{\partial x^2}+\frac{\partial^2 u}{\partial y^2}+\frac{\partial^2 u}{\partial z^2}=(x^2+y^2+z^2)^{-\frac{3}{2}}, \tag{1}$$

求 $f(t)$.

解
$$\frac{\partial u}{\partial x}=f'(t)\frac{x}{x^2+y^2+z^2},$$

$$\frac{\partial^2 u}{\partial x^2}=f''(t)\frac{x^2}{(x^2+y^2+z^2)^2}+f'(t)\frac{y^2+z^2-x^2}{(x^2+y^2+z^2)^2},$$

根据此题中 x,y,z 地位同等,可直接得到$\frac{\partial^2 u}{\partial y^2}$和$\frac{\partial^2 u}{\partial z^2}$,代入(1)得

$$f''(t)\frac{1}{x^2+y^2+z^2}+f'(t)\frac{1}{x^2+y^2+z^2}=\frac{1}{(x^2+y^2+z^2)^{3/2}}.$$

整理,并注意$\sqrt{x^2+y^2+z^2}=\mathrm{e}^t$,得

$$f''(t)+f'(t)=\mathrm{e}^{-t}.$$

这是二阶常系数非齐次线性微分方程,其通解为

$$f(t)=C_1+C_2\mathrm{e}^{-t}-t\mathrm{e}^{-t}.$$

例 2　设 $z=f(x,u,v)$,$u=g(x,y)$,$v=h(x,y,u)$,f,g,h 均可微,求$\frac{\partial z}{\partial x}$及$\frac{\partial z}{\partial y}$.

解　在多元复合函数中,如果有的变量既是中间变量又是自变量,利用全微分形式不变性去求偏导数,有时很方便,且不易出错. 取三个式子的全微分,得

$$\mathrm{d}z=f'_x\mathrm{d}x+f'_u\mathrm{d}u+f'_v\mathrm{d}v,$$

$$\mathrm{d}u=g'_x\mathrm{d}x+g'_y\mathrm{d}y,$$

$$\mathrm{d}v=h'_x\mathrm{d}x+h'_y\mathrm{d}y+h'_u\mathrm{d}u.$$

将后两式代入第一式,得

$$\begin{aligned}\mathrm{d}z&=f'_x\mathrm{d}x+f'_u[g'_x\mathrm{d}x+g'_y\mathrm{d}y]+f'_v[h'_x\mathrm{d}x+h'_y\mathrm{d}y+h'_u(g'_x\mathrm{d}x+g'_y\mathrm{d}y)]\\&=[f'_x+f'_ug'_x+f'_vh'_x+f'_vh'_ug'_x]\mathrm{d}x+[f'_ug'_y+f'_vh'_y+f'_vh'_ug'_y]\mathrm{d}y,\end{aligned}$$

故

$$\frac{\partial z}{\partial x}=f'_x+f'_ug'_x+f'_vh'_x+f'_vh'_ug'_x,$$

$$\frac{\partial z}{\partial y}=f'_ug'_y+f'_vh'_y+f'_vh'_ug'_y.$$

用隐函数求导法也很方便. 设

$$F_1=z-f(x,u,v),\quad F_2=u-g(x,y),\quad F_3=v-h(x,y,u).$$

则

$$\frac{\partial(F_1,F_2,F_3)}{\partial(z,u,v)}=\begin{vmatrix}1 & -f'_u & -f'_v\\ 0 & 1 & 0\\ 0 & -h'_u & 1\end{vmatrix}=1,$$

$$\frac{\partial(F_1,F_2,F_3)}{\partial(x,u,v)}=\begin{vmatrix}-f'_x & -f'_u & -f'_v\\ -g'_x & 1 & 0\\ -h'_x & -h'_u & 1\end{vmatrix}=-f'_x-f'_vh'_ug'_x-f'_vh'_x-f'_ug'_x,$$

$$\frac{\partial(F_1,F_2,F_3)}{\partial(y,u,v)}=\begin{vmatrix}0 & -f'_u & -f'_v\\ -g'_y & 1 & 0\\ -h'_y & -h'_u & 1\end{vmatrix}=-f'_vh'_ug'_y-f'_vh'_y-f'_ug'_y.$$

故

$$\frac{\partial z}{\partial x}=f'_x+f'_vh'_ug'_x+f'_vh'_x+f'_ug'_x,$$

$$\frac{\partial z}{\partial y}=f'_vh'_ug'_y+f'_vh'_y+f'_ug'_y.$$

例 3 隐函数 $z=z(x,y)$ 由方程

$$x^2+y^2+4z^2-4xz+2z-1=0$$

确定,求其极值.

解 令

$$\frac{\partial z}{\partial x}=-\frac{x-2z}{4z-2x+1}=0,\quad \frac{\partial z}{\partial y}=-\frac{y}{4z-2x+1}=0.$$

解得 $x=2z,y=0$,代入原方程得 $z=\frac{1}{2}$,故驻点为(1,0). 又

$$A=\left.\frac{\partial^2 z}{\partial x^2}\right|_{(1,0)}=-1,\quad B=\left.\frac{\partial^2 z}{\partial x\partial y}\right|_{(1,0)}=0,\quad C=\left.\frac{\partial^2 z}{\partial y^2}\right|_{(1,0)}=-1.$$

$A<0,AC-B^2=1>0$,所以当 $x=1,y=0$ 时 z 取极大值$\frac{1}{2}$.

此题也可视 $f=z$ 为目标函数,求其在条件 $x^2+y^2+4z^2-4xz+2z-1=0$ 下的条件极值.

例 4 求实二次型

$$f(x,y,z)=Ax^2+By^2+Cz^2+2Dyz+2Ezx+2Hxy$$

在单位球面 $x^2+y^2+z^2=1$ 上的最大值与最小值.

解 设拉格朗日函数

$$F=f(x,y,z)+\lambda(1-x^2-y^2-z^2).$$

由方程组

$$\begin{cases} F'_x = 2[(A-\lambda)x+Hy+Ez]=0, \\ F'_y = 2[Hx+(B-\lambda)y+Dz]=0, \\ F'_z = 2[Ex+Dy+(C-\lambda)z]=0, \\ x^2+y^2+z^2=1 \end{cases} \tag{2}$$

中最后一个方程知 x,y,z 不全为零,故前三个方程构成的齐次线性方程组有非零解,因此系数行列式

$$\begin{vmatrix} A-\lambda & H & E \\ H & B-\lambda & D \\ E & D & C-\lambda \end{vmatrix}=0.$$

所以拉格朗日乘数 λ_0 是二次型矩阵

$$\boldsymbol{G}=\begin{pmatrix} A & H & E \\ H & B & D \\ E & D & C \end{pmatrix}$$

的特征值. 方程组(2)解得的 $(x_0,y_0,z_0)^{\mathrm{T}}$ 是 $\boldsymbol{G}$ 的属于特征值 λ_0 的单位特征向量. 此时二次型的值

$$f(x_0,y_0,z_0)=(x_0,y_0,z_0)\boldsymbol{G}\begin{pmatrix} x_0 \\ y_0 \\ z_0 \end{pmatrix}=\lambda_0(x_0^2+y_0^2+z_0^2)=\lambda_0.$$

由此可见,这个条件极值问题的最大值就是 $\boldsymbol{G}$ 的最大特征值 $\lambda_{\max}$,最小值就是 $\boldsymbol{G}$ 的最小特征值 $\lambda_{\min}$.

请读者通过等值面、二次曲面对这个问题作几何的思考.

例 5 某处地下埋有物品 E,E 在大气中散发着特有的气味,气味的浓度在地平面上的分布为 $v=\mathrm{e}^{-k(x^2+2y^2)}$($k$ 为正的常数),警犬在点(x_0,y_0)处嗅到气味后,沿着气味最浓的方向搜寻,求警犬搜寻的路线.

解法 1 设警犬搜寻路线为 $y=y(x)$,在各点(x,y)处前进的方向是曲线$y=y(x)$的切向量$\left\{1,\dfrac{\mathrm{d}y}{\mathrm{d}x}\right\}$的方向. 而气味最浓的方向是 v 的梯度方向

$$\mathbf{grad}\ v=\mathrm{e}^{-k(x^2+2y^2)}(-k)(2x\boldsymbol{i}+4y\boldsymbol{j}).$$

故 $y=y(x)$满足初值问题

$$\begin{cases} x\dfrac{\mathrm{d}y}{\mathrm{d}x}=2y, \\ y\big|_{x_0}=y_0. \end{cases}$$

由分离变量法解得

当 $x_0\neq 0$ 时,搜寻曲线为 $y=\dfrac{y_0}{x_0^2}x^2$;

当 $x_0=0$ 时,搜寻曲线为 $x=0$.

解法 2 气味的等值线为

$$x^2+2y^2=C,$$

两边求导,得到等值线满足的微分方程

$$x+2yy'=0.$$

由于警犬沿着气味的梯度方向搜寻,所以搜寻曲线与气味等值线正交,故搜寻曲线满足初值问题

$$\begin{cases} xy'-2y=0, \\ y\big|_{x_0}=y_0. \end{cases}$$

以下同解法 1.

习题八

8.1

1. 将圆弧所对之弦长 L 表示为:(1) 半径 r 与圆心角 θ 的函数;(2) 半径 r 与圆心到弦的距离 d 的函数(这里$\theta<\pi$).

2. 某水渠的横断面是一等腰梯形(见图 8.16),设 $AB=x$, $BC=y$,渠深为 z,试将水渠横断面面积 A 表示为 x,y,z 的函数.

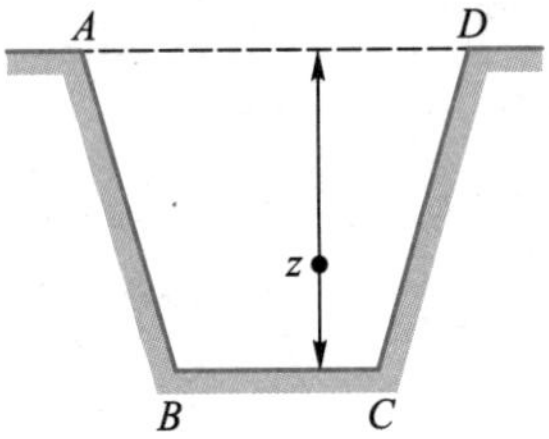

图 8.16

3. 质量为 M 的质点位于定点(a,b,c)处,将质量为 m 的质点置于点(x,y,z)处,试将它们之间的万有引力在三个坐标轴上的投影 F_x,F_y,F_z 表示为 x,y,z 的函数.

4. 确定并给出下列函数的定义域,画出定义域,并指出其中的开区域与闭区域,连通集与非连通集,有界域与无界域:

(1) $z=\sqrt{x-\sqrt{y}}$;

(2) $z=\sqrt{2-x^2-y^2}+\dfrac{1}{\sqrt{x^2+y^2-1}}$;

(3) $z=\ln[x\ln(y-x)]$;

(4) $u=\dfrac{1}{\arccos(x^2+y^2+z^2)}$.

5. 若 $z=x+y+f(x-y)$,且当 $y=0$ 时,$z=x^2$,求函数 f 与 z.

6. 若$f(x,y)=\sqrt{x^4+y^4}-2xy$,试证 $f(tx,ty)=t^2f(x,y)$.

7. 若 $f\left(x+y,\dfrac{y}{x}\right)=x^2-y^2$,求 $f(x,y)$.

8. 求下列极限：

(1) $\lim\limits_{\substack{x\to 0\\ y\to\pi}}[1+\sin(xy)]^{\frac{y}{x}}$； (2) $\lim\limits_{(x,y)\to(0,0)}\dfrac{xy}{\sqrt{xy+1}-1}$.

9. 指出下列函数的间断点：

(1) $z=\dfrac{1}{x^2+y^2}$； (2) $z=\ln|4-x^2-y^2|$；

(3) $u=e^{\frac{1}{z}}/(x-y^2)$.

10. 讨论函数

$$f(x,y)=\begin{cases}\dfrac{\sin(x^2+y^2)}{2(x^2+y^2)}, & x^2+y^2\neq 0,\\ \dfrac{1}{2}, & x^2+y^2=0\end{cases}$$

的连续性.

11. 设函数 $f(x,y)$ 在闭域：$|x|\leqslant a$, $|y|\leqslant b$ 上连续，且是正定的(即当 $(x,y)\neq(0,0)$ 时，$f(x,y)>0$，$f(0,0)=0$). 试证对适当小的正数 C，方程 $f(x,y)=C$ 的图形中含有一条包围着原点 $(0,0)$ 的闭曲线.

8.2

1. 设 $f(x,y)=x+(y-1)\arcsin\sqrt{\dfrac{x}{y}}$，求 $f'_x(x,1)$.

2. 设 $f(x,y)=\begin{cases}\dfrac{1}{2xy}\sin(x^2y), & xy\neq 0,\\ 0, & xy=0,\end{cases}$ 求 $f'_x(0,1)$，$f'_y(0,1)$.

3. 求下列函数的偏导数：

(1) $z=(1+xy)^y$； (2) $z=e^{-x}\sin(x+2y)$；

(3) $z=\arctan\dfrac{y}{x}$； (4) $z=\arcsin(y\sqrt{x})$；

(5) $u=xe^{\pi xyz}$； (6) $u=z\ln\dfrac{x}{y}$.

4. 求下列函数的二阶偏导数：

(1) $z=\cos(xy)$； (2) $z=x^{2y}$；

(3) $z=e^x\cos y$； (4) $z=\ln(e^x+e^y)$.

5. 验证下列给定的函数满足指定的方程：

(1) $z=\dfrac{xy}{x+y}$，满足 $x\dfrac{\partial z}{\partial x}+y\dfrac{\partial z}{\partial y}=z$；

(2) $z=e^{\frac{x}{y^2}}$，满足 $2x\dfrac{\partial z}{\partial x}+y\dfrac{\partial z}{\partial y}=0$；

(3) $z=\ln\sqrt{x^2+y^2}$，满足 $\dfrac{\partial^2 z}{\partial x^2}+\dfrac{\partial^2 z}{\partial y^2}=0$；

(4) $z=2\cos^2\left(x-\dfrac{t}{2}\right)$，满足 $2\dfrac{\partial^2 z}{\partial t^2}+\dfrac{\partial^2 z}{\partial x\partial t}=0$.

6. 设

$$f(x,y)=\begin{cases}\dfrac{x^3y}{x^6+y^6}, & x^2+y^2\neq 0,\\ 0, & x^2+y^2=0,\end{cases}$$

试证 $f(x,y)$ 在点 $(0,0)$ 处不连续，但在点 $(0,0)$ 处两个偏导数都存在，且两个偏导数在点 $(0,0)$ 处不连续.

7. 设 $x^2+y^2\neq 0$ 时，$f(x,y)=\dfrac{2xy}{x^2+y^2}$，且 $f(0,0)=0$. 讨论 $f''_{xy}(0,0)$ 是否存在.

8. 在区域 D 上，$f'_x(x,y)>0$，对函数 $z=f(x,y)$ 可以得到哪些几何信息？

9. 设二元函数 f 在点 P_0 的某邻域 $U(P_0)$ 内的偏导数 f'_x 与 f'_y 都有界，证明 f 在 $U(P_0)$ 内连续.

8.3

1. 求下列函数在指定点 M_0 处和任意点 M 处的全微分：

(1) $z=x^2y^3$， $M_0(2,1)$；

(2) $z=e^{xy}$， $M_0(0,0)$；

(3) $z=x\ln(xy)$， $M_0(-1,-1)$；

(4) $u=\cos(xy+xz)$， $M_0\left(1,\dfrac{\pi}{6},\dfrac{\pi}{6}\right)$.

2. 用全微分定义，求函数 $z=4-\dfrac{1}{4}(x^2+y^2)$ 在点 $\left(\dfrac{3}{2},\dfrac{3}{2}\right)$ 处的全微分.

3. 试证函数

$$f(x,y)=\begin{cases}\dfrac{x^3-y^3}{x^2+y^2}, & (x,y)\neq(0,0),\\ 0, & (x,y)=(0,0)\end{cases}$$

在原点 $(0,0)$ 处偏导数存在，但不可微.

4. 计算 $(10.1)^{2.03}$ 的近似值.

5. 有一直角三角形，测得其两直角边的长度分别为 7 cm 和 24 cm，测量的精度为 ± 0.1 cm. 试求利用上述两值计算出的斜边的长的误差.

6. 函数 $z=f(x,y)$ 在凸区域 D 上,$\frac{\partial z}{\partial x}\equiv 0$ 的充要条件是什么? $\frac{\partial^2 z}{\partial x\partial y}\equiv 0$ 的充要条件是什么? $\mathrm{d}z\equiv 0$ 的充要条件是什么?(凸区域 D 是指 D 内任意两点间的直线段都位于 D 内的区域.)

7. 若 $f_x'(x_0,y_0)$ 存在,$f_y'(x,y)$ 在点 (x_0,y_0) 处连续,试证函数 $f(x,y)$ 在点 (x_0,y_0) 处可微.

8. 已知二元函数 $z=f(x,y)$ 可微,两个偏增量

$$\Delta_x z=(2+3x^2y^2)\Delta x+3xy^2\Delta x^2+y^2\Delta x^3,$$

$$\Delta_y z=2x^3y\Delta y+x^3\Delta y^2,$$

且 $f(0,0)=1$,求 $f(x,y)$.

8.4

1. 用链导法则求下列函数的偏导数:

(1) $z=(x^2+y^2)\exp\left(\frac{x^2+y^2}{xy}\right)$;

(2) $z=\frac{xy}{x+y}\arctan(x+y+xy)$.

2. 求下列函数的全导数:

(1) $u=\tan(3t+2x^2-y)$, $x=\frac{1}{t}$, $y=\sqrt{t}$;

(2) $u=\mathrm{e}^{x-2y}+\frac{1}{t}$, $x=\sin t$, $y=t^3$.

3. 已知 $z=\mathrm{e}^u\sin v,u=xy,v=x-y$,求 $\frac{\partial z}{\partial x},\frac{\partial z}{\partial y}$.

4. 设 f 与 g 是可微函数,求下列复合函数的一阶偏导数:

(1) $z=f(x+y,x^2+y^2)$; (2) $z=f\left(\frac{x}{y},\frac{y}{x}\right)$;

(3) $u=f(xy)g(yz)$; (4) $u=f(x-y^2,y-x^2,xy)$.

5. 设 f 具有连续二阶偏导数,对下列函数求指定的偏导数:

(1) $z=f(u,x,y)$, $u=x\mathrm{e}^y$, 求 $\frac{\partial^2 z}{\partial x\partial y}$;

(2) $z=x^3f\left(xy,\frac{y}{x}\right)$,求 $\frac{\partial z}{\partial y},\frac{\partial^2 z}{\partial y^2}$ 及 $\frac{\partial^2 z}{\partial x\partial y}$.

6. 证明下列函数满足指定的方程:

(1) 设 $u=\varphi(x+at)+\psi(x-at)$,其中 φ,ψ 具有二阶导数,证明 u 满足方程

$$\frac{\partial^2 u}{\partial t^2}=a^2\frac{\partial^2 u}{\partial x^2};$$

(2) 设 $z=f[x+\varphi(y)]$,其中 φ 可微,f 具有二阶连续的导数,证明

$$\frac{\partial z}{\partial x}\frac{\partial^2 z}{\partial x\partial y}=\frac{\partial z}{\partial y}\frac{\partial^2 z}{\partial x^2};$$

(3) 如果函数 $s=f(x,y,z)$ 满足关系

$$f(tx,ty,tz)=t^kf(x,y,z),t>0,$$

则称此函数为 k **次齐次函数**. 证明当 f 可微时,k 次齐次函数满足方程

$$x\frac{\partial f}{\partial x}+y\frac{\partial f}{\partial y}+z\frac{\partial f}{\partial z}=kf(x,y,z).$$

反之,满足此方程的函数必为 k 次齐次函数.

7. 已知函数 $z=f(x,y)$ 有连续的二阶偏导数,且满足方程 $a^2\frac{\partial^2 z}{\partial x^2}-\frac{\partial^2 z}{\partial y^2}=0$,作变换 $u=x+ay,v=x-ay$,试求 z 作为 u,v 的函数所应满足的方程.

8. 设变换 $u=x-2y,v=x+ay$ 可把方程 $6\frac{\partial^2 z}{\partial x^2}+\frac{\partial^2 z}{\partial x\partial y}-\frac{\partial^2 z}{\partial y^2}=0$ 简化为 $\frac{\partial^2 z}{\partial u\partial v}=0$,求常数 a(设 z 有连续二阶偏导数).

9. 设 $u=f(x,y,z)$ 可微,且满足关系 $\frac{u_x'}{x}=\frac{u_y'}{y}=\frac{u_z'}{z}$,试证作变换 $x=\rho\sin\varphi\cos\theta,y=\rho\sin\varphi\sin\theta,z=\rho\cos\varphi$ 后,u 仅是 ρ 的函数.

10. 已知函数 $u=f\left(\frac{y}{x}\right)$ 满足方程 $\frac{\partial^2 u}{\partial x^2}+\frac{\partial^2 u}{\partial y^2}=0$,求 $f\left(\frac{y}{x}\right)$.

11. 利用全微分形式不变性和微分运算法则,求下列函数的全微分和偏导数:

(1) $u=f(x-y,x+y)$;

(2) $u=f\left(xy,\frac{x}{y}\right)$;

(3) $u=f(\sin x+\sin y,\cos x-\cos z)$.

8.5

1. 求下列方程所确定的隐函数 z 的一阶和二阶偏

导数：

（1）$\frac{x}{z}=\ln\frac{z}{y}$；

（2）$x^2-2y^2+z^2-4x+2z-5=0$.

2. 利用全微分形式不变性，求下列隐函数 z 的全微分及偏导数：

（1）$xyz+\sqrt{x^2+y^2+z^2}=\sqrt{2}$；　（2）$z-y-x+xe^{z-y-x}=0$.

3. 设 $z=z(x,y)$ 由方程 $ax+by+cz=\Phi(x^2+y^2+z^2)$ 所确定，其中 Φ 可微，证明

$$(cy-bz)\frac{\partial z}{\partial x}+(az-cx)\frac{\partial z}{\partial y}=bx-ay.$$

4. 设函数 $z=z(x,y)$ 是由方程 $F(x+zy^{-1},y+zx^{-1})=0$ 所确定. 证明

$$x\frac{\partial z}{\partial x}+y\frac{\partial z}{\partial y}=z-xy.$$

5. 设 $F(x+y+z,x^2+y^2+z^2)=0$ 确定函数 $z=z(x,y)$，其中 F 具有二阶连续的偏导数，求$\frac{\partial^2 z}{\partial x\partial y}$.

6. 已知函数 $z=z(x,y)$ 可微，且 $\frac{\partial z}{\partial x}\neq 0$，满足方程 $(x-z)\frac{\partial z}{\partial x}+y\frac{\partial z}{\partial y}=0$，若将 x 作为 y,z 的函数，它应满足怎样的方程？

7. 设 F 具有二阶连续的偏导数，求曲线 $F(x,y)=0$ 的曲率.

8. 求下列方程组所确定的隐函数的导数或偏导数：

（1）$\begin{cases}z=x^2+y^2,\\x^2+2y^2+3z^2=20,\end{cases}$ 求$\frac{dy}{dx},\frac{dz}{dx}$；

（2）$\begin{cases}u=f(ux,v+y),\\v=g(u-x,v^2y),\end{cases}$ 其中 f,g 具有一阶连续偏导数，求$\frac{\partial u}{\partial x},\frac{\partial v}{\partial x}$；

（3）$\begin{cases}x=e^u+u\sin v,\\y=e^u-u\cos v,\end{cases}$ 求$\frac{\partial u}{\partial x}$及$\frac{\partial v}{\partial y}$.

9. 设 $y=f(x,t)$，而 t 是由方程 $F(x,y,t)=0$ 所确定的 x,y 的函数，其中 f,F 均有一阶连续的偏导数，求$\frac{dy}{dx}$.

10. 设 $u=f(x,y,z)$，$\varphi(x^2,e^y,z)=0$，$y=\sin x$，其中 f,φ 具有一阶连续的偏导数，且$\frac{\partial\varphi}{\partial z}\neq 0$，求$\frac{du}{dx}$.

11. 设函数 $z=f(x,y)$ 具有二阶连续偏导数，且$\frac{\partial z}{\partial y}\neq 0$，证明对函数的值域内任意给定的值 C，$f(x,y)=C$ 为直线的充要条件是

$$(z'_y)^2z''_{xx}-2z'_xz'_yz''_{xy}+(z'_x)^2z''_{yy}=0.$$

8.6

1. 求下列曲线在指定点处的切线与法平面：

（1）$x=at,y=bt^2,z=ct^3$，在 $t=1$ 的对应点；

（2）$x=\cos t+\sin^2 t,y=\sin t(1-\cos t),z=\cos t$，在 $t=\frac{\pi}{2}$ 的对应点；

（3）$x=y^2,z=x^2$，点 $(1,1,1)$；

（4）$2x^2+y^2+z^2=45,x^2+2y^2=z$，点 $(-2,1,6)$.

2. 在曲线 $x=t,y=t^2,z=t^3$ 上求出一点，使曲线在该点的切线平行于平面 $x+2y+z=4$.

3. 证明螺旋线 $x=a\cos\theta,y=a\sin\theta,z=k\theta$（$a,k$ 为常数）上任一点的切向量与 z 轴正向的夹角为定角.

4. 求下列曲面上指定点处的切平面方程和法线方程：

（1）$z=\sqrt{x^2+y^2}$，点 $(3,4,5)$；

（2）$x^3+y^3+z^3+xyz-6=0$，点 $(1,2,-1)$；

（3）$x=u+v,y=u^2+v^2,z=u^3+v^3$，在 $(u_0,v_0)=(2,1)$ 的对应点处.

5. 在曲面 $z=xy$ 上求一点，使这点的法线垂直于平面 $x+3y+z+9=0$，并写出此法线方程.

6. 设 $f(u,v)$ 可微，证明曲面 $f(ax-bz,ay-cz)=0$ 上任一点的切平面都与某一定直线平行，其中 a,b,c 是不同时为零的常数.

7. 设 $f(u,v)$ 可微，证明曲面 $f\left(\frac{y-b}{x-a},\frac{z-c}{x-a}\right)=0$ 上任一点的切平面都过定点.

8. 证明曲面 $xyz=a^3(a>0)$ 上任一点处的切平面和

三个坐标面所围四面体的体积是一常数.

9. 设$f'(x)\neq 0$,证明旋转曲面$z=f(\sqrt{x^2+y^2})$上任一点的法线都与旋转轴z相交.

10. 求螺旋面$x=u\cos v, y=u\sin v, z=av$($a$为常数)的法线与$z$轴的夹角$\theta$.

11. 证明曲面$e^{2x-z}=f(\pi y-\sqrt{2}z)$是柱面,其中$f$可微.

8.7

1. 求$f(x,y)=\sin x\sin y$在点$\left(\frac{\pi}{4},\frac{\pi}{4}\right)$处的一阶和二阶泰勒公式.

2. 求下列函数的极值:

(1) $z=3axy-x^3-y^3,\quad a>0$; (2) $z=e^{2x}(x+2y+y^2)$.

3. 求函数$f(x,y)=2x^3-4x^2+2xy-y^2$在三角形闭区域:$-2\leqslant x\leqslant 2, x-1\leqslant y\leqslant 1$上的最大值与最小值.此题的结果说明什么?

4. 在Oxy平面上求一点,使它到$x=0, y=0$及$x+2y-16=0$三条直线的距离的平方和最小.

5. 已知函数$z=z(x,y)$在区域D内满足方程$\frac{\partial^2 z}{\partial x^2}\frac{\partial^2 z}{\partial y^2}+a\frac{\partial z}{\partial x}+b\frac{\partial z}{\partial y}+c=0$(常数$c>0$),证明在$D$内函数$z=z(x,y)$无极值.

6. 证明周长为常数$2p$的三角形中,等边三角形面积最大.

7. 求下列函数在指定约束条件下的极值点:

(1) $u=x-2y+2z$, 条件为$x^2+y^2+z^2=1$;

(2) $u=xyz$, 条件为$x^2+y^2+z^2=1, x+y+z=0$.

8. 某公司通过电台和报纸做某种商品的销售广告,根据统计资料,销售收入R(万元)与电台广告费用x(万元)及报纸广告费用y(万元)之间有经验关系

$$R=15+14x+32y-8xy-2x^2-10y^2.$$

(1) 在广告费不限的情况下,求最优广告策略;

(2) 若提供的广告费为1.5万元,求相应的最优广告策略.

9. 设生产某种产品必须投入两种要素,x_1和x_2分别为两种要素的投入量,Q为产品的产出量.若生产函数为$Q=2x_1^{\alpha}x_2^{\beta}$,其中$\alpha,\beta$为正的常数,且$\alpha+\beta=1$.假设两种要素的价格分别为$P_1$和$P_2$,问当产出量为12时,两种要素各投入多少可使得投入的总费用最少?

10. 在曲面$z=\sqrt{2+x^2+4y^2}$上求一点,使它到平面$x-2y+3z=1$的距离最近.

11. 求椭球面$\frac{x^2}{3}+\frac{y^2}{2}+z^2=1$被平面$x+y+z=0$截得的椭圆的长半轴与短半轴.

12. 确定正数a,使椭球面$x^2+\frac{y^2}{4}+\frac{z^2}{9}=a^2$与平面$3x-2y+z=34$相切.

13. 修建一个体积为V的长方体的水池(无盖),已知底面与侧面单位面积造价比为3∶2,问如何设计水池的长x,宽y,高z,使总造价最低.

14. 将长为l的线段分为三段,一段围成圆,一段围成正方形,一段围成正三角形,问如何分l才能使它们的面积之和最小,并求这个最小值.

15. 将正数a分成n个非负数之和,使其乘积最大,并由此导出n个正数的几何平均值不超过其算术平均值.

16. 三角形的顶点分别在三条不相交的曲线$f(x,y)=0, \varphi(x,y)=0$及$\psi(x,y)=0$上,其中f,φ,ψ均可微,且$f'_y\varphi'_y\psi'_y\neq 0$.如果三角形的面积能取得极值,试证面积取极值时的三角形顶点处,曲线的法线必过三角形的垂心.

17. 证明光滑的闭曲面$G(x,y,z)=0$上离原点最近的点处的法线必过原点.

8.8

1. 求数量场$u=x^2+y^2-2z^2+3xy+xyz-2z-3y$在点$(1,2,3)$处的梯度,和沿方向$\boldsymbol{l}=\{1,-1,0\}$的方向导数.

2. 设数量场$u=x^2+2y^2+3z^2+xy+3x-2y-6z$,求

(1) 梯度为零向量的点;

(2) 在点$(2,0,1)$处,沿哪一个方向,u的变化率

最大,并求此最大变化率;

(3) 使其梯度垂直于 Oz 轴的点.

3. 指出数量场 $u=u(x,y,z)$ 在一点 (x_0,y_0,z_0) 处的梯度、方向导数、等值面及全微分之间的关系.

4. 求 $u=xyz$ 在点 $M(3,4,5)$ 处沿锥面 $z=\sqrt{x^2+y^2}$ 的法线方向的方向导数.

5. 求 $u=1-\dfrac{x^2}{a^2}-\dfrac{y^2}{b^2}$ 在点 $\left(\dfrac{a}{\sqrt{2}},\dfrac{b}{\sqrt{2}}\right)$ 处沿曲线 $\dfrac{x^2}{a^2}+\dfrac{y^2}{b^2}=1$ 的内法线的方向导数.

6. 求函数 $w=\mathrm{e}^{-2y}\ln(x+z^2)$ 在点 $(\mathrm{e}^2,1,\mathrm{e})$ 处沿曲面 $x=\mathrm{e}^{u+v},y=\mathrm{e}^{u-v},z=\mathrm{e}^{uv}$ 的法向量的方向导数.

7. 函数 $z=f(x,y)$ 在点 $(0,0)$ 处可微,沿 $\boldsymbol{i}+\sqrt{3}\boldsymbol{j}$ 方向的方向导数为 1;沿 $\sqrt{3}\boldsymbol{i}+\boldsymbol{j}$ 方向的方向导数为 $\sqrt{3}$,求 $f(x,y)$ 在点 $(0,0)$ 处变化最快的方向和这个最大的变化率.

8. 计算 $\mathbf{grad}\left[\boldsymbol{c}\cdot\boldsymbol{r}+\dfrac{1}{2}\ln(\boldsymbol{c}\cdot\boldsymbol{r})\right]$,其中 $\boldsymbol{c}$ 为常向量,$\boldsymbol{r}$ 为向径,且 $\boldsymbol{c}\cdot\boldsymbol{r}>0$.

9. 证明 $\mathbf{grad}\,u$ 为常向量的充要条件是 u 为线性函数 $u=ax+by+cz+d$.

10. 海平面上点 (x_0,y_0) 处,一条鲨鱼嗅到水中有血腥味后,时时刻刻向着血腥味最浓的方向游动,设海水中海平面上点 (x,y) 处血液浓度(每百万份水中含血的份数)为 $C=\exp(-(x^2+2y^2)/10^4)$,求鲨鱼游动的路线.

8.9

1. 设 $f(x,y,z)$ 在原点处连续,其他点处可微,且 $x\dfrac{\partial f}{\partial x}+y\dfrac{\partial f}{\partial y}+z\dfrac{\partial f}{\partial z}>a\sqrt{x^2+y^2+z^2}>0$,则 $f(0,0,0)$ 是 $f(x,y,z)$ 的(　　).

(A) 最大值　　(B) 最小值

(C) 极大值,不是最大值　(D) 极小值,不是最小值

2. 如果函数 $f(x,y)$ 在点 (x_0,y_0) 沿任何方向的方向导数都存在且相等,那么 $f(x,y)$ 在点 (x_0,y_0) 处偏导数是否存在?是否可微?

3. 设 $z=\sin(xy)$,求 $\dfrac{\partial^3 z}{\partial x\partial y^2},\dfrac{\partial^3 z}{\partial y\partial x\partial y},\dfrac{\partial^3 z}{\partial y^2\partial x}$.

4. 设 $x=f(u,v,w),y=g(u,v,w),z=h(u,v,w)$ 确定 u,v,w 是 x,y,z 的函数,求 $\dfrac{\partial u}{\partial x}$.

5. 设 $x=\varphi(u,v),y=\psi(u,v),z=f(u,v)$ 确定 z 是 x,y 的二元函数,试导出偏导数 $\dfrac{\partial z}{\partial x}$ 及 $\dfrac{\partial z}{\partial y}$ 的计算公式.

6. 已知 $z=f(x,y)$ 在点 P_0 处可微,$\boldsymbol{l}_1=\{2,-2\},\boldsymbol{l}_2=\{-2,0\}$,且 $\left.\dfrac{\partial z}{\partial \boldsymbol{l}_1}\right|_{P_0}=1,\left.\dfrac{\partial z}{\partial \boldsymbol{l}_2}\right|_{P_0}=-3$,求 z 在 P_0 处的梯度、全微分及沿 $\boldsymbol{l}=\{3,2\}$ 方向的方向导数.

7. 设函数 $u=F(x,y,z)$ 在条件 $\varphi(x,y,z)=0$ 和 $\psi(x,y,z)=0$ 下,在点 (x_0,y_0,z_0) 处取极值 m. 试证三个曲面 $F(x,y,z)=m,\varphi(x,y,z)=0$ 和 $\psi(x,y,z)=0$ 在点 (x_0,y_0,z_0) 处的三条法线共面. 这里 F,φ,ψ 都具有连续的一阶偏导数,且每个函数的三个偏导数不同时为零.

8. 利用求条件极值的方法,证明对任何正数 a,b,c,都有不等式

$$abc^3\leqslant 27\left(\frac{a+b+c}{5}\right)^5.$$

9. 已知四边形的四条边边长为 a,b,c,d,问何时四边形面积最大?

10. 国家大剧院的房顶为一椭球壳型(被称为世纪之蛋),假设其方程为 $\dfrac{x^2}{4}+\dfrac{y^2}{3}+\dfrac{z^2}{2}=1$,问雨水落在房顶上点 (x_0,y_0,z_0) 处后,受重力的作用向下滑落的曲线方程.

网上更多……　教学 PPT　拓展练习

自测题

09

第九章

多元函数积分学

9.1 黎曼积分

9.1.1 黎曼积分的概念

微视频
9.1.1 黎曼积分

为了解决非均匀分布在某区间上的量的总量问题,在第六章中引入了定积分概念,它的两个要素是被积函数与积分区间. 处理问题的主导思想是:“整体由局部构成,局部线性化,近似中寻精确”. 通过“分割、作积、求和、取极限”四步解决问题.

客观上,有许多量非均匀地分布在几何形体 Ω 上,这里几何形体包括二维或三维空间有界闭域和空间曲线段或曲面片. 比如,已知质量密度求质量问题,已知电荷密度求电荷量问题,曲顶柱体体积问题,等等. 为了解决这些总量问题,我们将定积分的思想与方法推广到几何形体 Ω 上,就产生了在几何形体 Ω 上点函数 $f(P)$ 的黎曼[1]积分. 这是本章的核心内容.

定义 9.1　设 $f(P)$ 是几何形体 Ω 上有定义的点函数. 将 Ω 分割为 n 个小的几何形体 $\Delta\Omega_1,\Delta\Omega_2,\cdots,\Delta\Omega_n$,同时用它们表示其度量(面积、体积或弧长). 称数 $d_i=\sup\limits_{P_1,P_2\in\Delta\Omega_i}\{d(P_1,P_2)\}$ 为 $\Delta\Omega_i$ 的直径,记

$$\lambda=\max_{1\leqslant i\leqslant n}\{d_i\}.$$

任取点 $P_i\in\Delta\Omega_i(i=1,2,\cdots,n)$,作乘积的和式

$$\sum_{i=1}^{n}f(P_i)\Delta\Omega_i.$$

如果不论怎样分割 Ω 以及怎样取点 P_i,极限

$$\lim_{\lambda\to 0}\sum_{i=1}^{n}f(P_i)\Delta\Omega_i$$

① 黎曼(Riemann G F B, 1826—1866),德国数学家、物理学家.

都存在,且为同一个值,则称此极限值为函数 $f(P)$ 在几何形体 Ω 上的**黎曼积分**,记为 $\int_{\Omega} f(P)\,\mathrm{d}\Omega$,即

$$\int_{\Omega} f(P)\,\mathrm{d}\Omega=\lim_{\lambda\to 0}\sum_{i=1}^{n} f(P_i)\,\Delta\Omega_i. \tag{1}$$

此时也说 $f(P)$ 在 Ω 上**可积**,称 $f(P)$ 为**被积函数**,$f(P)\,\mathrm{d}\Omega$ 为**被积表达式**,Ω 为**积分域**,$\mathrm{d}\Omega$ 为 Ω 的**度量微元**.

关于黎曼积分的存在性定理,仅叙述如下,不予证明.

定理 9.1 若 $f(P)$ 在有界闭域 Ω 上连续,则 $f(P)$ 在 Ω 上可积.

9.1.2 黎曼积分的性质

由黎曼积分的定义和极限运算的性质,不难看出黎曼积分具有下列性质. 为简便计,约定下面涉及的积分都是存在的.

微视频
9.1.2 黎曼积分性质

1. 当 $f(P)\equiv 1$ 时,它在 Ω 上的积分等于 Ω 度量,即

$$\int_{\Omega} 1\,\mathrm{d}\Omega=\Omega.$$

2. 线性性质

$$\int_{\Omega}[af(P)+bg(P)]\,\mathrm{d}\Omega=a\int_{\Omega} f(P)\,\mathrm{d}\Omega+b\int_{\Omega} g(P)\,\mathrm{d}\Omega,$$

其中 a,b 为常数.

3. 对积分域的可加性质

若将 Ω 分割为两部分 Ω_1,Ω_2,则

$$\int_{\Omega} f(P)\,\mathrm{d}\Omega=\int_{\Omega_1} f(P)\,\mathrm{d}\Omega+\int_{\Omega_2} f(P)\,\mathrm{d}\Omega.$$

4. 比较性质

(1) 若 $f(P)\leqslant g(P)$,$\forall P\in\Omega$,则

$$\int_{\Omega} f(P)\,\mathrm{d}\Omega\leqslant\int_{\Omega} g(P)\,\mathrm{d}\Omega;$$

(2) $\left|\int_{\Omega} f(P)\,\mathrm{d}\Omega\right|\leqslant\int_{\Omega}|f(P)|\,\mathrm{d}\Omega.$

5. 估值性质

若 $m\leqslant f(P)\leqslant M$,$\forall P\in\Omega$,则

$$m\Omega\leqslant\int_{\Omega} f(P)\,\mathrm{d}\Omega\leqslant M\Omega.$$

6. 积分中值定理

若 $f(P)$ 在有界闭域 Ω 上连续,则在 Ω 上至少存在一点 P^*,使得

$$\int_{\Omega} f(P)\,\mathrm{d}\Omega = f(P^*)\,\Omega.$$

证明　因 $f(P)\in C(\Omega)$,故有最大值 M 和最小值 m,

$$m\leqslant f(P)\leqslant M,\quad \forall P\in\Omega.$$

由估值性质得

$$m\Omega\leqslant \int_{\Omega} f(P)\,\mathrm{d}\Omega\leqslant M\Omega,$$

故

$$m\leqslant \frac{1}{\Omega}\int_{\Omega} f(P)\,\mathrm{d}\Omega\leqslant M.$$

再由闭域上连续函数的介值定理知,存在点 $P^*\in\Omega$,使

$$f(P^*)=\frac{1}{\Omega}\int_{\Omega} f(P)\,\mathrm{d}\Omega.\quad \square$$

7. 对称性质

在空间直角坐标系 $Oxyz$ 下,设积分域 Ω 关于坐标面 $x=0$(即 Oyz 面)对称. 若被积函数关于 x 是奇函数(即满足 $f(-x,y,z)=-f(x,y,z)$),则

$$\int_{\Omega} f(x,y,z)\,\mathrm{d}\Omega=0;$$

若被积函数关于 x 是偶函数(即满足 $f(-x,y,z)=f(x,y,z)$),则

$$\int_{\Omega} f(x,y,z)\,\mathrm{d}\Omega=2\int_{\Omega^+} f(x,y,z)\,\mathrm{d}\Omega,$$

其中 $\Omega^+=\{(x,y,z)\mid (x,y,z)\in\Omega,且\ x\geqslant 0\}$.

由对积分域的可加性和黎曼积分的定义不难证明这条性质.

当 Ω 关于其他坐标面对称,并且被积函数有相应的奇偶性时,有类似的性质;当 Ω 是 Oxy 面上的平面区域或曲线段,且关于坐标轴对称时,也有类似的性质.

9.1.3　黎曼积分的分类

微视频
9.1.3 黎曼积分分类

按几何形体 Ω 的类型,多元函数的黎曼积分分为以下四类:

1. 二重积分

当几何形体 Ω 为平面有界闭区域 σ,$f(P)$ 是 σ 上的二元点函数时,则称黎曼积分(1)为函数 $f(P)$ 在区域 σ 上的**二重积分**,记为 $\iint\limits_{\sigma} f(P)\,\mathrm{d}\sigma$,即

$$\iint_{\sigma} f(P)\,\mathrm{d}\sigma = \lim_{\lambda\to 0}\sum_{i=1}^{n} f(P_i)\,\Delta\sigma_i,$$

这里 $\mathrm{d}\sigma$ 是**面积微元**.

例 1　设二元函数 $z=f(x,y)$ 在 Oxy 平面的有界闭域 σ 上非负、连续,则以曲面 $z=f(x,y)$ 为顶,σ 为底,σ 的边界线为准线,母线平行于 z 轴的柱面为侧面的**曲顶柱体**(图 9.1)的体积

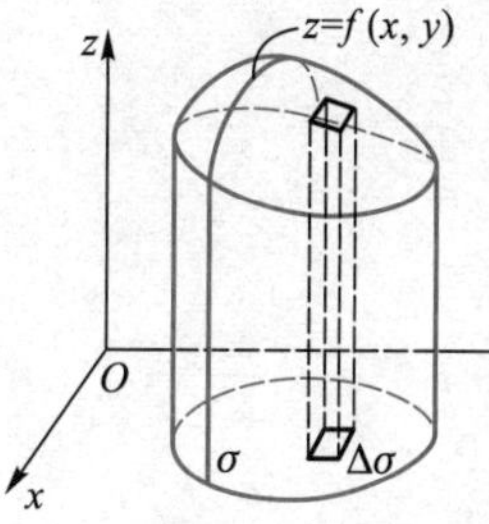

图 9.1

$$V=\iint_{\sigma} f(x,y)\,\mathrm{d}\sigma,$$

这就是二重积分的几何意义.

例 2　已知平板 σ 的质量面密度 $\rho=\rho(P)$,则平板 σ 的质量

$$m=\iint_{\sigma}\rho(P)\,\mathrm{d}\sigma.$$

例 3　已知水管的横截面 σ 上各点水的流动的速率 $v=v(P)$,流动方向均与 σ 垂直,则单位时间内穿过 σ 的水的流量

$$Q=\iint_{\sigma} v(P)\,\mathrm{d}\sigma.$$

2. 三重积分

当几何形体 Ω 为三维空间的有界闭区域(立体)V,$f(P)$ 是 V 上的三元点函数时,则称黎曼积分(1)为函数 $f(P)$ 在区域 V 上的**三重积分**,记为 $\iiint_{V} f(P)\,\mathrm{d}V$,即

$$\iiint_{V} f(P)\,\mathrm{d}V=\lim_{\lambda\to 0}\sum_{i=1}^{n} f(P_i)\,\Delta V_i,$$

这里 $\mathrm{d}V$ 是**体积微元**.

例 4　已知物体 V 的质量体密度 $\mu=\mu(P)$,则该物体的质量

$$m=\iiint_{V}\mu(P)\,\mathrm{d}V.$$

3. 对弧长的曲线积分

当几何形体为平面内或空间内的曲线段 l,$f(P)$ 是 l 上的点函数时,称黎曼积分(1)为函数 $f(P)$ 在曲线 l 上**对弧长的曲线积分**(或称**第一型曲线积分**),记为 $\int_{l} f(P)\,\mathrm{d}s$,即

$$\int_{l} f(P)\,\mathrm{d}s=\lim_{\lambda\to 0}\sum_{i=1}^{n} f(P_i)\,\Delta s_i,$$

这里 $\mathrm{d}s$ 是 l 的**弧长微元**①.

例 5　若已知物质曲线段 l 的质量线密度 $\gamma=\gamma(P)$,则曲线段的

① 弧长微元 $\mathrm{d}s$,通常也记为 $\mathrm{d}l$,以后两者通用.

质量

$$m=\int_l \gamma(P)\,\mathrm{d}s.$$

4. 对面积的曲面积分

当几何形体为空间曲面片 S，$f(P)$ 为 S 上的点函数时，则称黎曼积分(1)为函数 $f(P)$ 在曲面 S 上**对面积的曲面积分**（或称**第一型曲面积分**），记为 $\iint\limits_S f(P)\,\mathrm{d}S$，即

$$\iint\limits_S f(P)\,\mathrm{d}S=\lim_{\lambda\to 0}\sum_{i=1}^{n} f(P_i)\,\Delta S_i,$$

这里 $\mathrm{d}S$ 是**曲面的面积微元**.

例 6　已知曲面片 S 上带静电，电荷分布面密度 $\rho=\rho(P)$，则 S 上静电总量

$$q=\iint\limits_S \rho(P)\,\mathrm{d}S,$$

见图 9.2.

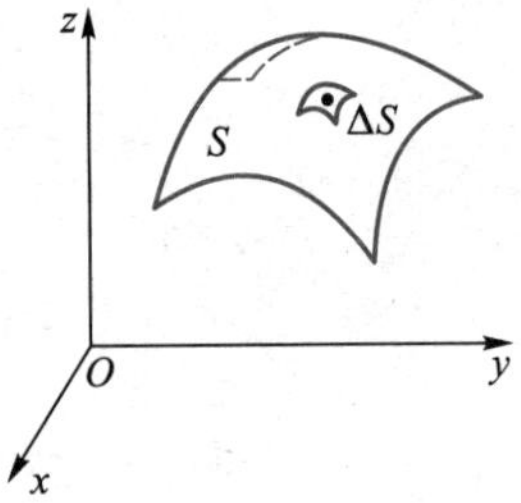

图 9.2

黎曼积分是由被积函数 $f(P)$ 和积分域 Ω 确定的一个数，它的计算是以一元函数的定积分为基础的. 下面几节将分别介绍二重积分、三重积分、对弧长的曲线积分和对面积的曲面积分是如何通过定积分计算的.

9.2 二重积分的计算

微视频
9.2.1 二重积分
9.2.2 二重积分计算公式

二重积分、三重积分统称为**重积分**. 本节仅借助于二重积分的几何意义来给出它的计算方法. 由 9.1 节例 1 知，当 $f(P)\geqslant 0$ 时，二重积分 $\iint\limits_\sigma f(P)\,\mathrm{d}\sigma$ 可视为一曲顶柱体的体积；当 $f(P)<0$ 时，$\iint\limits_\sigma f(P)\,\mathrm{d}\sigma$ 等于一曲底柱体体积的负值；当 $f(P)$ 在 σ 上有正有负时，$\iint\limits_\sigma f(P)\,\mathrm{d}\sigma$ 表示平面片 σ 上、下柱体体积的代数和.

9.2.1 直角坐标系下二重积分的计算

设 σ 为 Oxy 平面上一有界闭域，$f(P)$ 的二重积分

$$\iint\limits_\sigma f(P)\,\mathrm{d}\sigma=\lim_{\lambda\to 0}\sum_{i=1}^{n} f(P_i)\,\Delta\sigma_i \tag{1}$$

存在. 此时,点函数 $f(P)$ 就是点的坐标 x,y 的二元函数 $f(x,y)$. 既然(1)式中的极限与 σ 的分割方法无关,用与坐标轴平行的直线网分割 σ,其典型的小片 $\Delta\sigma$ 为矩形,面积 $\Delta\sigma=\Delta x\cdot\Delta y$,所以,在直角坐标系下面积微元 $d\sigma=dxdy$(见图 9.3). 这时二重积分可表示为

$$\iint_{\sigma} f(x,y)\,dxdy.$$

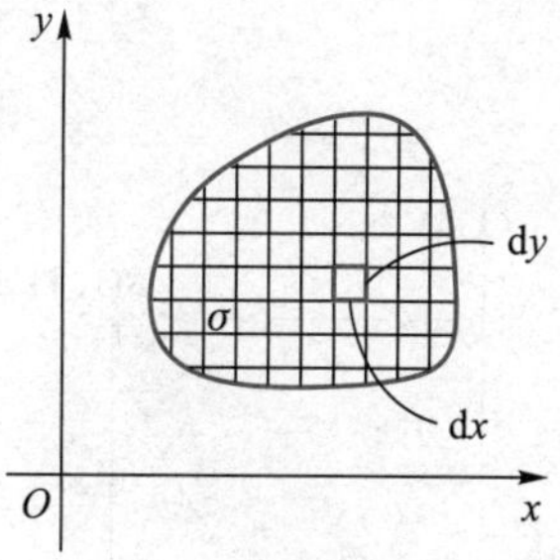

图 9.3

当 σ 为 x-型闭域时,即 σ 可由不等式组

$$a\leqslant x\leqslant b,\quad y_1(x)\leqslant y\leqslant y_2(x)$$

表示,其中 $y_1(x),y_2(x)\in C[a,b]$. 就是说积分域 σ 夹在直线 $x=a,x=b$ 之间,下边界线是 $y=y_1(x)$,上边界线是 $y=y_2(x)$(图 9.4). 在区间 $[a,b]$ 内用一组垂直于 x 轴的平面截此"曲顶柱体",对每个 x,截面是一个曲边梯形(图 9.5),其面积为

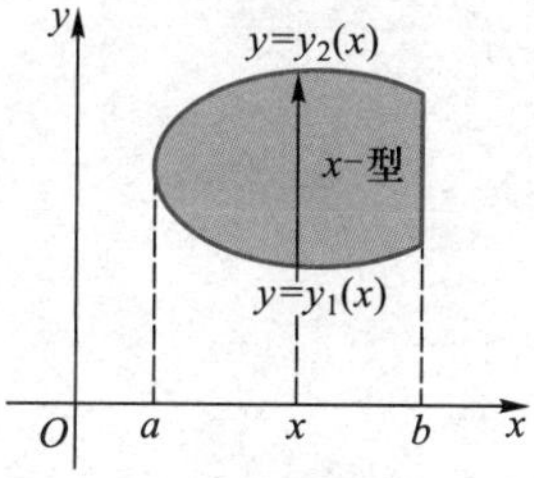

图 9.4

$$S(x)=\int_{y_1(x)}^{y_2(x)} f(x,y)\,dy.$$

由已知平行截面面积的立体体积公式,得到这个曲顶柱体的体积

$$V=\int_a^b S(x)\,dx=\int_a^b\left[\int_{y_1(x)}^{y_2(x)} f(x,y)\,dy\right]dx.$$

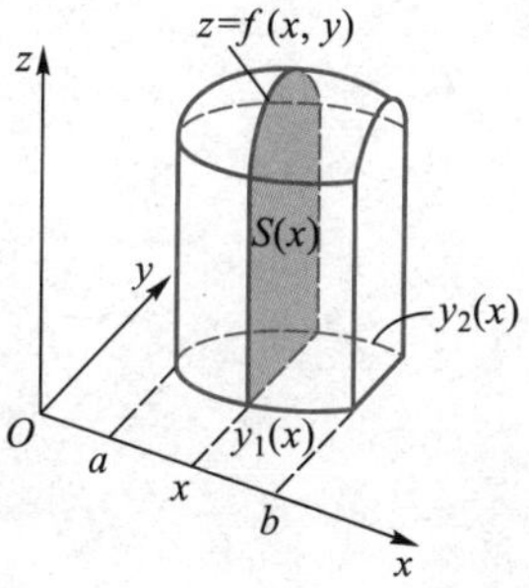

图 9.5

习惯上,将上式右端的两次定积分记作

$$\int_a^b dx\int_{y_1(x)}^{y_2(x)} f(x,y)\,dy,$$

并把多元函数的这种二次以上的定积分称为**累次积分**. 这样就得到在直角坐标系下二重积分的一个计算公式

$$\iint_{\sigma} f(x,y)\,dxdy=\int_a^b dx\int_{y_1(x)}^{y_2(x)} f(x,y)\,dy. \tag{2}$$

公式(2)把二重积分化为累次积分. 计算时,先视 x 为常量,把 $f(x,y)$ 只看作是 y 的函数,对 y 从 $y_1(x)$ 到 $y_2(x)$ 作定积分;然后将计算的结果(x 的函数)作为被积函数,再对 x 从 a 到 b 作定积分.

当 σ 为 y-型闭域时,即 σ 可由不等式组

$$c\leqslant y\leqslant d,\quad x_1(y)\leqslant x\leqslant x_2(y)$$

表示,其中 $x_1(y),x_2(y)\in C[c,d]$(见图 9.6). 按照上段的推导方法,可以得到直角坐标系下二重积分的另一个计算公式

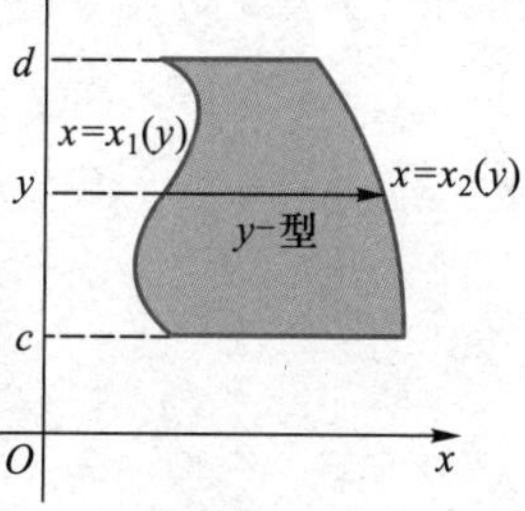

图 9.6

$$\iint_{\sigma} f(x,y)\,dxdy=\int_c^d dy\int_{x_1(y)}^{x_2(y)} f(x,y)\,dx. \tag{3}$$

公式(3)将二重积分化为另一种累次积分,先视 y 为常量,把 $f(x,y)$ 只看作是 x 的函数,对 x 从 $x_1(y)$ 到 $x_2(y)$ 作定积分,然后再对

y 从 c 到 d 作定积分.

若函数 $f(x,y)$ 在积分域 σ 上不恒为正,公式(2),(3)仍然成立. 如果积分域 σ 不属于 x-型或 y-型时,可将 σ 分割为几部分,使每个部分或者是 x-型或者是 y-型,利用区域可加性计算积分. 公式(2),(3)将二重积分化为两个不同次序的累次积分. 计算二重积分时,要根据积分域和被积函数来确定采用哪个公式.

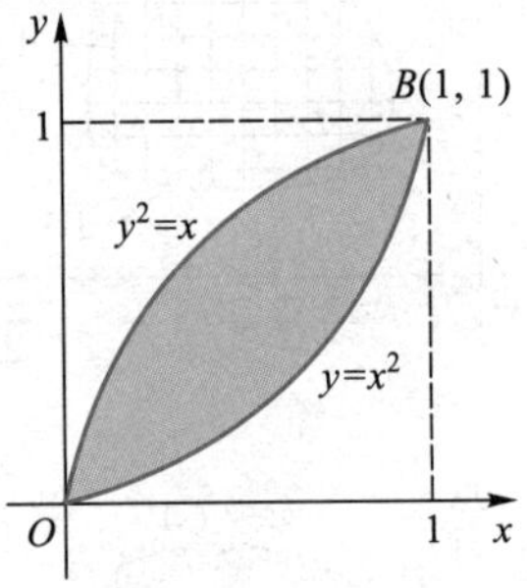

图 9.7

例 1 计算 $\iint\limits_{\sigma} xy\, dxdy$,其中 σ 是曲线 $y=x^2, y^2=x$ 所围成的有界域.

解 画出积分域 σ,如图 9.7,由方程组

$$\begin{cases} y=x^2, \\ y^2=x \end{cases}$$

微视频

9.2.3 二重积分的计算举例

求出曲线交点坐标 $O(0,0)$,$B(1,1)$. 显然 σ 既是 x-型的,又是 y-型的,从被积函数看先对哪个变量积分都一样. 这里选用公式(2),因

$$\sigma: 0 \leqslant x \leqslant 1, \quad x^2 \leqslant y \leqslant \sqrt{x},$$

故

$$\begin{aligned} \iint\limits_{\sigma} xy\mathrm{d}x\mathrm{d}y &= \int_0^1 \mathrm{d}x \int_{x^2}^{\sqrt{x}} xy\mathrm{d}y = \int_0^1 \frac{1}{2}xy^2 \Bigg|_{x^2}^{\sqrt{x}} \mathrm{d}x \\ &= \frac{1}{2}\int_0^1 (x^2-x^5)\,\mathrm{d}x = \frac{1}{12}. \end{aligned}$$

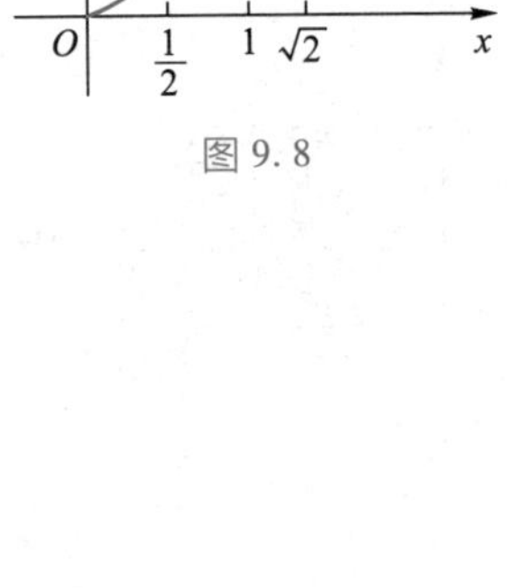

图 9.8

例 2 计算 $\iint\limits_{\sigma} \frac{x}{y}\mathrm{d}x\mathrm{d}y$,其中 σ 是由曲线 $xy=1$, $x=\sqrt{y}$ 和 $y=2$ 围成的有界域.

解 画出积分域 σ,如图 9.8,求出交点坐标 $A\left(\frac{1}{2},2\right)$,$B(\sqrt{2},2)$,$C(1,1)$. 这里 σ 是 y-型域,

$$\sigma: 1 \leqslant y \leqslant 2, \quad \frac{1}{y} \leqslant x \leqslant \sqrt{y}.$$

从积分域和被积函数看,先对 x 积分有利,故由公式(3)

$$\begin{aligned} \iint\limits_{\sigma} \frac{x}{y}\mathrm{d}x\mathrm{d}y &= \int_1^2 \mathrm{d}y \int_{1/y}^{\sqrt{y}} \frac{x}{y}\mathrm{d}x = \int_1^2 \frac{x^2}{2y} \Bigg|_{1/y}^{\sqrt{y}} \mathrm{d}y \\ &= \frac{1}{2}\int_1^2 (1-y^{-3})\,\mathrm{d}y = \frac{5}{16}. \end{aligned}$$

如果用公式(2),先对 y 积分. 那么,要先将 σ 用直线 $x=1$ 分为两块,而且,积分时要用分部积分法,比较麻烦.

例 3 求椭圆抛物面 $z=1-\frac{x^2}{a^2}-\frac{y^2}{b^2}$ 及平面 $z=0$ 所围成的立体的体积 V.

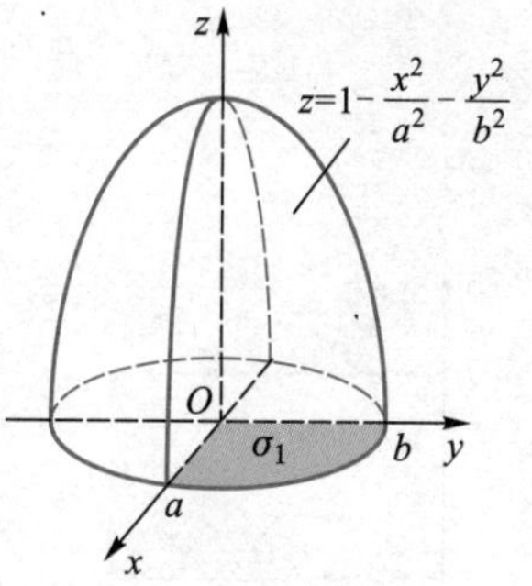

图 9.9

解 该立体如图 9.9 所示. 它是立在 Oxy 平面区域

$$\sigma:\frac{x^2}{a^2}+\frac{y^2}{b^2}\leqslant 1$$

上,以椭圆抛物面为顶的曲顶柱体. 故

$$V=\iint_{\sigma}\left(1-\frac{x^2}{a^2}-\frac{y^2}{b^2}\right)\mathrm{d}x\mathrm{d}y.$$

由该立体的对称性,或由积分域 σ 关于 x 轴(或 y 轴)的对称性及被积函数 $1-\frac{x^2}{a^2}-\frac{y^2}{b^2}$ 关于变量 y(或 x)的偶函数性,设 σ_1 是 σ 在第一象限的部分

$$\sigma_1:0\leqslant y\leqslant b,\quad 0\leqslant x\leqslant\frac{a}{b}\sqrt{b^2-y^2}.$$

则所求的立体体积

$$\begin{aligned}V&=4\iint_{\sigma_1}\left(1-\frac{x^2}{a^2}-\frac{y^2}{b^2}\right)\mathrm{d}\sigma=4\int_0^b\mathrm{d}y\int_0^{\frac{a}{b}\sqrt{b^2-y^2}}\left(1-\frac{x^2}{a^2}-\frac{y^2}{b^2}\right)\mathrm{d}x\\&=4\int_0^b\frac{2a}{3b^3}(b^2-y^2)^{\frac{3}{2}}\mathrm{d}y=\frac{8ab}{3}\int_0^{\frac{\pi}{2}}\cos^4\theta\mathrm{d}\theta=\frac{1}{2}\pi ab.\end{aligned}$$

例 4 计算 $\iint_{\sigma}\mathrm{e}^{x^2}\mathrm{d}x\mathrm{d}y$,其中 σ 由不等式 $x\leqslant 1,0\leqslant y\leqslant x$ 确定.

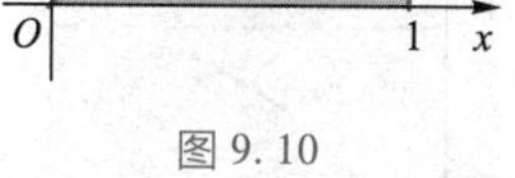

图 9.10

解 画出积分域如图 9.10 所示,若采用先 x 后 y 的累次积分公式(3),

$$\iint_{\sigma}\mathrm{e}^{x^2}\mathrm{d}x\mathrm{d}y=\int_0^1\mathrm{d}y\int_y^1\mathrm{e}^{x^2}\mathrm{d}x,$$

就会遇到不能用初等函数表示的积分 $\int\mathrm{e}^{x^2}\mathrm{d}x$. 若采用先 y 后 x 的累次积分公式(2),则

$$\iint_{\sigma}\mathrm{e}^{x^2}\mathrm{d}x\mathrm{d}y=\int_0^1\mathrm{d}x\int_0^x\mathrm{e}^{x^2}\mathrm{d}y=\int_0^1\mathrm{e}^{x^2}x\mathrm{d}x=\frac{1}{2}\mathrm{e}^{x^2}\Big|_0^1=\frac{1}{2}(\mathrm{e}-1).$$

计算二重积分时,适当地选取累次积分顺序十分重要,它不仅涉及计算繁简问题,而且有时还涉及能否进行计算的问题. 计算二重积分,首先要确定积分域(包括画图,确定边界及交点,图形的顶点);然后根据被积函数和积分域确定累次积分顺序和定积分的上、下限,把重积分化为累次积分;最后,计算累次积分.

微视频
9.2.4 二重积分换序

当$f(x,y)\in C(\sigma)$时,$f(x,y)$在σ上的二重积分存在,且能化为不同次序的两种累次积分.由于两种次序的累次积分计算上的差异,常常要考虑将一种次序的累次积分换为另一种次序的累次积分,称为**累次积分换序**.

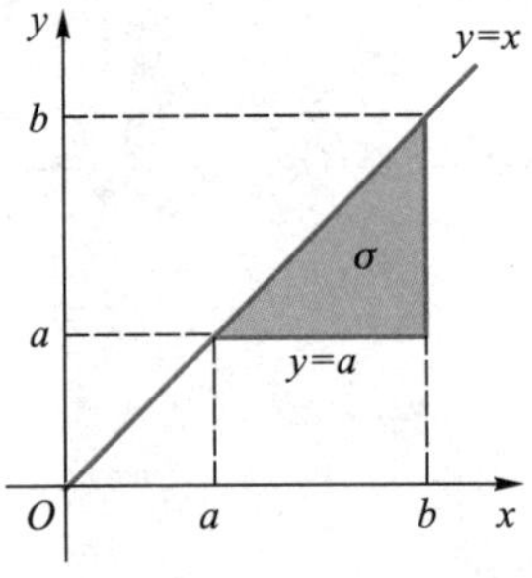

图 9.11

例 5 交换累次积分$\int_a^b dx\int_a^x f(x,y)\,dy$的积分次序.

解 首先由给定的累次积分的上、下限,确定出对应的二重积分的积分域,如图 9.11 所示.

$$\sigma: a\leqslant x\leqslant b,\quad a\leqslant y\leqslant x$$

是x-型的,将σ表示为y-型,

$$\sigma: a\leqslant y\leqslant b,\quad y\leqslant x\leqslant b.$$

于是有

$$\int_a^b dx\int_a^x f(x,y)\,dy=\iint_\sigma f(x,y)\,d\sigma=\int_a^b dy\int_y^b f(x,y)\,dx.$$

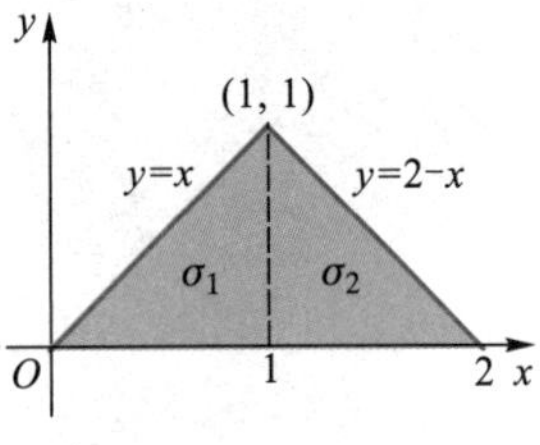

图 9.12

例 6 试将累次积分$\int_0^1 dx\int_0^x f(x,y)\,dy+\int_1^2 dx\int_0^{2-x} f(x,y)\,dy$换序.

解 这两个累次积分是同一个被积函数,先对y后对x的积分.对应的二重积分积分域都是x-型的.

$$\sigma_1: 0\leqslant x\leqslant 1,\quad 0\leqslant y\leqslant x;\quad \sigma_2: 1\leqslant x\leqslant 2,\quad 0\leqslant y\leqslant 2-x.$$

如图 9.12 所示,合并在一起恰好是个三角形区域σ,表为y-型域

$$\sigma: 0\leqslant y\leqslant 1,\quad y\leqslant x\leqslant 2-y.$$

故有

$$\int_0^1 dx\int_0^x f(x,y)\,dy+\int_1^2 dx\int_0^{2-x} f(x,y)\,dy=\int_0^1 dy\int_y^{2-y} f(x,y)\,dx.$$

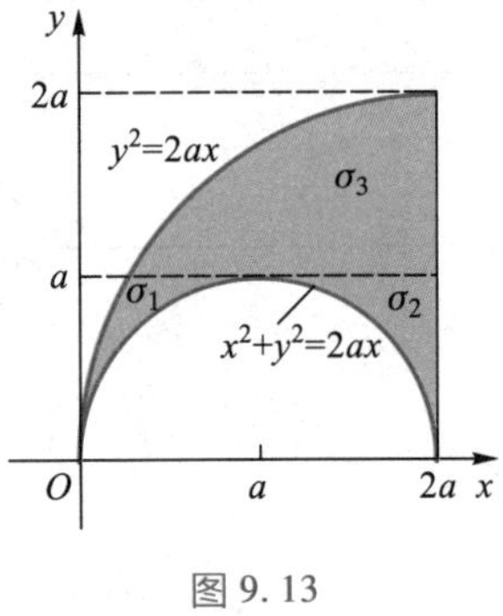

图 9.13

例 7 将下面的累次积分换序:

$$\int_0^{2a} dx\int_{\sqrt{2ax-x^2}}^{\sqrt{2ax}} f(x,y)\,dy\quad (a>0).$$

解 对应的二重积分的积分域

$$\sigma: 0\leqslant x\leqslant 2a,\quad \sqrt{2ax-x^2}\leqslant y\leqslant\sqrt{2ax},$$

为x-型域,见图 9.13.要将σ表示为y-型域,需把σ分为图中的σ_1,σ_2,σ_3三块:

$$\sigma_1: 0\leqslant y\leqslant a,\quad y^2/(2a)\leqslant x\leqslant a-\sqrt{a^2-y^2},$$

$$\sigma_2: 0\leqslant y\leqslant a,\quad a+\sqrt{a^2-y^2}\leqslant x\leqslant 2a,$$

$$\sigma_3: a\leqslant y\leqslant 2a,\quad y^2/(2a)\leqslant x\leqslant 2a,$$

故有

$$\int_0^{2a}\mathrm{d}x\int_{\sqrt{2ax-x^2}}^{\sqrt{2ax}}f(x,y)\,\mathrm{d}y$$

$$=\int_0^{a}\mathrm{d}y\int_{y^2/(2a)}^{a-\sqrt{a^2-y^2}}f(x,y)\,\mathrm{d}x+\int_0^{a}\mathrm{d}y\int_{a+\sqrt{a^2-y^2}}^{2a}f(x,y)\,\mathrm{d}x$$

$$+\int_a^{2a}\mathrm{d}y\int_{y^2/(2a)}^{2a}f(x,y)\,\mathrm{d}x.$$

例 8　证明$\int_0^a\mathrm{d}x\int_0^x f(y)\,\mathrm{d}y=\int_0^a(a-x)f(x)\,\mathrm{d}x\quad(a>0).$

证明　因左边的累次积分中,$f(y)$是y的抽象函数,不能具体计算. 所以,先作累次积分换序,将积分域(图 9.14)

$$\sigma:0\leqslant x\leqslant a,0\leqslant y\leqslant x$$

表示为

$$\sigma:0\leqslant y\leqslant a,y\leqslant x\leqslant a,$$

故有

$$\int_0^a\mathrm{d}x\int_0^x f(y)\,\mathrm{d}y=\int_0^a\mathrm{d}y\int_y^a f(y)\,\mathrm{d}x=\int_0^a f(y)(a-y)\,\mathrm{d}y$$

$$=\int_0^a(a-x)f(x)\,\mathrm{d}x.\quad\square$$

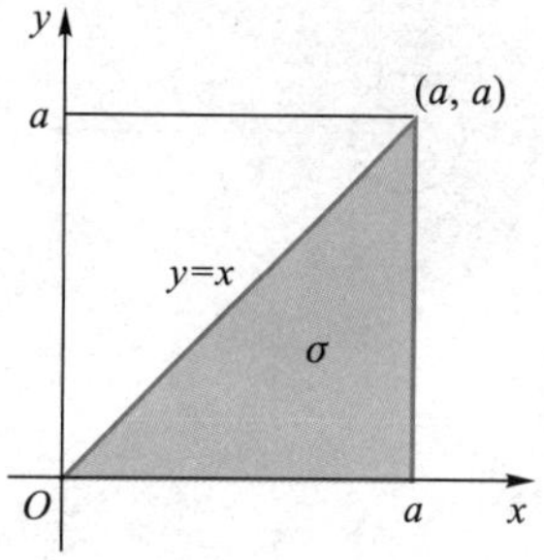

图 9.14

9.2.2 极坐标系下二重积分的计算

在极坐标系下,设函数$f(r,\theta)\in C(\sigma)$,

$$\sigma:\alpha\leqslant\theta\leqslant\beta,\quad r_1(\theta)\leqslant r\leqslant r_2(\theta),$$

其中$r_1(\theta)$,$r_2(\theta)$在区间$[\alpha,\beta]$上单值连续(见图 9.15).

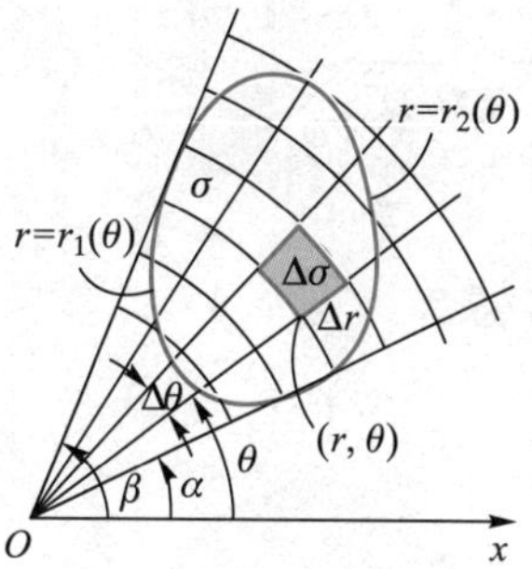

图 9.15

用r=常数,θ=常数的曲线网来分割σ,其典型小片是圆扇形,其面积$\Delta\sigma\approx r\Delta r\Delta\theta$,其差是比$\Delta r\Delta\theta$高阶的无穷小,从而**极坐标系下的面积微元**是

$$\mathrm{d}\sigma=r\mathrm{d}r\mathrm{d}\theta.$$

因此极坐标系下二重积分通常表示为

$$\iint_\sigma f(P)\,\mathrm{d}\sigma=\lim_{\lambda\to 0}\sum_{i=1}^n f(r_i,\theta_i)r_i\Delta r\Delta\theta=\iint_\sigma f(r,\theta)\,r\mathrm{d}r\mathrm{d}\theta.$$

微视频
9.2.5 极坐标系下二重积分

若视$f(r,\theta)r$为被积函数,把r,θ看作是与x,y等同的两个变量,类比着 9.2.1 节公式(3),就可将极坐标系下的二重积分化为累次积分,

$$\iint_\sigma f(r,\theta)\,r\mathrm{d}r\mathrm{d}\theta=\int_\alpha^\beta\mathrm{d}\theta\int_{r_1(\theta)}^{r_2(\theta)}f(r,\theta)\,r\mathrm{d}r.\qquad(4)$$

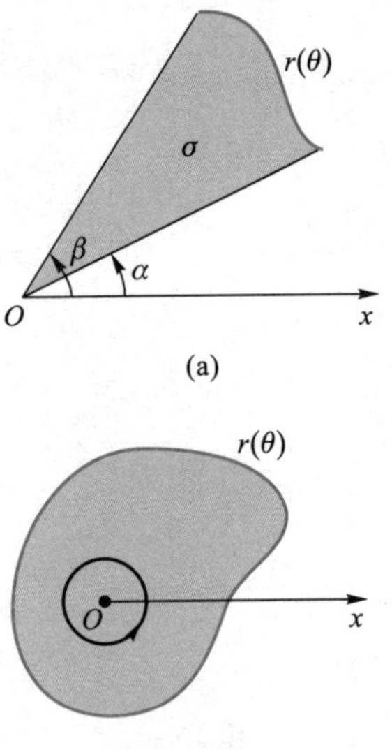

图 9.16

要强调指出的是积分域 σ 在极坐标系下的不等式表示. 首先看 σ 所在的极角区间 $[\alpha,\beta]$,即 σ 夹在 $\theta=\alpha,\theta=\beta$ 两射线之间,然后再看 σ 的靠近极点和远离极点的两条边界线的极坐标方程 $r=r_1(\theta)$, $r=r_2(\theta)$,从而

$$\sigma:\alpha\leqslant\theta\leqslant\beta,\quad r_1(\theta)\leqslant r\leqslant r_2(\theta).$$

特别地,极点在边界上的扇形区域(图 9.16(a)),则

$$\sigma:\alpha\leqslant\theta\leqslant\beta,\quad 0\leqslant r\leqslant r(\theta).$$

极点在 σ 内部,边界线是 $r=r(\theta)$ 的区域(图 9.16(b)),则

$$\sigma:0\leqslant\theta\leqslant 2\pi,\quad 0\leqslant r\leqslant r(\theta).$$

显然,直角坐标系下的二重积分化为极坐标系下的二重积分公式为

$$\iint_\sigma f(x,y)\,\mathrm{d}x\mathrm{d}y=\iint_\sigma f(r\cos\theta,r\sin\theta)\,r\mathrm{d}r\mathrm{d}\theta. \tag{5}$$

当积分域 σ 是圆、圆环、圆扇形,被积函数是 x^2+y^2, x^2-y^2, xy 或 $\dfrac{y}{x}$ 之一的复合函数时,化为极坐标系下的二重积分计算较方便.

例 9 求圆柱面 $x^2+y^2=ay\,(a>0)$,锥面 $z=\sqrt{x^2+y^2}$ 与平面 $z=0$ 所围的立体体积 V(见图 9.17).

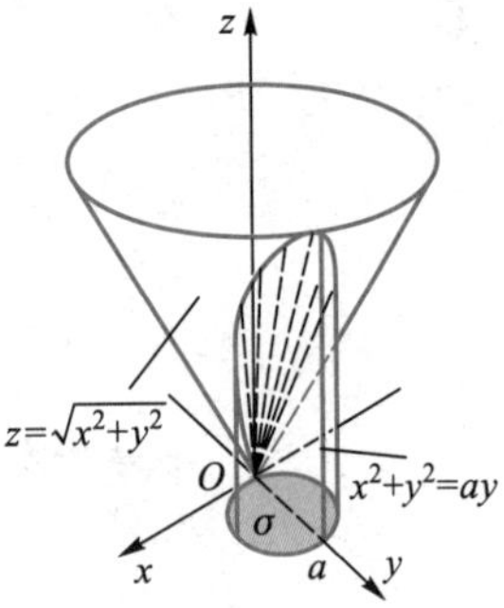

图 9.17

解 这是立在圆域 $\sigma:x^2+y^2\leqslant ay$ 上,以锥面 $z=\sqrt{x^2+y^2}$ 为曲顶的曲顶柱体,故

$$V=\iint_\sigma\sqrt{x^2+y^2}\,\mathrm{d}x\mathrm{d}y.$$

显然在极坐标系下计算较方便,这时积分域(图 9.18)

$$\sigma:0\leqslant\theta\leqslant\pi,\quad 0\leqslant r\leqslant a\sin\theta.$$

故

$$V=\iint_\sigma r^2\mathrm{d}r\mathrm{d}\theta=2\int_0^{\frac{\pi}{2}}\mathrm{d}\theta\int_0^{a\sin\theta}r^2\mathrm{d}r=\frac{2a^3}{3}\int_0^{\frac{\pi}{2}}\sin^3\theta\mathrm{d}\theta=\frac{4}{9}a^3.$$

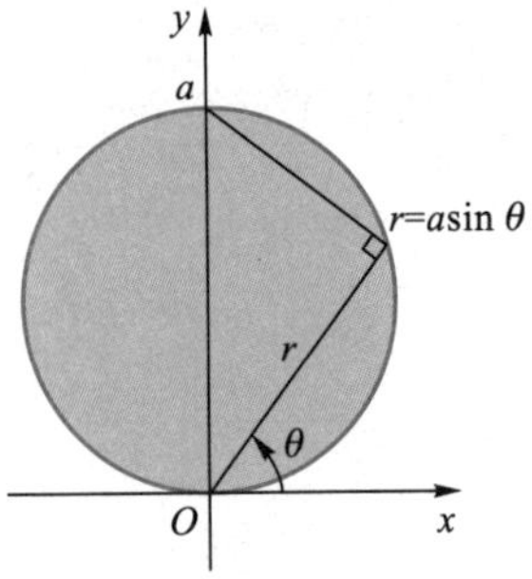

图 9.18

例 10 计算双纽线

$$(x^2+y^2)^2=2a^2(x^2-y^2)\quad(a>0)$$

所围图形的面积.

解 由直角坐标与极坐标的关系知,双纽线的极坐标方程为

$$r^2=2a^2\cos 2\theta.$$

其图形如图 9.19 所示,所围图形的面积为

$$S=\iint_\sigma\mathrm{d}\sigma=4\int_0^{\frac{\pi}{4}}\mathrm{d}\theta\int_0^{a\sqrt{2\cos 2\theta}}r\mathrm{d}r=2a^2.$$

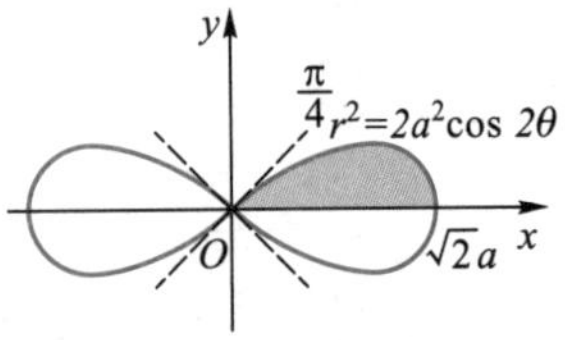

图 9.19

例 11 证明概率积分$\int_0^{+\infty} e^{-x^2}dx=\frac{\sqrt{\pi}}{2}$.

证明 据反常积分定义

$$\int_0^{+\infty} e^{-x^2}dx=\lim_{b\to+\infty}\int_0^b e^{-x^2}dx.$$

而

$$\left(\int_0^b e^{-x^2}dx\right)^2=\int_0^b e^{-x^2}dx\int_0^b e^{-y^2}dy=\iint_D e^{-(x^2+y^2)}dxdy,$$

其中 D 是正方形 $0\leqslant x\leqslant b,0\leqslant y\leqslant b$. 因为

$$\iint_{\sigma_1} e^{-(x^2+y^2)}dxdy\leqslant\iint_D e^{-(x^2+y^2)}dxdy\leqslant\iint_{\sigma_2} e^{-(x^2+y^2)}dxdy,$$

微视频
9.2.6 二重积分的对称性

其中 σ_1,σ_2 是以原点为圆心,依次以 $b,\sqrt{2}b$ 为半径的圆之位于第一象限的部分(图 9.20),而且

$$\iint_{\sigma_1} e^{-(x^2+y^2)}dxdy=\int_0^{\frac{\pi}{2}}d\theta\int_0^b e^{-r^2}rdr=\frac{\pi}{4}(1-e^{-b^2}),$$

$$\iint_{\sigma_2} e^{-(x^2+y^2)}dxdy=\int_0^{\frac{\pi}{2}}d\theta\int_0^{\sqrt{2}b} e^{-r^2}rdr=\frac{\pi}{4}(1-e^{-2b^2}),$$

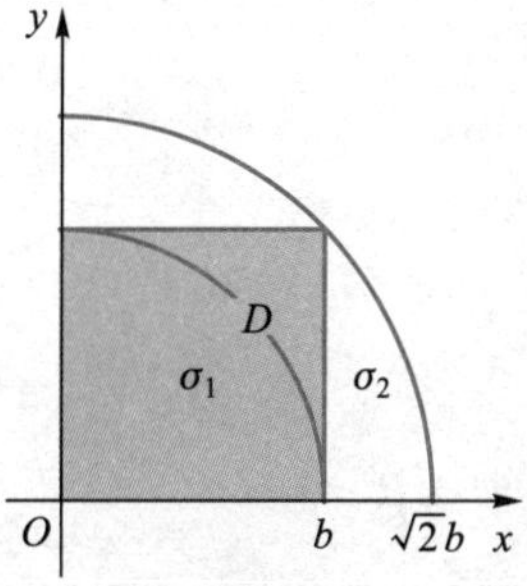

图 9.20

所以有

$$\frac{\sqrt{\pi}}{2}\sqrt{1-e^{-b^2}}\leqslant\int_0^b e^{-x^2}dx\leqslant\frac{\sqrt{\pi}}{2}\sqrt{1-e^{-2b^2}}.$$

令 $b\to+\infty$,由两边夹挤准则得

$$\int_0^{+\infty} e^{-x^2}dx=\frac{\sqrt{\pi}}{2}. \quad \square$$

例 12 试将直角坐标系下累次积分

$$\int_0^1 dx\int_{\sqrt{1-x^2}}^{\sqrt{4-x^2}} f(x,y)dy+\int_1^2 dx\int_0^{\sqrt{4-x^2}} f(x,y)dy$$

化为极坐标系下的累次积分.

解 由于对应的二重积分域

$$\sigma_1:0\leqslant x\leqslant 1,\quad \sqrt{1-x^2}\leqslant y\leqslant\sqrt{4-x^2},$$

$$\sigma_2:1\leqslant x\leqslant 2,\quad 0\leqslant y\leqslant\sqrt{4-x^2},$$

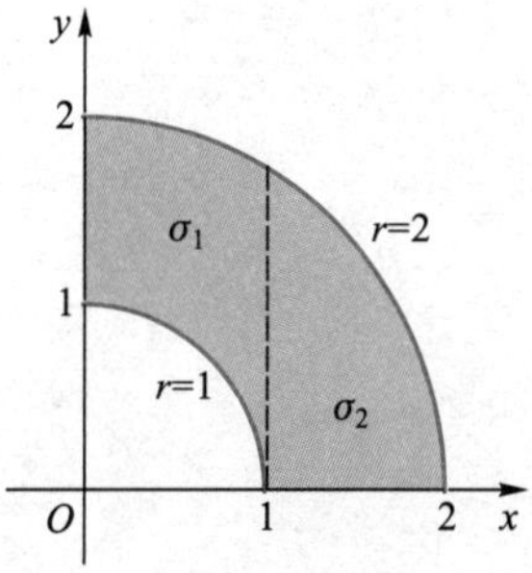

图 9.21

它们并在一起是圆环在第一象限的部分(图 9.21),其极坐标表示为

$$\sigma_1+\sigma_2:0\leqslant\theta\leqslant\frac{\pi}{2},\quad 1\leqslant r\leqslant 2.$$

从而

$$\int_0^1 dx\int_{\sqrt{1-x^2}}^{\sqrt{4-x^2}} f(x,y)dy+\int_1^2 dx\int_0^{\sqrt{4-x^2}} f(x,y)dy$$
$$=\int_0^{\frac{\pi}{2}} d\theta\int_1^2 f(r\cos\theta,r\sin\theta)rdr.$$

9.3 三重积分的计算

微视频
9.3.1 三重积分

三重积分

$$\iiint_V f(P)dV=\lim_{\lambda\to 0}\sum_{i=1}^{n} f(P_i)\Delta V_i$$

同二重积分一样需要化成累次积分来计算，而这又与坐标的选取有关，分别介绍如下.

9.3.1 直角坐标系下三重积分的计算

在直角坐标系 $Oxyz$ 下，若用平行于坐标面的三组平面分割积分域 V，则 ΔV_i 是小长方体，故**直角坐标系下体积微元**是

$$dV=dxdydz.$$

在直角坐标系下，三重积分可表示为

$$\iiint_V f(P)dV=\iiint_V f(x,y,z)dxdydz.$$

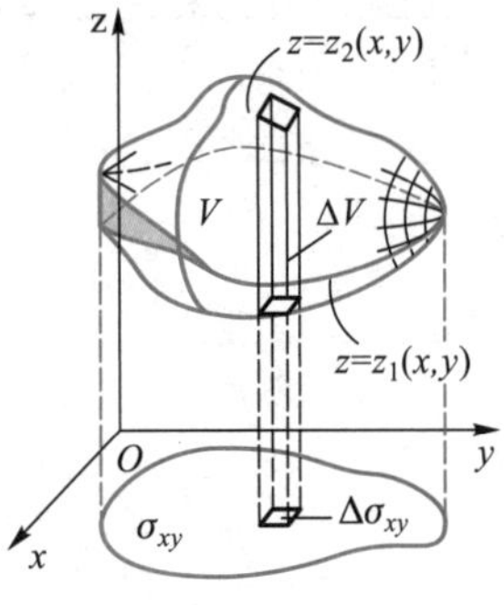

图 9.22

1. 投影法(先一后二法)

设 $f(x,y,z)\in C(V)$，V 在 Oxy 面上的投影区域为 σ_{xy}，V 的下、上边界面依次为

$$z=z_1(x,y),\quad z=z_2(x,y),\quad (x,y)\in\sigma_{xy},$$

其中 $z_1\leqslant z_2$，且 z_1,z_2 在 σ_{xy}上单值，连续(见图9.22). 从而积分域 V 可表示为

$$V:(x,y)\in\sigma_{xy},\quad z_1(x,y)\leqslant z\leqslant z_2(x,y).$$

为了使下面的叙述更具体，我们设想 $f(x,y,z)$ 为质量的体密度，那么，三重积分就表示分布在立体 V 上的总质量. 注意，这个总质量也可以认为分布在 V 的投影域 σ_{xy}上.

先用两组平面 $x=x_i$，$y=y_j$ 分割 V 及 σ_{xy}，设 $\Delta\sigma_{xy}$ 为 σ_{xy} 内典型的小片，ΔV 为 V 内对应的细丝体，即 ΔV 在 Oxy 面上的投影域为 $\Delta\sigma_{xy}$.

再用平面组 $z=z_k$ 分割 ΔV 为 $\Delta V_1,\Delta V_2,\cdots,\Delta V_l$，设点 $(x,y,z_k)\in\Delta V_k$，则 ΔV 的质量(即 $\Delta\sigma_{xy}$上的质量)近似等于

$$\sum_{k=1}^{l} f(x,y,z_k)\Delta V_k = \Big[\sum_{k=1}^{l} f(x,y,z_k)\Delta z_k\Big]\Delta\sigma_{xy}$$
$$\approx \Big[\int_{z_1(x,y)}^{z_2(x,y)} f(x,y,z)\,\mathrm{d}z\Big]\Delta\sigma_{xy},$$

(其中 Δz_k 是 ΔV_k 的高)这是 $\Delta\sigma_{xy}$ 上对应的立体 ΔV 的质量微元,再作二重积分便可得到分布在 σ 上的立体 V 的总质量,故有公式

$$\iiint_V f(x,y,z)\,\mathrm{d}x\mathrm{d}y\mathrm{d}z = \iint_{\sigma_{xy}}\mathrm{d}\sigma\int_{z_1(x,y)}^{z_2(x,y)} f(x,y,z)\,\mathrm{d}z. \tag{1}$$

这就是计算三重积分的**投影法**(先一后二法). 先视 x,y 为常量,对 z 从 V 的下边界面到上边界面作定积分,然后在投影域 σ_{xy} 上作二重积分.

当 σ_{xy} 是 x-型闭域:$a\leqslant x\leqslant b, y_1(x)\leqslant y\leqslant y_2(x)$ 时,即积分域

$$V: a\leqslant x\leqslant b,\quad y_1(x)\leqslant y\leqslant y_2(x),\quad z_1(x,y)\leqslant z\leqslant z_2(x,y).$$

由公式(1)及二重积分计算公式,得到三重积分化为累次积分的一个公式

$$\iiint_V f(x,y,z)\,\mathrm{d}x\mathrm{d}y\mathrm{d}z = \int_a^b\mathrm{d}x\int_{y_1(x)}^{y_2(x)}\mathrm{d}y\int_{z_1(x,y)}^{z_2(x,y)} f(x,y,z)\,\mathrm{d}z. \tag{2}$$

类似地,不难写出当 σ_{xy} 为 y-型闭域时,三重积分化为累次积分的公式. 同样,也可以把积分域 V 向 Oyz 或 Ozx 坐标面投影. 所以,三重积分可以化为六种不同次序的累次积分. 解题时,要依据具体的被积函数 $f(x,y,z)$ 和积分域 V 选取适当的累次积分进行计算.

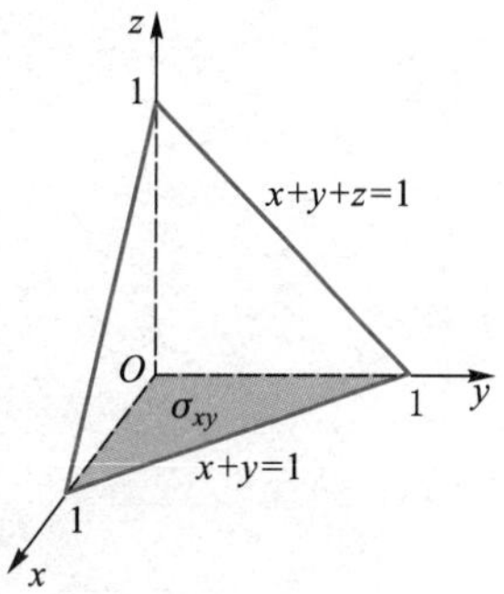

图 9.23

例 1 计算 $\iiint_V \frac{1}{(1+x+y+z)^3}\mathrm{d}V$,其中 V 由平面 $x+y+z=1$ 及三个坐标面围成.

解 画出积分域如图 9.23 所示,V 在 Oxy 的投影是图中带阴影的三角形区域,显然

$$V: 0\leqslant x\leqslant 1,\quad 0\leqslant y\leqslant 1-x,\quad 0\leqslant z\leqslant 1-x-y.$$

故

$$\iiint_V \frac{1}{(1+x+y+z)^3}\mathrm{d}V = \int_0^1\mathrm{d}x\int_0^{1-x}\mathrm{d}y\int_0^{1-x-y}\frac{\mathrm{d}z}{(1+x+y+z)^3} = \frac{1}{2}\left(\ln 2-\frac{5}{8}\right).$$

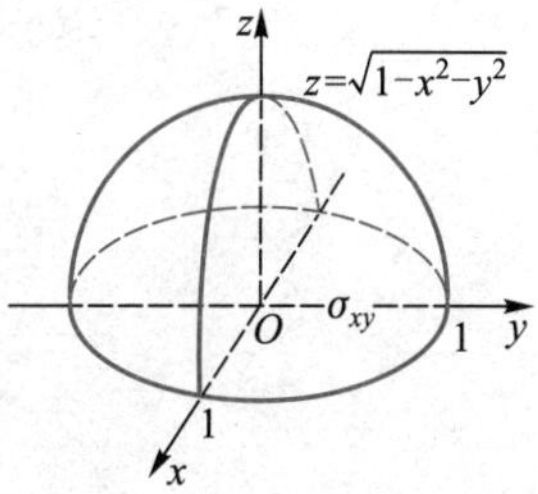

图 9.24

例 2 计算 $I=\iiint_V z\,\mathrm{d}V$,其中 V 是由曲面 $z=\sqrt{1-x^2-y^2}$ 及平面 $z=0$ 围成的上半球体.

解 积分域 V 如图 9.24 所示,在 Oxy 面投影域为圆 $x^2+y^2\leqslant 1$,故

$$V: -1\leqslant x\leqslant 1,\quad -\sqrt{1-x^2}\leqslant y\leqslant\sqrt{1-x^2},$$
$$0\leqslant z\leqslant\sqrt{1-x^2-y^2}.$$

$$I=\iint\limits_{\sigma_{xy}}\mathrm{d}\sigma\int_0^{\sqrt{1-x^2-y^2}}z\mathrm{d}z=\frac{1}{2}\iint\limits_{\sigma_{xy}}(1-x^2-y^2)\mathrm{d}\sigma=\frac{\pi}{4}.$$

在三重积分的计算中，注意积分域关于坐标面的对称性及被积函数对相关变量的奇偶性将会简化运算. 如在例 2 的积分域 V 上，有

$$\iiint\limits_V xz\mathrm{d}V=0,\quad \iiint\limits_V(y^3+z)\mathrm{d}V=\iiint\limits_V z\mathrm{d}V=\frac{\pi}{4}.$$

微视频
9.3.2 直角坐标系下三重积分计算举例

2. 截面法（先二后一法）

在公式(2)中，若将对 z,y 的累次积分表示为二重积分，注意到此时 x 不变，这个二重积分的积分域是垂直于 x 轴的平面与 V 的截面 σ_x，所以，三重积分还可以这样计算，若积分域夹在 $x=a,x=b$ 两个平面之间，在区间 $[a,b]$ 内任取 x 作垂直于横轴的平面截 V，设截面为 σ_x，则

$$\iiint\limits_V f(x,y,z)\mathrm{d}V=\int_a^b\mathrm{d}x\iint\limits_{\sigma_x}f(x,y,z)\mathrm{d}y\mathrm{d}z. \tag{3}$$

这就是计算三重积分的**截面法**（先二后一法）. 当被积函数仅与变量 x 有关，且截面 σ_x 面积易知时，用公式(3)较简便. 截面法的公式还有两个，请读者自己给出.

比如，用截面法计算例 2 中的三重积分，因 σ_z 是圆 $x^2+y^2=1-z^2$，$0\leqslant z\leqslant 1$，故

$$I=\int_0^1 z\mathrm{d}z\iint\limits_{\sigma_z}\mathrm{d}x\mathrm{d}y=\int_0^1\pi(1-z^2)z\mathrm{d}z=\frac{\pi}{4}.$$

例 3 已知椭球 $V:\dfrac{x^2}{a^2}+\dfrac{y^2}{b^2}+\dfrac{z^2}{c^2}\leqslant 1$ 内点 (x,y,z) 处质量的体密度 $\rho=\dfrac{x^2}{a^2}+\dfrac{y^2}{b^2}+\dfrac{z^2}{c^2}$，求椭球的质量 m.

解 因为

$$m=\iiint\limits_V\left(\frac{x^2}{a^2}+\frac{y^2}{b^2}+\frac{z^2}{c^2}\right)\mathrm{d}V=\iiint\limits_V\frac{x^2}{a^2}\mathrm{d}V+\iiint\limits_V\frac{y^2}{b^2}\mathrm{d}V+\iiint\limits_V\frac{z^2}{c^2}\mathrm{d}V,$$

而

$$\iiint\limits_V\frac{x^2}{a^2}\mathrm{d}V=\int_{-a}^a\frac{x^2}{a^2}\mathrm{d}x\iint\limits_{\sigma_x}\mathrm{d}y\mathrm{d}z,$$

其中 $\iint\limits_{\sigma_x}\mathrm{d}y\mathrm{d}z$ 等于椭圆 $\dfrac{y^2}{b^2}+\dfrac{z^2}{c^2}\leqslant 1-\dfrac{x^2}{a^2}$ 的面积

$$\pi b\sqrt{1-\frac{x^2}{a^2}}c\sqrt{1-\frac{x^2}{a^2}}=\pi bc\left(1-\frac{x^2}{a^2}\right),$$

所以

$$\iiint_V \frac{x^2}{a^2}\mathrm{d}V=\frac{2\pi bc}{a^2}\int_0^a x^2\left(1-\frac{x^2}{a^2}\right)\mathrm{d}x=\frac{4}{15}\pi abc.$$

由对等性知

$$\iiint_V \frac{y^2}{b^2}\mathrm{d}V=\iiint_V \frac{z^2}{c^2}\mathrm{d}V=\frac{4}{15}\pi abc,$$

因此

$$m=\frac{4}{5}\pi abc.$$

9.3.2 柱坐标系下三重积分的计算

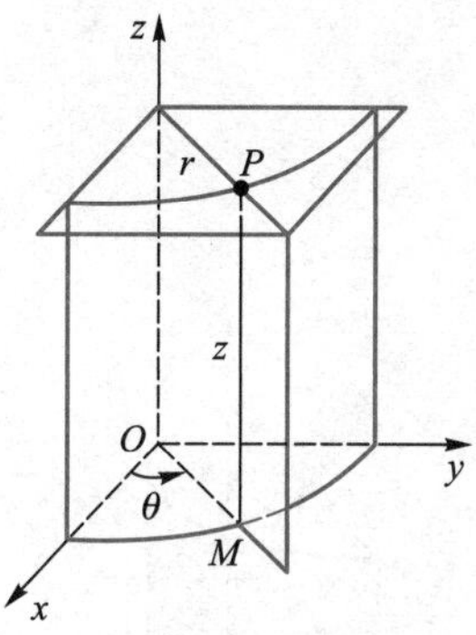

图 9.25

设点 $P(x,y,z)$ 在 Oxy 坐标面上的投影点 M 的极坐标为 (r,θ)，则称有序数组 (r,θ,z) 为点 P 的**柱(面)坐标**. r 表示点 P 到 z 轴的距离，$0\leqslant r<+\infty$；θ 是 $Ozx(x\geqslant 0)$ 半平面绕 z 轴正向逆时针转到点 P 的转角，$0\leqslant\theta\leqslant 2\pi$；$z$ 是点 P 的竖坐标，$-\infty<z<+\infty$.

柱坐标的三组坐标面是(见图 9.25)：

$r=$常数，是以 z 轴为轴的圆柱面族；

$\theta=$常数，是过 z 轴的半平面族；

$z=$常数，是与 Oxy 平面平行的平面族.

显然，点 P 的直角坐标 (x,y,z) 与柱坐标 (r,θ,z) 的关系是

$$x=r\cos\theta,\quad y=r\sin\theta,\quad z=z.$$

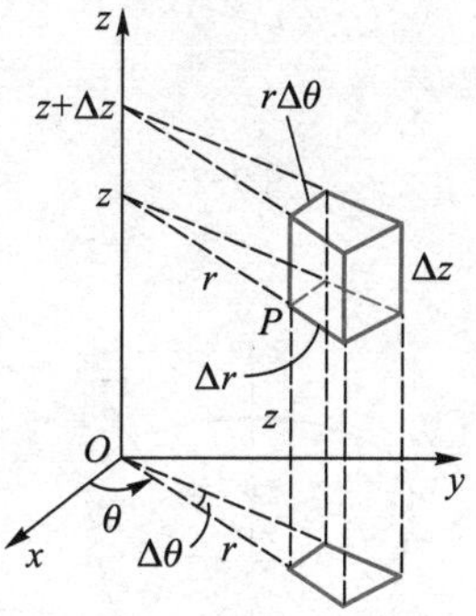

图 9.26

用三组坐标面分割积分域 V，典型的小块是直角扇形柱体(图 9.26)，由 r,θ,z 各取一个增量 $\Delta r,\Delta\theta,\Delta z$ 所构成的直角扇形柱体体积 $\Delta V\approx r\Delta r\Delta\theta\Delta z$. 其差是比 $\Delta r\Delta\theta\Delta z$ 高阶的无穷小，故**柱坐标系下体积微元**是

$$\mathrm{d}V=r\mathrm{d}r\mathrm{d}\theta\mathrm{d}z,$$

因此柱坐标系下三重积分可写为

$$\iiint_V f(P)\,\mathrm{d}V=\iiint_V f(r,\theta,z)\,r\mathrm{d}r\mathrm{d}\theta\mathrm{d}z.$$

柱坐标系下三重积分的计算，只要把 $f(r,\theta,z)r$ 视为被积函数，把 r,θ,z 与 x,y,z 等同地看为三个变量，类比着公式(2)就可得到柱坐标系下三重积分化为累次积分的计算公式. 比如，首先将 V 在 Oxy 面上的投影域 σ_{xy} 用极坐标不等式表示：$\alpha\leqslant\theta\leqslant\beta, r_1(\theta)\leqslant r\leqslant r_2(\theta)$，然后确定 V 的下、上边界面 $z=z_1(r,\theta), z=z_2(r,\theta)$. 从而

微视频
9.3.3 柱坐标系下三重积分计算举例

$$V:\alpha\leqslant\theta\leqslant\beta,\quad r_1(\theta)\leqslant r\leqslant r_2(\theta),\quad z_1(r,\theta)\leqslant z\leqslant z_2(r,\theta).$$

故

$$\iiint\limits_V f(r,\theta,z)\,r\mathrm{d}r\mathrm{d}\theta\mathrm{d}z=\int_\alpha^\beta\mathrm{d}\theta\int_{r_1(\theta)}^{r_2(\theta)}r\mathrm{d}r\int_{z_1(r,\theta)}^{z_2(r,\theta)}f(r,\theta,z)\,\mathrm{d}z.\tag{4}$$

直角坐标系下三重积分与柱坐标系下三重积分的关系是

$$\iiint\limits_V f(x,y,z)\,\mathrm{d}x\mathrm{d}y\mathrm{d}z=\iiint\limits_V f(r\cos\theta,r\sin\theta,z)\,r\mathrm{d}r\mathrm{d}\theta\mathrm{d}z.\tag{5}$$

当积分域 V 在 Oxy 面上的投影是圆、圆环、圆扇形，被积函数是 x^2+y^2，x^2-y^2，xy，$\dfrac{x}{y}$之一与 z 的复合函数时，用柱坐标计算三重积分较方便.

例 4　计算 $\iiint\limits_V z\sqrt{x^2+y^2}\,\mathrm{d}V$，其中 V 由半圆柱面 $x^2+y^2-2x=0\,(y\geqslant0)$ 及平面 $y=0,z=0,z=a>0$ 所围成.

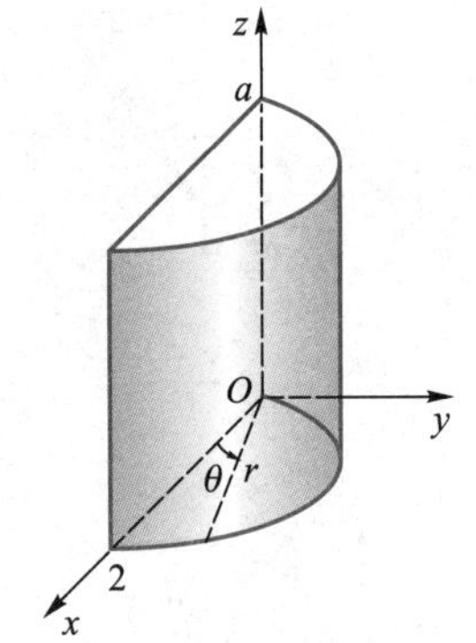

图 9.27

解　积分域如图 9.27 所示，用柱坐标表示为

$$V:0\leqslant\theta\leqslant\frac{\pi}{2},\quad 0\leqslant r\leqslant2\cos\theta,\quad 0\leqslant z\leqslant a.$$

从而有

$$\iiint\limits_V z\sqrt{x^2+y^2}\,\mathrm{d}V=\iiint\limits_V zr^2\,\mathrm{d}r\mathrm{d}\theta\mathrm{d}z$$

$$=\int_0^{\frac{\pi}{2}}\mathrm{d}\theta\int_0^{2\cos\theta}r^2\mathrm{d}r\int_0^a z\mathrm{d}z=\frac{8}{9}a^2.$$

例 5　求曲面 $2z=x^2+y^2$ 与 $z=2$ 所围立体的质量 m，已知立体内任一点的质量的体密度 μ 与该点到 z 轴的距离的平方成正比(图 9.28).

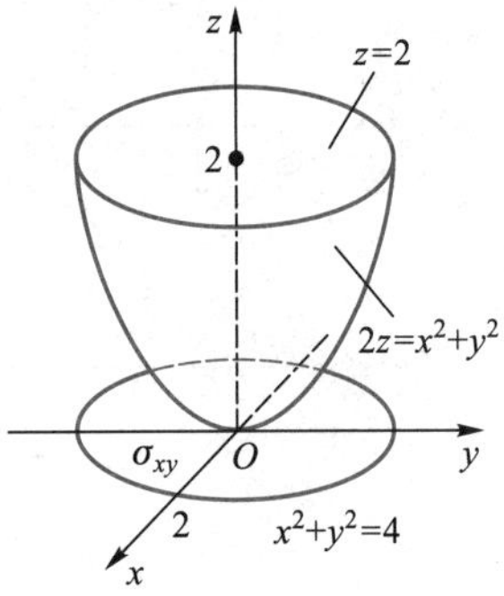

图 9.28

解　由给定的条件知，体密度函数

$$\mu=k(x^2+y^2)\quad(\text{常数 }k>0),$$

于是

$$m=\iiint\limits_V k(x^2+y^2)\,\mathrm{d}V.$$

因为 $2z=x^2+y^2$ 与 $z=2$ 的交线是平面 $z=2$ 上的圆 $x^2+y^2=2^2$，所以 V 在 Oxy 面的投影域 σ_{xy} 是半径为 2 的圆：

$$\sigma_{xy}:0\leqslant\theta\leqslant2\pi,\quad 0\leqslant r\leqslant2.$$

V 的下边界面是 $z=\dfrac{1}{2}(x^2+y^2)$，即 $z=\dfrac{1}{2}r^2$；上边界面是 $z=2$，故

$$m=\iiint\limits_V kr^3\,\mathrm{d}r\mathrm{d}\theta\mathrm{d}z=\int_0^{2\pi}\mathrm{d}\theta\int_0^2 kr^3\,\mathrm{d}r\int_{\frac{r^2}{2}}^2\mathrm{d}z=\frac{16}{3}k\pi.$$

柱坐标系下三重积分化为累次积分时，也应注意选取积分顺序

的问题. 下面举一个例子予以说明.

例 6 计算 $\iiint\limits_V \frac{e^{z^2}}{\sqrt{x^2+y^2}}dxdydz$,其中 V 是由锥面 $z=\sqrt{x^2+y^2}$ 与平面 $z=1$, $z=2$ 所围成的锥台体.

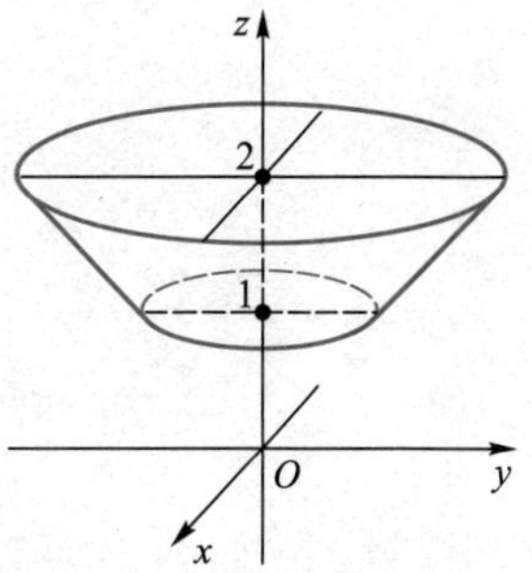

图 9.29

解 积分域如图 9.29 所示. 这是一个反常三重积分,但在柱坐标系下化成常义三重积分

$$\iiint\limits_V \frac{e^{z^2}}{\sqrt{x^2+y^2}}dxdydz=\iiint\limits_V e^{z^2}drd\theta dz.$$

如果利用公式(4),先对 z 积分将遇到积分 $\int e^{z^2}dz$. 故应先对 r,θ 积分,后对 z 积分

$$\iiint\limits_V e^{z^2}drd\theta dz=\int_1^2 e^{z^2}dz\int_0^{2\pi}d\theta\int_0^z dr=2\pi\int_1^2 e^{z^2}zdz=\pi(e^4-e).$$

此题也可先对 r,再对 z,最后对 θ 积分,都相当截面法,前者是 z 截面,后者是 θ 截面.

微视频
9.3.4 三重积分的球坐标

9.3.3 球坐标系下三重积分的计算

设 $P(x,y,z)$ 为空间内任一点,点 P 到原点 O 的距离记为 $\rho=|OP|$, $0\leqslant\rho<+\infty$;有向线段 $\overrightarrow{OP}$ 与 z 轴正向的夹角记为 φ, $0\leqslant\varphi\leqslant\pi$; $Ozx(x\geqslant0)$ 半平面绕 z 轴正向逆时针转到点 P 的转角记为 θ, $0\leqslant\theta\leqslant2\pi$,称有序数组 (ρ,φ,θ) 为点 P 的**球(面)坐标**.

球坐标的三组坐标面是(图 9.30):

$\rho=$ 常数,是以原点为球心的球面族;

$\varphi=$ 常数,是以原点为顶点,z 轴为轴的圆锥面族;

$\theta=$ 常数,是过 z 轴的半平面族.

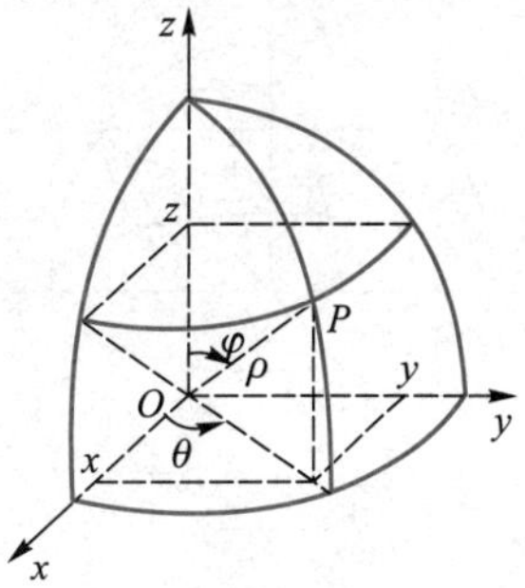

图 9.30

由图 9.30 不难看出,点 P 的直角坐标 (x,y,z) 与球坐标 (ρ,φ,θ) 之间的关系是

$$x=\rho\sin\varphi\cos\theta,\quad y=\rho\sin\varphi\sin\theta,\quad z=\rho\cos\varphi.$$

用球坐标的三组坐标面分割积分域 V. 典型的小块是直角六面体,是由 ρ,φ,θ 各取一增量 $\Delta\rho,\Delta\varphi,\Delta\theta$ 形成的. 由图 9.31 知,这个直角六面体体积 $\Delta V\approx\rho^2\sin\varphi\ \Delta\rho\Delta\varphi\Delta\theta$. 所以,**在球坐标系下,体积微元是**

$$dV=\rho^2\sin\varphi d\rho d\varphi d\theta.$$

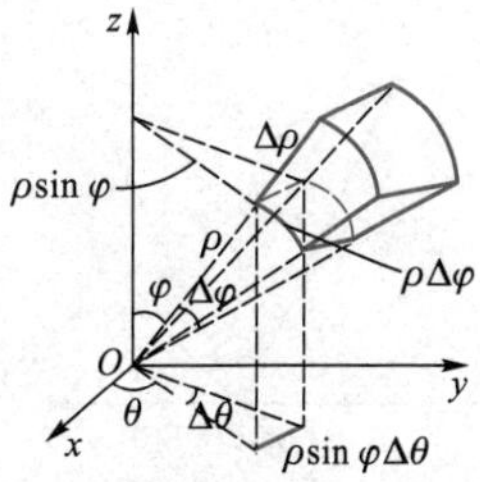

图 9.31

故球坐标系下三重积分可以写为

$$\iiint\limits_V f(P)dV=\iiint\limits_V f(\rho,\varphi,\theta)\rho^2\sin\varphi d\rho d\varphi d\theta.$$

球坐标系下三重积分的计算，只需把 $f(\rho,\varphi,\theta)\rho^2\sin\varphi$ 视为被积函数，把 ρ,φ,θ 等同于 x,y,z 作为三个变量，类比着公式(2)就可得到球坐标系下三重积分化为累次积分的计算公式. 首先看积分域 V 夹在那两个半平面 $\theta=\alpha,\theta=\beta$ 之间，即有 $\alpha\leqslant\theta\leqslant\beta$；在区间 $[\alpha,\beta]$ 内任取一个 θ，作半平面截 V，如果截面区域 σ_θ 在这个半平面上以 z 为极轴的极坐标 (ρ,φ) 的范围是：$\varphi_1(\theta)\leqslant\varphi\leqslant\varphi_2(\theta)$，$\rho_1(\theta,\varphi)\leqslant\rho\leqslant\rho_2(\theta,\varphi)$，则

$$\iiint\limits_V f(\rho,\varphi,\theta)\rho^2\sin\varphi\,\mathrm{d}\rho\mathrm{d}\varphi\mathrm{d}\theta$$

$$=\int_\alpha^\beta\mathrm{d}\theta\int_{\varphi_1(\theta)}^{\varphi_2(\theta)}\sin\varphi\,\mathrm{d}\varphi\int_{\rho_1(\theta,\varphi)}^{\rho_2(\theta,\varphi)}f(\rho,\varphi,\theta)\rho^2\,\mathrm{d}\rho. \tag{6}$$

直角坐标系下三重积分与球坐标系下三重积分的关系是

$$\iiint\limits_V f(x,y,z)\,\mathrm{d}V$$

$$=\iiint\limits_V f(\rho\sin\varphi\cos\theta,\rho\sin\varphi\sin\theta,\rho\cos\varphi)\rho^2\sin\varphi\,\mathrm{d}\rho\mathrm{d}\varphi\mathrm{d}\theta. \tag{7}$$

微视频
9.3.5 球坐标下三重积分计算举例

当积分域 V 为球心在原点，或在坐标轴上而球面过原点的球；或者是球的一部分；或者是顶点在原点，以坐标轴为轴的圆锥体，被积函数是 $x^2+y^2+z^2$ 的函数时，用球坐标计算三重积分较简便.

例 7　求半径为 R 的球体体积.

解　取球心为坐标原点，则

$$V:0\leqslant\theta\leqslant 2\pi,\quad 0\leqslant\varphi\leqslant\pi,\quad 0\leqslant\rho\leqslant R.$$

$$V=\iiint\limits_V\mathrm{d}V=\int_0^{2\pi}\mathrm{d}\theta\int_0^{\pi}\sin\varphi\,\mathrm{d}\varphi\int_0^R\rho^2\,\mathrm{d}\rho=\frac{4}{3}\pi R^3.$$

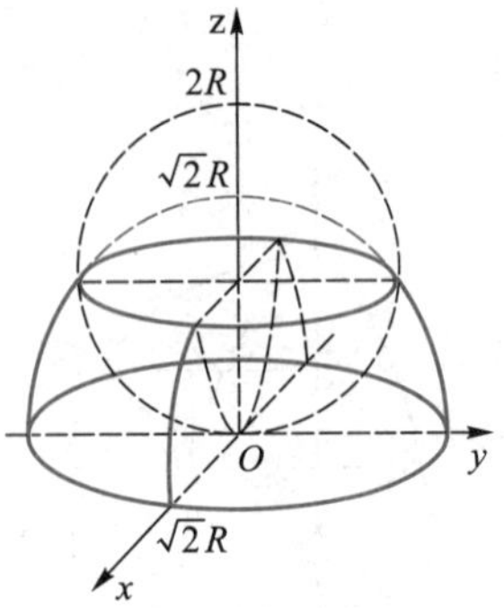

图 9.32

例 8　计算 $I=\iiint\limits_V\sqrt{x^2+y^2+z^2}\,\mathrm{d}V$，其中 $V:x^2+y^2+z^2\geqslant 2Rz$，且 $x^2+y^2+z^2\leqslant 2R^2$，$z\geqslant 0$.

解　画积分域如图 9.32 所示，又因被积函数是 $x^2+y^2+z^2$ 的函数，所以选用球坐标系.

$$V:0\leqslant\theta\leqslant 2\pi,\quad \frac{\pi}{4}\leqslant\varphi\leqslant\frac{\pi}{2},\quad 2R\cos\varphi\leqslant\rho\leqslant\sqrt{2}R.$$

$$I=\iiint\limits_V\rho^3\sin\varphi\,\mathrm{d}\rho\mathrm{d}\varphi\mathrm{d}\theta=\int_0^{2\pi}\mathrm{d}\theta\int_{\frac{\pi}{4}}^{\frac{\pi}{2}}\sin\varphi\,\mathrm{d}\varphi\int_{2R\cos\varphi}^{\sqrt{2}R}\rho^3\,\mathrm{d}\rho=\frac{4}{5}\sqrt{2}\pi R^4.$$

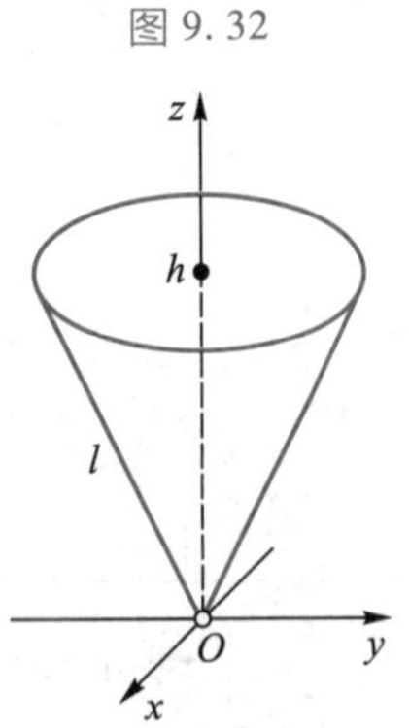

图 9.33

例 9　设有一高为 h，母线长为 l 的正圆锥，质量的体密度 μ 为常数. 另有一质量为 m 的质点在锥的顶点上，试求锥对质点的万有引力.

解　取坐标如图 9.33 所示，由对称性知引力 $\boldsymbol{F}$ 在 x 轴，y 轴上的

分量均为零,只需求在 z 轴上的分量 F_z,显然

$$V:0\leqslant\theta\leqslant 2\pi,\quad 0\leqslant\varphi\leqslant\arccos\frac{h}{l},\quad 0\leqslant\rho\leqslant\frac{h}{\cos\varphi}.$$

与定积分应用一样,在重积分的应用题中也常用微元法. 在 V 内任一点 (ρ,φ,θ) 处取体积微元

$$\mathrm{d}V=\rho^2\sin\varphi\mathrm{d}\rho\mathrm{d}\varphi\mathrm{d}\theta.$$

它对质点 m 的引力在 z 轴方向上的分量为

$$\mathrm{d}F_z=\frac{km\mu\mathrm{d}V}{\rho^2}\cos\varphi=km\mu\sin\varphi\cos\varphi\mathrm{d}\rho\mathrm{d}\varphi\mathrm{d}\theta,$$

k 为引力常数. 从而

$$\begin{aligned}F_z&=\iiint_V km\mu\sin\varphi\cos\varphi\mathrm{d}\rho\mathrm{d}\varphi\mathrm{d}\theta\\&=\int_0^{2\pi}\mathrm{d}\theta\int_0^{\arccos(h/l)}km\mu\sin\varphi\cos\varphi\mathrm{d}\varphi\int_0^{h/\cos\varphi}\mathrm{d}\rho\\&=2\pi k\mu mh\left(1-\frac{h}{l}\right),\end{aligned}$$

故所求的万有引力

$$\boldsymbol{F}=\left\{0,0,2\pi k\mu mh\left(1-\frac{h}{l}\right)\right\}.$$

例 10 已知在极坐标系下,对数螺线

$$r=a\mathrm{e}^{\theta/4},\quad 0\leqslant\theta\leqslant\pi\quad(a>0)$$

绕极轴旋转一周所围成的旋转体 V(图 9.34),其内各点质量的体密度等于点到极点的距离,求 V 的质量 m.

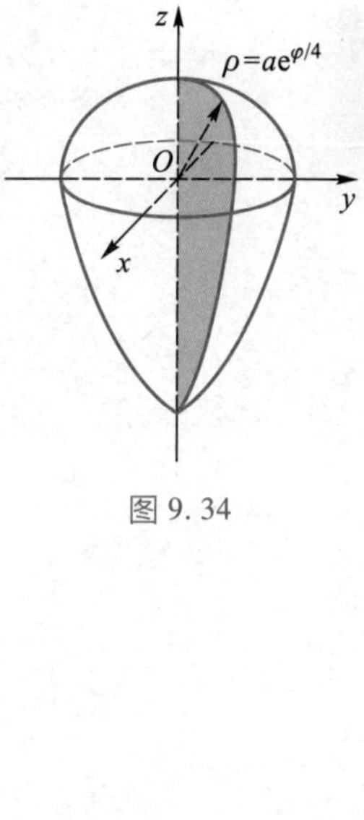

图 9.34

解 取极轴为正 z 轴,则 r,θ 相当于球坐标中的 ρ,φ. 所以球坐标系下旋转面的方程是

$$\rho=a\mathrm{e}^{\varphi/4},\quad 0\leqslant\varphi\leqslant\pi.$$

故

$$V:0\leqslant\theta\leqslant 2\pi,\quad 0\leqslant\varphi\leqslant\pi,\quad 0\leqslant\rho\leqslant a\mathrm{e}^{\varphi/4}.$$

$$\begin{aligned}m&=\iiint_V\rho\mathrm{d}V=\iiint_V\rho\rho^2\sin\varphi\mathrm{d}\rho\mathrm{d}\varphi\mathrm{d}\theta\\&=\int_0^{2\pi}\mathrm{d}\theta\int_0^{\pi}\sin\varphi\mathrm{d}\varphi\int_0^{a\mathrm{e}^{\varphi/4}}\rho^3\mathrm{d}\rho\\&=\frac{\pi}{2}\int_0^{\pi}a^4\mathrm{e}^{\varphi}\sin\varphi\mathrm{d}\varphi\\&=\frac{\pi a^4}{2}\frac{1}{2}\mathrm{e}^{\varphi}(\sin\varphi-\cos\varphi)\Big|_0^{\pi}\\&=\frac{\pi a^4}{4}(\mathrm{e}^{\pi}+1).\end{aligned}$$

由此例可知，极坐标系下曲线绕极轴旋转一周得到的旋转面所围的立体上的三重积分，也可考虑在球坐标下计算.

重积分的计算，首先要画出积分域，根据积分域及被积函数选取坐标系，务必注意在选定的坐标系下面积微元或体积微元是什么；然后用不等式表示出积分域的范围，从而确定累次积分的上、下限；最后进行累次积分运算.

9.4　第一型曲线积分的计算

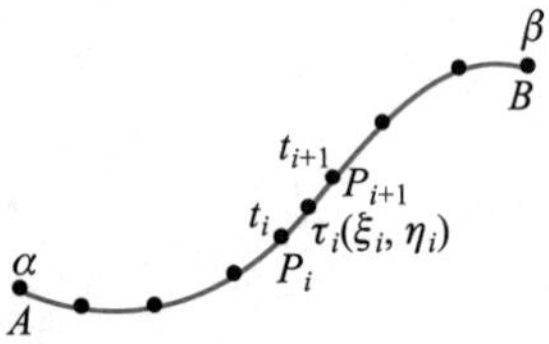

图 9.35

设 l 是以 A,B 为端点的平面曲线段（图 9.35），由参数方程

$$x=x(t),\quad y=y(t),\quad \alpha\leqslant t\leqslant\beta$$

给出，$x(t),y(t)$ 在区间 $[\alpha,\beta]$ 上连续可微（即曲线 l 是光滑的）. 如果函数 $f(x,y)$ 在 l 上连续，则对弧长的曲线积分（第一型曲线积分）

$$\int_l f(x,y)\,\mathrm{d}s=\int_{\widehat{AB}} f(x,y)\,\mathrm{d}s=\lim_{\lambda\to 0}\sum_{i=1}^{n} f(\xi_i,\eta_i)\,\Delta s_i$$

存在.

微视频
9.4.1 第一型曲线积分

设点 A 对应 $t=\alpha$，点 B 对应 $t=\beta$. 因被积函数 $f(x,y)$ 中点 (x,y) 在曲线 l 上，所以它是 t 的函数 $f(x(t),y(t))$. 又由曲线弧长公式和积分中值定理知 $\Delta s_i=\int_{t_i}^{t_{i+1}}\sqrt{x'^2(t)+y'^2(t)}\,\mathrm{d}t=\sqrt{x'^2(\tau_i)+y'^2(\tau_i)}\,\Delta t_i$. 故由定积分定义知

$$\begin{aligned}\lim_{\lambda\to 0}\sum_{i=1}^{n} f(\xi_i,\eta_i)\,\Delta s_i&=\lim_{\lambda\to 0}\sum_{i=1}^{n} f(x(\tau_i),y(\tau_i))\sqrt{x'^2(\tau_i)+y'^2(\tau_i)}\,\Delta t_i\\&=\int_\alpha^\beta f(x(t),y(t))\sqrt{x'^2(t)+y'^2(t)}\,\mathrm{d}t.\end{aligned}$$

于是对弧长的曲线积分可化为定积分计算，

$$\int_l f(x,y)\,\mathrm{d}s=\int_\alpha^\beta f(x(t),y(t))\sqrt{x'^2(t)+y'^2(t)}\,\mathrm{d}t.\tag{1}$$

注意，这里弧长微元 $\mathrm{d}s$ 就是弧微分，

$$\mathrm{d}s=\sqrt{x'^2(t)+y'^2(t)}\,\mathrm{d}t.$$

当 $\mathrm{d}s>0$ 时，$\mathrm{d}t>0$. 故公式(1)中的定积分上限必须大于下限！由此可见，

$$\int_{\widehat{AB}} f(P)\,\mathrm{d}s=\int_{\widehat{BA}} f(P)\,\mathrm{d}s,$$

这是第一型曲线积分的一个特性，它与定积分不同.

如果 l 是空间曲线段 $\widehat{AB}$：

$$x=x(t),\quad y=y(t),\quad z=z(t),\quad \alpha\leqslant t\leqslant\beta,$$

则有公式

$$\int_l f(x,y,z)\,ds=\int_\alpha^\beta f(x(t),y(t),z(t))\sqrt{x'^2(t)+y'^2(t)+z'^2(t)}\,dt. \tag{2}$$

例 1 计算

$$\int_l y\,ds,$$

其中:(1) l 为曲线 $y^2=4x$ 上点(0,0)与点(1,2)之间的弧段;(2) l 为心形线 $r=a(1+\cos\theta)$ 的下半部分(见图 9.36).

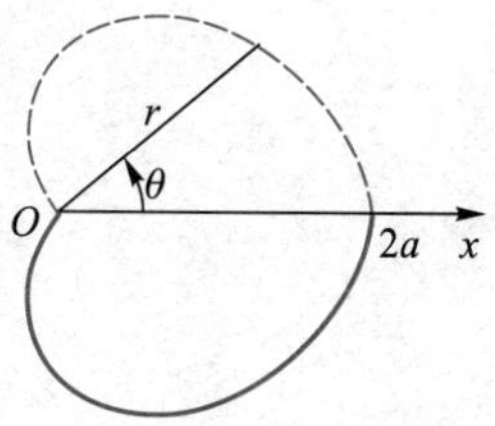

图 9.36

解 (1) 因为 $l:x=\frac{1}{4}y^2, 0\leqslant y\leqslant 2$(视 y 为参量),

$$ds=\sqrt{x_y'^2+1}\,dy=\sqrt{1+\frac{y^2}{4}}\,dy,$$

故由公式(1)得

$$\int_l y\,ds=\int_0^2 y\sqrt{1+\frac{y^2}{4}}\,dy=\frac{4}{3}(2\sqrt{2}-1).$$

(2) 因为 $l:r=a(1+\cos\theta), \pi\leqslant\theta\leqslant 2\pi$,所以

$$x=r\cos\theta=a(1+\cos\theta)\cos\theta,\quad y=r\sin\theta=a(1+\cos\theta)\sin\theta$$

(视 θ 为参数).又极坐标系下弧微分为

$$ds=\sqrt{r^2(\theta)+r'^2(\theta)}\,d\theta=\sqrt{a^2(1+\cos\theta)^2+a^2\sin^2\theta}\,d\theta=a\sqrt{2(1+\cos\theta)}\,d\theta.$$

故由公式(1)得

$$\int_l y\,ds=\int_\pi^{2\pi}\sqrt{2}\,a^2(1+\cos\theta)^{\frac{3}{2}}\sin\theta\,d\theta=-\frac{16}{5}a^2.$$

微视频
9.4.2 第一型曲线积分计算举例

例 2 计算 $\int_{\widehat{BB'}} x|y|\,ds$,其中 $\widehat{BB'}$ 是椭圆 $x=a\cos t, y=b\sin t\,(a>b>0)$ 的右半部分(见图 9.37).

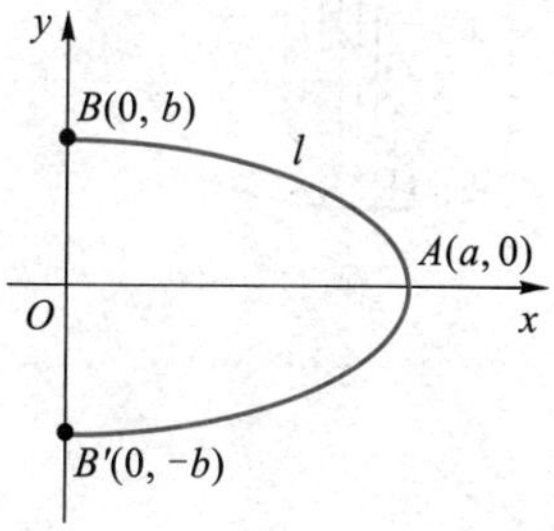

图 9.37

解 因 $\widehat{BB'}:x=a\cos t, y=b\sin t, -\frac{\pi}{2}\leqslant t\leqslant\frac{\pi}{2}$,又

$$ds=\sqrt{x_t'^2+y_t'^2}\,dt=\sqrt{a^2\sin^2 t+b^2\cos^2 t}\,dt,$$

故由公式(1)得

$$\begin{aligned}\int_{\widehat{BB'}} x|y|\,ds&=\int_{-\frac{\pi}{2}}^{\frac{\pi}{2}} a\cos t\,|b\sin t|\sqrt{a^2\sin^2 t+b^2\cos^2 t}\,dt\\&=2ab\int_0^{\frac{\pi}{2}}\cos t\sin t\sqrt{a^2-(a^2-b^2)\cos^2 t}\,dt\\&=\frac{2ab}{3(a+b)}(a^2+ab+b^2).\end{aligned}$$

例 3 设 l 是圆柱螺线的一段,

$$l: x=a\cos t,\quad y=a\sin t,\quad z=bt,\quad 0\leqslant t\leqslant 2\pi.$$

(1) 计算 l 的弧长;(2) 计算 $\int_l \frac{\mathrm{d}s}{x^2+y^2+z^2}$.

解 弧微分

$$\mathrm{d}s=\sqrt{(-a\sin t)^2+(a\cos t)^2+b^2}\,\mathrm{d}t=\sqrt{a^2+b^2}\,\mathrm{d}t.$$

(1) 由公式(2) 得弧长

$$s=\int_l \mathrm{d}s=\int_0^{2\pi}\sqrt{a^2+b^2}\,\mathrm{d}t=2\pi\sqrt{a^2+b^2}.$$

(2) 由公式(2)

$$\int_l \frac{\mathrm{d}s}{x^2+y^2+z^2}=\int_0^{2\pi}\frac{\sqrt{a^2+b^2}}{a^2+b^2t^2}\mathrm{d}t=\frac{\sqrt{a^2+b^2}}{ab}\arctan\frac{2b\pi}{a}.$$

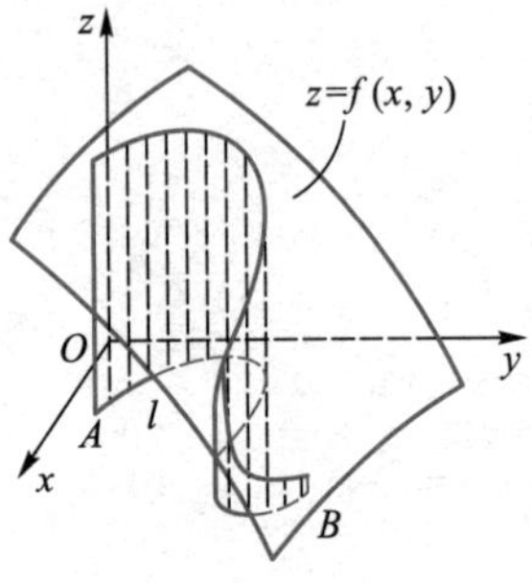

图 9.38

最后指出,当 $f(x,y)\geqslant 0$ 时,平面曲线 l 上第一型曲线积分

$$\int_l f(x,y)\,\mathrm{d}s$$

在几何上表示以 l 为准线,母线平行于 z 轴的柱面之界于平面 $z=0$ 和曲面 $z=f(x,y)$ 之间那部分的面积(图 9.38).

例 4 求圆柱面 $x^2+y^2=Rx$ 被截在球 $x^2+y^2+z^2=R^2$ 内部的柱面的面积(图 9.39).

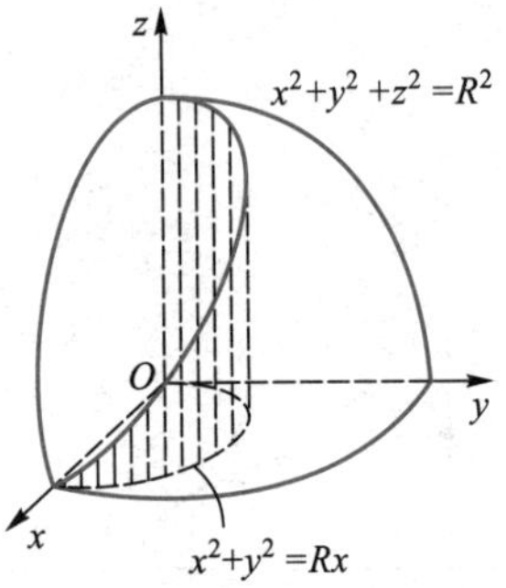

图 9.39

解 由图形的对称性,只需求第一卦限部分的面积,再四倍之. 柱面与平面 Oxy 的交线

$$l: r=R\cos\theta,\quad 0\leqslant\theta\leqslant\frac{\pi}{2}.$$

弧微分为

$$\mathrm{d}s=\sqrt{r^2+r'^2}\,\mathrm{d}\theta=R\mathrm{d}\theta,$$

故所求的面积

$$S=4\int_l\sqrt{R^2-x^2-y^2}\,\mathrm{d}s=4\int_0^{\frac{\pi}{2}}\sqrt{R^2-R^2\cos^2\theta}\,R\mathrm{d}\theta=4R^2.$$

9.5 第一型曲面积分的计算

设空间曲面 S 的方程为

$$z=z(x,y),\quad (x,y)\in\sigma_{xy},$$

其中 σ_{xy} 为曲面 S 在 Oxy 平面上的投影域. 函数 $f(x,y,z)$ 在曲面 S 上

连续,则对面积的曲面积分(第一型曲面积分)

$$\iint_S f(x,y,z)\,\mathrm{d}S=\lim_{\lambda\to 0}\sum_{i=1}^{n}f(x_i,y_i,z_i)\Delta S_i$$

存在.

如果 $z(x,y)$ 在 σ_{xy} 上有连续的一阶偏导数,分割 σ_{xy},设 $\Delta\sigma_i$ 为一典型小片,任取 $M(x_i,y_i)\in\Delta\sigma_i$,过曲面上的对应点 $P(x_i,y_i,z(x_i,y_i))$ 作曲面 S 的切平面 T,设 ΔS_i,ΔT_i 是以 $\Delta\sigma_i$ 的边界为准线,母线平行于 z 轴的柱面,从曲面 S 和切平面 T 上截下的部分(图 9.40). 如果同时用 $\Delta\sigma_i$,ΔS_i,ΔT_i 表示其面积数,由图 9.41 显然有

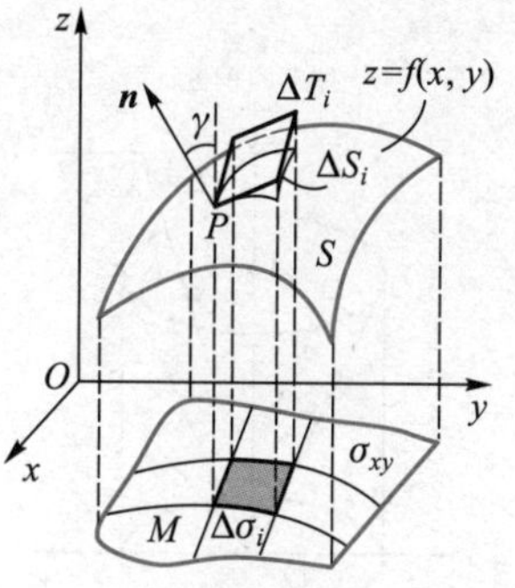

图 9.40

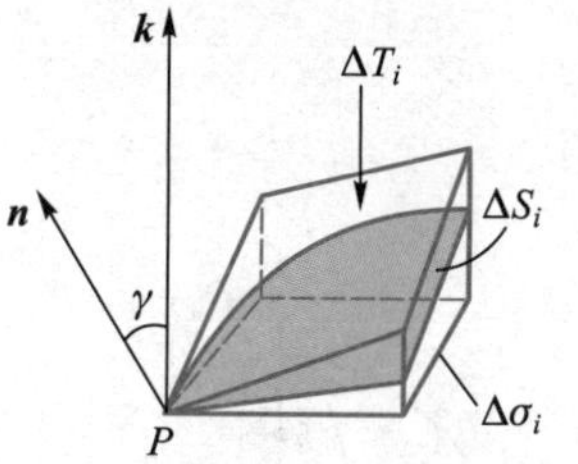

图 9.41

微视频
9.5.1 第一型曲面积分

$$\Delta S_i\approx\Delta T_i,\quad \Delta T_i=\frac{\Delta\sigma_i}{\cos\gamma},$$

其中 γ 为切平面 T 与 Oxy 面之间的二面角,即在点 P 处曲面 S 的法向量 $\boldsymbol{n}=\left\{-\left(\frac{\partial z}{\partial x}\right)_i,-\left(\frac{\partial z}{\partial y}\right)_i,1\right\}$ 与 Oz 轴正向 $\boldsymbol{k}$ 的夹角,故

$$\cos\gamma=\frac{1}{\sqrt{1+\left(\frac{\partial z}{\partial x}\right)_i^2+\left(\frac{\partial z}{\partial y}\right)_i^2}},$$

从而

$$\Delta S_i\approx\Delta T_i=\sqrt{1+\left(\frac{\partial z}{\partial x}\right)_i^2+\left(\frac{\partial z}{\partial y}\right)_i^2}\,\Delta\sigma_i.$$

其中 $\left(\frac{\partial z}{\partial x}\right)_i$,$\left(\frac{\partial z}{\partial y}\right)_i$ 表示 $\Delta\sigma_i$ 内 $M(x_i,y_i)$ 点处两个偏导数. 于是由二重积分的定义知

$$\begin{aligned}\lim_{\lambda\to 0}\sum_{i=1}^{n}f(x_i,y_i,z_i)\Delta S_i&=\lim_{\lambda\to 0}\sum_{i=1}^{n}f(x_i,y_i,z(x_i,y_i))\sqrt{1+\left(\frac{\partial z}{\partial x}\right)_i^2+\left(\frac{\partial z}{\partial y}\right)_i^2}\,\Delta\sigma_i\\&=\iint_{\sigma_{xy}}f(x,y,z(x,y))\sqrt{1+\left(\frac{\partial z}{\partial x}\right)^2+\left(\frac{\partial z}{\partial y}\right)^2}\,\mathrm{d}\sigma.\end{aligned}$$

于是对面积的曲面积分可化为二重积分计算,

$$\iint_S f(x,y,z)\,\mathrm{d}S=\iint_{\sigma_{xy}}f(x,y,z(x,y))\sqrt{1+\left(\frac{\partial z}{\partial x}\right)^2+\left(\frac{\partial z}{\partial y}\right)^2}\,\mathrm{d}\sigma.\qquad(1)$$

根据曲面 S 的不同情况,可以把对面积的曲面积分转化为在其他坐标面的投影域上的二重积分. 所以,计算对面积的曲面积分时,首先应根据曲面 S 选好投影面,确定投影域并写出曲面 S 的方程;然后算出曲面面积微元;最后将曲面方程代入被积函数,写出(1)式右端的二重积分进行计算.

微视频
9.5.2 第一型曲面积分计算举例

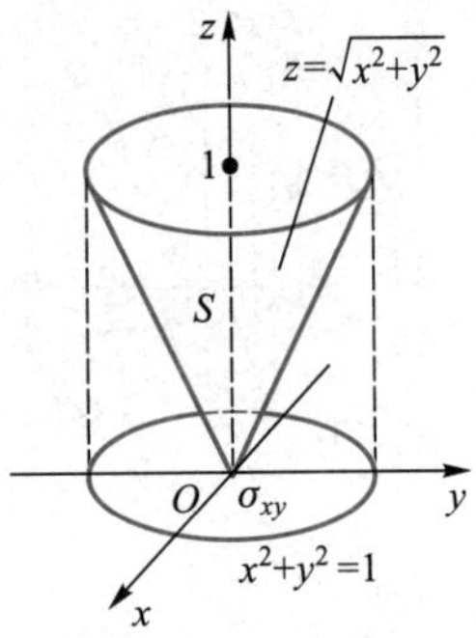

图 9.42

例 1 计算 $\iint\limits_S (x^2+y^2+z^2)\mathrm{d}S$,其中 S 为锥面 $z=\sqrt{x^2+y^2}$ 界于平面 $z=0$ 及 $z=1$ 之间的部分(图 9.42).

解 曲面 S 的方程为

$$z=\sqrt{x^2+y^2}.$$

$$\frac{\partial z}{\partial x}=\frac{x}{\sqrt{x^2+y^2}},\quad \frac{\partial z}{\partial y}=\frac{y}{\sqrt{x^2+y^2}},$$

$$\sqrt{1+\left(\frac{\partial z}{\partial x}\right)^2+\left(\frac{\partial z}{\partial y}\right)^2}=\sqrt{2}.$$

又 S 在 Oxy 面上投影域是圆 $\sigma_{xy}:x^2+y^2\leqslant 1$,所以

$$\iint\limits_S (x^2+y^2+z^2)\mathrm{d}S=\iint\limits_{\sigma_{xy}} 2\sqrt{2}(x^2+y^2)\mathrm{d}\sigma$$
$$=2\sqrt{2}\int_0^{2\pi}\mathrm{d}\theta\int_0^1 r^3\mathrm{d}r=\sqrt{2}\pi.$$

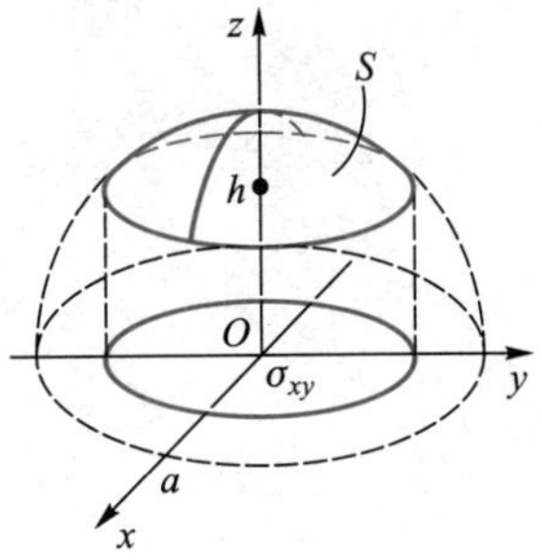

图 9.43

例 2 计算 $\iint\limits_S (x^3+x^2y+z)\mathrm{d}S$,其中 S 为球面 $z=\sqrt{a^2-x^2-y^2}$ 位于平面 $z=h(0<h<a)$ 上方的部分(图 9.43).

解 由对称性知

$$\iint\limits_S (x^3+x^2y+z)\mathrm{d}S=\iint\limits_S z\mathrm{d}S.$$

曲面 S 的方程是

$$z=\sqrt{a^2-x^2-y^2},$$

$$\frac{\partial z}{\partial x}=\frac{-x}{\sqrt{a^2-x^2-y^2}},\quad \frac{\partial z}{\partial y}=\frac{-y}{\sqrt{a^2-x^2-y^2}},$$

$$\sqrt{1+\left(\frac{\partial z}{\partial x}\right)^2+\left(\frac{\partial z}{\partial y}\right)^2}=\frac{a}{\sqrt{a^2-x^2-y^2}}.$$

S 在 Oxy 面上的投影域是圆 σ_{xy}:

$$x^2+y^2\leqslant a^2-h^2.$$

故

$$\iint\limits_S (x^3+x^2y+z)\mathrm{d}S=\iint\limits_S z\mathrm{d}S=\iint\limits_{\sigma_{xy}}\sqrt{a^2-x^2-y^2}\frac{a}{\sqrt{a^2-x^2-y^2}}\mathrm{d}\sigma=\pi a(a^2-h^2).$$

值得注意的是,在球面上的第一型曲面积分用球坐标计算有时是方便的. 如本例,曲面 S:

$$\rho=a,\quad 0\leqslant\theta\leqslant 2\pi,\quad 0\leqslant\varphi\leqslant\arccos\frac{h}{a}.$$

曲面面积微元

$$dS=a^2\sin\varphi d\varphi d\theta.$$

所以

$$\iint_S (x^3+x^2y+z)dS=\iint_S zdS=\int_0^{2\pi}d\theta\int_0^{\arccos\frac{h}{a}}a^3\cos\varphi\sin\varphi d\varphi=\pi a(a^2-h^2).$$

例 3 计算 $I=\oiint_S xyzdS$[①]，其中 S 是平面 $x+y+z=1$ 与三个坐标面围成的四面体的表面.

① $\oiint_S$ 表示闭曲面上的积分.

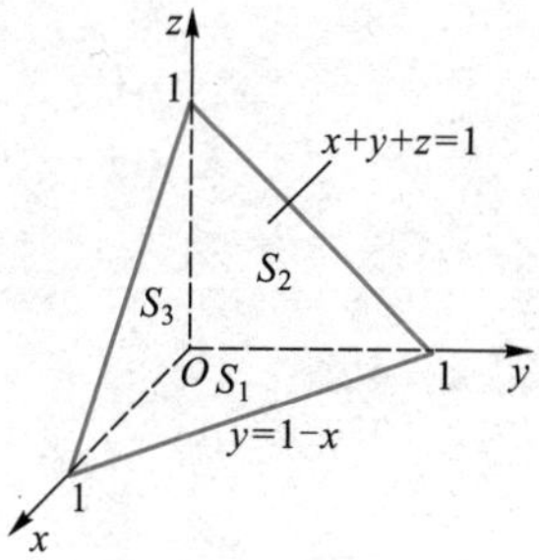

图 9.44

解 若以 S_1, S_2, S_3 依次表示该四面体在 Oxy, Oyz, Ozx 坐标面上的三个表面(图9.44)，则因 S_1 的方程为 $z=0$，所以

$$\iint_{S_1} xyzdS=0.$$

同样有

$$\iint_{S_2} xyzdS=0,\quad \iint_{S_3} xyzdS=0.$$

第四个表面 S_4 的方程为

$$z=1-x-y,$$

$$0\leqslant x\leqslant 1,\quad 0\leqslant y\leqslant 1-x,$$

故 $z'_x=-1, z'_y=-1, \sqrt{1+z'^2_x+z'^2_y}=\sqrt{3}$. 于是

$$\begin{aligned}I&=\oiint_S xyzdS=\iint_{S_4} xyzdS\\&=\iint_{\sigma_{xy}} xy(1-x-y)\sqrt{3}\,dxdy\\&=\int_0^1 dx\int_0^{1-x}\sqrt{3}\,xy(1-x-y)dy=\frac{\sqrt{3}}{120}.\end{aligned}$$

例 4 求被围在柱面 $x^2+y^2=Rx$ 内的上半球面 $z=\sqrt{R^2-x^2-y^2}$ 的面积 S(图 9.45).

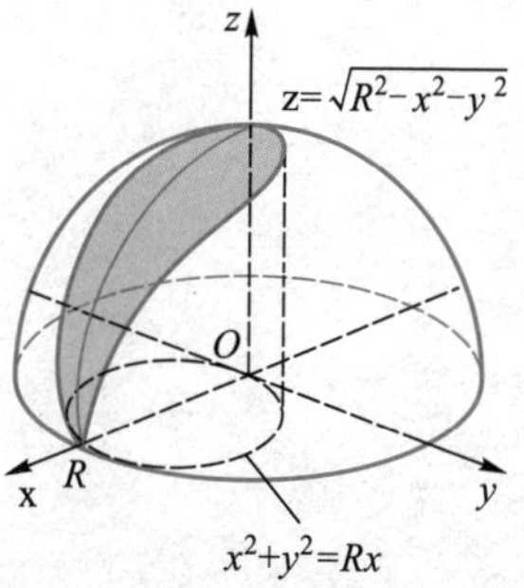

图 9.45

解 由于

$$\frac{\partial z}{\partial x}=\frac{-x}{\sqrt{R^2-x^2-y^2}},\quad \frac{\partial z}{\partial y}=\frac{-y}{\sqrt{R^2-x^2-y^2}},$$

$$\sqrt{1+\left(\frac{\partial z}{\partial x}\right)^2+\left(\frac{\partial z}{\partial y}\right)^2}=\frac{R}{\sqrt{R^2-x^2-y^2}},$$

以及曲面在 Oxy 面上的投影域为圆

$$\sigma: x^2+y^2\leqslant Rx,$$

所以

$$S=\iint_S \mathrm{d}S=\iint_\sigma \sqrt{1+\left(\frac{\partial z}{\partial x}\right)^2+\left(\frac{\partial z}{\partial y}\right)^2}\,\mathrm{d}x\mathrm{d}y$$

$$=\iint_\sigma \frac{R}{\sqrt{R^2-x^2-y^2}}\mathrm{d}x\mathrm{d}y=\int_{-\frac{\pi}{2}}^{\frac{\pi}{2}}\mathrm{d}\theta\int_0^{R\cos\theta}\frac{Rr}{\sqrt{R^2-r^2}}\mathrm{d}r=\pi R^2-2R^2.$$

可见半球面截去例 4 那样的曲面两片余下的部分的面积，恰好等于边长为 $2R$ 的正方形的面积 $4R^2$.

9.6 黎曼积分的应用举例

微视频
9.6.1 质心与形心

黎曼积分有广泛的应用，比如，求平面区域的面积，曲面的面积，立体的体积，曲线的弧长，物体的质量等问题已在前几节介绍过. 本节仅介绍物体的质心及转动惯量的求法. 读者应从中学会将有关的实际问题转化为黎曼积分计算的方法.

9.6.1 物体的质心

由静力学知，当质点系 $P_i(x_i,y_i,z_i)(i=1,2,\cdots,n)$ 的各点质量为 m_i 时，质心的坐标是

$$\bar{x}=\frac{\sum_{i=1}^n m_ix_i}{\sum_{i=1}^n m_i},\quad \bar{y}=\frac{\sum_{i=1}^n m_iy_i}{\sum_{i=1}^n m_i},\quad \bar{z}=\frac{\sum_{i=1}^n m_iz_i}{\sum_{i=1}^n m_i}.$$

如果在一个几何形体 Ω 上，质量分布密度为连续函数 $\mu(P)$，$P\in\Omega$. 由 Ω 上黎曼积分的定义，将 Ω 分割为 n 个直径很小的部分 $\Delta\Omega_i(i=1,2,\cdots,n)$，任取一点 $P_i\in\Delta\Omega_i$，把 $\Delta\Omega_i$ 看成是质量为 $\mu(P_i)\Delta\Omega_i$（这里 $\Delta\Omega_i$ 也表示其度量），位于点 P_i 的质点. 这样得到 n 个质点的质点系，求出其质心，再让分割无限细密，取极限，就得到质心的坐标为

$$\bar{x}=\frac{\int_\Omega \mu(P)x\mathrm{d}\Omega}{\int_\Omega \mu(P)\mathrm{d}\Omega},\quad \bar{y}=\frac{\int_\Omega \mu(P)y\mathrm{d}\Omega}{\int_\Omega \mu(P)\mathrm{d}\Omega},\quad \bar{z}=\frac{\int_\Omega \mu(P)z\mathrm{d}\Omega}{\int_\Omega \mu(P)\mathrm{d}\Omega}. \tag{1}$$

这里 Ω 包括空间立体、曲面、曲线及平面片和平面上的曲线. 当 Ω 在 Oxy 平面上时，$\bar{z}=0$，不必写它. 由(1)式知，物体的质心的横坐标，等于物体对平面 $x=0$ 的总静距（也称一次距）$\int_\Omega \mu(P)x\mathrm{d}\Omega$ 与总质量

$\int_{\Omega}\mu(P)\mathrm{d}\Omega$之商，质心的纵坐标、竖坐标有类似的结论. 当密度$\mu(P)$为常数时，质心也称**形心**. 不难从(1)式消去μ，得到形心的坐标.

例1 求位于两圆$r=2\sin\theta$，$r=4\sin\theta$之间的均质薄板σ的质心(图9.46).

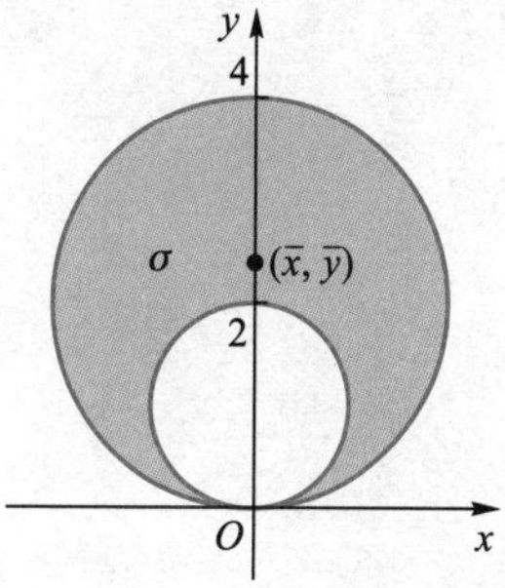

图9.46

解 由于薄板σ关于y轴对称，且是均质的(面密度μ为常数)，故$\bar{x}=0$，只需求$\bar{y}$，因为

$$m=\iint_{\sigma}\mu\mathrm{d}\sigma=\mu(\pi\cdot 2^2-\pi\cdot 1^2)=3\pi\mu,$$

$$M_y=\iint_{\sigma}\mu y\mathrm{d}\sigma=\int_0^{\pi}\mathrm{d}\theta\int_{2\sin\theta}^{4\sin\theta}\mu r^2\sin\theta\mathrm{d}r=\frac{112}{3}\mu\int_0^{\frac{\pi}{2}}\sin^4\theta\mathrm{d}\theta=7\pi\mu,$$

所以，$\bar{y}=\dfrac{7}{3}$，即质心为点$\left(0,\dfrac{7}{3}\right)$.

例2 已知图9.47中球底锥的体密度$\mu=k(x^2+y^2+z^2)$，k为常数，求其质心.

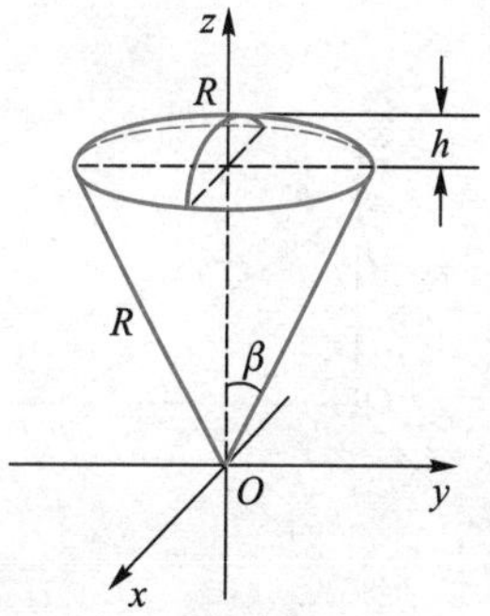

图9.47

解 由图知球底锥V关于坐标面Oyz及Ozx对称，又密度函数是x,y的偶函数，故质心必在z轴上，只需求$\bar{z}$. 因为

$$m=\iiint_V k(x^2+y^2+z^2)\mathrm{d}V=\int_0^{2\pi}\mathrm{d}\theta\int_0^{\beta}k\sin\varphi\mathrm{d}\varphi\int_0^R\rho^4\mathrm{d}\rho=\frac{2\pi}{5}kR^5(1-\cos\beta),$$

及

$$M_z=\iiint_V k(x^2+y^2+z^2)z\mathrm{d}V=\int_0^{2\pi}\mathrm{d}\theta\int_0^{\beta}k\sin\varphi\cos\varphi\mathrm{d}\varphi\int_0^R\rho^5\mathrm{d}\rho=\frac{\pi}{6}kR^6(1-\cos^2\beta),$$

所以

$$\bar{z}=\frac{5}{12}R(1+\cos\beta)=\frac{5}{12}(2R-h),$$

其中$h=R(1-\cos\beta)$. 于是球底锥的质心是点$\left(0,0,\dfrac{5}{12}(2R-h)\right)$.

9.6.2 转动惯量

转动惯量是力学中一个重要概念，研究刚体转动时要用到它. 从力学知，n个质点对一个定轴的转动惯量为

微视频
9.6.2 空间体的转动惯量

$$\sum_{i=1}^{n}r_i^2m_i,$$

其中m_i和r_i分别表示第i个质点的质量和它到定轴的距离.

对一个刚体Ω，设质量分布密度是Ω上点P的连续函数$\mu(P)$，

如何求 Ω 对某一定轴的转动惯量呢？可以按黎曼积分的定义去推导.这里用"微元法"去做.在 Ω 内任取一微元刚体 $\Delta\Omega$，任取点 $P\in\Delta\Omega$.设点 P 到定轴的距离为 r，则有质量微元 $\mu(P)\Delta\Omega$ 和对应的转动惯量微元：

$$r^2\mu(P)\Delta\Omega,$$

从而刚体 Ω 对定轴的转动惯量（也称二次距）

$$I=\int_\Omega r^2\mu(P)\,\mathrm{d}\Omega. \tag{2}$$

若在空间取定直角坐标系 $Oxyz$，则刚体 Ω 对 x 轴，y 轴，z 轴的转动惯量分别为

$$I_x=\int_\Omega(y^2+z^2)\mu\,\mathrm{d}\Omega,\quad I_y=\int_\Omega(x^2+z^2)\mu\,\mathrm{d}\Omega,\quad I_z=\int_\Omega(x^2+y^2)\mu\,\mathrm{d}\Omega,$$

其中 $\mu=\mu(P)$ 是密度函数，这里 Ω 可以是空间立体、曲面、曲线及平面片和平面曲线.

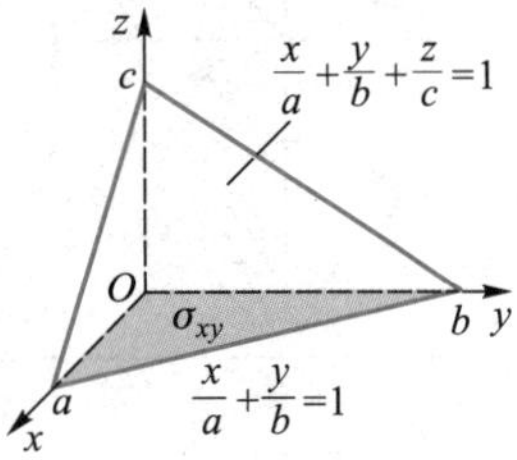

图 9.48

例 3 由平面 $\frac{x}{a}+\frac{y}{b}+\frac{z}{c}=1$，及三个坐标面围成的立体，密度 $\mu=1$，求该立体对三个坐标轴的转动惯量.

解 如图 9.48 所示，因为

$$V:0\leqslant x\leqslant a,\quad 0\leqslant y\leqslant b\left(1-\frac{x}{a}\right),\quad 0\leqslant z\leqslant c\left(1-\frac{x}{a}-\frac{y}{b}\right),$$

所以

$$\begin{aligned}I_x&=\iiint_V(y^2+z^2)\,\mathrm{d}V\\&=\int_0^a\mathrm{d}x\int_0^{b\left(1-\frac{x}{a}\right)}\mathrm{d}y\int_0^{c\left(1-\frac{x}{a}-\frac{y}{b}\right)}(y^2+z^2)\,\mathrm{d}z\\&=\frac{1}{60}abc(b^2+c^2).\end{aligned}$$

类似地可得

$$I_y=\frac{1}{60}abc(a^2+c^2),\quad I_z=\frac{1}{60}abc(a^2+b^2).$$

例 4 有一均质圆柱螺线 l：

$$x=a\cos t,\quad y=a\sin t,\quad z=bt,\quad 0\leqslant t\leqslant 2\pi.$$

(1) 求 l 的质心；(2) 求 l 对 z 轴的转动惯量 I_z.

解 空间曲线 l 的弧微分

$$\mathrm{d}s=\sqrt{x_t'^2+y_t'^2+z_t'^2}\,\mathrm{d}t=\sqrt{(-a\sin t)^2+(a\cos t)^2+b^2}\,\mathrm{d}t=\sqrt{a^2+b^2}\,\mathrm{d}t.$$

(1) 设线密度为常数 μ,由于

$$m=\int_l \mu \mathrm{d}s=\int_0^{2\pi}\mu\sqrt{a^2+b^2}\,\mathrm{d}t=2\pi\mu\sqrt{a^2+b^2},$$

$$M_x=\int_l \mu x\mathrm{d}s=\int_0^{2\pi}\mu a\cos t\sqrt{a^2+b^2}\,\mathrm{d}t=0,$$

$$M_y=\int_l \mu y\mathrm{d}s=\int_0^{2\pi}\mu a\sin t\sqrt{a^2+b^2}\,\mathrm{d}t=0,$$

$$M_z=\int_l \mu z\mathrm{d}s=\int_0^{2\pi}\mu bt\sqrt{a^2+b^2}\,\mathrm{d}t=2\pi^2 b\mu\sqrt{a^2+b^2},$$

所以,l 的质心为点$(0,0,\pi b)$.

(2) l 对 z 轴的转动惯量

$$I_z=\int_l (x^2+y^2)\mu\,\mathrm{d}s=\int_0^{2\pi}a^2\mu\sqrt{a^2+b^2}\,\mathrm{d}t=2\pi\mu a^2\sqrt{a^2+b^2}=a^2 m,$$

其中 $m=2\pi\mu\sqrt{a^2+b^2}$ 是 l 的质量.

例 5 考虑在 Oxy 面上的投影域为 $\sigma_{xy}:-1\leqslant x\leqslant 1,x^2\leqslant y\leqslant 1$ 的曲面 $S:z=x^2+y^2$ 的部分(图9.49),其质量的面密度 $\mu=(1+4x^2+4y^2)^{-\frac{1}{2}}$. (1) 求 S 的质心;(2) 求 S 对 z 轴的转动惯量 I_z.

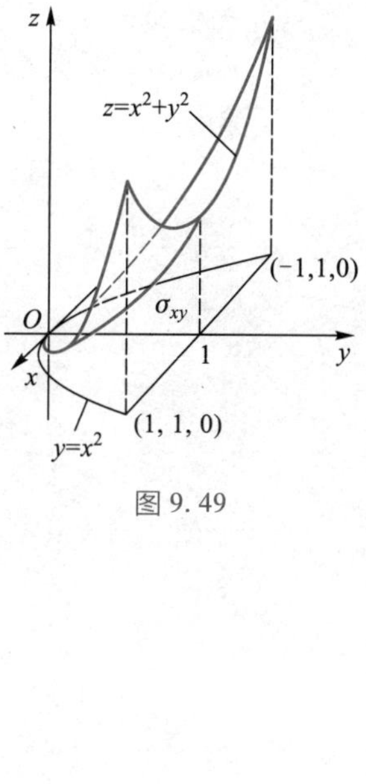

图 9.49

解

$$\frac{\partial z}{\partial x}=2x,\quad \frac{\partial z}{\partial y}=2y,$$

$$\sqrt{1+\left(\frac{\partial z}{\partial x}\right)^2+\left(\frac{\partial z}{\partial y}\right)^2}=\sqrt{1+4x^2+4y^2}.$$

(1) 由对称性知 $\bar{x}=0$,因为

$$m=\iint_S \mu\mathrm{d}S=\iint_{\sigma_{xy}}(1+4x^2+4y^2)^{-\frac{1}{2}}(1+4x^2+4y^2)^{\frac{1}{2}}\mathrm{d}\sigma=2\int_0^1\mathrm{d}x\int_{x^2}^1\mathrm{d}y=\frac{4}{3},$$

$$M_y=\iint_S \mu y\mathrm{d}S=\iint_{\sigma_{xy}}y\mathrm{d}\sigma=2\int_0^1\mathrm{d}x\int_{x^2}^1 y\mathrm{d}y=\frac{4}{5},$$

$$M_z=\iint_S \mu z\,\mathrm{d}S=\iint_{\sigma_{xy}}(x^2+y^2)\mathrm{d}\sigma=2\int_0^1\mathrm{d}x\int_{x^2}^1(x^2+y^2)\mathrm{d}y=\frac{88}{105}.$$

所以,S 的质心在点$\left(0,\frac{3}{5},\frac{22}{35}\right)$处.

(2) S 对 z 轴的转动惯量

$$I_z=\iint_S \mu(x^2+y^2)\mathrm{d}S=\iint_{\sigma_{xy}}(x^2+y^2)\mathrm{d}\sigma=\frac{88}{105}.$$

例 6 试将例 1 中的薄板 σ 对直线 $y=1$ 的转动惯量 I 表示为极坐标系下的累次积分.

解 由公式(2)

$$I=\iint_{\sigma}\mu|y-1|^2\mathrm{d}\sigma=\mu\int_0^{\pi}\mathrm{d}\theta\int_{2\sin\theta}^{4\sin\theta}(r\sin\theta-1)^2r\mathrm{d}r.$$

9.7 例 题

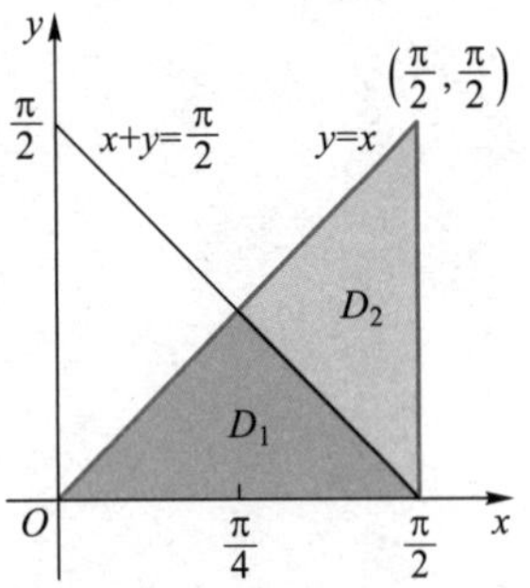

图 9.50

例 1 计算$\iint_D|\cos(x+y)|\mathrm{d}\sigma$,其中 D 是由直线 $x=\frac{\pi}{2},y=0,y=x$ 所围成.

解 先画出区域 D,见图 9.50,用直线 $x+y=\frac{\pi}{2}$将 D 分为两部分 D_1 与 D_2,于是有

$$|\cos(x+y)|=\begin{cases}\cos(x+y), & (x,y)\in D_1,\\ -\cos(x+y), & (x,y)\in D_2.\end{cases}$$

从而

$$\iint_D|\cos(x+y)|\mathrm{d}\sigma=\iint_{D_1}\cos(x+y)\mathrm{d}\sigma-\iint_{D_2}\cos(x+y)\mathrm{d}\sigma.$$

由于

$$\iint_{D_1}\cos(x+y)\mathrm{d}\sigma=\int_0^{\frac{\pi}{4}}\mathrm{d}y\int_y^{\frac{\pi}{2}-y}\cos(x+y)\mathrm{d}x=\int_0^{\frac{\pi}{4}}(1-\sin 2y)\mathrm{d}y,$$

$$\iint_{D_2}\cos(x+y)\mathrm{d}\sigma=\int_{\frac{\pi}{4}}^{\frac{\pi}{2}}\mathrm{d}x\int_{\frac{\pi}{2}-x}^{x}\cos(x+y)\mathrm{d}y=\int_{\frac{\pi}{4}}^{\frac{\pi}{2}}(\sin 2x-1)\mathrm{d}x,$$

所以

$$\begin{aligned}\iint_D|\cos(x+y)|\mathrm{d}\sigma&=\int_0^{\frac{\pi}{4}}(1-\sin 2t)\mathrm{d}t+\int_{\frac{\pi}{4}}^{\frac{\pi}{2}}(1-\sin 2t)\mathrm{d}t\\&=\int_0^{\frac{\pi}{2}}(1-\sin 2t)\mathrm{d}t=\frac{\pi}{2}-1.\end{aligned}$$

被积函数带有绝对值时,常常利用对积分域的可加性质,把积分域分为几部分,以便去掉绝对值.

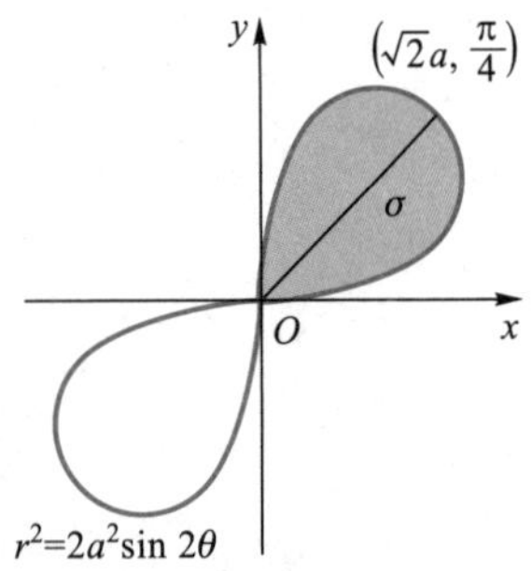

图 9.51

例 2 求双纽线 $r^2=2a^2\sin 2\theta$ 所围图形的面积.

解 画出双纽线如图 9.51 所示. 当 θ 由 0 增至$\frac{\pi}{2}$时,画出双纽线的一叶. 当 θ 由 π 增至$\frac{3\pi}{2}$时,画出另一叶. 图形关于极点对称,故所求面积

$$S=2\iint_{\sigma}1\mathrm{d}\sigma=2\int_0^{\frac{\pi}{2}}\mathrm{d}\theta\int_0^{a\sqrt{2\sin 2\theta}}r\mathrm{d}r$$

$$=2\int_0^{\frac{\pi}{2}}a^2\sin 2\theta\mathrm{d}\theta=2a^2.$$

例 3 计算积分$\int_0^1\frac{x^b-x^a}{\ln x}\mathrm{d}x\quad(a,b>0)$.

解 这个积分难以直接计算,但由于

$$\frac{x^b-x^a}{\ln x}=\int_a^b x^y\mathrm{d}y,$$

所以,利用累次积分换序可得

$$\int_0^1\frac{x^b-x^a}{\ln x}\mathrm{d}x=\int_0^1\mathrm{d}x\int_a^b x^y\mathrm{d}y=\int_a^b\mathrm{d}y\int_0^1 x^y\mathrm{d}x=\ln\frac{1+b}{1+a}.$$

例 4 证明

$$\left[\int_a^b f(x)g(x)\mathrm{d}x\right]^2\leqslant\int_a^b f^2(x)\mathrm{d}x\int_a^b g^2(x)\mathrm{d}x.$$

证明 在正方形域 $D:a\leqslant x\leqslant b,a\leqslant y\leqslant b$ 上,因为

$$\iint_D[f(x)g(y)-f(y)g(x)]^2\mathrm{d}\sigma\geqslant 0,$$

故有

$$\iint_D f^2(x)g^2(y)\mathrm{d}\sigma+\iint_D f^2(y)g^2(x)\mathrm{d}\sigma\geqslant 2\iint_D f(x)g(x)f(y)g(y)\mathrm{d}\sigma.$$

注意到积分域 D 是正方形,x 与 y 地位对等,所以上式左边两个积分相等.将上式两边化为累次积分得

$$2\int_a^b f^2(x)\mathrm{d}x\int_a^b g^2(y)\mathrm{d}y\geqslant 2\int_a^b f(x)g(x)\mathrm{d}x\int_a^b f(y)g(y)\mathrm{d}y,$$

从而有

$$\left[\int_a^b f(x)g(x)\mathrm{d}x\right]^2\leqslant\int_a^b f^2(x)\mathrm{d}x\int_a^b g^2(x)\mathrm{d}x.\quad\square$$

例 5 有一半径为 a 的均质半球体,在其大圆上拼接一个材料相同的半径为 a 的圆柱体.问圆柱的高为多少时,拼接后的立体质心在球心处.

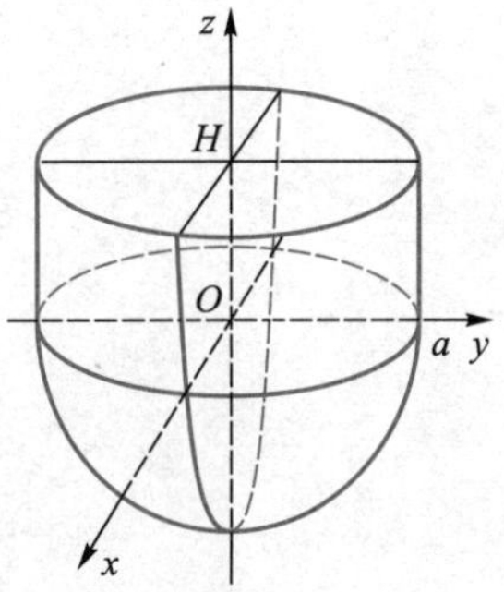

图 9.52

解 设圆柱高为 H,取坐标如图 9.52 所示.由对称性知质心在 z 轴上.要质心在球心(坐标原点)处,只需

$$\bar{z}=\frac{\iiint_V\mu z\mathrm{d}V}{\iiint_V\mu\mathrm{d}V}=\frac{\iiint_V z\mathrm{d}V}{\iiint_V\mathrm{d}V}=0,$$

其中常数 μ 为质量的体密度. 由于

$$\iiint\limits_V z\mathrm{d}V=\iiint\limits_{\text{半球}} z\mathrm{d}V+\iiint\limits_{\text{柱}} z\mathrm{d}V$$

$$=\int_0^{2\pi}\mathrm{d}\theta\int_{\frac{\pi}{2}}^{\pi}\cos\varphi\sin\varphi\mathrm{d}\varphi\int_0^a\rho^3\mathrm{d}\rho+\int_0^{2\pi}\mathrm{d}\theta\int_0^a r\mathrm{d}r\int_0^H z\mathrm{d}z$$

$$=-\frac{1}{4}\pi a^4+\frac{1}{2}\pi a^2H^2.$$

要 $\bar{z}=0$,只需

$$-\frac{1}{4}\pi a^4+\frac{1}{2}\pi a^2H^2=0,$$

由此解得 $H=\frac{\sqrt{2}}{2}a$,即圆柱体的高应为$\frac{\sqrt{2}}{2}a$.

例 6　求极坐标系中的心形线 $r=a(1-\cos\theta)(a>0,0\leqslant\theta\leqslant\pi)$ 与极轴所围成的平面区域绕极轴旋转一周所得的旋转体体积.

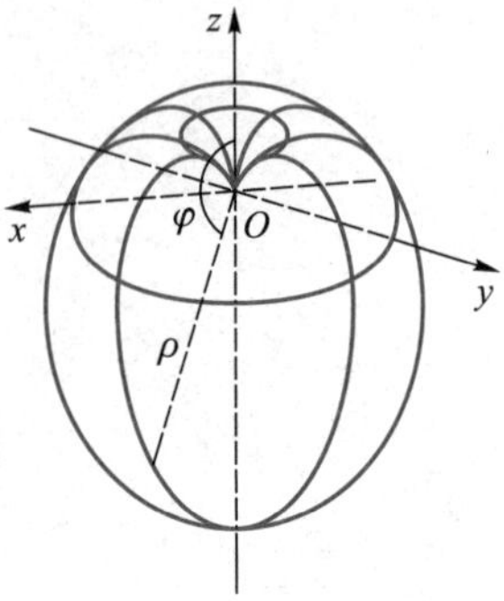

图 9.53

解　取极轴为 Oz 轴正向,则旋转体表面的球坐标方程为

$$\rho=a(1-\cos\varphi),$$

见图 9.53. 于是所求的体积

$$V=\iiint\limits_V 1\mathrm{d}V=\int_0^{2\pi}\mathrm{d}\theta\int_0^{\pi}\mathrm{d}\varphi\int_0^{a(1-\cos\varphi)}\rho^2\sin\varphi\mathrm{d}\rho$$

$$=2\pi\int_0^{\pi}\sin\varphi\frac{a^3(1-\cos\varphi)^3}{3}\mathrm{d}\varphi=\frac{8}{3}\pi a^3.$$

例 7　计算空间曲线积分$\oint_C(z+y^2)\mathrm{d}s$[①],其中 C 为球面 $x^2+y^2+z^2=R^2$ 与平面 $x+y+z=0$ 的交线.

解　若将曲线 C 化为参数方程,比较麻烦,因而考虑将所给线积分化为定积分来计算的方法是不可取的. 现在根据曲线 C 是球面 $x^2+y^2+z^2=R^2$ 与平面 $x+y+z=0$ 的交线这一特点:x,y,z 地位相等,可以轮换,曲线的方程不变. 又由于

$$\oint_C(z+y^2)\mathrm{d}s=\oint_C z\mathrm{d}s+\oint_C y^2\mathrm{d}s,$$

因此可以利用曲线 C 的方程,与其变量 x,y,z 具有轮换性来计算. 因为

$$\oint_C x\mathrm{d}s=\oint_C y\mathrm{d}s=\oint_C z\mathrm{d}s,$$

所以

$$\oint_C z\mathrm{d}s=\frac{1}{3}\oint_C(x+y+z)\mathrm{d}s=\frac{1}{3}\oint_C 0\mathrm{d}s=0.$$

又因为

① $\oint_C$ 表示闭曲线上的积分.

$$\oint_C x^2 \mathrm{d}s = \oint_C y^2 \mathrm{d}s = \oint_C z^2 \mathrm{d}s,$$

所以

$$\oint_C y^2 \mathrm{d}s = \frac{1}{3}\oint_C (x^2+y^2+z^2)\mathrm{d}s = \frac{1}{3}R^2\oint_C \mathrm{d}s = \frac{1}{3}R^2 2\pi R,$$

于是有

$$\oint_C (z+y^2)\mathrm{d}s = \frac{2}{3}\pi R^3.$$

求曲线、曲面积分时，利用曲线和曲面方程来简化被积函数是很巧妙的方法.

例 8 半径为 R，高为 H 的圆柱面均匀带电，电荷面密度为常数 σ. 求底圆中心处的电场强度 $\boldsymbol{E}(0)=\{E_x(0),E_y(0),E_z(0)\}$.

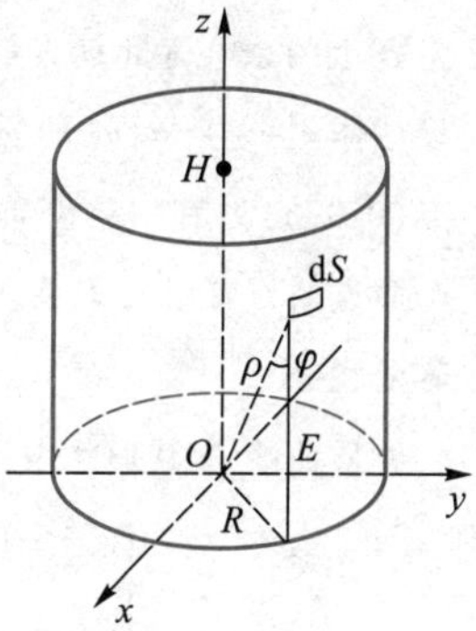

图 9.54

解 取坐标如图 9.54 所示. 由对称性知，$E_x(0)=0$，$E_y(0)=0$，仅需求 $E_z(0)$. 在柱面上取一面积微元 $\mathrm{d}S$，具有电量微元 $\sigma\mathrm{d}S$，它在点 O 处产生的电场强度沿 z 轴的分量是

$$\mathrm{d}[E_z(0)] = \frac{-k\sigma\mathrm{d}S}{\rho^2}\cos\varphi = \frac{-k\sigma z}{\rho^3}\mathrm{d}S = \frac{-k\sigma z}{(R^2+z^2)^{3/2}}\mathrm{d}S,$$

其中 k 为常数，ρ 表示点 O 到面积微元的距离. 于是

$$E_z(0) = \iint_S \frac{-k\sigma z}{(R^2+z^2)^{3/2}}\mathrm{d}S,$$

这里积分曲面是柱面. 深入理解体会对面积的曲面积分的定义，会发现采用柱坐标，将十分方便. 这时曲面 S 的方程为

$$r=R,\quad 0\leqslant\theta\leqslant 2\pi,\quad 0\leqslant z\leqslant H.$$

显然，柱面上面积微元

$$\mathrm{d}S = R\mathrm{d}\theta\mathrm{d}z.$$

于是

$$\begin{aligned} E_z(0) &= \iint_S \frac{-k\sigma z}{(R^2+z^2)^{3/2}} R\mathrm{d}\theta\mathrm{d}z \\ &= -k\sigma R\int_0^{2\pi}\mathrm{d}\theta\int_0^H \frac{z\mathrm{d}z}{(R^2+z^2)^{3/2}} \\ &= -2\pi k\sigma\left(1-\frac{R}{\sqrt{R^2+H^2}}\right). \end{aligned}$$

即

$$\boldsymbol{E}(0) = \left\{0,0,-2\pi k\sigma\left(1-\frac{R}{\sqrt{R^2+H^2}}\right)\right\}.$$

习题九

9.1

1. 试将二曲面 $z=8-x^2-y^2$ 和 $z=x^2+y^2$ 所围立体之体积 V 表示为黎曼积分.

2. 在 $x^2+y^2\leqslant 2ax$ 与 $x^2+y^2\leqslant 2ay(a>0)$ 的公共部分的平面板 σ 上,电荷面密度为 $\mu(x,y)=\sqrt{x^2+y^2}$,试将 σ 上的总电荷量 Q 表示为黎曼积分.

3. 设球体 $x^2+y^2+z^2\leqslant a^2$ 的质量体密度 $\rho=1$. 在球外点 $(0,0,h)$ 处有一单位质点,$h>a$. 试将此球对这个质点的万有引力 $\boldsymbol{F}$ 在 z 轴上的分量 F_z 表示为黎曼积分.

4. 一物质曲线 L,其形状由方程组

$$\begin{cases}x^2+y^2+z^2=1,\\ x+y+z=1\end{cases}$$

确定,其质量线密度 $\rho(x,y,z)=x^2+y^2$,试将此曲线 L 的质量 m 表示为黎曼积分.

5. 设有一太阳灶,其聚光镜是旋转抛物面 S,设旋转轴为 z 轴,顶点在原点处. 已知聚光镜的口径是 4,深为 1. 聚光镜将太阳能汇聚在灶上,已知聚光镜的能流(即单位面积传播的能量)是 z 的函数 $p=\dfrac{1}{\sqrt{1+z}}$,试用黎曼积分表示聚光镜汇聚的总能量 W.

6. 估计下列积分值:

(1) $\iint\limits_{\sigma}(x+y+10)\,\mathrm{d}\sigma$,积分域 σ 为圆域 $x^2+y^2\leqslant 4$;

(2) $\iiint\limits_{V}(x^2+y^2+z^2)\,\mathrm{d}V$,积分域 V 为球域 $x^2+y^2+z^2\leqslant R^2$.

7. 指出下列积分值:

(1) $\iint\limits_{S}(x\mathrm{e}^z+x^2\sin y)\,\mathrm{d}S$,曲面 $S:x^2+y^2+z^2=1$, $z\geqslant 0$;

(2) $\iint\limits_{D}|y|\,\mathrm{d}\sigma$,积分域 $D:0\leqslant x\leqslant 1,-1\leqslant y\leqslant 1$.

8. 设 D 是 Oxy 平面上以 $(1,1),(-1,1)$ 和 $(-1,-1)$ 为顶点的三角形区域,D_1 是 D 在第一象限的部分,证明

$$\iint\limits_{D}(xy+\cos x\sin y)\,\mathrm{d}\sigma=2\iint\limits_{D_1}\cos x\sin y\,\mathrm{d}\sigma.$$

9. 指出下列积分值:

(1) $\int_l(x^2+y^2)\,\mathrm{d}s$,曲线 l 是下半圆周 $y=-\sqrt{1-x^2}$;

(2) $\iint\limits_{S}f(x^2+y^2+z^2)\,\mathrm{d}S$,曲面 S 是球面 $x^2+y^2+z^2=R^2$.

10. 设函数 $f(x,y,z)$ 连续,$f(0,0,0)\neq 0$,V_t 是以原点为球心,t 为半径的球形域. 求 $t\to 0$ 时,下列积分是 t 的几阶无穷小.

(1) 三重积分 $\iiint\limits_{V_t}f(x,y,z)\,\mathrm{d}V$;

(2) 第一型曲面积分 $\iint\limits_{S_t}f(x,y,z)\,\mathrm{d}S$,$S_t$ 是 V_t 的表面;

(3) 第一型曲线积分 $\int_{C_t}f(x,y,z)\,\mathrm{d}s$,$C_t$ 是曲面 S_t 与平面 $x+y+z=0$ 的交线.

11. 比较下列各组积分的大小:

(1) $\iint\limits_{D}(x+y)^2\,\mathrm{d}\sigma$ 与 $\iint\limits_{D}(x+y)^3\,\mathrm{d}\sigma$,其中 $D:(x-2)^2+(y-2)^2\leqslant 2^2$;

(2) $\iint\limits_{D}\ln(x+y)\,\mathrm{d}\sigma$ 与 $\iint\limits_{D}xy\,\mathrm{d}\sigma$,其中 D 由直线 $x=0$, $y=0,x+y=\dfrac{1}{2},x+y=1$ 围成.

12. 函数 $\dfrac{\sin(\pi\sqrt{x^2+y^2})}{x^2+y^2}$ 在圆环 $D:1\leqslant x^2+y^2\leqslant 4$ 上的二重积分(　　).

(A) 不存在

(B) 存在,且为正值

(C) 存在,且为负值

(D) 存在,且为零

9.2

1. 画出下列积分域 σ 的图形，并把其上的二重积分 $\iint_{\sigma} f(x,y)\mathrm{d}\sigma$ 化为不同次序的累次积分：

(1) σ 由直线 $x+y=1, x-y=1, x=0$ 围成；

(2) σ 由直线 $y=0, y=a, y=x, y=x-2a(a>0)$ 围成；

(3) $\sigma: xy\geqslant 1, y\leqslant x, 0\leqslant x\leqslant 2$；

(4) $\sigma: x^2+y^2\leqslant 1, x\geqslant y^2$；

(5) $\sigma: 4x^2+9y^2\geqslant 36, y^2\leqslant x+4$ 的有界域.

2. 计算下列二重积分：

(1) $\iint_D \frac{x^2}{1+y^2}\mathrm{d}\sigma$，其中 $D: 0\leqslant x\leqslant 1, 0\leqslant y\leqslant 1$；

(2) $\iint_D (x+y)\mathrm{d}\sigma$，其中 D 是以 $O(0,0), A(1,0), B(1,1)$ 为顶点的三角形区域；

(3) $\iint_D \frac{x^2}{y^2}\mathrm{d}\sigma$，其中 D 是由 $y=2, y=x, xy=1$ 所围成的区域；

(4) $\iint_D \cos(x+y)\mathrm{d}x\mathrm{d}y$，其中 D 是由 $x=0, y=x, y=\pi$ 所围成的区域；

(5) $\iint_D \frac{x\sin y}{y}\mathrm{d}x\mathrm{d}y$，其中 D 由 $y=x, y=x^2$ 所围成；

(6) $\iint_D y^2\mathrm{d}x\mathrm{d}y$，其中 D 由横轴和摆线 $x=a(t-\sin t)$，$y=a(1-\cos t)$ 的一拱 $(0\leqslant t\leqslant 2\pi, a>0)$ 围成；

(7) $\iint_D \sqrt{1-\sin^2(x+y)}\,\mathrm{d}x\mathrm{d}y$，$D: 0\leqslant x\leqslant \pi, 0\leqslant y\leqslant \pi$.

3. 计算下列二重积分：

(1) $\iint_{\sigma} [x^2y+\sin(xy^2)]\mathrm{d}\sigma$，其中 σ 是由 $x^2-y^2=1$，$y=0, y=1$ 所围成的区域；

(2) $\iint_{\sigma} x|y|\mathrm{d}x\mathrm{d}y$，$\sigma: y\leqslant x, x\leqslant 1, y\geqslant -\sqrt{2-x^2}$；

(3) $\iint_{\sigma} (1-2x+\sin y^3)\mathrm{d}x\mathrm{d}y$，$\sigma: x^2+y^2\leqslant R^2$.

4. 画出下列累次积分的积分域 σ，并改变累次积分的次序：

(1) $\int_1^{\mathrm{e}}\mathrm{d}x\int_0^{\ln x} f(x,y)\mathrm{d}y$；

(2) $\int_0^1\mathrm{d}x\int_x^{2x} f(x,y)\mathrm{d}y$；

(3) $\int_0^1\mathrm{d}y\int_{\sqrt{y}}^{\sqrt[3]{y}} f(x,y)\mathrm{d}x$；

(4) $\int_0^1\mathrm{d}y\int_{\sqrt{1-y^2}}^{-\sqrt{1-y^2}} f(x,y)\mathrm{d}x$；

(5) $\int_{1/2}^{1/\sqrt{2}}\mathrm{d}x\int_{1/2}^{x} f(x,y)\mathrm{d}y+\int_{1/\sqrt{2}}^{1}\mathrm{d}x\int_{x^2}^{x} f(x,y)\mathrm{d}y$；

(6) $\int_0^{\frac{a}{2}}\mathrm{d}y\int_{\sqrt{a^2-2ay}}^{\sqrt{a^2-y^2}} f(x,y)\mathrm{d}x+\int_{\frac{a}{2}}^{a}\mathrm{d}y\int_0^{\sqrt{a^2-y^2}} f(x,y)\mathrm{d}x$.

5. 计算 $\int_0^1\mathrm{d}x\int_{x^2}^1 \frac{xy}{\sqrt{1+y^3}}\mathrm{d}y$.

6. 求由曲面 $z=x^2+y^2, y=x^2, y=1, z=0$ 所围成的立体的体积.

7. 求圆柱体 $x^2+y^2\leqslant a^2$ 与 $x^2+z^2\leqslant a^2$ 的公共部分的体积.

8. 由曲线 $xy=1$ 及直线 $x+y=\frac{5}{2}$ 围成的平面板，其质量面密度等于 $\frac{1}{x}$，求板的质量.

9. 计算下列二重积分：

(1) $\iint_D \ln(1+x^2+y^2)\mathrm{d}\sigma$，其中 D 为 $x^2+y^2\leqslant 1$ 的圆域；

(2) $\iint_D \sqrt{a^2-x^2-y^2}\,\mathrm{d}\sigma$，$D: x^2+y^2\leqslant ay, |y|\geqslant |x|\quad (a>0)$；

(3) $\iint_D \sin\sqrt{x^2+y^2}\,\mathrm{d}\sigma$，$D: \pi^2\leqslant x^2+y^2\leqslant 4\pi^2$；

(4) $\iint_D (x^2+y^2)\mathrm{d}\sigma$，$D: x^2+y^2\geqslant 2x, x^2+y^2\leqslant 4x$；

(5) $\iint_D (x^2+y^2)^{3/2}\mathrm{d}\sigma$，$D: x^2+y^2\leqslant 1, x^2+y^2\leqslant 2x$；

(6) $\iint_D \arctan\frac{y}{x}\mathrm{d}x\mathrm{d}y$，$D: 1\leqslant x^2+y^2\leqslant 4, x\geqslant 0, y\geqslant 0$；

(7) $\iint_D |x^2+y^2-4|\mathrm{d}x\mathrm{d}y$，$D: x^2+y^2\leqslant 16$；

(8) $\iint_D \sqrt{x^2+y^2}\,\mathrm{d}x\mathrm{d}y$，$D: 0\leqslant x\leqslant a, 0\leqslant y\leqslant a$.

10. 用二重积分计算下列平面区域的面积：

(1) 心形线 $r=a(1-\cos\theta)$ 内，圆 $r=a$ 外的公共区域；

(2) 曲线$(x^2+y^2)^2=8a^2xy(a>0)$围成的区域.

9.3

1. 将三重积分$\iiint\limits_V f(x,y,z)\,\mathrm{d}V$化为直角坐标系下的累次积分,积分域$V$分别是:

(1) 由曲面$z=x^2+2y^2$及$z=2-x^2$所围成的区域;

(2) 由曲面$z=1-\sqrt{x^2+y^2}$,平面$z=x(x\geqslant0)$及$x=0$所围成的区域;

(3) 由不等式组$0\leqslant x\leqslant\sin z, x^2+y^2\leqslant1, 0\leqslant z\leqslant\pi$所确定的区域.

2. 在直角坐标系下,计算下列三重积分:

(1) $\iiint\limits_V xy^2z^3\,\mathrm{d}V$,其中$V$是由曲面$z=xy, y=x, x=1, z=0$所围成的区域;

(2) $\iiint\limits_V y\cos(x+z)\,\mathrm{d}V$,其中$V$是由柱面$y=\sqrt{x}$和平面$y=0, z=0, x+z=\dfrac{\pi}{2}$所围成的区域;

(3) $\iiint\limits_V z^2\,\mathrm{d}x\mathrm{d}y\mathrm{d}z$,其中$V$是由$\dfrac{x}{a}+\dfrac{y}{b}+\dfrac{z}{c}=1, x=0, y=0, z=0$所围成的区域;

(4) $\iiint\limits_V y^2\,\mathrm{d}x\mathrm{d}y\mathrm{d}z$,其中$V$:$\dfrac{x^2}{a^2}+\dfrac{y^2}{b^2}+\dfrac{z^2}{c^2}\leqslant1$;

(5) $\iiint\limits_V (x+y+z)\,\mathrm{d}V$,其中$V$是由不等式组$0\leqslant x\leqslant a, 0\leqslant y\leqslant b, 0\leqslant z\leqslant c$所限定的区域;

(6) $\iiint\limits_V y[1+xf(z)]\,\mathrm{d}V$,其中$V$是由不等式组$-1\leqslant x\leqslant1, x^3\leqslant y\leqslant1, 0\leqslant z\leqslant x^2+y^2$所限定的区域.函数$f(z)$为任一连续函数.

3. 将下列累次积分化为柱面或球面坐标系下的累次积分,并计算之.

(1) $\int_0^1\mathrm{d}x\int_0^{\sqrt{1-x^2}}\mathrm{d}y\int_0^{\sqrt{1-x^2-y^2}}(x^2+y^2)\,\mathrm{d}z$;

(2) $\int_0^2\mathrm{d}x\int_0^{\sqrt{2x-x^2}}\mathrm{d}y\int_0^a z\sqrt{x^2+y^2}\,\mathrm{d}z$.

4. 计算下列三重积分:

(1) $\iiint\limits_V (z+x^2+y^2)\,\mathrm{d}V$,其中$V$是由曲线$\begin{cases}y^2=2z,\\x=0\end{cases}$绕$z$轴旋转一周而成的曲面与平面$z=4$所围成的立体;

(2) $\iiint\limits_V \dfrac{1}{1+x^2+y^2}\,\mathrm{d}V$,其中$V$是由锥面$x^2+y^2=z^2$及平面$z=1$所围的空间区域;

(3) $\iiint\limits_V (x^2+y^2)\,\mathrm{d}V$,其中$V$是旋转抛物面$2z=x^2+y^2$与平面$z=2, z=8$围成的空间区域;

(4) $\iiint\limits_V (x^2+y^2)\,\mathrm{d}V$,其中$V$是两个半球面$z=\sqrt{A^2-x^2-y^2}$, $z=\sqrt{a^2-x^2-y^2}$ $(A>a)$及平面$z=0$所围成的区域;

(5) $\iiint\limits_V (x+z)\,\mathrm{d}V$,其中$V$是由锥面$z=\sqrt{x^2+y^2}$与球面$z=\sqrt{1-x^2-y^2}$所围成的区域;

(6) $\iiint\limits_V \dfrac{x^2+y^2}{z^2}\,\mathrm{d}V$,其中$V$是由不等式组$x^2+y^2+z^2\geqslant1, x^2+y^2+(z-1)^2\leqslant1$所确定的空间区域;

(7) $\iiint\limits_V (x^3y-3xy^2+3xy)\,\mathrm{d}V$,其中$V$是球体$(x-1)^2+(y-1)^2+(z-2)^2\leqslant1$.

5. 已知曲面$x=\sqrt{y-z^2}$与$\dfrac{1}{2}\sqrt{y}=x$及平面$y=1$所围之立体的体密度为$|z|$,求其质量m.

6. 用三重积分求下列立体的体积V:

(1) 由曲面$az=x^2+y^2$, $2az=a^2-x^2-y^2(a>0)$所围的立体;

(2) 由不等式组$x^2+y^2-z^2\leqslant0, x^2+y^2+z^2\leqslant a^2$所确定的立体;

(3) 由闭曲面$(x^2+y^2+z^2)^2=a^3z(a>0)$所围的立体.

7. 设$f(x)$连续,$F(t)=\iiint\limits_V [z^2+f(x^2+y^2)]\,\mathrm{d}V$,其中$V$由不等式组$0\leqslant z\leqslant h, x^2+y^2\leqslant t^2$确定,求$\dfrac{\mathrm{d}F}{\mathrm{d}t}$.

8. 有一融化过程中的雪堆,高$h=h(t)$(t为时间),侧面方程为$z=h(t)-\dfrac{2(x^2+y^2)}{h(t)}$(长度单位为 cm,时间单位为 h).已知体积减小的速率与侧面积成正比(比例系数为0.9).问原高$h(0)=130$ cm

的这个雪堆全部融化需要多少小时？

9.4

1. 计算下列对弧长的(第一型)曲线积分：

(1) $\int_l \sqrt{2y}\,ds$，其中 l 为摆线 $x=a(t-\sin t)$，$y=a(1-\cos t)$ 的一拱；

(2) $\int_l (x^{\frac{4}{3}}+y^{\frac{4}{3}})\,ds$，其中 l 为星形线 $x=a\cos^3 t$，$y=a\sin^3 t\left(0\leqslant t\leqslant\frac{\pi}{2}\right)$ 在第一象限内的弧；

(3) $\oint_C \sqrt{x^2+y^2}\,ds$，其中 C 是圆周 $x^2+y^2=ax$；

(4) $\int_l x\,ds$，其中 l 为双曲线 $xy=1$ 上点 $\left(\frac{1}{2},2\right)$ 到点 $(1,1)$ 的弧段；

(5) $\int_l |y|\,ds$，其中 l 为 $x=\sqrt{1-y^2}$；

(6) $\oint_C e^{\sqrt{x^2+y^2}}\,ds$，其中 C 为曲线 $x^2+y^2=a^2$，直线 $y=x$ 及 x 轴正半轴在第一象限内所围平面区域的边界线；

(7) $\int_L z\,ds$，其中 L 为空间曲线 $x=t\cos t$，$y=t\sin t$，$z=t$，从 $t=0$ 到 $t=t_0$ 的弧段；

(8) $\int_L \frac{z^2}{x^2+y^2}\,ds$，其中 L 为螺线 $x=a\cos t$，$y=a\sin t$，$z=at$ 从 $t=0$ 到 $t=2\pi$ 的弧段；

(9) $\oint_C (2xy+3x^2+4y^2)\,ds$，其中 C 为椭圆 $\frac{x^2}{4}+\frac{y^2}{3}=1$，设其周长为 a；

(10) $\oint_L (2yz+2zx+2xy)\,ds$，其中 L 是空间圆周 $\begin{cases}x^2+y^2+z^2=a^2,\\ x+y+z=\frac{3}{2}a;\end{cases}$

(11) $\oint_L (x^2+y^2)\,ds$，其中 L 是空间圆周 $\begin{cases}x^2+y^2+z^2=1,\\ x+y+z=0;\end{cases}$

(12) $\oint_C (2x^2+3y^2)\,ds$，其中 C 是曲线 $x^2+y^2=2(x+y)$.

2. 求下列柱面片的面积：

(1) 圆柱面 $x^2+y^2=R^2$ 界于坐标面 Oxy 及柱面 $z=R+\frac{x^2}{R}$ 之间的一块；

(2) 圆柱面 $x^2+y^2=1$ 被抛物柱面 $x=z^2$ 截下的一块(用定积分表示，不必计算).

3. 试用曲线积分计算由曲线 l：$y=\frac{x^2}{4}-\frac{1}{2}\ln x\ (1\leqslant x\leqslant 2)$ 绕直线 $y=\frac{3}{4}x-\frac{9}{8}$ 旋转所成旋转曲面的面积.

4. 设悬链线 $y=\frac{a}{2}(e^{\frac{x}{a}}+e^{-\frac{x}{a}})$ 上每一点的密度与该点的纵坐标成反比，且在点 $(0,a)$ 处的密度等于 δ，试求曲线在横坐标 $x_1=0$ 及 $x_2=a$ 之间一段的质量 $(a>0)$.

9.5

1. 计算下列对面积的(第一型)曲面积分：

(1) $\iint\limits_S \left(2x+\frac{4}{3}y+z\right)dS$，其中 S 为平面 $\frac{x}{2}+\frac{y}{3}+\frac{z}{4}=1$ 在第一卦限中的部分；

(2) $\iint\limits_S x^2y^2\,dS$，其中 S 为上半球面 $z=\sqrt{R^2-x^2-y^2}$；

(3) $\iint\limits_S \frac{1}{x^2+y^2+z^2}\,dS$，其中 S 是下半球面 $z=-\sqrt{R^2-x^2-y^2}$；

(4) $\iint\limits_S |y|\sqrt{z}\,dS$，其中 S 是曲面 $z=x^2+y^2\ (z\leqslant 1)$；

(5) $\iint\limits_S (xy+yz+zx)\,dS$，其中 S 为锥面 $z=\sqrt{x^2+y^2}$ 被曲面 $x^2+y^2=2ax\ (a>0)$ 所截下的部分；

(6) $\oint\!\!\!\oint\limits_\Sigma (3x^2+y^2+2z^2)\,dS$，其中 Σ 为球面 $(x-1)^2+(y-1)^2+(z-1)^2=3$.

2. 已知抛物面薄壳 $z=\frac{1}{2}(x^2+y^2)\ (0\leqslant z\leqslant 1)$ 的质量面密度 $\mu(x,y,z)=z$，求此薄壳的质量.

3. 证明不等式

$$\oint\!\!\!\oint\limits_\Sigma (x+y+z+\sqrt{3}a)^3\,dS\geqslant 108\pi a^5\quad (a>0),$$

其中 Σ 是球面 $x^2+y^2+z^2-2ax-2ay-2az+2a^2=0$.

4. 设 S 为椭球面 $\frac{x^2}{2}+\frac{y^2}{2}+z^2=1$ 的上半部分,点 $P(x,y,z)\in S$,π 为 S 在点 P 处的切平面,$\rho(x,y,z)$ 为原点$(0,0,0)$到平面 π 的距离,求

$$\iint\limits_S \frac{z}{\rho(x,y,z)}\mathrm{d}S.$$

5. 求下列曲面的面积:

(1) 锥面 $y^2+z^2=x^2$ 含在圆柱面 $x^2+y^2=a^2$ 内的部分;

(2) 锥面 $z=\sqrt{x^2+y^2}$ 被抛物柱面 $z^2=2x$ 截下的部分;

(3) 旋转抛物面 $2z=x^2+y^2$ 被圆柱面 $x^2+y^2=1$ 截下的部分;

(4) 双曲抛物面 $z=xy$ 被圆柱面 $x^2+y^2=a^2$ 截下的部分;

(5) 球面 $x^2+y^2+z^2=3a^2$ 含在旋转抛物面 $x^2+y^2-2az=0(a>0)$上方的部分.

6. 设半径为 R 的球面 Σ 的球心在定球面 $x^2+y^2+z^2=a^2(a>0)$上,问 R 取何值时,球面 Σ 在定球面内部的那部分的面积最大.

9.6

1. 设平面薄片是由抛物线 $y=x^2$ 及直线 $y=x$ 所围成,其面密度 $\mu=x^2y$,求该薄片的质心位置.

2. 设均质立体由旋转抛物面 $z=x^2+y^2$ 及平面 $z=1$ 所围成,试求其质心.

3. 设均质立体由抛物柱面 $y=\sqrt{x}$, $y=2\sqrt{x}$,平面 $z=0$ 及 $x+z=6$ 四个面围成,求其质心.

4. 设锥形薄壳 $z=\frac{h}{R}\sqrt{x^2+y^2}$ $(0\leqslant z\leqslant h, R, h$ 为常数$)$的面密度 $\mu=1$,求其质心.

5. 求八分之一的球面 $x^2+y^2+z^2=R^2, x\geqslant 0, y\geqslant 0, z\geqslant 0$ 的边界线的质心,设曲线的线密度 $\rho=1$.

6. 求半径为 r,高为 h 的均匀圆柱体绕其轴线的转动惯量,设体密度 $\mu=1$.

7. 由上半球面 $x^2+y^2+z^2=2$ 与锥面 $z=\sqrt{x^2+y^2}$ 所围的均匀物体,设体密度为 μ_0,求其对 z 轴的转动惯量 I_z.

8. 已知均质的半球壳 $z=\sqrt{a^2-x^2-y^2}$ 的面密度为 μ_0,求其对 z 轴的转动惯量 I_z(试用球坐标计算 I_z).

9. 已知物质曲线

$$\begin{cases} x^2+y^2+z^2=R^2, \\ x^2+y^2=Rx \end{cases} \quad (z\geqslant 0)$$

的线密度为$\sqrt{x}$,求其对三个坐标轴的转动惯量之和 $I_x+I_y+I_z$.

9.7

1. 求曲面$\sqrt{x}+\sqrt{y}+\sqrt{z}=\sqrt{a}$与三个坐标面所围成的立体的体积.

2. 计算$\iint\limits_D \mathrm{d}x\mathrm{d}y$,其中 D 是由不等式组:$x\geqslant 0, y\geqslant 0, (x^2+y^2)^3\leqslant 4a^2x^2y^2$ 所确定的区域$(a>0)$.

3. 已知$f(x)$具有三阶连续的导数,且$f(0)=f'(0)=f''(0)=-1, f(2)=-\frac{1}{2}$,计算累次积分

$$I=\int_0^2 \mathrm{d}x\int_0^x \sqrt{(2-x)(2-y)}f'''(y)\mathrm{d}y.$$

4. 计算二重积分$\iint\limits_\sigma \sqrt{|y-x^2|}\mathrm{d}x\mathrm{d}y$,其中 σ 是由直线 $x=-1, x=1, y=0$ 及 $y=2$ 所围成的区域.

5. 设函数$f(x)$在区间$[0,1]$上连续,并设$\int_0^1 f(x)\mathrm{d}x=A$,求$\int_0^1 \mathrm{d}x\int_x^1 f(x)f(y)\mathrm{d}y$.

6. 计算$\int_{-\infty}^{+\infty}\int_{-\infty}^{+\infty}\min\{x,y\}\mathrm{e}^{-(x^2+y^2)}\mathrm{d}x\mathrm{d}y$.

7. 证明抛物面 $z=x^2+y^2+1$ 上任意点处的切平面与抛物面 $z=x^2+y^2$ 所围成的立体的体积为一定值,并求出此值.

8. 求抛物面 $z=x^2+y^2+1$ 的一个切平面,使得它与该抛物面及圆柱面$(x-1)^2+y^2=1$ 围成的立体体积最小,并求出这个最小的体积.

9. 设有一个由 $y=\ln x, y=0, x=\mathrm{e}$ 所围成的均质薄片,面密度 $\mu=1$,求此薄片绕直线$x=t$的转动惯量 $I(t)$,并求 $I(t)$的最小值.

10. 设有一半径为 R,高为 H 的圆柱形容器,盛有$\frac{2}{3}H$高的水,放在离心机上高速旋转,受离心力的作用,水面呈旋转抛物面形,问当水刚要溢出容器时,液面的最低点在何处?

11. 设 $f(t)$ 连续,试证

$$\iint_D f(x-y)\,dxdy=\int_{-A}^{A} f(t)(A-|t|)\,dt,$$

其中 A 为正的常数,$D: |x|\leqslant A/2, |y|\leqslant A/2$.

12. 设函数 $f(x)$ 在区间 $[0,1]$ 上连续、正值且单调减少,试证

$$\frac{\int_0^1 xf^2(x)\,dx}{\int_0^1 xf(x)\,dx}\leqslant\frac{\int_0^1 f^2(x)\,dx}{\int_0^1 f(x)\,dx}.$$

13. 试证

$$\iiint_{x^2+y^2+z^2\leqslant 1} f(z)\,dxdydz=\pi\int_{-1}^{1} f(u)(1-u^2)\,du.$$

并利用这个式子计算

$$\iiint_{x^2+y^2+z^2\leqslant 1}(z^4+z^2\sin^3 z)\,dxdydz.$$

14. 已知函数 $F(t)=\iiint_\Omega f(x^2+y^2+z^2)\,dxdydz$,其中 f 为可微函数,积分域 Ω 为球体 $x^2+y^2+z^2\leqslant t^2$,求 $F'(t)$.

15. 计算 $\iiint_V \left|\sqrt{x^2+y^2+z^2}-1\right|dV$,其中 V 是由锥面 $z=\sqrt{x^2+y^2}$ 与平面 $z=1$ 所围成的立体.

16. 求 $\iiint_V (x+2y+3z)\,dV$,其中 V 为圆锥体,其顶点在原点 $(0,0,0)$ 处,底为平面 $x+y+z=3$ 上以点 $(1,1,1)$ 为圆心,1 为半径的圆.

17. 试证由连续曲线 $y=f(x)>0$,直线 $x=a, x=b$ 及 x 轴所围的曲边梯形绕 x 轴旋转一周所形成的旋转体,当体密度 $\mu=1$ 时,对 x 轴的转动惯量

$$I_x=\frac{\pi}{2}\int_a^b f^4(x)\,dx.$$

18. 已知

$$f(x,y,z)=\begin{cases}x^2+y^2, & z\geqslant\sqrt{x^2+y^2},\\ 0, & z<\sqrt{x^2+y^2},\end{cases}$$

计算曲面积分 $\iint_{x^2+y^2+z^2=R^2} f(x,y,z)\,dS$.

19. 理解曲面积分的定义,试通过球面坐标计算均质球壳 $x^2+y^2+z^2=R^2$ 对 z 轴的转动惯量 I_z,设面密度为 μ_0.

20. 试用曲线积分求平面曲线段 $l: y=\frac{1}{3}x^3+2x, 0\leqslant x\leqslant 1$ 绕直线 $L: y=\frac{4}{3}x$ 旋转一周所产生的旋转面的面积 S.

21. 计算对弧长的曲线积分 $\int_l (|x|+|y|)^2(1+\sin xy)\,ds$,其中 l 是以原点为圆心的单位圆圆周.

附录Ⅵ 重积分的变量变换

定积分 $\int_a^b f(x)\,dx$ 的计算有换元积分法,设变换 $x=\varphi(t)$ 是单调的,有连续的导数,且 $a=\varphi(\alpha), b=\varphi(\beta)$,则有定积分换元公式

$$\int_a^b f(x)\,dx=\int_\alpha^\beta f(\varphi(t))\varphi'(t)\,dt.$$

这里不但要把 $x=\varphi(t)$ 代到被积函数 $f(x)$ 中,而且还要考虑微元区间 dx 与 dt 的关系:$dx=\varphi'(t)\,dt$,$\varphi'(t)$ 是微元区间 dx 与 dt 的比率,最后,要把积分区间(x 的变化范围)化为新的区间(t 的变化范围).

对重积分,也有类似的换元积分公式. 如 9.2 节中介绍的直角坐标系下二重积分化为极坐标系下二重积分的变换公式(5)

$$\iint_{\sigma} f(x,y)\,\mathrm{d}x\mathrm{d}y=\iint_{\sigma} f(r\cos\theta, r\sin\theta)\,r\mathrm{d}r\mathrm{d}\theta.$$

实质上,就是作变量变换

$$\begin{cases} x=r\cos\theta, \\ y=r\sin\theta \end{cases}$$

的结果. 还有直角坐标系下三重积分化为柱坐标系或球坐标系下的三重积分的变换公式,都是变量变换的结果. 下面将以二重积分为主,介绍重积分的变量变换.

对二重积分 $\iint\limits_{\sigma_{xy}} f(x,y)\,\mathrm{d}\sigma_{xy}$,作变量变换

$$\begin{cases} x=x(u,v), \\ y=y(u,v). \end{cases} \tag{1}$$

设变换(1)是 xy 平面区域 σ_{xy} 和 uv 平面区域 σ_{uv} 之间的一对一的映射,$x=x(u,v)$,$y=y(u,v)$ 具有连续的一阶偏导数.

新的二重积分如何? 核心问题是 σ_{uv} 内的面积微元 $\mathrm{d}\sigma_{uv}$ 与 σ_{xy} 内的面积微元 $\mathrm{d}\sigma_{xy}$ 的关系. 为此,在 σ_{uv} 内取一小矩形 $ABCD$(其面积记为 $\Delta\sigma_{uv}$),其中 $A(u,v)$,$B(u+\Delta u,v)$,$C(u+\Delta u,v+\Delta v)$,$D(u,v+\Delta v)$,见图Ⅵ.1. 在变换(1)下,小矩形 $ABCD$ 变为 σ_{xy} 内小曲边四边形 $A_1B_1C_1D_1$(它的面积记为 $\Delta\sigma_{xy}$),四个顶点的坐标为

$A_1(x_1,y_1)$,其中 $x_1=x(u,v)$,$y_1=y(u,v)$;

$B_1(x_2,y_2)$,其中 $x_2=x(u+\Delta u,v)$,$y_2=y(u+\Delta u,v)$;

$C_1(x_3,y_3)$,其中 $x_3=x(u+\Delta u,v+\Delta v)$,$y_3=y(u+\Delta u,v+\Delta v)$;

$D_1(x_4,y_4)$,其中 $x_4=x(u,v+\Delta v)$,$y_4=y(u,v+\Delta v)$.

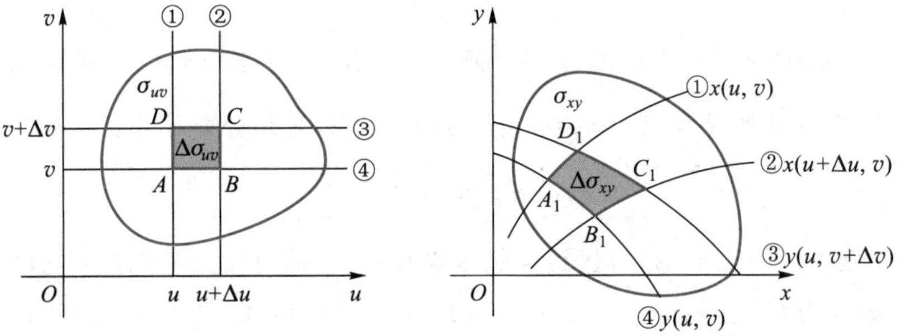

图Ⅵ.1

利用二元函数的一阶泰勒公式,则有

$$\begin{cases} x_2=x(u,v)+\dfrac{\partial x}{\partial u}\Delta u+o(\Delta u), \\ y_2=y(u,v)+\dfrac{\partial y}{\partial u}\Delta u+o(\Delta u). \end{cases}$$

$$\begin{cases} x_3=x(u,v)+\dfrac{\partial x}{\partial u}\Delta u+\dfrac{\partial x}{\partial v}\Delta v+o\left(\sqrt{(\Delta u)^2+(\Delta v)^2}\right), \\ y_3=y(u,v)+\dfrac{\partial y}{\partial u}\Delta u+\dfrac{\partial y}{\partial v}\Delta v+o\left(\sqrt{(\Delta u)^2+(\Delta v)^2}\right). \end{cases}$$

$$\begin{cases} x_4=x(u,v)+\dfrac{\partial x}{\partial v}\Delta v+o(\Delta v), \\ y_4=y(u,v)+\dfrac{\partial y}{\partial v}\Delta v+o(\Delta v). \end{cases}$$

如果略去高阶无穷小 $o(\Delta u),o(\Delta v),o\left(\sqrt{(\Delta u)^2+(\Delta v)^2}\right)$,则

$$x_2-x_1\approx x_3-x_4\approx\frac{\partial x}{\partial u}\Delta u,\qquad y_2-y_1\approx y_3-y_4\approx\frac{\partial y}{\partial u}\Delta u,$$

$$x_4-x_1\approx x_3-x_2\approx\frac{\partial x}{\partial v}\Delta v,\qquad y_4-y_1\approx y_3-y_2\approx\frac{\partial y}{\partial v}\Delta v.$$

由此可见,小曲边四边形 $A_1B_1C_1D_1$ 的两对对边的长度近似相等. 视 $A_1B_1C_1D_1$ 为平行四边形,则其面积近似为

$$|\overrightarrow{A_1B_1}\times\overrightarrow{A_1D_1}|.$$

因为

$$\overrightarrow{A_1B_1}=(x_2-x_1)\boldsymbol{i}+(y_2-y_1)\boldsymbol{j}\approx\frac{\partial x}{\partial u}\Delta u\boldsymbol{i}+\frac{\partial y}{\partial u}\Delta u\boldsymbol{j},$$

$$\overrightarrow{A_1D_1}=(x_4-x_1)\boldsymbol{i}+(y_4-y_1)\boldsymbol{j}\approx\frac{\partial x}{\partial v}\Delta v\boldsymbol{i}+\frac{\partial y}{\partial v}\Delta v\boldsymbol{j},$$

从而得到

$$\Delta\sigma_{xy}\approx|\overrightarrow{A_1B_1}\times\overrightarrow{A_1D_1}|\approx\left|\begin{vmatrix}\boldsymbol{i}&\boldsymbol{j}&\boldsymbol{k}\\ \dfrac{\partial x}{\partial u}\Delta u&\dfrac{\partial y}{\partial u}\Delta u&0\\ \dfrac{\partial x}{\partial v}\Delta v&\dfrac{\partial y}{\partial v}\Delta v&0\end{vmatrix}\right|=\left|\begin{vmatrix}\dfrac{\partial x}{\partial u}&\dfrac{\partial y}{\partial u}\\ \dfrac{\partial x}{\partial v}&\dfrac{\partial y}{\partial v}\end{vmatrix}\Delta u\Delta v\right|.$$

于是有面积微元

$$\mathrm{d}\sigma_{xy}=\left|\begin{vmatrix}\dfrac{\partial x}{\partial u}&\dfrac{\partial y}{\partial u}\\ \dfrac{\partial x}{\partial v}&\dfrac{\partial y}{\partial v}\end{vmatrix}\right|\mathrm{d}\sigma_{uv}=\left|\frac{\partial(x,y)}{\partial(u,v)}\right|\mathrm{d}\sigma_{uv}.\qquad(2)$$

$\left|\dfrac{\partial(x,y)}{\partial(u,v)}\right|$表示在变换(1)之下面积微元 $\mathrm{d}\sigma_{xy}$ 与 $\mathrm{d}\sigma_{uv}$ 的比率.

所以,在变换(1)下,二重积分的换元积分公式为

$$\iint_{\sigma_{xy}} f(x,y)\,\mathrm{d}x\mathrm{d}y=\iint_{\sigma_{uv}} f(x(u,v),y(u,v))\left|\frac{\partial(x,y)}{\partial(u,v)}\right|\mathrm{d}u\mathrm{d}v. \qquad (3)$$

顺便指出,为了使变换(1)是一对一的,需要使其雅可比行列式不等于零.

容易算出直角坐标到极坐标变换

$$x=r\cos\theta,y=r\sin\theta$$

的雅可比行列式

$$\begin{vmatrix}\dfrac{\partial x}{\partial r} & \dfrac{\partial y}{\partial r}\\ \dfrac{\partial x}{\partial \theta} & \dfrac{\partial y}{\partial \theta}\end{vmatrix}=\begin{vmatrix}\cos\theta & \sin\theta\\ -r\sin\theta & r\cos\theta\end{vmatrix}=r.$$

例 1 计算 $\iint_{\sigma} y^2\mathrm{d}\sigma$,其中 σ 为由 $x>0,y>0,1\leqslant xy\leqslant 3,1\leqslant \dfrac{y}{x}\leqslant 2$ 所限定的区域.

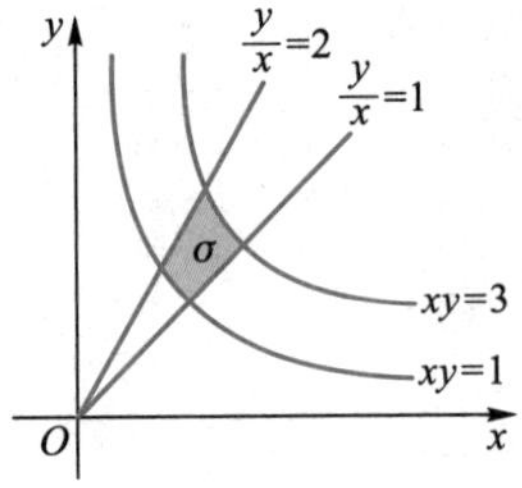

图Ⅵ.2

解 先画出区域 σ:参见图Ⅵ.2.显然,若取 $u=xy,v=\dfrac{y}{x}$,或从其解出

$$x=\sqrt{\frac{u}{v}},y=\sqrt{uv}$$

时,区域 σ 亦可表示为

$$1\leqslant u\leqslant 3,1\leqslant v\leqslant 2.$$

由于雅可比行列式

$$\frac{\partial(x,y)}{\partial(u,v)}=\begin{vmatrix}\dfrac{1}{2\sqrt{uv}} & \dfrac{\sqrt{v}}{2\sqrt{u}}\\ \dfrac{-\sqrt{u}}{2v\sqrt{v}} & \dfrac{\sqrt{u}}{2\sqrt{v}}\end{vmatrix}=\frac{1}{2v},$$

所以

$$\iint_{\sigma} y^2\mathrm{d}\sigma=\iint_{\sigma} uv\left|\frac{1}{2v}\right|\mathrm{d}u\mathrm{d}v=\frac{1}{2}\int_1^3 u\mathrm{d}u\int_1^2\mathrm{d}v=2.$$

例 2 计算 $\iint_{\sigma}[(x+y)^2+(x-y)^2]\mathrm{d}\sigma$,其中区域 σ 是以(0,0),(1,1),(2,0)和(1,-1)为顶点的正方形.

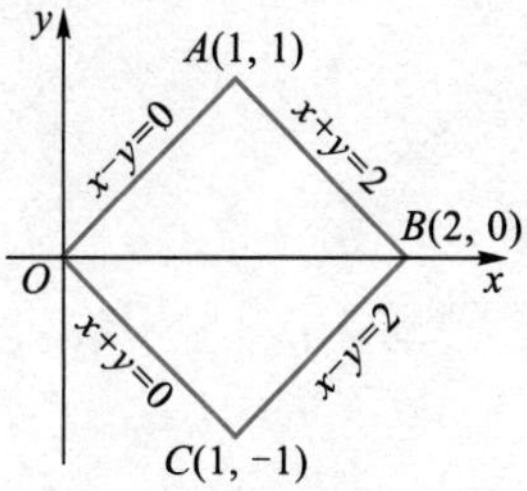

图Ⅵ.3

解　先画出区域 σ,参见图Ⅵ.3. 显然,若取

$$u=x+y,\quad v=x-y$$

或

$$x=\frac{1}{2}(u+v),\quad y=\frac{1}{2}(u-v),$$

则区域 σ 可表示为

$$0\leqslant u\leqslant 2,\quad 0\leqslant v\leqslant 2.$$

而此时

$$\frac{\partial(x,y)}{\partial(u,v)}=\begin{vmatrix}\dfrac{\partial x}{\partial u} & \dfrac{\partial y}{\partial u}\\ \dfrac{\partial x}{\partial v} & \dfrac{\partial y}{\partial v}\end{vmatrix}=\begin{vmatrix}\dfrac{1}{2} & \dfrac{1}{2}\\ \dfrac{1}{2} & -\dfrac{1}{2}\end{vmatrix}=-\frac{1}{2},$$

从而有

$$\begin{aligned}\iint_{\sigma}[(x+y)^2+(x-y)^2]\mathrm{d}\sigma&=\iint_{\sigma}(u^2+v^2)\cdot\frac{1}{2}\mathrm{d}u\mathrm{d}v\\&=\frac{1}{2}\int_0^2\mathrm{d}u\int_0^2(u^2+v^2)\mathrm{d}v\\&=\frac{16}{3}.\end{aligned}$$

例3　用变量代换 $x=ar\cos\theta,y=br\sin\theta$,计算椭圆 $\sigma:\dfrac{x^2}{a^2}+\dfrac{y^2}{b^2}\leqslant 1$ 的面积.

解　由所给变量代换知 $0\leqslant r\leqslant 1,0\leqslant\theta\leqslant 2\pi$,且

$$\frac{\partial(x,y)}{\partial(r,\theta)}=\begin{vmatrix}\dfrac{\partial x}{\partial r} & \dfrac{\partial y}{\partial r}\\ \dfrac{\partial x}{\partial\theta} & \dfrac{\partial y}{\partial\theta}\end{vmatrix}=\begin{vmatrix}a\cos\theta & b\sin\theta\\ -ar\sin\theta & br\cos\theta\end{vmatrix}=abr.$$

于是有

$$\iint_{\sigma}1\mathrm{d}\sigma=\iint_{\sigma_{r\theta}}abr\mathrm{d}r\mathrm{d}\theta=ab\int_0^{2\pi}\mathrm{d}\theta\int_0^1 r\mathrm{d}r=\pi ab.$$

同样,若 $x=x(u,v,w),y=y(u,v,w),z=z(u,v,w)$ 有连续的一阶偏导数,且其雅可比行列式

$$\frac{\partial(x,y,z)}{\partial(u,v,w)}=\begin{vmatrix}\dfrac{\partial x}{\partial u} & \dfrac{\partial y}{\partial u} & \dfrac{\partial z}{\partial u}\\ \dfrac{\partial x}{\partial v} & \dfrac{\partial y}{\partial v} & \dfrac{\partial z}{\partial v}\\ \dfrac{\partial x}{\partial w} & \dfrac{\partial y}{\partial w} & \dfrac{\partial z}{\partial w}\end{vmatrix}\neq 0$$

时,有三重积分的换元积分公式

$$\iiint\limits_{V_{xyz}} f(x,y,z)\,\mathrm{d}x\mathrm{d}y\mathrm{d}z$$

$$=\iiint\limits_{V_{uvw}} f[x(u,v,w),y(u,v,w),z(u,v,w)]\left|\frac{\partial(x,y,z)}{\partial(u,v,w)}\right|\mathrm{d}u\mathrm{d}v\mathrm{d}w. \quad (4)$$

不难得到,在直角坐标到柱坐标的变换

$$x=r\cos\theta,\quad y=r\sin\theta,\quad z=z$$

下,有

$$\frac{\partial(x,y,z)}{\partial(r,\theta,z)}=r;$$

在直角坐标到球坐标的变换

$$x=\rho\sin\varphi\cos\theta,\quad y=\rho\sin\varphi\sin\theta,\quad z=\rho\cos\varphi$$

下,有

$$\frac{\partial(x,y,z)}{\partial(\rho,\varphi,\theta)}=\rho^2\sin\varphi.$$

例 4　计算椭球体$\frac{x^2}{a^2}+\frac{y^2}{b^2}+\frac{z^2}{c^2}\leqslant 1$ 的体积.

解　作变换

$$\begin{cases}x=a\rho\sin\varphi\cos\theta,\\ y=b\rho\sin\varphi\sin\theta,\\ z=c\rho\cos\varphi.\end{cases}$$

则

$$\left|\frac{\partial(x,y,z)}{\partial(\rho,\varphi,\theta)}\right|=abc\rho^2\sin\varphi,$$

且椭球体由不等式组

$$0\leqslant\theta\leqslant 2\pi,\quad 0\leqslant\varphi\leqslant\pi,\quad 0\leqslant\rho\leqslant 1$$

确定. 于是,椭球体积为

$$\iiint\limits_V \mathrm{d}V=\iiint\limits_V abc\rho^2\sin\varphi\,\mathrm{d}\rho\mathrm{d}\varphi\mathrm{d}\theta=abc\int_0^{2\pi}\mathrm{d}\theta\int_0^{\pi}\sin\varphi\,\mathrm{d}\varphi\int_0^1\rho^2\mathrm{d}\rho=\frac{4}{3}\pi abc.$$

附录Ⅶ　含参变量的积分

设$f(x,y)$在闭区域 $D:\begin{cases}a\leqslant x\leqslant b,\\ \alpha\leqslant y\leqslant\beta\end{cases}$ 上连续,则对任何 $x\in[a,b]$,称

积分 $\varphi(x)=\int_{\alpha}^{\beta}f(x,y)\,\mathrm{d}y$ 为含参变量 x 的积分，x 称为参变量. 同理，$\psi(y)=\int_{a}^{b}f(x,y)\,\mathrm{d}x$ 称为含参变量 y 的积分，$y\in[\alpha,\beta]$.

下面以 $\varphi(x)$ 为例来讨论含参变量积分的性质.

定理 1（连续性定理）　设 $f(x,y)$ 在 $D:\begin{cases}a\leqslant x\leqslant b,\\ \alpha\leqslant y\leqslant\beta\end{cases}$ 上连续，则 $\varphi(x)=\int_{\alpha}^{\beta}f(x,y)\,\mathrm{d}y$ 在闭区间 $[a,b]$ 上连续.

证明　由于 $f(x,y)$ 在有界闭区域 D 上连续，故 $f(x,y)$ 在 D 上必一致连续，即 $\forall\,\varepsilon>0$，$\exists\,\delta>0$，当 $|\Delta x|<\delta$ 时，对任何 $y\in[\alpha,\beta]$，恒有

$$|f(x+\Delta x,y)-f(x,y)|<\varepsilon.$$

于是

$$\begin{aligned}|\varphi(x+\Delta x)-\varphi(x)|&=\left|\int_{\alpha}^{\beta}[f(x+\Delta x,y)-f(x,y)]\,\mathrm{d}y\right|\\&\leqslant\int_{\alpha}^{\beta}|f(x+\Delta x,y)-f(x,y)|\,\mathrm{d}y\\&<\varepsilon(\beta-\alpha),\end{aligned}$$

所以 $\varphi(x)$ 在 $[a,b]$ 上连续.　□

由本定理可知，极限与积分两种运算可交换顺序，即

$$\begin{aligned}\lim_{x\to x_0}\int_{\alpha}^{\beta}f(x,y)\,\mathrm{d}y&=\lim_{x\to x_0}\varphi(x)=\varphi(x_0)=\int_{\alpha}^{\beta}f(x_0,y)\,\mathrm{d}y\\&=\int_{\alpha}^{\beta}\lim_{x\to x_0}f(x,y)\,\mathrm{d}y,\quad x_0\in[a,b].\end{aligned}$$

定理 2（可微性定理）　设 $f(x,y)$ 及 $f'_x(x,y)$ 在矩形区域 $D:\begin{cases}a\leqslant x\leqslant b,\\ \alpha\leqslant y\leqslant\beta\end{cases}$ 上连续，则函数 $\varphi(x)=\int_{\alpha}^{\beta}f(x,y)\,\mathrm{d}y$ 在 $[a,b]$ 上有连续的导数，且

$$\varphi'(x)=\frac{\mathrm{d}}{\mathrm{d}x}\int_{\alpha}^{\beta}f(x,y)\,\mathrm{d}y=\int_{\alpha}^{\beta}f'_x(x,y)\,\mathrm{d}y.$$

证明　设 $x,x+\Delta x\in[a,b]$，则有 $f(x+\Delta x,y)-f(x,y)=f'_x(\zeta_x,y)\Delta x$，其中 ζ_x 介于 $x,x+\Delta x$ 之间，那么

$$\begin{aligned}\frac{\varphi(x+\Delta x)-\varphi(x)}{\Delta x}&=\int_{\alpha}^{\beta}\frac{f(x+\Delta x,y)-f(x,y)}{\Delta x}\mathrm{d}y\\&=\int_{\alpha}^{\beta}f'_x(\zeta_x,y)\,\mathrm{d}y.\end{aligned}$$

由定理 1 得

$$\begin{aligned}\lim_{\Delta x\to 0}\frac{\varphi(x+\Delta x)-\varphi(x)}{\Delta x}&=\lim_{\Delta x\to 0}\int_{\alpha}^{\beta}f_x'(\zeta_x,y)\,\mathrm{d}y\\&=\int_{\alpha}^{\beta}\lim_{\Delta x\to 0}f_x'(\zeta_x,y)\,\mathrm{d}y\\&=\int_{\alpha}^{\beta}f_x'(x,y)\,\mathrm{d}y,\quad x\in[a,b],\end{aligned}$$

即 $\varphi(x)=\int_{\alpha}^{\beta}f(x,y)\,\mathrm{d}y$ 可导且 $\varphi'(x)=\int_{\alpha}^{\beta}f_x'(x,y)\,\mathrm{d}y.$ □

由此可知,在本定理的条件下,求导与积分两种运算可交换顺序.

推论(积分换序)　设 $f(x,y)$ 在 $D:\begin{cases}a\leqslant x\leqslant b,\\ \alpha\leqslant y\leqslant\beta\end{cases}$ 上连续,则

$$\int_{\alpha}^{\beta}\mathrm{d}y\int_{a}^{b}f(x,y)\,\mathrm{d}x=\int_{a}^{b}\mathrm{d}x\int_{\alpha}^{\beta}f(x,y)\,\mathrm{d}y.$$

证明　设 $I(t)=\int_{\alpha}^{t}\mathrm{d}y\int_{a}^{b}f(x,y)\,\mathrm{d}x-\int_{a}^{b}\mathrm{d}x\int_{\alpha}^{t}f(x,y)\,\mathrm{d}y,\alpha\leqslant t\leqslant\beta,$ 则

$$\begin{aligned}I'(t)&=\int_{a}^{b}f(x,t)\,\mathrm{d}x-\left(\int_{a}^{b}\mathrm{d}x\int_{\alpha}^{t}f(x,y)\,\mathrm{d}y\right)_t'\\&=\int_{a}^{b}f(x,t)\,\mathrm{d}x-\int_{a}^{b}\left(\int_{\alpha}^{t}f(x,y)\,\mathrm{d}y\right)_t'\mathrm{d}x\\&=\int_{a}^{b}f(x,t)\,\mathrm{d}x-\int_{a}^{b}f(x,t)\,\mathrm{d}x=0.\end{aligned}$$

故 $I(t)\equiv C=I(\alpha)=0$,即

$$\int_{\alpha}^{\beta}\mathrm{d}y\int_{a}^{b}f(x,y)\,\mathrm{d}x=\int_{a}^{b}\mathrm{d}x\int_{\alpha}^{\beta}f(x,y)\,\mathrm{d}y.\quad □$$

在许多实际问题中,不仅被积函数含有参变量,积分的上下限也含有参数,下面将上述定理推广到更一般的情形.

定理 3　设函数 $f(x,y)$ 及 $f_x'(x,y)$ 在 $D:\begin{cases}a\leqslant x\leqslant b,\\ \alpha\leqslant y\leqslant\beta\end{cases}$ 上连续, $u(x),v(x)$ 在 $[\alpha,\beta]$ 上可微, $\varphi(x)=\int_{u(x)}^{v(x)}f(x,y)\,\mathrm{d}y$. 当 $a\leqslant x\leqslant b$ 时有 $\alpha\leqslant u(x)\leqslant\beta,\alpha\leqslant v(x)\leqslant\beta$,则

$$\varphi'(x)=\int_{u(x)}^{v(x)}\frac{\partial f(x,y)}{\partial x}\mathrm{d}y+f(x,v(x))v'(x)-f(x,u(x))u'(x).$$

证明　考察三元函数 $F(x,u,v)=\int_{u}^{v}f(x,y)\,\mathrm{d}y$,则 $\varphi(x)=F(x,u(x),v(x))$. 由链式法则得

$$\varphi'(x)=F'_x+F'_u\cdot\frac{\partial u}{\partial x}+F'_v\cdot\frac{\partial v}{\partial x}$$

$$=\int_{u(x)}^{v(x)}\frac{\partial f(x,y)}{\partial x}\mathrm{d}y-f(x,u(x))u'(x)+f(x,v(x))v'(x).\quad\square$$

例 1　设 $I(x)=\int_x^{x^2}\frac{\sin(xy)}{y}\mathrm{d}y$，求 $I'(x)$.

解　由公式得

$$I'(x)=\left(\int_x^{x^2}\frac{\sin(xy)}{y}\mathrm{d}y\right)'$$

$$=\int_x^{x^2}\cos(xy)\mathrm{d}y+\frac{\sin x^3}{x^2}\cdot 2x-\frac{\sin x^2}{x}$$

$$=\frac{3\sin x^3-2\sin x^2}{x}.$$

利用上述定理还可以求解复杂的积分，下面举例说明.

例 2　计算 $I(r)=\int_0^{\pi}\ln(1-2r\cos x+r^2)\mathrm{d}x$，$|r|<1$.

解　由定理 2 得

$$I'(r)=\int_0^{\pi}\frac{-2\cos x+2r}{1-2r\cos x+r^2}\mathrm{d}x=\frac{1}{r}\int_0^{\pi}\left(1-\frac{1-r^2}{1-2r\cos x+r^2}\right)\mathrm{d}x$$

$$=\frac{1}{r}\left[\pi-(1-r^2)\int_0^{\pi}\frac{\mathrm{d}x}{1-2r\cos x+r^2}\right].$$

设 $t=\tan\frac{x}{2}$，则 $\cos x=\frac{1-t^2}{1+t^2}$，$\mathrm{d}x=\frac{2\mathrm{d}t}{1+t^2}$，

$$I'(r)=\frac{1}{r}\left[\pi+\frac{1+r}{r-1}\int_0^{+\infty}\frac{2\mathrm{d}t}{1+\left(\frac{1+r}{1-r}t\right)^2}\right]=\frac{1}{r}\left(\pi-2\arctan\frac{1+r}{1-r}t\Big|_0^{+\infty}\right)=0.$$

因而 $I(r)=C$，又 $I(0)=0$，故 $I(r)=0$.

网上更多……　　教学 PPT　　拓展练习

自测题

第十章

10 第二型曲线积分与第二型曲面积分、向量场

第九章将积分的方法推广到几何形体 Ω 上的多元函数 $f(P)$ 上去. 本章根据实际需要,把这一方法进一步推广到向量场内的有向曲线与有向曲面上——介绍第二型曲线积分与第二型曲面积分. 同时介绍向量场的基本概念:散度与旋度.

10.1 向量场

10.1.1 向量场

在 8.8 节中,讨论了数量场及其相关的基本概念——方向导数与梯度. 还有一类场是向量场,如电磁场、力场、速度场、梯度场等. 稳定的向量场的数学表示是在场 D 内定义的点 M 的向量函数 $\boldsymbol{F}=\boldsymbol{F}(M)$, $M\in D$. 对于平面向量场(D 是平面区域),引入平面直角坐标系 Oxy 后,$\boldsymbol{F}$ 是点 M 的坐标(x,y)的二元向量函数

$$\boldsymbol{F}=P(x,y)\boldsymbol{i}+Q(x,y)\boldsymbol{j},\quad (x,y)\in D.$$

它相当于两个有序的二元数量函数 $P(x,y)$, $Q(x,y)$. 对空间的向量场,引入空间直角坐标系 $Oxyz$ 后,$\boldsymbol{F}$ 是点 M 的坐标(x,y,z)的三元向量函数

$$\boldsymbol{F}=P(x,y,z)\boldsymbol{i}+Q(x,y,z)\boldsymbol{j}+R(x,y,z)\boldsymbol{k},(x,y,z)\in D.$$

它相当于三个有序的三元数量函数 $P(x,y,z)$, $Q(x,y,z)$, $R(x,y,z)$.

在向量场中,若曲线 l 上每点处的切线与该点的场向量重合,则称曲线 l 为向量场的**向量线**,参看图 10.1. 流速场的流线,静电场的

电力线,磁场的磁力线等都是向量线.

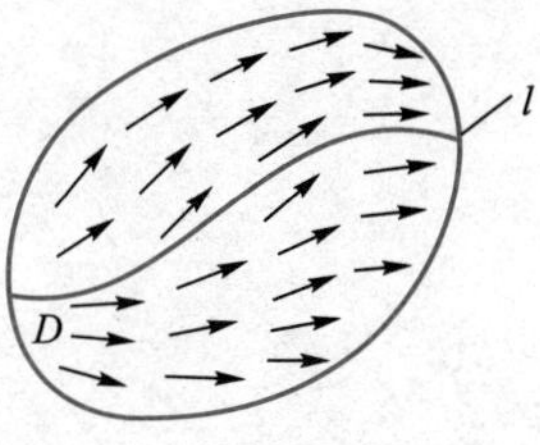

图 10.1

设向量线的参数方程为

$$x=x(t),y=y(t),z=z(t),t\in T.$$

由于$\{\mathrm{d}x,\mathrm{d}y,\mathrm{d}z\}$是曲线的切向量,而场向量 $\boldsymbol{F}=P\boldsymbol{i}+Q\boldsymbol{j}+R\boldsymbol{k}$. 由它们共线的条件,得到向量线应满足的微分方程是

$$\frac{\mathrm{d}x}{P(x,y,z)}=\frac{\mathrm{d}y}{Q(x,y,z)}=\frac{\mathrm{d}z}{R(x,y,z)}.$$

整个向量场 D 被向量线充满,一般地说,当 P,Q,R 在 D 内连续时,通过场内每点有且仅有一条向量线穿过,向量线互不相交.

例 在坐标原点处点电荷 q 产生的电场中,点$M(x,y,z)$处的电场强度为

$$\boldsymbol{E}=\frac{q}{4\pi\varepsilon r^2}\boldsymbol{r}^0,$$

其中 $r=|\boldsymbol{r}|,\boldsymbol{r}=x\boldsymbol{i}+y\boldsymbol{j}+z\boldsymbol{k},\boldsymbol{r}^0$ 是 $\boldsymbol{r}$ 方向的单位向量. 求电场强度场 $\boldsymbol{E}$ 的向量线——电场线.

解 因

$$\boldsymbol{E}=\frac{q}{4\pi\varepsilon r^3}(x\boldsymbol{i}+y\boldsymbol{j}+z\boldsymbol{k}),$$

所以电场线方程为

$$\frac{\mathrm{d}x}{\dfrac{qx}{4\pi\varepsilon r^3}}=\frac{\mathrm{d}y}{\dfrac{qy}{4\pi\varepsilon r^3}}=\frac{\mathrm{d}z}{\dfrac{qz}{4\pi\varepsilon r^3}},$$

从而有

$$\frac{\mathrm{d}x}{x}=\frac{\mathrm{d}y}{y}=\frac{\mathrm{d}z}{z}.$$

通解为

$$y=C_1x,\quad z=C_2x,$$

其中 C_1,C_2 为两个任意常数. 由此可见,电场线是从原点(点电荷 q)发出的射线族.

10.1.2 径向量的导数

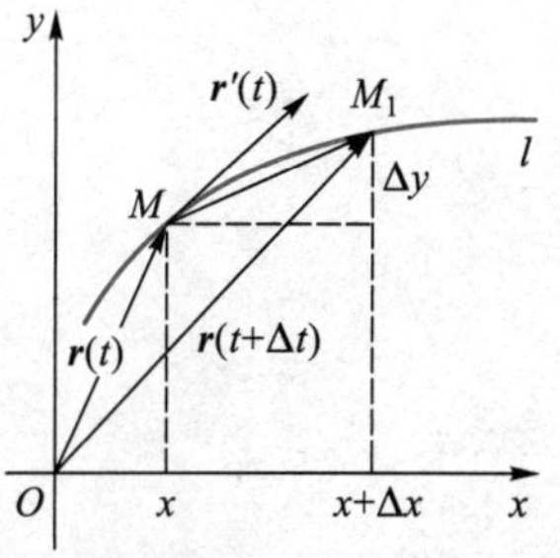

图 10.2

设曲线 l 的方程为

$$x=x(t),\quad y=y(t),\quad \alpha\leqslant t\leqslant\beta.$$

当动点 M 在 l 上移动时,动点的径向量 $\boldsymbol{r}=\overrightarrow{OM}=x(t)\boldsymbol{i}+y(t)\boldsymbol{j}$ 是 t 的向量函数$\boldsymbol{r}=\boldsymbol{r}(t)$,它是曲线 l 的**向量式方程**(称 l 为 $\boldsymbol{r}=\boldsymbol{r}(t)$ 的终端曲线). 下面讨论向量函数 $\boldsymbol{r}=\boldsymbol{r}(t)$ 的导数. 参看图 10.2. 由于

$$\Delta \boldsymbol{r}=\boldsymbol{r}(t+\Delta t)-\boldsymbol{r}(t)=\overrightarrow{MM_1}=\Delta x\boldsymbol{i}+\Delta y\boldsymbol{j},$$

$$\frac{\Delta \boldsymbol{r}}{\Delta t}=\frac{\Delta x}{\Delta t}\boldsymbol{i}+\frac{\Delta y}{\Delta t}\boldsymbol{j},$$

故

$$\boldsymbol{r}'(t)=x'(t)\boldsymbol{i}+y'(t)\boldsymbol{j}.$$

说明:(1) 向量函数的导数等于它的每个分量对 t 求导后相加;

(2) $\boldsymbol{r}'(t)$是曲线 l 在 t 的对应点 M 处**沿 t 增加方向**的切向量. 因为

$$x'(t)=\frac{\mathrm{d}x}{\mathrm{d}s}\frac{\mathrm{d}s}{\mathrm{d}t}=\cos\alpha\frac{\mathrm{d}s}{\mathrm{d}t},$$

$$y'(t)=\frac{\mathrm{d}y}{\mathrm{d}s}\frac{\mathrm{d}s}{\mathrm{d}t}=\cos\beta\frac{\mathrm{d}s}{\mathrm{d}t},$$

所以

$$\boldsymbol{r}'(t)=\{\cos\alpha,\cos\beta\}\frac{\mathrm{d}s}{\mathrm{d}t},$$

其中 $\cos\alpha,\cos\beta$ 为曲线 $\boldsymbol{r}=\boldsymbol{r}(t)$ 上 t 处沿弧长 s 增加方向的方向余弦. $|\boldsymbol{r}'(t)|=\left|\frac{\mathrm{d}s}{\mathrm{d}t}\right|$,即 $\boldsymbol{r}'(t)$ 的大小等于弧长的导数的绝对值. $\boldsymbol{r}=\boldsymbol{r}(t)$的微分

$$\mathrm{d}\boldsymbol{r}=\boldsymbol{r}'(t)\,\mathrm{d}t=\mathrm{d}x\boldsymbol{i}+\mathrm{d}y\boldsymbol{j}=\{\cos\alpha,\cos\beta\}\,\mathrm{d}s,$$

因此,常常将 $\mathrm{d}\boldsymbol{r}$ 记为 $\mathrm{d}\boldsymbol{s}$,称为**弧长微元向量**,$\mathrm{d}\boldsymbol{s}=\{\cos\alpha,\cos\beta\}\,\mathrm{d}s$, $\mathrm{d}\boldsymbol{r}=\mathrm{d}\boldsymbol{s}$ 是曲线 l 在 t 的对应点 M 处**沿弧长 s 增加方向**的切向量(见图 10.3).

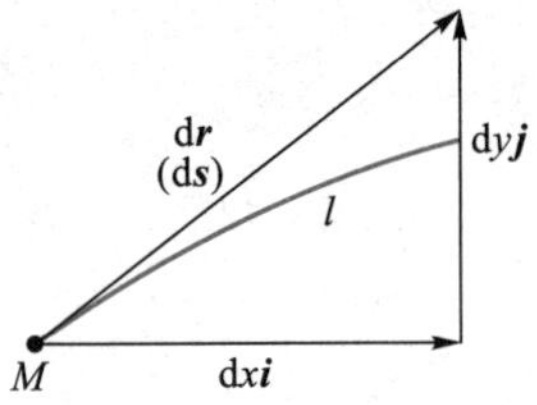

图 10.3

对空间向量函数 $\boldsymbol{r}(t)=x(t)\boldsymbol{i}+y(t)\boldsymbol{j}+z(t)\boldsymbol{k}$ 的导数和微分,有类似的结果:

$$\boldsymbol{r}'(t)=x'(t)\boldsymbol{i}+y'(t)\boldsymbol{j}+z'(t)\boldsymbol{k}=\{\cos\alpha,\cos\beta,\cos\gamma\}\frac{\mathrm{d}s}{\mathrm{d}t},$$

$$\mathrm{d}\boldsymbol{r}(t)=\mathrm{d}x\boldsymbol{i}+\mathrm{d}y\boldsymbol{j}+\mathrm{d}z\boldsymbol{k}=\{\cos\alpha,\cos\beta,\cos\gamma\}\,\mathrm{d}s.$$

其中 $\cos\alpha,\cos\beta,\cos\gamma$ 为曲线 $\boldsymbol{r}=\boldsymbol{r}(t)$ 上点 t 处沿弧长 s 增加方向的切向方向余弦.

今后提到的有向曲线,是指确定了弧长增加方向的曲线.

10.2 第二型曲线积分

微视频

10.2.1 第二型曲线积分的定义

10.2.2 第二型曲线积分的性质

10.2.1 变力做功与第二型曲线积分的概念

例 1 设有一平面连续力场

$$F(x,y)=P(x,y)i+Q(x,y)j,\quad (x,y)\in D.$$

一质点在场内从点 A 沿光滑曲线弧 l 移动到点 B,求力 $\boldsymbol{F}$ 对质点做的功 W.

解 当 $\boldsymbol{F}$ 为常力,l 为有向直线段 $\overrightarrow{AB}$ 时,力所做的功为

$$W=\boldsymbol{F}\cdot\overrightarrow{AB}.$$

一般情况下,借助定积分的方法来解决. 首先用曲线弧 l 上的点

$$A=M_0,M_1,M_2,\cdots,M_{n-1},M_n=B$$

将 $\overset{\frown}{AB}$ 分为 n 段,设 $M_k(x_k,y_k)$,$\Delta x_k=x_k-x_{k-1}$,$\Delta y_k=y_k-y_{k-1}(k=1,2,\cdots,n)$,记 $\lambda=\max\limits_{1\leqslant k\leqslant n}\{\overset{\frown}{M_{k-1}M_k}\text{的弧长}\}$. 然后,任取一典型的有向弧段 $\overset{\frown}{M_{k-1}M_k}$ 来分析(参看图 10.4). 由于它光滑且很短,可以用位移向量

$$\overrightarrow{M_{k-1}M_k}=\Delta x_k\boldsymbol{i}+\Delta y_k\boldsymbol{j}$$

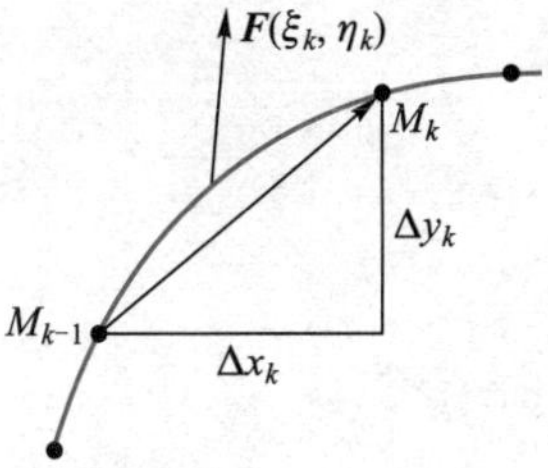

图 10.4

近似替代 $\overset{\frown}{M_{k-1}M_k}$,又因 $P(x,y)$,$Q(x,y)$ 是连续的,可以用 $\overset{\frown}{M_{k-1}M_k}$ 上任一点 (ξ_k,η_k) 处的力

$$\boldsymbol{F}(\xi_k,\eta_k)=P(\xi_k,\eta_k)\boldsymbol{i}+Q(\xi_k,\eta_k)\boldsymbol{j}$$

近似代替其上的变力. 这样变力 $\boldsymbol{F}(x,y)$ 沿有向弧段 $\overset{\frown}{M_{k-1}M_k}$ 所做的功

$$\Delta W_k\approx\boldsymbol{F}(\xi_k,\eta_k)\cdot\overrightarrow{M_{k-1}M_k},$$

即

$$\Delta W_k\approx P(\xi_k,\eta_k)\Delta x_k+Q(\xi_k,\eta_k)\Delta y_k.$$

于是

$$W=\sum_{k=1}^{n}\Delta W_k\approx\sum_{k=1}^{n}\boldsymbol{F}(\xi_k,\eta_k)\cdot\overrightarrow{M_{k-1}M_k}$$
$$\approx\sum_{k=1}^{n}[P(\xi_k,\eta_k)\Delta x_k+Q(\xi_k,\eta_k)\Delta y_k].$$

最后,让分点数无限增加,使小弧段中最长的弧长 $\lambda\to0$,取极限,就得到所求的功

$$W=\lim_{\lambda\to0}\sum_{k=1}^{n}\boldsymbol{F}(\xi_k,\eta_k)\cdot\overrightarrow{M_{k-1}M_k}$$
$$=\lim_{\lambda\to0}\sum_{k=1}^{n}[P(\xi_k,\eta_k)\Delta x_k+Q(\xi_k,\eta_k)\Delta y_k].$$

从类似的实际问题中抽去它们的实际意义,就产生了下面重要的概念.

定义 10.1 设 l 为 Oxy 平面上由点 A 到点 B 的一条光滑的有向

曲线段，向量函数

$$F(x,y)=P(x,y)\boldsymbol{i}+Q(x,y)\boldsymbol{j}$$

在 l 上有定义. 用 l 上的点

$$A=M_0,M_1,M_2,\cdots,M_{n-1},M_n=B$$

将$\overset{\frown}{AB}$分为 n 段，设 $M_k(x_k,y_k)$，$\Delta x_k=x_k-x_{k-1}$，$\Delta y_k=y_k-y_{k-1}(k=1,2,\cdots,n)$，在每个有向弧段$\overset{\frown}{M_{k-1}M_k}$上任取一点$(\xi_k,\eta_k)$，作点乘积的和式

$$\sum_{k=1}^{n}\boldsymbol{F}(\xi_k,\eta_k)\cdot\overrightarrow{M_{k-1}M_k}=\sum_{k=1}^{n}[P(\xi_k,\eta_k)\Delta x_k+Q(\xi_k,\eta_k)\Delta y_k].$$

记 $\lambda=\max\limits_{k}\{\overset{\frown}{M_{k-1}M_k}$的弧长$\}$，如果极限

$$\lim_{\lambda\to 0}\sum_{k=1}^{n}\boldsymbol{F}(\xi_k,\eta_k)\cdot\overrightarrow{M_{k-1}M_k}=\lim_{\lambda\to 0}\sum_{k=1}^{n}[P(\xi_k,\eta_k)\Delta x_k+Q(\xi_k,\eta_k)\Delta y_k]$$

存在，且与 M_k，(ξ_k,η_k) $(k=1,2,\cdots,n)$的取法无关，则称此极限值为**向量函数$\boldsymbol{F}(x,y)$在有向弧 l 上的曲线积分**，或称为函数 $P(x,y)$，$Q(x,y)$在有向曲线弧$l(\overset{\frown}{AB})$上的**第二型曲线积分**，记为

$$\int_l \boldsymbol{F}\cdot d\boldsymbol{r} \quad 或 \quad \int_l P(x,y)dx+Q(x,y)dy.$$

称

$$\int_l P(x,y)dx=\lim_{\lambda\to 0}\sum_{k=1}^{n}P(\xi_k,\eta_k)\Delta x_k \tag{1}$$

为函数 $P(x,y)$沿有向弧 l **对坐标 x 的曲线积分**. 称

$$\int_l Q(x,y)dy=\lim_{\lambda\to 0}\sum_{k=1}^{n}Q(\xi_k,\eta_k)\Delta y_k \tag{2}$$

为函数 $Q(x,y)$沿有向弧 l **对坐标 y 的曲线积分**.

完全类似地，可以定义向量函数

$$\boldsymbol{F}(x,y,z)=P(x,y,z)\boldsymbol{i}+Q(x,y,z)\boldsymbol{j}+R(x,y,z)\boldsymbol{k}$$

在空间有向曲线弧 Γ 上的曲线积分

$$\int_\Gamma \boldsymbol{F}\cdot d\boldsymbol{r}=\int_\Gamma P dx+Q dy+R dz,$$

其中 $d\boldsymbol{r}=dx\boldsymbol{i}+dy\boldsymbol{j}+dz\boldsymbol{k}$，而

$$\int_\Gamma P dx=\lim_{\lambda\to 0}\sum_{k=1}^{n}P(\xi_k,\eta_k,\zeta_k)\Delta x_k,$$

$$\int_\Gamma Q dy=\lim_{\lambda\to 0}\sum_{k=1}^{n}Q(\xi_k,\eta_k,\zeta_k)\Delta y_k,$$

$$\int_\Gamma R dz=\lim_{\lambda\to 0}\sum_{k=1}^{n}R(\xi_k,\eta_k,\zeta_k)\Delta z_k$$

分别称为函数 P,Q,R 沿有向曲线段 Γ 对坐标 x,y,z 的曲线积分.

这样,例 1 中力 $\boldsymbol{F}$ 所做的功 $W=\int_{\widehat{AB}}\boldsymbol{F}\cdot\mathrm{d}\boldsymbol{r}$.

当被积函数在积分路径上连续时,第二型曲线积分存在.

由第二型曲线积分的定义易知它有下列性质(仅通过对坐标 x 的曲线积分表述,假设所涉及的积分都存在):

(1) $\int_{\widehat{AB}}(k_1f_1+k_2f_2)\mathrm{d}x=k_1\int_{\widehat{AB}}f_1\mathrm{d}x+k_2\int_{\widehat{AB}}f_2\mathrm{d}x$

(k_1,k_2 为常数); (线性性)

(2) $\int_{\widehat{AB}}f\mathrm{d}x=\int_{\widehat{AC}}f\mathrm{d}x+\int_{\widehat{CB}}f\mathrm{d}x$ (点 C 位于 $\widehat{AB}$ 上);

(弧段可加性)

(3) $\int_{\widehat{AB}}f\,\mathrm{d}x=-\int_{\widehat{BA}}f\,\mathrm{d}x$. (有向性)

性质(3)说明:第二型曲线积分与积分路径的方向有关,若改变它(把 $\widehat{AB}$ 换为 $\widehat{BA}$),则积分值差一个符号. 这是与定积分一致的,但与第一型曲线积分不同,这是为什么?

10.2.2 第二型曲线积分的计算

微视频

10.2.3 第二型曲线积分的参数计算法

设以 A 为起点 B 为终点的平面曲线段 $\widehat{AB}$ 的参数方程为

$$x=x(t),y=y(t),\quad t\in[\alpha,\beta],$$

且起点 A 对应 $t=\alpha$,终点 B 对应 $t=\beta$,函数 $x(t),y(t)\in C^1$(即曲线段 $\widehat{AB}$ 是光滑的),且其导数不同时为零. 函数 $P(x,y),Q(x,y)$ 在 $\widehat{AB}$ 上连续. 在这些条件下,函数 $P(x,y),Q(x,y)$ 沿有向曲线段 $\widehat{AB}$ 的第二型曲线积分存在. 下面说明它的计算方法.

设定义 10.1 中的分点 M_k 对应 $t=t_k$,由拉格朗日中值定理有

$$\Delta x_k=x_k-x_{k-1}=x(t_k)-x(t_{k-1})=x'(\tau_k)\Delta t_k,$$

其中 $\Delta t_k=t_k-t_{k-1}$,τ_k 介于 t_k,t_{k-1} 之间. 于是由定义 10.1 有

$$\int_{\widehat{AB}}P(x,y)\mathrm{d}x=\lim_{\lambda\to0}\sum_{k=1}^{n}P(x(\tau_k),y(\tau_k))x'(\tau_k)\Delta t_k.$$

由于 $\lambda\to0$ 时,必有 $\max\limits_k|\Delta t_k|\to0$,所以上式右边的和式的极限恰好等于函数 $P(x(t),y(t))x'(t)$ 从 α 到 β 区间上的定积分 $\int_\alpha^\beta P(x(t),y(t))\cdot$

$x'(t)\mathrm{d}t$，于是有公式

$$\int_{\overset{\frown}{AB}} P(x,y)\,\mathrm{d}x=\int_{\alpha}^{\beta} P(x(t),y(t))\,x'(t)\,\mathrm{d}t,$$

同理有

$$\int_{\overset{\frown}{AB}} Q(x,y)\,\mathrm{d}y=\int_{\alpha}^{\beta} Q(x(t),y(t))\,y'(t)\,\mathrm{d}t.$$

空间光滑的曲线上的第二型曲线积分有类似的结果. 总之，第二型曲线积分可以化为定积分来计算. 只要将曲线的参数方程代入到被积表达式中，曲线起点对应的参数为定积分下限，终点对应的参数为上限（这是与第一型曲线积分不同的），就化为定积分了.

例如，$\overset{\frown}{AB}$的方程为

$$y=y(x),$$

当 A 的坐标为 $(a,y(a))$，B 的坐标为 $(b,y(b))$ 时，视 x 为参量，就有

$$\int_{\overset{\frown}{AB}} P(x,y)\,\mathrm{d}x=\int_{a}^{b} P(x,y(x))\,\mathrm{d}x,$$

$$\int_{\overset{\frown}{AB}} Q(x,y)\,\mathrm{d}y=\int_{a}^{b} Q(x,y(x))\,y'(x)\,\mathrm{d}x.$$

例 2 计算 $\int_{\overset{\frown}{AB}} xy\,\mathrm{d}x$，其中$\overset{\frown}{AB}$是抛物线 $y^2=x$ 上从点 $A(1,-1)$ 到点 $B(1,1)$ 的有向弧段.

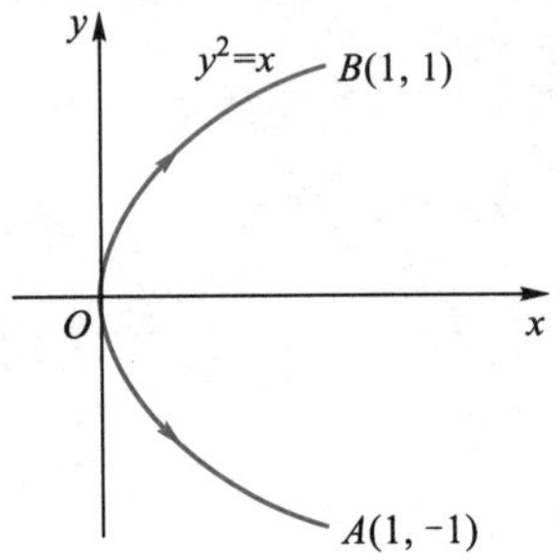

图 10.5

解 参看图 10.5. 若把$\overset{\frown}{AB}$表示为 x 的函数，需将$\overset{\frown}{AB}$分为两段：

$$\overset{\frown}{AO}: y=-\sqrt{x},\quad x \text{ 从 } 1 \text{ 变到 } 0;$$

$$\overset{\frown}{OB}: y=\sqrt{x},\quad x \text{ 从 } 0 \text{ 变到 } 1,$$

因此，

$$\begin{aligned}\int_{\overset{\frown}{AB}} xy\mathrm{d}x &=\int_{\overset{\frown}{AO}} xy\mathrm{d}x+\int_{\overset{\frown}{OB}} xy\mathrm{d}x\\&=\int_{1}^{0} -x\sqrt{x}\,\mathrm{d}x+\int_{0}^{1} x\sqrt{x}\,\mathrm{d}x\\&=2\int_{0}^{1} x^{3/2}\mathrm{d}x=\frac{4}{5}.\end{aligned}$$

若把$\overset{\frown}{AB}$的方程写为 y 的函数 $x=y^2$，y 从 -1 变到 1，则

$$\int_{\overset{\frown}{AB}} xy\mathrm{d}x=\int_{-1}^{1} y^2 y\,\mathrm{d}y^2=2\int_{-1}^{1} y^4\mathrm{d}y=\frac{4}{5}.$$

提醒注意的是:例 2 中$\widehat{AB}$关于 x 轴对称,被积函数 xy 是 y 的奇函数,但这个第二型曲线积分不等于零. 这是因为第二型曲线积分是在有向曲线上进行的,还有方向问题,所以它与第一型曲线积分不同,在 10.2.1 段,第二型曲线积分的性质中没有讲过对称性. 当然,把它化为定积分后,若定积分有对称性是可以利用的.

例 3 计算$\int_\Gamma x\mathrm{d}x+y\mathrm{d}y+(x+y-1)\mathrm{d}z$,其中 Γ 是由点 $A(1,1,1)$ 到点 $B(2,3,4)$ 的直线段.

解 直线 AB 的方程为

$$\frac{x-1}{1}=\frac{y-1}{2}=\frac{z-1}{3},$$

化成参数式方程为

$$x=1+t,\quad y=1+2t,\quad z=1+3t.$$

A 点对应 $t=0$,B 点对应 $t=1$,于是

$$\begin{aligned}\int_\Gamma x\mathrm{d}x+y\mathrm{d}y+(x+y-1)\mathrm{d}z&=\int_0^1(1+t)\mathrm{d}t+(1+2t)2\mathrm{d}t+(1+3t)3\mathrm{d}t\\&=\int_0^1(6+14t)\mathrm{d}t=13.\end{aligned}$$

例 4 计算$\int_l x^2\mathrm{d}x+(y-x)\mathrm{d}y$,其中

(1) l 是上半圆周 $y=\sqrt{a^2-x^2}$,逆时针方向;

(2) l 是 x 轴上由点 $A(a,0)$ 到点 $B(-a,0)$ 的线段.

解 (1) 参看图 10.6,l 的参数方程为

$$x=a\cos t,y=a\sin t.$$

A 点对应 $t=0$,B 点对应 $t=\pi$,于是

$$\begin{aligned}\int_l x^2\mathrm{d}x+(y-x)\mathrm{d}y&=\int_0^\pi a^2\cos^2t\mathrm{d}(a\cos t)+(a\sin t-a\cos t)\mathrm{d}(a\sin t)\\&=\int_0^\pi a^3\cos^2t\mathrm{d}(\cos t)+\int_0^\pi a^2\sin t\mathrm{d}(\sin t)-\int_0^\pi a^2\cos^2t\mathrm{d}t\\&=-\frac{2}{3}a^3-\frac{\pi}{2}a^2.\end{aligned}$$

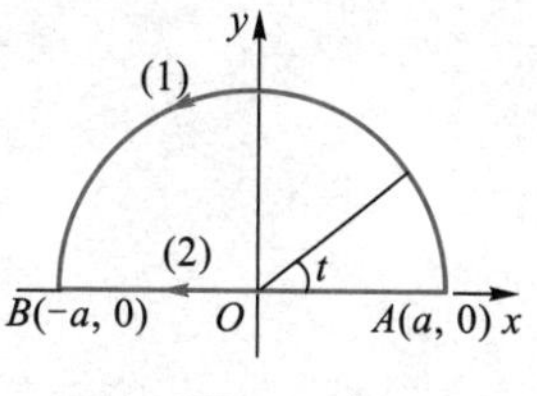

图 10.6

(2) l 的方程为

$$y=0.$$

x 从 a 到$-a$,于是

$$\int_l x^2\mathrm{d}x+(y-x)\mathrm{d}y=\int_a^{-a}x^2\mathrm{d}x=-\frac{2}{3}a^3.$$

例5 位于原点(0,0,0)处的电荷 q 产生的静电场中,一单位正电荷沿光滑曲线 Γ:

$$x=x(t),\quad y=y(t),\quad z=z(t)$$

从点 A 移动到点 B,设 A 对应 $t=\alpha$,B 对应 $t=\beta$,求电场所做的功 W.

解 设点 $M(x,y,z)$ 的径向量 $\overrightarrow{OM}=\boldsymbol{r}$,即

$$\boldsymbol{r}=x\boldsymbol{i}+y\boldsymbol{j}+z\boldsymbol{k},\quad r=|\boldsymbol{r}|=\sqrt{x^2+y^2+z^2}.$$

根据库仑定律,位于点 M 处的单位正电荷受到的电场力

$$\boldsymbol{F}=\frac{q}{r^3}\boldsymbol{r},$$

因此所求的功

$$\begin{aligned}W&=\int_\Gamma \boldsymbol{F}\cdot\mathrm{d}\boldsymbol{r}=\int_\Gamma \frac{q}{r^3}\boldsymbol{r}\cdot\mathrm{d}\boldsymbol{r}=q\int_\Gamma \frac{x\mathrm{d}x+y\mathrm{d}y+z\mathrm{d}z}{(x^2+y^2+z^2)^{3/2}}\\&=q\int_\alpha^\beta \frac{xx'+yy'+zz'}{(x^2+y^2+z^2)^{3/2}}\mathrm{d}t=q\int_{r(\alpha)}^{r(\beta)}\frac{\mathrm{d}r}{r^2}\\&=q\left[\frac{1}{r(\alpha)}-\frac{1}{r(\beta)}\right],\end{aligned}$$

其中 $r(\alpha)$,$r(\beta)$ 分别是点 A 和 B 到原点的距离.

这个例子表明,静电场电场力做功只与单位正电荷运动的起点和终点的位置有关,而与运动的路径无关.凡是具有这种特性的力场,都叫做**保守力场**,如重力场也是保守力场.

10.2.3 第二型曲线积分与第一型曲线积分的关系

设有向曲线段 Γ 的方程为

$$x=x(t),\quad y=y(t),\quad z=z(t),$$

起点对应 $t=\alpha$,终点对应 $t=\beta$,$x(t)$,$y(t)$,$z(t)$ 有连续的导数,且不同时为零.由于

$$\{x'(t),y'(t),z'(t)\}$$

是 Γ 上 t 的对应点处,与 t 的增加方向一致的切向量.故在该点处,沿 Γ 同向切向量的方向余弦为

$$\cos\alpha=\frac{\pm x'(t)}{\sqrt{x'^2(t)+y'^2(t)+z'^2(t)}},\quad \cos\beta=\frac{\pm y'(t)}{\sqrt{x'^2(t)+y'^2(t)+z'^2(t)}},$$

$$\cos\gamma=\frac{\pm z'(t)}{\sqrt{x'^2(t)+y'^2(t)+z'^2(t)}}.$$

当 Γ 的方向与 t 增加的方向一致时,取正号;相反时,取负号.由两类

曲线积分的计算公式知

$$\begin{aligned}\int_\Gamma P(x,y,z)\,\mathrm{d}x&=\int_\alpha^\beta P(x(t),y(t),z(t))x'(t)\,\mathrm{d}t\\&=\pm\int_\alpha^\beta P(x(t),y(t),z(t))\cos\alpha\sqrt{x'^2(t)+y'^2(t)+z'^2(t)}\,\mathrm{d}t\\&=\int_\Gamma P(x,y,z)\cos\alpha\,\mathrm{d}s,\end{aligned}$$

同样有

$$\int_\Gamma Q(x,y,z)\,\mathrm{d}y=\int_\Gamma Q(x,y,z)\cos\beta\,\mathrm{d}s,$$

$$\int_\Gamma R(x,y,z)\,\mathrm{d}z=\int_\Gamma R(x,y,z)\cos\gamma\,\mathrm{d}s.$$

所以,向量 $\boldsymbol{F}(x,y,z)$ 沿有向曲线 Γ 的曲线积分(第二型曲线积分),等于 $\boldsymbol{F}$ 在曲线 Γ 的切线正向上的投影 $\boldsymbol{F}\cdot\boldsymbol{t}^0$($\boldsymbol{t}^0=(\cos\alpha)\boldsymbol{i}+(\cos\beta)\boldsymbol{j}+(\cos\gamma)\boldsymbol{k}$)沿 Γ 的第一型曲线积分,即

$$\int_\Gamma \boldsymbol{F}\cdot\mathrm{d}\boldsymbol{r}=\int_\Gamma \boldsymbol{F}\cdot\boldsymbol{t}^0\,\mathrm{d}s=\int_\Gamma \mathrm{Prj}_t\boldsymbol{F}\,\mathrm{d}s,$$

因此,可以把第二型曲线积分视为一种特殊的第一型曲线积分,它的被积函数与 Γ 的方向有关.

10.3　格林公式、平面流速场的环量与旋度

牛顿-莱布尼茨公式 $\int_a^b F'(x)\,\mathrm{d}x=F(b)-F(a)$ 将定积分与被积函数的原函数在积分区间端点的值联系起来.类似地,本节介绍格林公式[①]把平面区域上的二重积分和区域的边界上的曲线积分联系起来.格林公式在平面向量场里有重要的实际背景,它在数学上和物理场论中都是重要的.

① 格林(Green G,1793—1841),英国数学家.童年辍学在磨坊干活.但他自强不息,利用工作之余自学数学与物理.在读拉普拉斯著的《天体力学》一书时,开展对位势的研究从而得到格林公式,奠定了电磁学的数学理论基础.在学术研究中他反对门阀偏见,勇于吸收各学派的先进思想,培育了剑桥学派.

10.3.1　格林公式

定理 10.1　设 Oxy 平面上闭区域 D 由分段光滑且不自相交的闭曲线 C 围成,函数 $P(x,y)$,$Q(x,y)$ 在 D 上有连续的一阶偏导数,则有格林公式

微视频
10.3.1 格林公式

$$\oint_C P(x,y)\,\mathrm{d}x+Q(x,y)\,\mathrm{d}y=\iint_D\left(\frac{\partial Q}{\partial x}-\frac{\partial P}{\partial y}\right)\mathrm{d}x\mathrm{d}y,\qquad(1)$$

其中闭曲线积分按 C 的正向进行.所谓闭曲线 C 的正向,是指你沿此

方向前进时，C 所围成的区域 D 在你的左边(图 10.7)，亦记作 C^+；反之，称为闭曲线 C 的负向，记作 C^-.

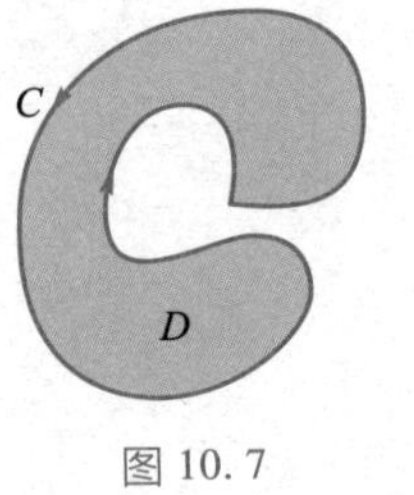

图 10.7

证明　设区域 D 是 x-型的，即由不等式组

$$a \leqslant x \leqslant b,\quad y_1(x) \leqslant y \leqslant y_2(x)$$

确定(图 10.8)，则由二重积分计算法知

$$-\iint\limits_D \frac{\partial P}{\partial y}\mathrm{d}x\mathrm{d}y = -\int_a^b \mathrm{d}x\int_{y_1(x)}^{y_2(x)} \frac{\partial P}{\partial y}\mathrm{d}y = \int_a^b [P(x,y_1(x)) - P(x,y_2(x))]\,\mathrm{d}x,$$

而由曲线积分计算法得

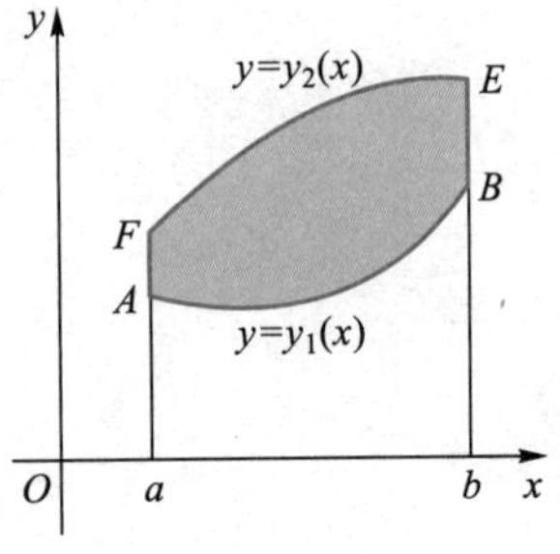

图 10.8

$$\begin{aligned}\oint_C P(x,y)\,\mathrm{d}x &= \int_{\widehat{AB}+\overline{BE}+\widehat{EF}+\overline{FA}} P(x,y)\,\mathrm{d}x \\ &= \int_a^b P(x,y_1(x))\,\mathrm{d}x + \int_b^a P(x,y_2(x))\,\mathrm{d}x \\ &= \int_a^b [P(x,y_1(x)) - P(x,y_2(x))]\,\mathrm{d}x,\end{aligned}$$

因此

$$-\iint\limits_D \frac{\partial P}{\partial y}\mathrm{d}x\mathrm{d}y = \oint_C P(x,y)\,\mathrm{d}x.$$

当 D 不是 x-型区域时，只要用一些分段光滑的曲线把 D 分为几块 x-型区域，便可推出上面的等式. 如图 10.9 所示的区域 D，用弧段 $\widehat{AB}$ 将 D 分为 D_1, D_2 两个 x-型区域. 利用上面的结果和重积分的性质及第二型曲线积分的性质，得到

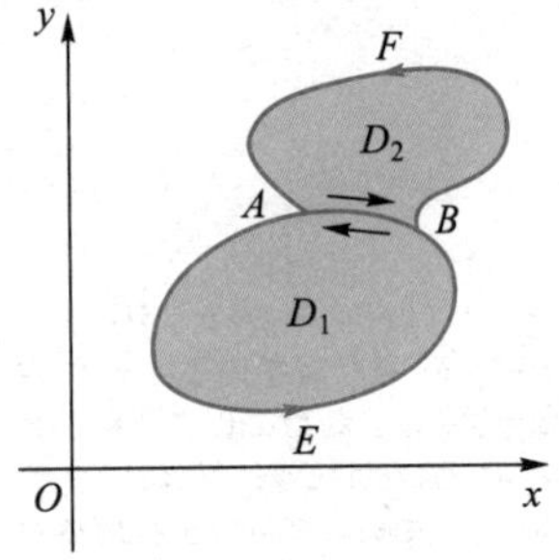

图 10.9

$$\begin{aligned}-\iint\limits_D \frac{\partial P}{\partial y}\mathrm{d}x\mathrm{d}y &= -\iint\limits_{D_1} \frac{\partial P}{\partial y}\mathrm{d}x\mathrm{d}y - \iint\limits_{D_2} \frac{\partial P}{\partial y}\mathrm{d}x\mathrm{d}y = \oint_{\widehat{AEBA}} P\mathrm{d}x + \oint_{\widehat{ABFA}} P\mathrm{d}x \\ &= \int_{\widehat{AEB}} P\mathrm{d}x + \int_{\widehat{BA}} P\mathrm{d}x + \int_{\widehat{AB}} P\mathrm{d}x + \int_{\widehat{BFA}} P\mathrm{d}x \\ &= \oint_{\widehat{AEBFA}} P\mathrm{d}x = \oint_C P\mathrm{d}x.\end{aligned}$$

同法可证

$$\iint\limits_D \frac{\partial Q}{\partial x}\mathrm{d}x\mathrm{d}y = \oint_C Q\mathrm{d}y. \quad \square$$

如果在一个平面区域 D 内，任一闭曲线所围的区域都完全含于 D，则称 D 是**单连通域**，否则称它是**复连通域**(或**多连通域**)(图 10.10). 定理 10.1 对单连通域和复连通域都适用. 对图 10.10 中的复连通域 D，其边界线 C 分为外边界线 C_1 和内边界线 C_2，注意它们的正向的规定，$C=C_1+C_2$.

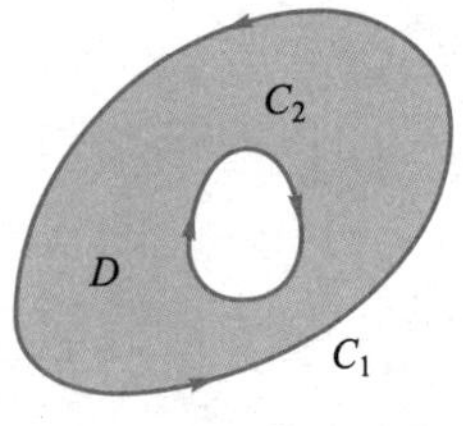

图 10.10

格林公式还有另一种形式. 设 $\boldsymbol{t}$ 为曲线 C 同向的切向量，$\boldsymbol{n}$ 为 C

的外法向量. 将 $\boldsymbol{n}$ 向逆时针方向转一直角即得 $\boldsymbol{t}$. 由图 10.11 可知,它们与两坐标轴正向间的夹角满足关系

$$(\widehat{\boldsymbol{t},x})=\pi-(\widehat{\boldsymbol{n},y}),$$
$$(\widehat{\boldsymbol{t},y})=(\widehat{\boldsymbol{n},x}),$$

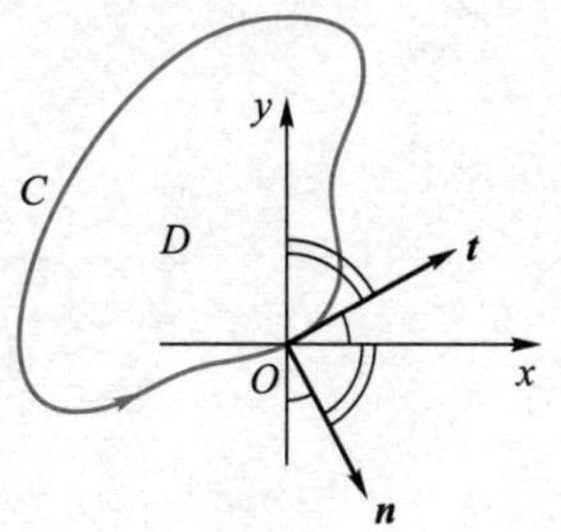

图 10.11

于是由两类曲线积分的关系

$$\oint_C P\mathrm{d}x+Q\mathrm{d}y=\oint_C[P\cos(\widehat{\boldsymbol{t},x})+Q\cos(\widehat{\boldsymbol{t},y})]\mathrm{d}s,$$

得

$$\oint_C[-P\cos(\widehat{\boldsymbol{n},y})+Q\cos(\widehat{\boldsymbol{n},x})]\mathrm{d}s=\iint_D\left(\frac{\partial Q}{\partial x}-\frac{\partial P}{\partial y}\right)\mathrm{d}x\mathrm{d}y.$$

将上式中 Q 换为 P,P 换为 $-Q$,得到格林公式的另一种形式:

$$\oint_C[P\cos(\widehat{\boldsymbol{n},x})+Q\cos(\widehat{\boldsymbol{n},y})]\mathrm{d}s=\iint_D\left(\frac{\partial P}{\partial x}+\frac{\partial Q}{\partial y}\right)\mathrm{d}x\mathrm{d}y.\tag{2}$$

若记 $\boldsymbol{F}=\{P(x,y),Q(x,y)\}$,则格林公式(1),(2)可分别表示为

$$\oint_C \mathrm{Prj}_{\boldsymbol{t}}\boldsymbol{F}\mathrm{d}s=\iint_D\left(\frac{\partial Q}{\partial x}-\frac{\partial P}{\partial y}\right)\mathrm{d}x\mathrm{d}y,$$
$$\oint_C \mathrm{Prj}_{\boldsymbol{n}}\boldsymbol{F}\mathrm{d}s=\iint_D\left(\frac{\partial P}{\partial x}+\frac{\partial Q}{\partial y}\right)\mathrm{d}x\mathrm{d}y,$$

其中 $\boldsymbol{t}$ 和 $\boldsymbol{n}$ 依次为闭曲线 C 正向的切向量和外法向量.

作为格林公式(1)的一个简单应用,若令 $P(x,y)=-y,Q(x,y)=x$,则有

$$\oint_C x\mathrm{d}y-y\mathrm{d}x=2\iint_D\mathrm{d}x\mathrm{d}y=2S,$$

其中 S 为 D 的面积,所以闭曲线 C 所围的区域 D 的面积 S,可由曲线积分计算:

$$S=\frac{1}{2}\oint_C x\mathrm{d}y-y\mathrm{d}x.\tag{3}$$

例 1　求椭圆 $x=a\cos t,y=b\sin t,0\leqslant t\leqslant 2\pi$ 所围的面积 S.

解　由(3)式,

$$S=\frac{1}{2}\oint_C x\mathrm{d}y-y\mathrm{d}x=\frac{1}{2}\int_0^{2\pi}ab(\cos^2t+\sin^2t)\mathrm{d}t=\pi ab.$$

微视频
10.3.2 格林公式计算举例

在计算上,格林公式为平面曲线积分,特别是为闭曲线上的积分开拓了一个新的计算途径.

例 2　计算 $I=\oint_C(yx^3+\mathrm{e}^y)\mathrm{d}x+(xy^3+x\mathrm{e}^y-2y)\mathrm{d}y$,其中 C 为圆周 $x^2+y^2=2$ 的正向.

解 这里

$$P=yx^3+e^y,\quad Q=xy^3+xe^y-2y,$$

$$\frac{\partial P}{\partial y}=x^3+e^y,\quad \frac{\partial Q}{\partial x}=y^3+e^y,\quad \frac{\partial Q}{\partial x}-\frac{\partial P}{\partial y}=y^3-x^3,$$

故由格林公式有

$$I=\iint\limits_D (y^3-x^3)\,dx\,dy=0.$$

对平面闭曲线上的第二型曲线积分,当$\frac{\partial Q}{\partial x}-\frac{\partial P}{\partial y}$比较简单时,常常考虑通过格林公式化为二重积分来计算.

例 3 计算 $J=\int_{\widehat{AO}}(e^x\sin y-my)\,dx+(e^x\cos y-m)\,dy$,其中$\widehat{AO}$是从点$A(a,0)$到点$O(0,0)$的上半圆周 $x^2+y^2=ax$.

解 这里积分路径$\widehat{AO}$不是闭曲线,但由

$$P=e^x\sin y-my,\quad Q=e^x\cos y-m,$$

$$\frac{\partial Q}{\partial x}=e^x\cos y,\quad \frac{\partial P}{\partial y}=e^x\cos y-m,$$

知$\frac{\partial Q}{\partial x}-\frac{\partial P}{\partial y}=m$,特别简单. 为应用格林公式,在$\widehat{AO}$的基础上,再补充一段曲线,使之构成闭曲线. 因为在补充的曲线上还要算曲线积分,所以补充的曲线要简单,通常是取与坐标轴平行的直线段或折线. 这里补加直线段$\overline{OA}$,则由格林公式得

$$\oint_{\widehat{AO}+\overline{OA}}(e^x\sin y-my)\,dx+(e^x\cos y-m)\,dy=\iint\limits_D m\,dx\,dy=\frac{1}{8}m\pi a^2.$$

由于$\overline{OA}$的方程为 $y=0,0\leqslant x\leqslant a$,故

$$\int_{\overline{OA}}(e^x\sin y-my)\,dx+(e^x\cos y-m)\,dy=\int_0^a 0\,dx=0,$$

因此,

$$J=\frac{1}{8}m\pi a^2-0=\frac{1}{8}m\pi a^2.$$

10.3.2 平面流速场的环量与旋度

设在 Oxy 平面区域 G 内,有一个不可压缩的流体的流速场

$$\boldsymbol{v}=P(x,y)\boldsymbol{i}+Q(x,y)\boldsymbol{j},\quad (x,y)\in G,$$

其中 $P(x,y)$,$Q(x,y)$具有连续的偏导数. 设 C 是 G 内一条光滑的不

自相交的正向闭曲线.

称曲线积分

$$\Gamma=\oint_C \boldsymbol{v}\cdot \mathrm{d}\boldsymbol{r}=\oint_C P(x,y)\,\mathrm{d}x+Q(x,y)\,\mathrm{d}y$$

为流速场沿闭曲线 C 的**环量**(环流).

显然在 C 上的每点处,$\boldsymbol{v}$ 的方向与正向切线方向愈靠近环量愈大. 设想 C 为一片秋叶的边界线,叶片在水面上. 当水面各点流速都相同时(水像刚体一样平动),沿 C 的环量为零,叶片不转动. 环量越大(如叶片处在旋涡处),叶片转动得越快.

由格林公式(1),

$$\Gamma=\oint_C \boldsymbol{v}\cdot \mathrm{d}\boldsymbol{r}=\iint_D\left(\frac{\partial Q}{\partial x}-\frac{\partial P}{\partial y}\right)\mathrm{d}x\mathrm{d}y.$$

这说明沿闭曲线 C 的环量,取决于曲线 C 所围的区域 D 内各点处 $\frac{\partial Q}{\partial x}-\frac{\partial P}{\partial y}$ 的值. 为了说明这个值的意义,下面仅就 $\frac{\partial Q}{\partial x}>0$,$\frac{\partial P}{\partial y}<0$ 的情况进行分析.

$\frac{\partial Q}{\partial x}>0$,说明随着 x 的增加,铅直分速度增大;$\frac{\partial P}{\partial y}<0$,说明随着 y 的增加,水平分速度减小. 我们不考察点 (x,y) 处流体微粒的平动,在图 10.12 中仅画出两个分速度对中心点 (x,y) 处的分速度的改变量. 这里,$\frac{\partial Q}{\partial x}-\frac{\partial P}{\partial y}>0$. 由图10.12不难看出,微粒将作逆时针转动,而且 $\frac{\partial Q}{\partial x}-\frac{\partial P}{\partial y}$ 越大,转动越快.

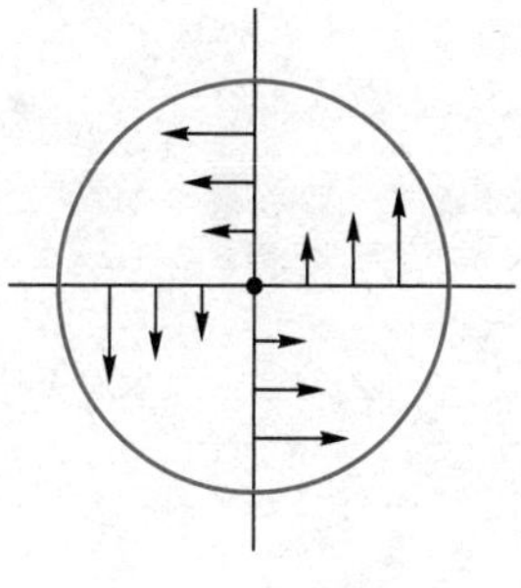
图 10.12

易知,当 $\frac{\partial Q}{\partial x}-\frac{\partial P}{\partial y}<0$ 时,微粒将作顺时针转动,当 $\frac{\partial Q}{\partial x}-\frac{\partial P}{\partial y}=0$ 时,微粒只作平动,不转动.

总之,$\frac{\partial Q}{\partial x}-\frac{\partial P}{\partial y}$ 表示 (x,y) 处流体微粒转动的量. 因转动是有方向的,所以称向量

$$\left(\frac{\partial Q}{\partial x}-\frac{\partial P}{\partial y}\right)\boldsymbol{k}$$

为平面流速场的**旋度**,记为 $\mathbf{rot}\ \boldsymbol{v}$.

由积分中值公式知

$$\oint_C \boldsymbol{v}\cdot \mathrm{d}\boldsymbol{r}=\left(\frac{\partial Q}{\partial x}-\frac{\partial P}{\partial y}\right)_{M^*}S,$$

其中点 $M^* \in D$，S 是 D 的面积，从而

$$\left(\frac{\partial Q}{\partial x}-\frac{\partial P}{\partial y}\right)_M=\lim_{C\to M}\frac{1}{S}\oint_C \boldsymbol{v}\cdot \mathrm{d}\boldsymbol{r},$$

其中 $C\to M$ 表示闭曲线 C 向所围的区域内一点 M 无限收缩，故

$$\mathbf{rot}\ \boldsymbol{v}(M)=\left(\lim_{C\to M}\frac{\Gamma}{S}\right)\boldsymbol{k}=\left(\lim_{C\to M}\frac{1}{S}\oint_C \boldsymbol{v}\cdot \mathrm{d}\boldsymbol{r}\right)\boldsymbol{k}.$$

这是平面流速场旋度的积分形式. 若以此式定义旋度，可知它是与坐标的选择无关的量.

有了环量与旋度的概念，格林公式(1)的物理意义是：沿平面闭曲线 C 的环量，等于 C 所包围的平面区域内各点旋度的总积累.

格林公式(2)也有明确的物理意义，读者可就平面流速场 $\boldsymbol{v}$ 穿过闭曲线向外的流量问题，从表面现象到内在本质进行深入的分析，导出格林公式(2).

10.4 平面曲线积分与路径无关的条件、保守场

10.4.1 平面曲线积分与路径无关的条件

微视频
10.4.1 平面曲线积分与路径无关的引入

在一元函数的积分理论中，求原函数是一个重要问题. 若 $f(x)$ 在区间 I 上连续，则 $F(x)=\int_{x_0}^{x} f(t)\,\mathrm{d}t$ 就是它的一个原函数，即满足

$$\mathrm{d}F=f(x)\,\mathrm{d}x,\quad x\in I.$$

若表达式 $P\mathrm{d}x+Q\mathrm{d}y$ 是某一函数 u 的全微分，即

$$\mathrm{d}u=P\mathrm{d}x+Q\mathrm{d}y,$$

则称 u 是 $P\mathrm{d}x+Q\mathrm{d}y$ 的**原函数**.

对平面区域 G 内的两个二元连续函数 $P(x,y)$，$Q(x,y)$，或者说对 G 内的向量场 $P(x,y)\boldsymbol{i}+Q(x,y)\boldsymbol{j}$，自然会想到，从 G 内定点 (x_0,y_0) 沿曲线 l 到点 (x,y) 的曲线积分

$$u(x,y)=\int_l P(x,y)\,\mathrm{d}x+Q(x,y)\,\mathrm{d}y$$

可能是 $P(x,y)\,\mathrm{d}x+Q(x,y)\,\mathrm{d}y$ 的原函数，即可能满足

$$\mathrm{d}u=P(x,y)\,\mathrm{d}x+Q(x,y)\,\mathrm{d}y,\quad (x,y)\in G.$$

可惜，这里的 $u(x,y)$ 不仅依赖于 x,y，一般还依赖于积分路径 l. 故按上述曲线积分，在 G 内一般不能给出完全确定的函数.

除非曲线积分与路径无关,固定起点,按曲线积分可在 G 内定义一个确定的函数. 下面将说明在这种条件下,也只有在这种条件下,上述问题提法和处理问题的想法才是正确的. 这种条件代表了一类重要的自然现象,在数学上也表示一个重要的方面.

如果对区域 G 内任意两点 A,B,以及从 A 到 B 的任意两条曲线 l_1,l_2,都有

$$\int_{l_1} P\mathrm{d}x+Q\mathrm{d}y=\int_{l_2} P\mathrm{d}x+Q\mathrm{d}y,$$

则称在 G 内曲线积分(与起点和终点有关)$\int_l P\mathrm{d}x+Q\mathrm{d}y$ 与**路径无关**.

微视频
10.4.2 平面曲线积分与路径无关的等价条件

定理 10.2 设函数 $P(x,y)$, $Q(x,y)$ 在单连通区域 G 内有连续的一阶偏导数,则下列四命题相互等价:

(1) 在 G 内,对任一闭路 C,积分

$$\oint_C P\mathrm{d}x+Q\mathrm{d}y=0.$$

(2) 在 G 内,曲线积分

$$\int_{\widehat{AB}} P\mathrm{d}x+Q\mathrm{d}y$$

与路径无关.

(3) 在 G 内,表达式 $P\mathrm{d}x+Q\mathrm{d}y$ 是某函数 $u(x,y)$ 的全微分,即有

$$\mathrm{d}u=P\mathrm{d}x+Q\mathrm{d}y.$$

(4) 在 G 内,P,Q 满足条件

$$\frac{\partial P}{\partial y}=\frac{\partial Q}{\partial x}.$$

证明 (1)⇒(2) 设 A,B 为 G 内任意两点,$\widehat{AMB}$ 和 $\widehat{ANB}$ 是 G 内从 A 到 B 的任意两条曲线弧,则有

$$\int_{\widehat{AMB}} P\mathrm{d}x+Q\mathrm{d}y-\int_{\widehat{ANB}} P\mathrm{d}x+Q\mathrm{d}y=\oint_{\widehat{AMBNA}} P\mathrm{d}x+Q\mathrm{d}y=0,$$

于是

$$\int_{\widehat{AMB}} P\mathrm{d}x+Q\mathrm{d}y=\int_{\widehat{ANB}} P\mathrm{d}x+Q\mathrm{d}y.$$

(2)⇒(3) 因曲线积分与路径无关,当起点 $A(x_0,y_0)$ 固定时,它是终点 $B(x,y)$ 的二元(点)函数,记为

$$u(x,y)=\int_{(x_0,y_0)}^{(x,y)} P\mathrm{d}x+Q\mathrm{d}y. \tag{1}$$

为了证明

$$du=P\mathrm{d}x+Q\mathrm{d}y,$$

先证

$$\frac{\partial u}{\partial x}=P(x,y),\quad \frac{\partial u}{\partial y}=Q(x,y).$$

由于

$$u(x+\Delta x,y)=\int_{(x_0,y_0)}^{(x+\Delta x,y)}P\mathrm{d}x+Q\mathrm{d}y$$

与积分路径无关,为方便计,对上面这个积分,取先从点 $A(x_0,y_0)$ 到点 $B(x,y)$,然后沿平行于 x 轴的直线从点 $B(x,y)$ 到点 $B'(x+\Delta x,y)$ 的路径积分,如图10.13所示. 易知

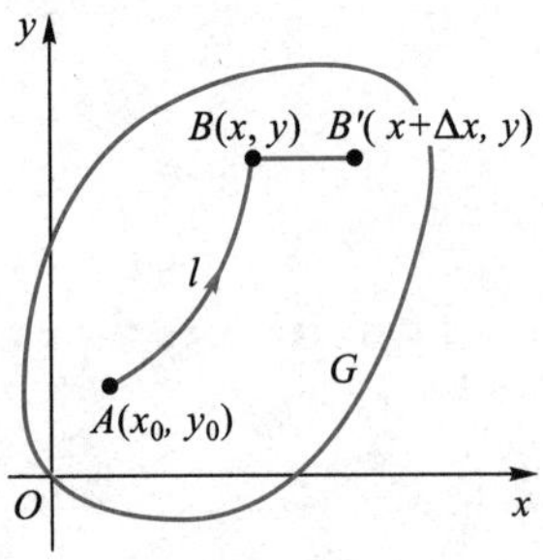

图 10.13

$$u(x+\Delta x,y)=u(x,y)+\int_{(x,y)}^{(x+\Delta x,y)}P\mathrm{d}x+Q\mathrm{d}y.$$

因在水平直线段 $\overline{BB'}$ 上,纵坐标 y 为常数,所以 $\mathrm{d}y=0$,从而

$$\Delta_x u=u(x+\Delta x,y)-u(x,y)=\int_x^{x+\Delta x}P(x,y)\mathrm{d}x.$$

利用积分中值定理,得

$$\Delta_x u=P(x+\theta\Delta x,y)\Delta x,\quad 0\leqslant\theta\leqslant 1.$$

因为 $P(x,y)$ 连续,所以有

$$\frac{\partial u}{\partial x}=\lim_{\Delta x\to 0}\frac{\Delta_x u}{\Delta x}=\lim_{\Delta x\to 0}P(x+\theta\Delta x,y)=P(x,y).$$

同法可证

$$\frac{\partial u}{\partial y}=Q(x,y).$$

由于两个偏导数连续,所以 u 可微,且

$$du=P\mathrm{d}x+Q\mathrm{d}y.$$

(3)⇒(4) 因为 $\mathrm{d}u=P\mathrm{d}x+Q\mathrm{d}y$,所以

$$\frac{\partial u}{\partial x}=P,\quad \frac{\partial u}{\partial y}=Q.$$

又因 P,Q 有连续的一阶偏导数,所以有

$$\frac{\partial P}{\partial y}=\frac{\partial^2 u}{\partial x\partial y}=\frac{\partial^2 u}{\partial y\partial x}=\frac{\partial Q}{\partial x}.$$

(4)⇒(1) 对 G 内任一闭曲线 C,由于 G 是单连通的,所以 C 所围的区域 D 含于 G. 利用格林公式及(4),有

$$\oint_C P\mathrm{d}x+Q\mathrm{d}y=\iint_D\left(\frac{\partial Q}{\partial x}-\frac{\partial P}{\partial y}\right)\mathrm{d}x\mathrm{d}y=0.\quad \square$$

这样，循环地推导一圈，就证明了它们之间都是相互等价的．这一证明手段称为循环论证．

这个定理很重要，它指出了曲线积分与路径无关的充要条件，也指出了表达式 $P\mathrm{d}x+Q\mathrm{d}y$ 是某一函数的全微分的充要条件，并给出求原函数的公式(1)．这些充要条件尤以条件(4)最便于检查．

定理 10.2 关于区域 G 单连通的要求是不可少的．例如，函数

$$P(x,y)=-\frac{y}{x^2+y^2},\quad Q(x,y)=\frac{x}{x^2+y^2}$$

在复连通区域

$$\frac{1}{2}\leqslant x^2+y^2\leqslant 2$$

上，恒有

$$\frac{\partial P}{\partial y}=\frac{y^2-x^2}{(x^2+y^2)^2}=\frac{\partial Q}{\partial x},$$

但沿域内单位圆 $C:x^2+y^2=1$ 的闭路积分

$$\oint_C P\mathrm{d}x+Q\mathrm{d}y=\oint_C\frac{x\mathrm{d}y-y\mathrm{d}x}{x^2+y^2}=\oint_C x\mathrm{d}y-y\mathrm{d}x=2\pi\neq 0.$$

在复连通区域内的连续可微的向量场，条件(4)不能保证(1)，(2)，(3)成立，但此时(1)，(2)，(3)还是相互等价的．

微视频
10.4.3 平面曲线积分与路径无关举例

当曲线积分与路径无关时，曲线积分的计算可以换一个简便的路径．

例 1　计算 $\int_l(x^4+4xy^3)\mathrm{d}x+(6x^2y^2-5y^4)\mathrm{d}y$，其中 l 是从点 $O(0,0)$ 到点 $A\left(\dfrac{\pi}{2},1\right)$ 的正弦曲线 $y=\sin x$．

解　因为

$$\frac{\partial Q}{\partial x}=12xy^2,\quad \frac{\partial P}{\partial y}=12xy^2,\quad \frac{\partial Q}{\partial x}=\frac{\partial P}{\partial y},$$

所以曲线积分与路径无关，为计算方便，将路径 l 换为从点 $O(0,0)$ 到点 $B\left(\dfrac{\pi}{2},0\right)$，再从点 B 到点 A 的折线（见图 10.14）．于是

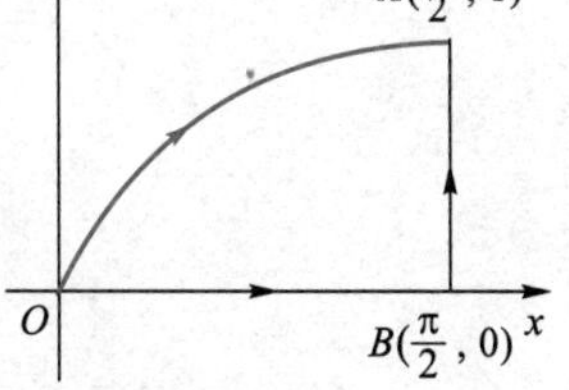

图 10.14

$$\begin{aligned}&\int_l(x^4+4xy^3)\mathrm{d}x+(6x^2y^2-5y^4)\mathrm{d}y\\&=\left(\int_{\overline{OB}}+\int_{\overline{BA}}\right)(x^4+4xy^3)\mathrm{d}x+(6x^2y^2-5y^4)\mathrm{d}y\\&=\int_0^{\pi/2}x^4\mathrm{d}x+\int_0^1\left[6\left(\frac{\pi}{2}\right)^2y^2-5y^4\right]\mathrm{d}y=\frac{\pi^5}{160}+\frac{\pi^2}{2}-1.\end{aligned}$$

顺便指出，当曲线积分与路径无关时，即被积表达式是某函数 $u(x,y)$ 的全微分，则由(1)式得公式

$$\int_A^B P\mathrm{d}x+Q\mathrm{d}y=u\Big|_A^B. \tag{2}$$

如对例1用此方法，由于

$$(x^4+4xy^3)\mathrm{d}x+(6x^2y^2-5y^4)\mathrm{d}y=\mathrm{d}\left(\frac{x^5}{5}-y^5+2x^2y^3\right),$$

所以

$$\int_{(0,0)}^{\left(\frac{\pi}{2},1\right)}(x^4+4xy^3)\mathrm{d}x+(6x^2y^2-5y^4)\mathrm{d}y$$

$$=\left(\frac{x^5}{5}-y^5+2x^2y^3\right)\Big|_{(0,0)}^{\left(\frac{\pi}{2},1\right)}=\frac{\pi^5}{160}-1+\frac{\pi^2}{2}.$$

例2　计算 $\oint_C\frac{(x+4y)\mathrm{d}y+(x-y)\mathrm{d}x}{x^2+4y^2}$，其中 C 为不过原点的任意正向闭曲线.

解　因为

$$\frac{\partial Q}{\partial x}=\frac{4y^2-x^2-8xy}{(x^2+4y^2)^2}=\frac{\partial P}{\partial y},\quad (x,y)\neq(0,0),$$

所以在不包含原点(0,0)的单连通区域内，曲线积分与路径无关.

当 C 所包围的区域内不含原点时，

$$\oint_C\frac{(x+4y)\mathrm{d}y+(x-y)\mathrm{d}x}{x^2+4y^2}=0.$$

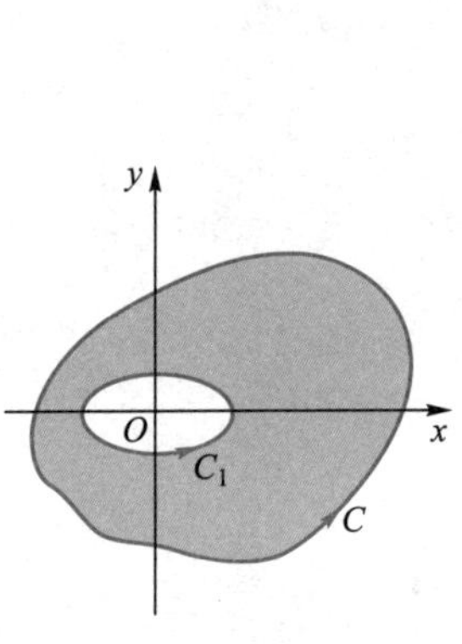

图 10.15

当 C 所包围的区域内含有原点时，可以用曲线 C 的参数方程化曲线积分为定积分计算. 由于本题中曲线 C 未具体给出，这里采用抠除原点的方法. 考虑到被积函数分母是 x^2+4y^2，为计算方便，补充椭圆周 $C_1: x=2\varepsilon\cos t, y=\varepsilon\sin t, t$ 从 0 到 $2\pi, \varepsilon>0$ 适当小(见图10.15)，则曲线 C 与 C_1^- 为边界的复连通区域上应用格林公式得

$$\oint_{C+C_1^-}\frac{(x+4y)\mathrm{d}y+(x-y)\mathrm{d}x}{x^2+4y^2}=0,$$

因此

$$\oint_C\frac{(x+4y)\mathrm{d}y+(x-y)\mathrm{d}x}{x^2+4y^2}=\oint_{C_1}\frac{(x+4y)\mathrm{d}y+(x-y)\mathrm{d}x}{x^2+4y^2}.$$

这说明，积分的闭路 C 可以在 $\frac{\partial Q}{\partial x}=\frac{\partial P}{\partial y}$ 成立的区域内连续变形为 C_1，两个闭路积分相等. 故

$$\oint_C \frac{(x+4y)\,\mathrm{d}y+(x-y)\,\mathrm{d}x}{x^2+4y^2}$$

$$=\frac{1}{4\varepsilon^2}\oint_{C_1}(x+4y)\,\mathrm{d}y+(x-y)\,\mathrm{d}x$$

$$=\frac{1}{4}\int_0^{2\pi}[(2\cos t+4\sin t)\cos t-(2\cos t-\sin t)2\sin t]\,\mathrm{d}t$$

$$=\frac{1}{2}\int_0^{2\pi}\mathrm{d}t=\pi.$$

这种情况下,也可以先利用曲线方程简化被积函数,然后再用格林公式,如

$$\oint_C \frac{(x+4y)\,\mathrm{d}y+(x-y)\,\mathrm{d}x}{x^2+4y^2}=\frac{1}{4\varepsilon^2}\oint_{C_1}(x+4y)\,\mathrm{d}y+(x-y)\,\mathrm{d}x$$

$$=\frac{1}{4\varepsilon^2}\iint_{D_1}(1+1)\,\mathrm{d}x\mathrm{d}y=\pi,$$

其中 D_1 是椭圆 C_1 所围成的区域.

这里 C 上的曲线积分换为 C_1 上的曲线积分,您能从曲线积分与路径无关的角度解释吗?

说"在$\frac{\partial Q}{\partial x}=\frac{\partial P}{\partial y}$的区域内,闭曲线积分的积分路径可以任意连续变形",对吗?

例 3 设 $x>0$ 时,$f(x)$可导,且 $f(1)=2$. 在右半平面($x>0$)内的任一闭曲线 C 上,恒有

$$\oint_C 4x^3y\,\mathrm{d}x+xf(x)\,\mathrm{d}y=0.$$

试求$\int_{\widehat{AB}}4x^3y\,\mathrm{d}x+xf(x)\,\mathrm{d}y$,其中$\widehat{AB}$是从点 $A(4,0)$到点 $B(2,3)$的曲线.

解 由给定的条件知,在右半平面内,曲线积分与路径无关. 因此,$\frac{\partial Q}{\partial x}=\frac{\partial P}{\partial y}$,即有

$$xf'(x)+f(x)=4x^3.$$

解此一阶线性方程,并利用条件 $f(1)=2$,得到

$$f(x)=\frac{1}{x}+x^3.$$

由于曲线积分与路径无关,取从点 $A(4,0)$到点 $D(2,0)$,再从点 $D(2,0)$到点 $B(2,3)$的折线,则

$$\int_{\widehat{AB}}4x^3y\,\mathrm{d}x+xf(x)\,\mathrm{d}y=\int_{\widehat{AB}}4x^3y\,\mathrm{d}x+(1+x^4)\,\mathrm{d}y$$

$$=\left(\int_{\overline{AD}}+\int_{\overline{DB}}\right)4x^3y\mathrm{d}x+(1+x^4)\mathrm{d}y$$

$$=\int_4^2 0\mathrm{d}x+\int_0^3(1+2^4)\mathrm{d}y=51.$$

本题有一条特殊的路径，不必求出 $f(x)$ 便能算出曲线积分，请您找找看.

10.4.2　保守场、原函数、全微分方程

在连续的向量场 $\boldsymbol{F}(x,y)=P(x,y)\boldsymbol{i}+Q(x,y)\boldsymbol{j},(x,y)\in D$ 内，若第二型曲线积分

$$\int_l \boldsymbol{F}\cdot\mathrm{d}\boldsymbol{r}=\int_l P(x,y)\mathrm{d}x+Q(x,y)\mathrm{d}y$$

与路径无关，则称向量场 $\boldsymbol{F}$ 为**保守场**.

在连续的向量场 $\boldsymbol{F}(x,y)=P(x,y)\boldsymbol{i}+Q(x,y)\boldsymbol{j},(x,y)\in D$ 内，若存在单值可微的数量函数 $u(x,y)$，使得

$$\boldsymbol{F}=\mathbf{grad}\ u,$$

即 $\boldsymbol{F}$ 是数量场 u 的梯度场，则称向量场 $\boldsymbol{F}$ 为**有势场**（或**位场**），并称 $v(x,y)=-u(x,y)$ 为场 $\boldsymbol{F}$ 的**势函数**.

在连续可微的向量场 $\boldsymbol{F}(x,y)=P(x,y)\boldsymbol{i}+Q(x,y)\boldsymbol{j},(x,y)\in D$ 内，若各点的旋度均为零，即

$$\mathbf{rot}\ \boldsymbol{F}=\mathbf{0}\ ,$$

则称向量场 $\boldsymbol{F}$ 为**无旋场**.

定理 10.2 说明，连续可微的单连通的向量场，若是保守场，一定是有势场，也必为无旋场，反之亦然.

$$\boxed{\text{保守场}}\Leftrightarrow\boxed{\text{有势场}}\Leftrightarrow\boxed{\text{无旋场}}$$

以上对平面场的讨论，对空间向量场完全适用，后面不再重复.

对有势场 $\boldsymbol{F}=P\boldsymbol{i}+Q\boldsymbol{j}$，如何求势函数 v，或者说如何求函数 $u(v=-u)$，也就是在多元函数中，求 $P\mathrm{d}x+Q\mathrm{d}y$ 的原函数 u 的问题，定理 10.2 的证明中的(1)式已给出明确答案：

$$u(x,y)=\int_{(x_0,y_0)}^{(x,y)}P\mathrm{d}x+Q\mathrm{d}y+C.$$

由于这时曲线积分与路径无关，在可能的情况下，通常取与坐标轴平行的折线作积分路径，化为定积分（图 10.16）. 当取图中折线 ARB 为路径时，

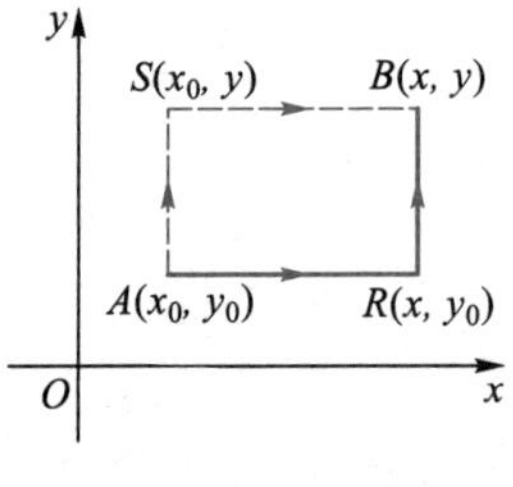

图 10.16

$$u(x,y)=\int_{x_0}^{x}P(x,y_0)\,dx+\int_{y_0}^{y}Q(x,y)\,dy+C;\tag{3}$$

当取图中折线 ASB 为路径时，

$$u(x,y)=\int_{x_0}^{x}P(x,y)\,dx+\int_{y_0}^{y}Q(x_0,y)\,dy+C;\tag{4}$$

由于点 $A(x_0,y_0)$ 为 D 内任取的定点，选取时要考虑(3)或(4)式中的 $P(x,y_0)$ 或 $Q(x_0,y)$ 便于积分.

例 4　试证 $(4x^3+10xy^3-3y^4)\,dx+(15x^2y^2-12xy^3+5y^4)\,dy$ 是全微分，并求其原函数.

证　由于

$$\frac{\partial Q}{\partial x}=30xy^2-12y^3=\frac{\partial P}{\partial y},$$

所以，$(4x^3+10xy^3-3y^4)\,dx+(15x^2y^2-12xy^3+5y^4)\,dy$ 在 Oxy 面上是全微分. 取点 $A(x_0,y_0)=(0,0)$，利用公式(3)得

$$\begin{aligned}u(x,y)&=\int_0^x 4x^3\,dx+\int_0^y(15x^2y^2-12xy^3+5y^4)\,dy+C\\&=x^4+5x^2y^3-3xy^4+y^5+C.\end{aligned}$$

例 5　试证 $\boldsymbol{F}=\dfrac{-y}{x^2+y^2}\boldsymbol{i}+\dfrac{x}{x^2+y^2}\boldsymbol{j}$ 在右半平面 $x>0$ 上是有势场，并求其势函数 v.

证　由于

$$\frac{\partial Q}{\partial x}=\frac{y^2-x^2}{(x^2+y^2)^2}=\frac{\partial P}{\partial y}\quad(x>0),$$

所以 $\boldsymbol{F}$ 是在右半平面上的有势场. 取 $(x_0,y_0)=(1,0)$，则由公式(3)得

$$u(x,y)=\int_1^x 0\,dx+\int_0^y\frac{x}{x^2+y^2}\,dy+C=\arctan\frac{y}{x}+C.$$

故场 $\boldsymbol{F}$ 的势函数为

$$v(x,y)=-\arctan\frac{y}{x}+C,$$

其中 C 为任意常数.

如果一阶微分方程

$$P(x,y)\,dx+Q(x,y)\,dy=0\tag{5}$$

微视频
10.4.4 全微分方程

的左边是函数 $u(x,y)$ 的全微分，则称方程(5)为**全微分方程**. 这时方程(5)可变为

$$d[u(x,y)]=0,$$

于是

$$u(x,y)=C$$

是方程(5)的通解. 这里 $u(x,y)$ 可由(3)或(4)式确定.

例 6 解方程

$$(4x^3y^3-3y^2+5)dx+(3x^4y^2-6xy-4)dy=0.$$

解 因为

$$\frac{\partial Q}{\partial x}=12x^3y^2-6y=\frac{\partial P}{\partial y},$$

所以原方程是全微分方程. 取 $(x_0,y_0)=(0,0)$,由公式(3)得

$$\begin{aligned}u(x,y)&=\int_0^x 5dx+\int_0^y(3x^4y^2-6xy-4)dy\\&=5x+x^4y^3-3xy^2-4y,\end{aligned}$$

于是方程的通解为

$$5x+x^4y^3-3xy^2-4y=C.$$

例 7 解方程

$$[\cos(x+y^2)+3y]dx+[2y\cos(x+y^2)+3x]dy=0.$$

解 求全微分的原函数,或者解全微分方程时,常常可凭借对全微分运算法则与公式的熟练来实现,这里将方程左边写为

$$\begin{aligned}&\cos(x+y^2)(dx+2ydy)+(3ydx+3xdy)\\&=\cos(x+y^2)d(x+y^2)+d(3xy)\\&=d[\sin(x+y^2)+3xy],\end{aligned}$$

因此方程的通解为

$$\sin(x+y^2)+3xy=C.$$

例 8 求解方程

$$(2xy^2+y)dx-xdy=0.$$

解 因为

$$\frac{\partial Q}{\partial x}=-1,\quad \frac{\partial P}{\partial y}=4xy+1,$$

所以这不是全微分方程. 但若将方程写为

$$2xy^2dx+ydx-xdy=0,$$

用 $\frac{1}{y^2}$ 乘两边,便得到

$$2xdx+\frac{ydx-xdy}{y^2}=0,$$

即

$$\mathrm{d}\left(x^2+\frac{x}{y}\right)=0$$

是个全微分方程，其通解为

$$x^2+\frac{x}{y}=C.$$

对非全微分方程

$$P(x,y)\,\mathrm{d}x+Q(x,y)\,\mathrm{d}y=0,$$

若有非零函数 $\mu=\mu(x,y)$ 能使

$$\mu P(x,y)\,\mathrm{d}x+\mu Q(x,y)\,\mathrm{d}y=0$$

为全微分方程，则称 $\mu=\mu(x,y)$ 为该方程的**积分因子**. 如 $\frac{1}{y^2}$ 是例 8 中微分方程的积分因子. 通过乘积分因子，将方程化为全微分方程求通解的方法叫做**积分因子法**. 它是解一阶微分方程的一个基本方法.

10.5 第二型曲面积分

10.5.1 预备知识

1. 有向曲面

通常光滑曲面都有两侧，如上下侧、前后侧、左右侧、内外侧. 一些问题需要区分曲面的侧，如流体从曲面的这一侧流向另一侧的净流量问题等. 这时，曲面上任一点的法向量有两个不同的方向，可以通过规定法向量的方向来区分曲面的两侧. 如曲面 $z=z(x,y)$，规定上侧法向量与 z 轴正向夹角小于 $\frac{\pi}{2}$，下侧法向量与 z 轴正向夹角大于 $\frac{\pi}{2}$. 闭曲面的外侧法向量向外，内侧法向量向内. 总之使法向量的指向与曲面的侧一致. 取定了法向量的曲面叫做**有向曲面**.

顺便指出，有两侧的曲面叫**双侧曲面**. 也有的曲面只有一侧，称为**单侧曲面**. 如默比乌斯(Möbius)带，它是由一长方形纸条 $ABCD$，扭转一下，将 A,D 粘在一起，B,C 粘在一起形成的环形带(图 10.17). 小毛虫在默比乌斯带上，不通过边界可以爬到任何一点去，在双侧曲面上这是不能实现的.

微视频
10.5.1 第二型曲面积分的分面计算法

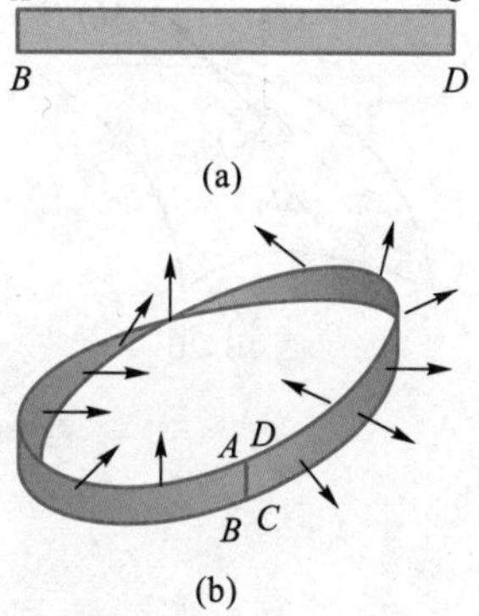

图 10.17

2. 有向平面在坐标面上的投影

设 Σ 是空间有向平面片，其面积为 S，法向量方向余弦为 $\cos\alpha$，$\cos\beta$，$\cos\gamma$. 此时，α,β,γ 恰好等于 Σ 与坐标面 Oyz，Ozx，Oxy 的二面角（图 10.18）. 分别称数值

$$\Sigma_{yz}=S\cos\alpha,\Sigma_{zx}=S\cos\beta,\Sigma_{xy}=S\cos\gamma$$

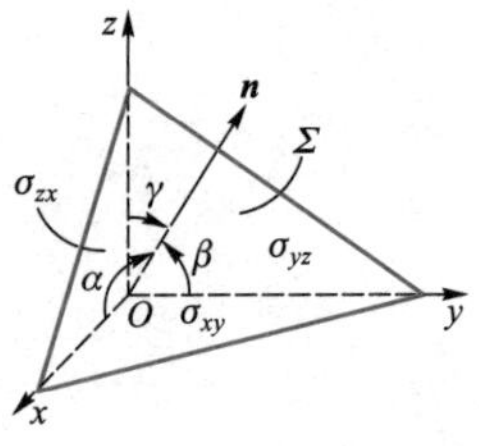

图 10.18

为有向平面 Σ 在坐标面 Oyz，Ozx，Oxy 上的**投影（值）**，它们等于投影域的面积数附以一定的正负号. 如当 $\gamma<\frac{\pi}{2}$ 时，$\boldsymbol{n}$ 向上，$S\cos\gamma$ 是正的，$\Sigma_{xy}=\sigma_{xy}$；当 $\gamma>\frac{\pi}{2}$ 时，$\boldsymbol{n}$ 向下，$S\cos\gamma$ 是负的，$\Sigma_{xy}=-\sigma_{xy}$，这里 σ_{xy} 表示 Σ 在 Oxy 面的投影域的面积.

10.5.2　第二型曲面积分的概念

例 1　设区域 G 内，有连续的不可压缩流体流速场

$$\boldsymbol{v}=P(x,y,z)\boldsymbol{i}+Q(x,y,z)\boldsymbol{j}+R(x,y,z)\boldsymbol{k},$$

求单位时间通过 G 内有向曲面片 Σ 流到指定一侧的净流量 Φ.

解　(1) $\boldsymbol{v}$ 为常向量，Σ 为有向平面片情况

设 Σ 的面积为 S，单位法向量为 $\boldsymbol{n}^0$，则

$$\Phi=S|\boldsymbol{v}|\cos(\widehat{\boldsymbol{v},\boldsymbol{n}^0})=\boldsymbol{v}\cdot\boldsymbol{n}^0S=\boldsymbol{v}\cdot\boldsymbol{S},$$

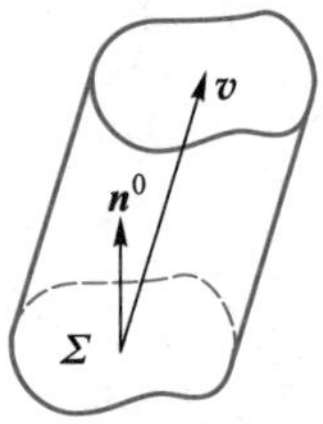

图 10.19

其中 $\boldsymbol{S}=S\boldsymbol{n}^0$（图 10.19）.

(2) 一般情况

将曲面片 Σ 分割为 $\Delta S_1,\Delta S_2,\cdots,\Delta S_n$（图 10.20），同时表示其面积数，记 $\lambda=\max\limits_{1\leqslant i\leqslant n}\{\Delta S_i$ 的直径$\}$. 任取一点 $M_i(\xi_i,\eta_i,\zeta_i)\in\Delta S_i$，设 $\boldsymbol{n}_i^0=\{\cos\alpha_i,\cos\beta_i,\cos\gamma_i\}$ 为有向曲面 Σ 在点 M_i 处指定的单位法向量. 取 $\boldsymbol{v}(M_i)$ 代替 ΔS_i 上各点的流速，并视 ΔS_i 为过点 M_i，以 $\boldsymbol{n}_i^0$ 为法向量的平面片，则通过 ΔS_i 的流量

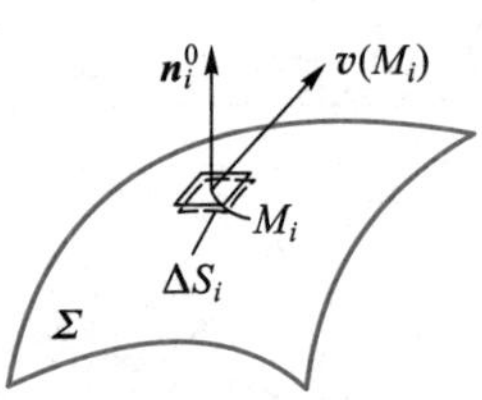

图 10.20

$$\Delta\Phi_i\approx\boldsymbol{v}(M_i)\cdot\boldsymbol{n}_i^0\Delta S_i=\boldsymbol{v}(M_i)\cdot\Delta\boldsymbol{S}_i,$$

其中 $\Delta\boldsymbol{S}_i=\Delta S_i\boldsymbol{n}_i^0$，于是单位时间通过有向曲面 Σ 到指定一侧的净流量

$$\begin{aligned}\Phi&=\lim_{\lambda\to0}\sum_{i=1}^{n}\boldsymbol{v}(M_i)\cdot\boldsymbol{n}_i^0\Delta S_i=\lim_{\lambda\to0}\sum_{i=1}^{n}\boldsymbol{v}(M_i)\cdot\Delta\boldsymbol{S}_i\\&=\lim_{\lambda\to0}\sum_{i=1}^{n}[P(\xi_i,\eta_i,\zeta_i)\cos\alpha_i+Q(\xi_i,\eta_i,\zeta_i)\cos\beta_i+\\&\quad R(\xi_i,\eta_i,\zeta_i)\cos\gamma_i]\Delta S_i\end{aligned}$$

$$=\lim_{\lambda\to 0}\sum_{i=1}^{n}[P(M_i)\Delta\Sigma_{iyz}+Q(M_i)\Delta\Sigma_{izx}+R(M_i)\Delta\Sigma_{ixy}].$$

类似的一些问题,产生了下面重要的概念.

定义 10.2 设 $\boldsymbol{\Sigma}$ 为光滑的有向曲面片,

$$\boldsymbol{F}(x,y,z)=\{P(x,y,z),Q(x,y,z),R(x,y,z)\}$$

在 $\boldsymbol{\Sigma}$ 上有定义. 将 $\boldsymbol{\Sigma}$ 分割为 $\Delta S_1,\Delta S_2,\cdots,\Delta S_n$,同时用它们表示其面积数,记 $\lambda=\max\limits_{1\leqslant i\leqslant n}\{\Delta S_i$ 的直径$\}$. 任取一点 $M_i(\xi_i,\eta_i,\zeta_i)\in\Delta S_i$,记 $\boldsymbol{n}_i^0=\{\cos\alpha_i,\cos\beta_i,\cos\gamma_i\}$ 为 $\boldsymbol{\Sigma}$ 在 M_i 处指定的单位法向量. 用 $\Delta\boldsymbol{\Sigma}_{iyz}$, $\Delta\boldsymbol{\Sigma}_{izx}$, $\Delta\boldsymbol{\Sigma}_{ixy}$ 表示 ΔS_i 在 Oyz, Ozx, Oxy 面上的投影. 若不论 $\boldsymbol{\Sigma}$ 的分法和 M_i 的取法如何,极限

$$\begin{aligned}&\lim_{\lambda\to 0}\sum_{i=1}^{n}\boldsymbol{F}(M_i)\cdot\Delta\boldsymbol{S}_i\\&=\lim_{\lambda\to 0}\sum_{i=1}^{n}\boldsymbol{F}(M_i)\cdot\boldsymbol{n}_i^0\Delta S_i\\&=\lim_{\lambda\to 0}\sum_{i=1}^{n}[P(M_i)\cos\alpha_i+Q(M_i)\cos\beta_i+R(M_i)\cos\gamma_i]\Delta\boldsymbol{S}_i\\&=\lim_{\lambda\to 0}\sum_{i=1}^{n}[P(M_i)\Delta\Sigma_{iyz}+Q(M_i)\Delta\Sigma_{izx}+R(M_i)\Delta\Sigma_{ixy}]\qquad(1)\end{aligned}$$

存在,且为同一值,则称此极限值为向量函数 $\boldsymbol{F}$ 在有向曲面片 $\boldsymbol{\Sigma}$ 上的曲面积分,或称为函数 P,Q,R 在有向曲面片 $\boldsymbol{\Sigma}$ 上的**第二型曲面积分**. 记为

$$\iint_{\Sigma}\boldsymbol{F}(M)\cdot\mathrm{d}\boldsymbol{S}\quad\text{或}\quad\iint_{\Sigma}P\mathrm{d}y\wedge\mathrm{d}z+Q\mathrm{d}z\wedge\mathrm{d}x+R\mathrm{d}x\wedge\mathrm{d}y,$$

并依次称

$$\iint_{\Sigma}P(x,y,z)\mathrm{d}y\wedge\mathrm{d}z,\quad\iint_{\Sigma}Q(x,y,z)\mathrm{d}z\wedge\mathrm{d}x,\quad\iint_{\Sigma}R(x,y,z)\mathrm{d}x\wedge\mathrm{d}y$$

为函数 P,Q,R 在有向曲面 $\boldsymbol{\Sigma}$ 上**对坐标** yz,zx,xy **的曲面积分**. 其中 $\mathrm{d}\boldsymbol{S}$ 称为**曲面面积微元向量**, $\mathrm{d}\boldsymbol{S}=\mathrm{d}S\{\cos\alpha,\cos\beta,\cos\gamma\}$, $\mathrm{d}y\wedge\mathrm{d}z=\cos\alpha\mathrm{d}S$, $\mathrm{d}z\wedge\mathrm{d}x=\cos\beta\mathrm{d}S$, $\mathrm{d}x\wedge\mathrm{d}y=\cos\gamma\mathrm{d}S$ 依次为 $\mathrm{d}\boldsymbol{S}$ 在 Oyz, Ozx, Oxy 面上的投影. 习惯上,省略外积符号"∧",将 $\mathrm{d}y\wedge\mathrm{d}z$ 简记为 $\mathrm{d}y\mathrm{d}z$,将 $\iint\limits_{\Sigma}P\,\mathrm{d}y\wedge\mathrm{d}z$ 简记为 $\iint\limits_{\Sigma}P\mathrm{d}y\mathrm{d}z$,等等. 为书写方便,我们也省去符号"∧".

这样例 1 的净流量 $\boldsymbol{\Phi}=\iint\limits_{\Sigma}\boldsymbol{v}(M)\cdot\mathrm{d}\boldsymbol{S}$.

当 P,Q,R 在 $\boldsymbol{\Sigma}$ 上连续时,第二型曲面积分存在,且由第二型曲

面积分的定义式(1)易知有如下性质:

(1) 第二型曲面积分与第一型曲面积分的关系. 设 $\cos\alpha$, $\cos\beta$, $\cos\gamma$ 是有向曲面 Σ 指定的法向量方向余弦,则

$$\iint_{\Sigma} P\mathrm{d}y\mathrm{d}z+Q\mathrm{d}z\mathrm{d}x+R\mathrm{d}x\mathrm{d}y=\iint_{\Sigma}(P\cos\alpha+Q\cos\beta+R\cos\gamma)\mathrm{d}S.$$

(2) 若 $-\Sigma$ 表示有向曲面 Σ 相反的一侧,则

$$\iint_{-\Sigma} R\mathrm{d}x\mathrm{d}y=-\iint_{\Sigma} R\mathrm{d}x\mathrm{d}y. \qquad \text{(有向性)}$$

(3) 若 k_1,k_2 为常数,则

$$\iint_{\Sigma}(k_1R_1+k_2R_2)\mathrm{d}x\mathrm{d}y=k_1\iint_{\Sigma}R_1\mathrm{d}x\mathrm{d}y+k_2\iint_{\Sigma}R_2\mathrm{d}x\mathrm{d}y. \qquad \text{(线性性)}$$

(4) 若有向曲面 Σ 被分为 Σ_1,Σ_2 两片,则

$$\iint_{\Sigma} R\mathrm{d}x\mathrm{d}y=\iint_{\Sigma_1} R\mathrm{d}x\mathrm{d}y+\iint_{\Sigma_2} R\mathrm{d}x\mathrm{d}y. \qquad \text{(积分曲面可加性)}$$

(5) 当 Σ 为母线平行 z 轴的柱面时,

$$\iint_{\Sigma} R\mathrm{d}x\mathrm{d}y=0.$$

性质(2)—性质(5)对关于坐标 yz, zx 的曲面积分,也有类似的结果.

10.5.3 第二型曲面积分的计算

微视频
10.5.2 第二型曲面积分的投影法

设曲面 Σ 的方程是

$$z=z(x,y),\quad (x,y)\in\sigma_{xy},$$

其中 σ_{xy} 是曲面 Σ 在 Oxy 面上的投影域,$z(x,y)$ 在 σ_{xy} 上具有连续的一阶偏导数(即曲面 Σ 是光滑的);函数 $P(x,y,z)$, $Q(x,y,z)$ 和 $R(x,y,z)$ 在 Σ 上连续. 由于

$$\boldsymbol{n}=\pm\{-z'_x,-z'_y,1\}$$

是曲面 Σ 不同侧的两个法向量,故单位法向量

$$\boldsymbol{n}^0=\{\cos\alpha,\cos\beta,\cos\gamma\}=\frac{\pm1}{\sqrt{1+z_x'^2+z_y'^2}}\{-z'_x,-z'_y,1\}.$$

又

$$\mathrm{d}S=\sqrt{1+z_x'^2+z_y'^2}\,\mathrm{d}x\mathrm{d}y,$$

所以利用两类曲面积分的关系(1)及第一型曲面积分计算法,得第二型曲面积分的计算公式

$$\iint\limits_{\Sigma\binom{上}{下}} P(x,y,z)\mathrm{d}y\mathrm{d}z+Q(x,y,z)\mathrm{d}z\mathrm{d}x+R(x,y,z)\mathrm{d}x\mathrm{d}y$$

$$=\pm\iint\limits_{\sigma_{xy}}[-P(x,y,z(x,y))z'_x-Q(x,y,z(x,y))z'_y+$$

$$R(x,y,z(x,y))]\mathrm{d}x\mathrm{d}y, \tag{2}$$

它把第二型曲线积分化为曲面 Σ 在 Oxy 平面投影域 σ_{xy} 上的二重积分. 当 Σ 取上侧时,二重积分前取正号;当 Σ 取下侧时,二重积分前取负号. 若曲面 Σ 的方程在 σ_{xy} 上不是单值的,可将 Σ 分为几个单值分片处理. 曲面 Σ 向其他坐标面投影的计算公式,对此请读者类比地给出.

公式(2)的向量形式为

$$\iint\limits_{\Sigma\binom{上}{下}} \boldsymbol{F}\cdot\mathrm{d}\boldsymbol{S}=\pm\iint\limits_{\sigma_{xy}}\boldsymbol{F}\cdot\boldsymbol{n}\mathrm{d}x\mathrm{d}y,$$

其中 $\boldsymbol{n}=\{-z'_x,-z'_y,1\}$.

特别由公式(2)有

$$\iint\limits_{\Sigma\binom{上}{下}} R(x,y,z)\mathrm{d}x\mathrm{d}y=\pm\iint\limits_{\sigma_{xy}}R(x,y,z(x,y))\mathrm{d}x\mathrm{d}y. \tag{3}$$

类似地,将 Σ 的方程表示为 $x=x(y,z),(y,z)\in\sigma_{yz}$,则有

$$\iint\limits_{\Sigma\binom{前}{后}} P(x,y,z)\mathrm{d}y\mathrm{d}z=\pm\iint\limits_{\sigma_{yz}}P(x(y,z),y,z)\mathrm{d}y\mathrm{d}z. \tag{4}$$

将 Σ 方程表示为 $y=y(x,z),(x,z)\in\sigma_{zx}$,则有

$$\iint\limits_{\Sigma\binom{右}{左}} Q(x,y,z)\mathrm{d}z\mathrm{d}x=\pm\iint\limits_{\sigma_{zx}}Q(x,y(x,z),z)\mathrm{d}z\mathrm{d}x. \tag{5}$$

可见对不同坐标的曲面积分,我们可以将曲面 Σ 向不同坐标面投影,化为投影域上不同的二重积分. 用这种方法要注意:(1) 认定对哪两个坐标的积分,将曲面 Σ 表示为这两个变量的函数,并确定 Σ 的投影域;(2) 将 Σ 的方程代入被积函数,化为投影域上的二重积分;(3) 根据 Σ 的侧(法向量的方向)确定二重积分前的正负号.

例 2　计算 $\iint\limits_{\Sigma} xyz\mathrm{d}x\mathrm{d}y$,其中 Σ 是在 $x\geqslant 0,y\geqslant 0$ 部分内,球面 $x^2+y^2+z^2=1$ 的外侧.

解　由图 10.21,将 Σ 分为 Σ_1,Σ_2 两部分.

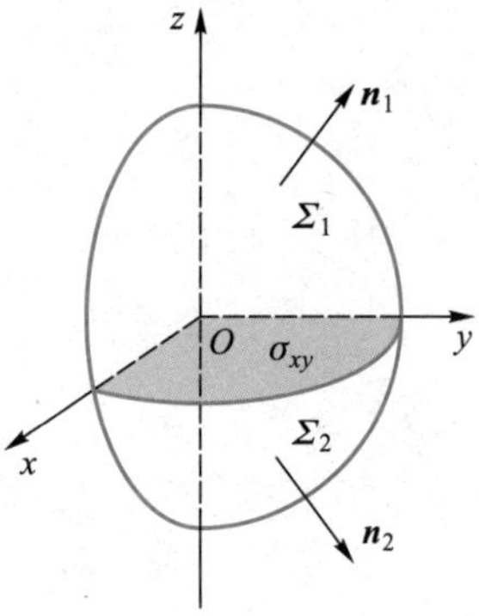

图 10.21

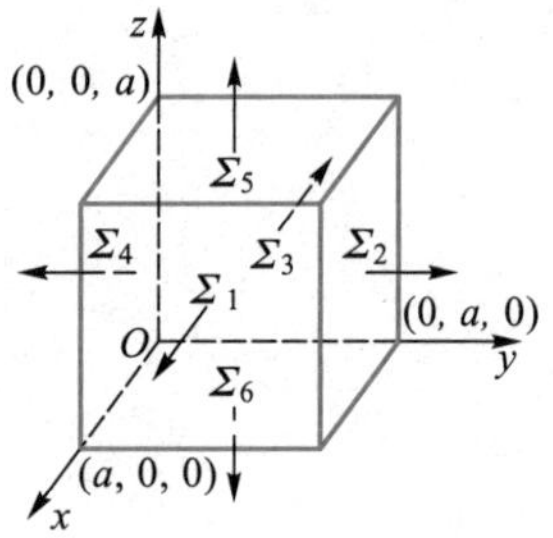

图 10.22

$$\Sigma_1: \quad z=\sqrt{1-x^2-y^2} \qquad (上侧);$$

$$\Sigma_2: \quad z=-\sqrt{1-x^2-y^2} \qquad (下侧).$$

它们在 Oxy 面的投影域均为

$$\sigma_{xy}: \quad x\geqslant 0, \quad y\geqslant 0, \quad x^2+y^2\leqslant 1,$$

故

$$\begin{aligned}\iint_{\Sigma} xyz\mathrm{d}x\mathrm{d}y &= \left(\iint_{\Sigma_1}+\iint_{\Sigma_2}\right) xyz\mathrm{d}x\mathrm{d}y \\ &= \iint_{\sigma_{xy}} xy\sqrt{1-x^2-y^2}\,\mathrm{d}x\mathrm{d}y-\iint_{\sigma_{xy}} xy\left(-\sqrt{1-x^2-y^2}\right)\mathrm{d}x\mathrm{d}y \\ &= 2\int_0^{\frac{\pi}{2}}\mathrm{d}\theta\int_0^1 r^3\sqrt{1-r^2}\sin\theta\cos\theta\mathrm{d}r=\frac{2}{15}.\end{aligned}$$

例 3　计算 $I=\oiint_{\Sigma} x^2\mathrm{d}y\mathrm{d}z+y^2\mathrm{d}z\mathrm{d}x+z^2\mathrm{d}x\mathrm{d}y$，其中 Σ 是三个坐标平面与平面 $x=a, y=a, z=a\ (a>0)$ 所围成的正方体表面的外侧(图 10.22).

解　先计算

$$\oiint_{\Sigma} x^2\mathrm{d}y\mathrm{d}z,$$

由于平面 $z=0, z=a, y=0, y=a$ 都是母线平行于 x 轴的柱面，在其上对坐标 y,z 的积分为零，$x=a$ 面在 Oyz 平面上的投影是正的，而 $x=0$ 面在 Oyz 平面投影是负的，投影域均为 $\sigma_{yz}: 0\leqslant y\leqslant a, 0\leqslant z\leqslant a$，故

$$\oiint_{\Sigma} x^2\mathrm{d}y\mathrm{d}z=\iint_{\sigma_{yz}} a^2\mathrm{d}y\mathrm{d}z-\iint_{\sigma_{yz}} 0^2\mathrm{d}y\mathrm{d}z=a^4.$$

由本题中 x,y,z 地位的对等性知，题目中的后两个积分值也等于 a^4，因此有

$$I=3a^4.$$

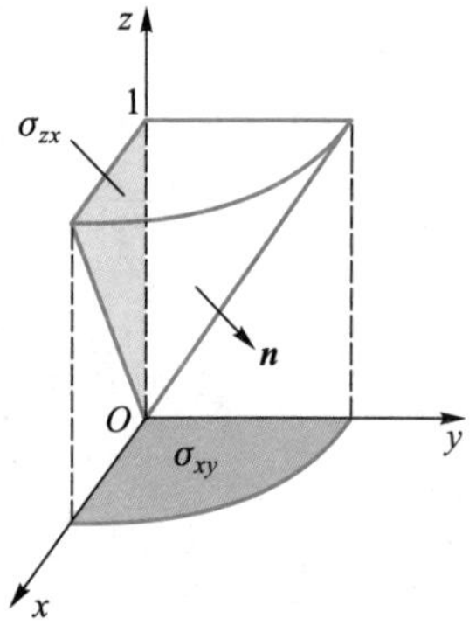

图 10.23

例 4　计算 $J=\iint_{\Sigma}(x^2+y^2)\mathrm{d}z\mathrm{d}x+z\mathrm{d}x\mathrm{d}y$，其中 Σ 为锥面 $z=\sqrt{x^2+y^2}$ $(0\leqslant z\leqslant 1)$ 在第一卦限部分的下侧.

解法 1　参看图 10.23，Σ 在 Ozx 面投影是正的，投影域

$$\sigma_{zx}: \quad 0\leqslant z\leqslant 1, \quad 0\leqslant x\leqslant z,$$

Σ 在 Oxy 面投影是负的，投影域

$$\sigma_{xy}: \quad 0\leqslant\theta\leqslant\frac{\pi}{2}, \quad 0\leqslant r\leqslant 1,$$

故

$$\iint_{\Sigma}(x^2+y^2)\,\mathrm{d}z\mathrm{d}x+z\mathrm{d}x\mathrm{d}y=\iint_{\sigma_{zx}}z^2\mathrm{d}z\mathrm{d}x-\iint_{\sigma_{xy}}\sqrt{x^2+y^2}\,\mathrm{d}x\mathrm{d}y$$

$$=\int_0^1 z^2\mathrm{d}z\int_0^z\mathrm{d}x-\int_0^{\frac{\pi}{2}}\mathrm{d}\theta\int_0^1 r^2\mathrm{d}r=\frac{1}{4}-\frac{\pi}{6}.$$

为避免向各坐标面投影,也可按公式(2)来计算第二型曲面积分.

解法 2　由于曲面方程是 $z=\sqrt{x^2+y^2}$,故

$$z'_y=\frac{y}{\sqrt{x^2+y^2}},$$

由公式(2)知

$$J=\iint_{\sigma_{xy}}\left[(x^2+y^2)z'_y-\sqrt{x^2+y^2}\right]\mathrm{d}x\mathrm{d}y$$

$$=\iint_{\sigma_{xy}}\left(\sqrt{x^2+y^2}\,y-\sqrt{x^2+y^2}\right)\mathrm{d}x\mathrm{d}y$$

$$=\int_0^{\frac{\pi}{2}}\mathrm{d}\theta\int_0^1(r^2\sin\theta-r)\,r\mathrm{d}r=\frac{1}{4}-\frac{\pi}{6}.$$

10.6 高斯公式、通量与散度

格林公式把平面上的闭曲线积分与所围区域的二重积分联系起来.本节的高斯[①]公式表达了空间闭曲面上的曲面积分与曲面所围空间区域上的三重积分的关系.它也有明确的物理背景——通量与散度.

① 高斯(Gauss C F, 1777—1855),德国伟大的数学家、物理学家和天文学家.高斯认为:数学,要学有灵感,必须接触现实世界.有些书上把高斯公式称为奥高公式,或奥斯特洛格拉斯基(Остроградский М В(俄),1801—1861)公式.

10.6.1 高斯公式

定理 10.3　设空间闭区域 V 是由分片光滑的闭曲面 Σ 围成,函数 $P(x,y,z)$,$Q(x,y,z)$,$R(x,y,z)$ 在 V 上有连续的一阶偏导数,则有高斯公式

$$\oiint_{\Sigma外}P\mathrm{d}y\mathrm{d}z+Q\mathrm{d}z\mathrm{d}x+R\mathrm{d}x\mathrm{d}y=\iiint_V\left(\frac{\partial P}{\partial x}+\frac{\partial Q}{\partial y}+\frac{\partial R}{\partial z}\right)\mathrm{d}x\mathrm{d}y\mathrm{d}z,\qquad(1)$$

微视频
10.6.1 第二型曲面积分的高斯公式

即

$$\oiint_{\Sigma}(P\cos\alpha+Q\cos\beta+R\cos\gamma)\,\mathrm{d}S=\iiint_V\left(\frac{\partial P}{\partial x}+\frac{\partial Q}{\partial y}+\frac{\partial R}{\partial z}\right)\mathrm{d}x\mathrm{d}y\mathrm{d}z,\quad(2)$$

其中 $\cos\alpha,\cos\beta,\cos\gamma$ 是 Σ 的外法向量的方向余弦.

证明　设空间区域 V 在 Oxy 面上的投影域为 σ_{xy}，且

$$V:\quad z_1(x,y)\leqslant z\leqslant z_2(x,y),\quad (x,y)\in\sigma_{xy}.$$

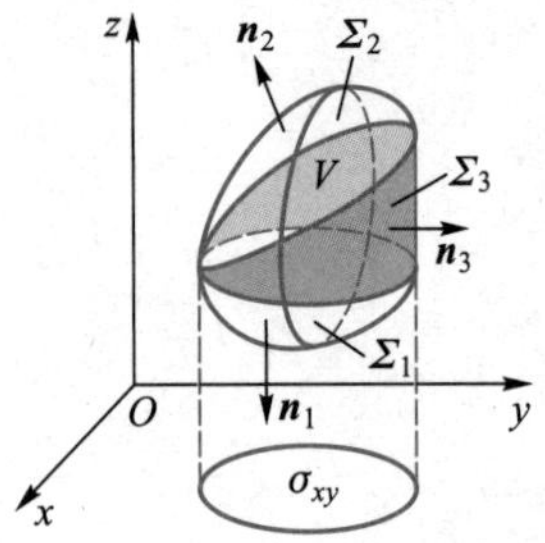

图 10.24

即边界面 Σ 由 $\Sigma_1,\Sigma_2,\Sigma_3$ 三部分构成(图 10.24)：

$$\Sigma_1:z=z_1(x,y),\quad (x,y)\in\sigma_{xy};$$

$$\Sigma_2:z=z_2(x,y),\quad (x,y)\in\sigma_{xy};$$

Σ_3：以 σ_{xy} 的边界为准线，母线平行于 z 轴的柱面，界于 z_1,z_2 之间的部分.

由曲面积分的计算法，有

$$\begin{aligned}&\oiint_{\Sigma外}R(x,y,z)\,\mathrm{d}x\mathrm{d}y\\&=\left(\iint_{\Sigma_1下}+\iint_{\Sigma_2上}+\iint_{\Sigma_3外}\right)R(x,y,z)\,\mathrm{d}x\mathrm{d}y\\&=-\iint_{\sigma_{xy}}R(x,y,z_1(x,y))\,\mathrm{d}x\mathrm{d}y+\iint_{\sigma_{xy}}R(x,y,z_2(x,y))\,\mathrm{d}x\mathrm{d}y.\end{aligned}$$

另一方面，由三重积分计算法，有

$$\begin{aligned}\iiint_V\frac{\partial R}{\partial z}\mathrm{d}x\mathrm{d}y\mathrm{d}z&=\iint_{\sigma_{xy}}\mathrm{d}x\mathrm{d}y\int_{z_1(x,y)}^{z_2(x,y)}\frac{\partial R}{\partial z}\mathrm{d}z\\&=\iint_{\sigma_{xy}}[R(x,y,z_2(x,y))-R(x,y,z_1(x,y))]\,\mathrm{d}x\mathrm{d}y,\end{aligned}$$

于是，有

$$\oiint_{\Sigma外}R(x,y,z)\,\mathrm{d}x\mathrm{d}y=\iiint_V\frac{\partial R}{\partial z}\mathrm{d}x\mathrm{d}y\mathrm{d}z.$$

如果 V 不满足开始的要求，只需用光滑曲面片将 V 分成几个部分，使每个部分都满足要求. 注意分界面的两侧上，对坐标的曲面积分值相互抵消. 所以上面的等式对一般区域也成立.

同法可证

$$\oiint_{\Sigma外}P(x,y,z)\,\mathrm{d}y\mathrm{d}z=\iiint_V\frac{\partial P}{\partial x}\mathrm{d}x\mathrm{d}y\mathrm{d}z,$$

$$\oiint_{\Sigma外}Q(x,y,z)\,\mathrm{d}z\mathrm{d}x=\iiint_V\frac{\partial Q}{\partial y}\mathrm{d}x\mathrm{d}y\mathrm{d}z,$$

故公式(1)成立. □

高斯公式为计算(闭)曲面积分提供了一个新途径.

微视频
10.6.2 第二型曲面积分的高斯公式举例

例 1　计算 $\oiint_S\dfrac{x\mathrm{d}y\mathrm{d}z+y\mathrm{d}z\mathrm{d}x+z\mathrm{d}x\mathrm{d}y}{\sqrt{x^2+y^2+z^2}}$，其中 S 为球面 $x^2+y^2+z^2=a^2$ 的外侧.

解 因原点处被积函数无定义，不能直接利用高斯公式计算，但因被积函数中的点(x,y,z)在曲面上，可先用曲面方程将被积函数化简，然后再用高斯公式.

$$\oiint_S \frac{x\mathrm{d}y\mathrm{d}z+y\mathrm{d}z\mathrm{d}x+z\mathrm{d}x\mathrm{d}y}{\sqrt{x^2+y^2+z^2}}=\frac{1}{a}\oiint_S x\mathrm{d}y\mathrm{d}z+y\mathrm{d}z\mathrm{d}x+z\mathrm{d}x\mathrm{d}y$$

$$=\frac{3}{a}\iiint_V \mathrm{d}x\mathrm{d}y\mathrm{d}z$$

$$=4\pi a^2.$$

例 2 计算 $I=\iint_\Sigma x\mathrm{d}y\mathrm{d}z+y\mathrm{d}z\mathrm{d}x+(z^2-2z)\mathrm{d}x\mathrm{d}y$，其中 Σ 为锥面 $z=\sqrt{x^2+y^2}$ 夹在$0\leqslant z\leqslant 1$之间的部分的上侧.

解 这里

$$\frac{\partial P}{\partial x}+\frac{\partial Q}{\partial y}+\frac{\partial R}{\partial z}=2z$$

较简单，但曲面 Σ 不是闭曲面，为了使用高斯公式，补一曲面

$$\Sigma_1:\quad z=1\quad (x^2+y^2\leqslant 1)$$

下侧（图 10.25），则

$$I=\left(\oiint_{\Sigma+\Sigma_1}-\iint_{\Sigma_1}\right)x\mathrm{d}y\mathrm{d}z+y\mathrm{d}z\mathrm{d}x+(z^2-2z)\mathrm{d}x\mathrm{d}y$$

$$=-\iiint_V 2z\mathrm{d}V+\iint_{\sigma_{xy}}(1-2)\mathrm{d}x\mathrm{d}y$$

$$=-\int_0^{2\pi}\mathrm{d}\theta\int_0^1 r\mathrm{d}r\int_r^1 2z\mathrm{d}z-\pi=-\frac{3\pi}{2}.$$

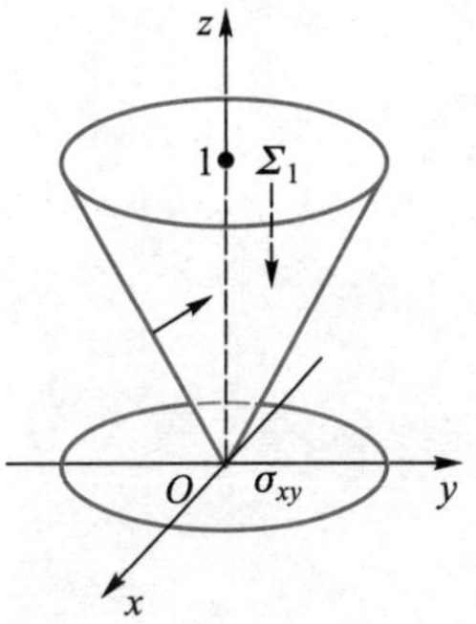

图 10.25

例 3 设函数 $f(u)$ 具有连续的导数，计算

$$J=\oiint_\Sigma x^3\mathrm{d}y\mathrm{d}z+[y^3+yf(yz)]\mathrm{d}z\mathrm{d}x+[z^3-zf(yz)]\mathrm{d}x\mathrm{d}y,$$

其中 Σ 是锥面 $x=\sqrt{y^2+z^2}$ 和球面 $x=\sqrt{1-y^2-z^2}$ 与 $x=\sqrt{4-y^2-z^2}$ 所围立体的表面外侧（图 10.26）.

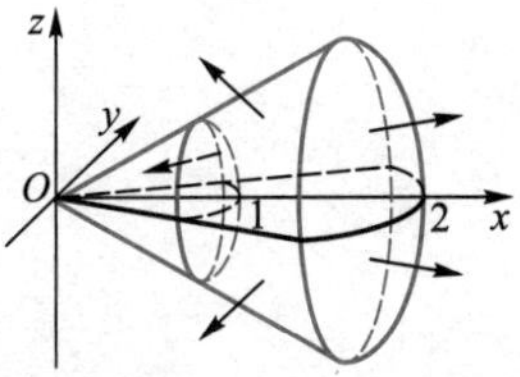

图 10.26

解 被积函数中有一个抽象函数，无法直接计算. 由于

$$P=x^3,\quad Q=y^3+yf(yz),\quad R=z^3-zf(yz),$$

$$\frac{\partial P}{\partial x}=3x^2,\quad \frac{\partial Q}{\partial y}=3y^2+f(yz)+yzf'(yz),$$

$$\frac{\partial R}{\partial z}=3z^2-f(yz)-yzf'(yz).$$

故由高斯公式得

$$J=\iiint_V 3(x^2+y^2+z^2)\mathrm{d}V$$
$$=3\iiint_V \rho^4\sin\varphi\mathrm{d}\rho\mathrm{d}\varphi\mathrm{d}\theta$$
$$=3\int_0^{2\pi}\mathrm{d}\theta\int_0^{\frac{\pi}{4}}\sin\varphi\mathrm{d}\varphi\int_1^2\rho^4\mathrm{d}\rho=\frac{93\pi}{5}(2-\sqrt{2}).$$

10.6.2 向量场的通量与散度

微视频
10.6.3 向量场的散度

在 10.5 节中,引入第二型曲面积分时已经知道,对不可压缩流体的流速场$\boldsymbol{v}(\boldsymbol{M})$,穿过有向曲面$\Sigma$到指定一侧的净流量为

$$\Phi=\iint_{\Sigma}\boldsymbol{v}\cdot\boldsymbol{n}^0\mathrm{d}S=\iint_{\Sigma}\boldsymbol{v}\cdot\mathrm{d}\boldsymbol{S},$$

其中$\mathrm{d}\boldsymbol{S}=\mathrm{d}S\boldsymbol{n}^0$,$\boldsymbol{n}^0$是有向曲面$\Sigma$的单位法向量.

在电场强度场$\boldsymbol{E}$中,穿过有向曲面Σ的电场强度通量为

$$\Phi_E=\iint_{\Sigma}\boldsymbol{E}\cdot\boldsymbol{n}^0\mathrm{d}S=\iint_{\Sigma}\boldsymbol{E}\cdot\mathrm{d}\boldsymbol{S},$$

并把它视为穿过Σ的电力线数.

在磁感应强度场$\boldsymbol{B}$中,穿过有向曲面Σ的磁感应强度通量为

$$\Phi_B=\iint_{\Sigma}\boldsymbol{B}\cdot\boldsymbol{n}^0\mathrm{d}S=\iint_{\Sigma}\boldsymbol{B}\cdot\mathrm{d}\boldsymbol{S},$$

并把它视为穿过Σ的磁力线数.

在向量场的研究中,常常需要考虑这种曲面积分,它是十分重要的.

定义 10.3 在向量场$\boldsymbol{F}(M)$中,设Σ为一有向曲面片,称曲面积分

$$\Phi=\iint_{\Sigma}\boldsymbol{F}\cdot\boldsymbol{n}^0\mathrm{d}S=\iint_{\Sigma}\boldsymbol{F}\cdot\mathrm{d}\boldsymbol{S}\tag{3}$$

为向量场$\boldsymbol{F}(M)$穿过有向曲面Σ到指定一侧的**通量**.

在直角坐标系下,若

$$\boldsymbol{F}(M)=\{P(x,y,z),Q(x,y,z),R(x,y,z)\},$$

则通量

$$\Phi=\iint_{\Sigma}P(x,y,z)\mathrm{d}y\mathrm{d}z+Q(x,y,z)\mathrm{d}z\mathrm{d}x+R(x,y,z)\mathrm{d}x\mathrm{d}y.$$

下面以流速场为例,说明通量为正、为负或为零的物理意义.$\Phi>0$,表明穿过有向曲面Σ到指定一侧的净流量(指由另一侧流入指定一侧的流体量与反向流动的量之差)为正;$\Phi<0$,表明净流量为负,就是流入

指定一侧的量小于反向流动的量；$\Phi=0$，表示两个方向流动的量相等.

对闭曲面 Σ 的外侧（法向量向外），通量

$$\Phi=\oiint_{\Sigma}\boldsymbol{v}\cdot\mathrm{d}\boldsymbol{S}.$$

当 $\Phi>0$ 时，说明流出量大于流入量，Σ 所围的立体 V 内有发出流体的"源"；

当 $\Phi<0$ 时，说明流出量小于流入量，Σ 所围的立体 V 内有吸收流体的"洞"；

当 $\Phi=0$ 时，流入量与流出量相等，Σ 所围的立体 V 内，源与洞相抵.

如果把"洞"视为负"源"，则 V 内每一点都可看作"源"，这时，源有正有负，有时为零，有强有弱. 在流速场的研究中，源的强度无疑是十分重要的. 在其他物理向量场中，可以认为源的强度是发射向量线的能力，虽然源的含义不同，但都是十分重要的.

例 4　由原点 O 处的点电荷 q 产生的电场中，点 M 处的电位移

$$\boldsymbol{D}=\varepsilon\boldsymbol{E}=\frac{q}{4\pi r^{2}}\boldsymbol{r}^{0},$$

其中 $r=|OM|$，$\boldsymbol{r}^{0}$ 是从点 O 指向点 M 的单位向量. 设 Σ 是以 O 为中心，R 为半径的球面，求穿出球面 Σ 的电位移通量 Φ_{D}.

解　因为球面上 $r=R$，且 $\boldsymbol{r}^{0}$ 与外法向量 $\boldsymbol{n}^{0}$ 相等，所以

$$\begin{aligned}\Phi_{D}&=\oiint_{\Sigma}\boldsymbol{D}\cdot\mathrm{d}\boldsymbol{S}=\frac{q}{4\pi R^{2}}\oiint_{\Sigma}\boldsymbol{r}^{0}\cdot\boldsymbol{n}^{0}\mathrm{d}S\\&=\frac{q}{4\pi R^{2}}\oiint_{\Sigma}\mathrm{d}S=\frac{q}{4\pi R^{2}}4\pi R^{2}=q.\end{aligned}$$

可见，在球面内产生电位移通量 Φ_{D} 的源，就是电场中的自由电荷 q. 当 q 为正电荷时，为正源，产生电位移线；当 q 为负电荷时，为负源，吸收电位移线. q 的大小，决定源的强弱.

在向量场 $\boldsymbol{F}(M)$ 中，穿过闭曲面 Σ 的通量 Φ，是由 Σ 所围的区域 V 内诸点发射或吸收向量线能力的累积结果. 显然，通量实际上是依赖于 Σ 包围的区域 V，或者说是区域 V 的函数.

定义 10.4　设 M 为向量场 $\boldsymbol{F}(M)$ 内一点，任意作一个包围点 M 的小闭曲面 Σ（法向量向外），记 ΔV 表示曲面 Σ 包围的立体及其体积，$\lambda=\max\limits_{M_1\in\Sigma}\{d(M,M_1)\}$，若当 $\lambda\to0$ 时，极限

$$\lim_{\lambda\to 0}\frac{\oiint\limits_{\Sigma}\boldsymbol{F}\cdot\mathrm{d}\boldsymbol{S}}{\Delta V}$$

存在，且与 Σ 的收缩方式无关，则称此极限值为向量场 $\boldsymbol{F}(M)$ 在点 M 处的**散度**，记作div $\boldsymbol{F}(M)$，即

$$\operatorname{div}\boldsymbol{F}(M)=\lim_{\lambda\to 0}\frac{1}{\Delta V}\oiint\limits_{\Sigma}\boldsymbol{F}\cdot\mathrm{d}\boldsymbol{S}. \tag{4}$$

散度 div $\boldsymbol{F}(M)$ 是由向量场确定的数量，是通量的体密度.

在直角坐标系下，向量场

$$\boldsymbol{F}=\{P(x,y,z),Q(x,y,z),R(x,y,z)\}$$

在点 $M(x,y,z)$ 处散度（假设 P,Q,R 关于 x,y,z 的一阶偏导数连续）的计算公式为

$$\operatorname{div}\boldsymbol{F}(M)=\frac{\partial P}{\partial x}+\frac{\partial Q}{\partial y}+\frac{\partial R}{\partial z}=\nabla\cdot\boldsymbol{F}. \tag{5}$$

事实上，由高斯公式及中值定理有

$$\begin{aligned}\operatorname{div}\boldsymbol{F}(M)&=\lim_{\lambda\to 0}\frac{1}{\Delta V}\oiint\limits_{\Sigma}\boldsymbol{F}\cdot\mathrm{d}\boldsymbol{S}=\lim_{\lambda\to 0}\frac{1}{\Delta V}\iiint\limits_{\Delta V}\left(\frac{\partial P}{\partial x}+\frac{\partial Q}{\partial y}+\frac{\partial R}{\partial z}\right)\mathrm{d}V\\&=\lim_{\lambda\to 0}\frac{1}{\Delta V}\left(\frac{\partial P}{\partial x}+\frac{\partial Q}{\partial y}+\frac{\partial R}{\partial z}\right)_{M^*}\Delta V=\left(\frac{\partial P}{\partial x}+\frac{\partial Q}{\partial y}+\frac{\partial R}{\partial z}\right)_{M},\end{aligned}$$

其中 M^* 是 Σ 包围的区域 V 内一点.

有了散度概念，高斯公式可以表示为向量形式

$$\oiint\limits_{\Sigma}\boldsymbol{F}\cdot\mathrm{d}\boldsymbol{S}=\iiint\limits_{V}\operatorname{div}\boldsymbol{F}\,\mathrm{d}V=\iiint\limits_{V}\nabla\cdot\boldsymbol{F}\,\mathrm{d}V.$$

物理意义是：通过有向闭曲面 Σ（向外）的通量等于 Σ 所包围的区域 V 内各点散度的体积分.

若在某一向量场 $\boldsymbol{F}(M)$ 中，各点的散度均为零，即恒有 div $\boldsymbol{F}(M)=0$，则称该场为**无源场**（或管形场）. 在无源场的空间单连通区域[①]内，对任何闭曲面 Σ，都有

$$\oiint\limits_{\Sigma}\boldsymbol{F}\cdot\mathrm{d}\boldsymbol{S}=0.$$

这时，此区域内的任何曲面上的第二型曲面积分仅与曲面的边界线 Γ 有关，而与曲面的形状无关，即在此区域内，以闭曲线 Γ 为边界所张开的任何曲面上，通量都相等.

显然，在向量场里，有向闭曲面在散度为零的区域内，任意连续变形，其通量不变（图 10.27）.

① 若空间区域 V 内，任何闭曲面所包围的区域完全含于 V，则称 V 为空间单连通区域.

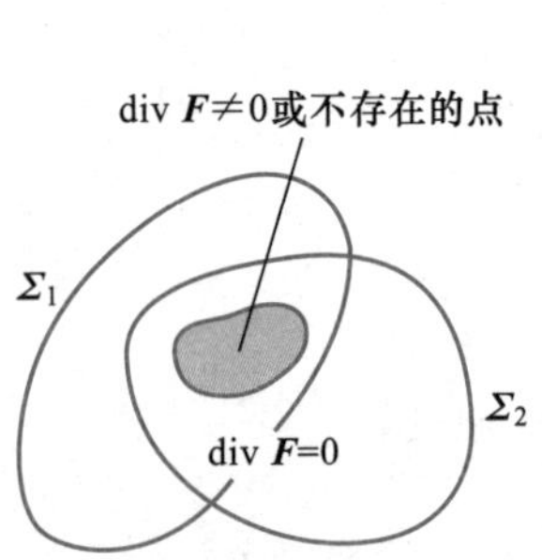

图 10.27

由公式(5),容易推出散度的下列运算性质:

(1) $\mathrm{div}(C\boldsymbol{F})=C\mathrm{div}\,\boldsymbol{F}$ (C 为常数).

(2) $\mathrm{div}(\boldsymbol{F}_1\pm\boldsymbol{F}_2)=\mathrm{div}\,\boldsymbol{F}_1\pm\mathrm{div}\,\boldsymbol{F}_2$.

(3) $\mathrm{div}(u\boldsymbol{F})=u\mathrm{div}\,\boldsymbol{F}+\boldsymbol{F}\cdot\mathbf{grad}\,u$ (u 为数量函数).

(3)的证明 由于 $u\boldsymbol{F}=\{uP,uQ,uR\}$,所以

$$\begin{aligned}\mathrm{div}(u\boldsymbol{F})&=\frac{\partial(uP)}{\partial x}+\frac{\partial(uQ)}{\partial y}+\frac{\partial(uR)}{\partial z}\\&=u\left(\frac{\partial P}{\partial x}+\frac{\partial Q}{\partial y}+\frac{\partial R}{\partial z}\right)+P\frac{\partial u}{\partial x}+Q\frac{\partial u}{\partial y}+R\frac{\partial u}{\partial z}\\&=u\mathrm{div}\,\boldsymbol{F}+\boldsymbol{F}\cdot\mathbf{grad}\,u.\end{aligned}$$

例 5 在点电荷 q 产生的静电场中,求电位移向量 $\boldsymbol{D}$ 的散度.

解 设 q 位于坐标原点,则

$$\boldsymbol{D}=\frac{q}{4\pi r^3}\boldsymbol{r},$$

其中 $\boldsymbol{r}=x\boldsymbol{i}+y\boldsymbol{j}+z\boldsymbol{k}$, $r=|\boldsymbol{r}|$,

$$\begin{aligned}\mathrm{div}\,\boldsymbol{D}&=\frac{q}{4\pi}\left[\frac{\partial}{\partial x}\left(\frac{x}{r^3}\right)+\frac{\partial}{\partial y}\left(\frac{y}{r^3}\right)+\frac{\partial}{\partial z}\left(\frac{z}{r^3}\right)\right]\\&=\frac{q}{4\pi}\left[\frac{r^2-3x^2}{r^5}+\frac{r^2-3y^2}{r^5}+\frac{r^2-3z^2}{r^5}\right]=0\qquad(r\neq 0).\end{aligned}$$

除电荷所在的点(0,0,0)以外,该电场内电位移的散度处处为零(都不能产生或吸收电位移线).电荷所在的点处散度不存在,是个奇异点,由例 4 和上面的讨论知,包围 q 的任何闭曲面的通量 $\oiint\limits_{\Sigma}\boldsymbol{D}\cdot\mathrm{d}\boldsymbol{S}=q$,所以,电位移线始于自由正电荷.

10.7 斯托克斯公式、环量与旋度

本节介绍空间曲面积分与曲线积分之间的关系——斯托克斯[①]公式,它在场论中占有重要地位.同时介绍向量场的两个重要概念——环量与旋度.

① 斯托克斯(Stokes G G, 1819—1903),英国数学家与物理学家.

10.7.1 斯托克斯公式

定理 10.4 设 C 为分段光滑的有向闭曲线,Σ 是以 C 为边界的任一分片光滑的有向曲面,C 的方向与 Σ 的方向符合右手螺旋法

② 右手四指与 C 方向一致，且手心对着 Σ，则与 C 邻近的曲面 Σ 的法向量与拇指方向一致.

则[②]. 函数 $P(x,y,z)$, $Q(x,y,z)$, $R(x,y,z)$ 在包含 Σ 的某区域内具有连续的一阶偏导数，则有斯托克斯公式

$$\oint_C P(x,y,z)\,\mathrm{d}x+Q(x,y,z)\,\mathrm{d}y+R(x,y,z)\,\mathrm{d}z$$
$$=\iint_\Sigma\left(\frac{\partial R}{\partial y}-\frac{\partial Q}{\partial z}\right)\mathrm{d}y\mathrm{d}z+\left(\frac{\partial P}{\partial z}-\frac{\partial R}{\partial x}\right)\mathrm{d}z\mathrm{d}x+\left(\frac{\partial Q}{\partial x}-\frac{\partial P}{\partial y}\right)\mathrm{d}x\mathrm{d}y, \quad (1)$$

微视频
10.7.1 斯托克斯公式

即有

$$\oint_C P(x,y,z)\,\mathrm{d}x+Q(x,y,z)\,\mathrm{d}y+R(x,y,z)\,\mathrm{d}z$$
$$=\iint_\Sigma\left[\left(\frac{\partial R}{\partial y}-\frac{\partial Q}{\partial z}\right)\cos\alpha+\left(\frac{\partial P}{\partial z}-\frac{\partial R}{\partial x}\right)\cos\beta+\left(\frac{\partial Q}{\partial x}-\frac{\partial P}{\partial y}\right)\cos\gamma\right]\mathrm{d}S, \quad (2)$$

其中 $\cos\alpha,\cos\beta,\cos\gamma$ 是 Σ 指定一侧的法向量方向余弦.

证明过程分三步：第一步把曲面积分化为坐标面上投影域的二重积分；第二步把空间闭曲线 C 上的曲线积分化为坐标面上的闭曲线积分；第三步在坐标面上，应用格林公式把第二步得到的平面闭曲线积分化为二重积分. 这个重要的定理最早公开出现在斯托克斯主持的 1854 年学生的竞赛试题中，请读者自己去证明它.

当 Σ 为 Oxy 坐标面上的平面区域时，斯托克斯公式就是格林公式，因此斯托克斯公式是格林公式在空间上的推广.

为便于记忆，我们借用三阶行列式，把公式(2)中曲面积分的被积函数表示为

$$\begin{vmatrix}\cos\alpha & \cos\beta & \cos\gamma\\ \dfrac{\partial}{\partial x} & \dfrac{\partial}{\partial y} & \dfrac{\partial}{\partial z}\\ P & Q & R\end{vmatrix}.$$

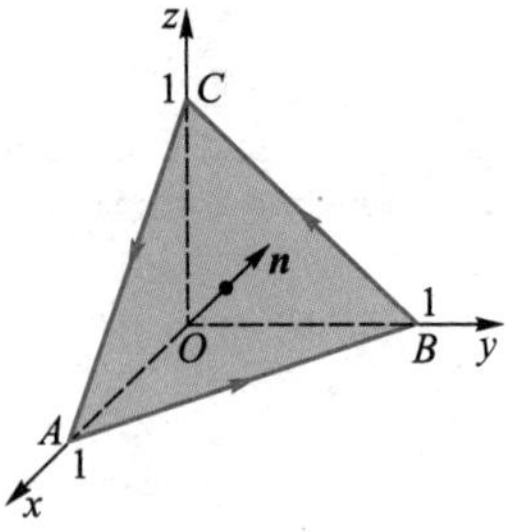

图 10.28

例 1 计算 $I=\oint_\Gamma(y^2-z^2)\,\mathrm{d}x+(z^2-x^2)\,\mathrm{d}y+(x^2-y^2)\,\mathrm{d}z$，其中闭曲线 Γ 是点 $A(1,0,0)$, $B(0,1,0)$, $C(0,0,1)$ 为顶点的三角形边界线 $ABCA$(图 10.28).

解 取 Σ 为三角形 $ABC: x+y+z=1$, $\boldsymbol{n}=\{1,1,1\}$ 为指定的法向量，其方向余弦为

$$\cos\alpha=\cos\beta=\cos\gamma=\frac{1}{\sqrt{3}}.$$

由斯托克斯公式(2)，得

$$I=\iint_{\Sigma}\begin{vmatrix}\frac{1}{\sqrt{3}} & \frac{1}{\sqrt{3}} & \frac{1}{\sqrt{3}}\\ \frac{\partial}{\partial x} & \frac{\partial}{\partial y} & \frac{\partial}{\partial z}\\ y^2-z^2 & z^2-x^2 & x^2-y^2\end{vmatrix}\mathrm{d}S$$

$$=\frac{-4}{\sqrt{3}}\iint_{\Sigma}(x+y+z)\,\mathrm{d}S$$

$$=\frac{-4}{\sqrt{3}}\iint_{\Sigma}\mathrm{d}S=-2.$$

微视频

10.7.2 斯托克斯公式举例

10.7.2 向量场的环量与旋度

设 C 为向量场内的有向闭曲线,$\boldsymbol{t}^0$ 表示与 C 同向的单位切向量,$\mathrm{d}\boldsymbol{r}=\boldsymbol{t}^0\mathrm{d}s$.

在力场 $\boldsymbol{F}(M)$ 中,闭曲线积分

$$\oint_C\boldsymbol{F}\cdot\mathrm{d}\boldsymbol{r}=\oint_C\boldsymbol{F}\cdot\boldsymbol{t}^0\mathrm{d}s=\oint_C\mathrm{Prj}_{\boldsymbol{t}^0}\boldsymbol{F}\mathrm{d}s$$

表示力 $\boldsymbol{F}$ 沿闭路 C 所做的功.

微视频

10.7.3 向量场的旋度

10.7.4 常见的几种场

在流速场 $\boldsymbol{v}(M)$ 中,闭曲线积分

$$\oint_C\boldsymbol{v}\cdot\mathrm{d}\boldsymbol{r}=\oint_C\boldsymbol{v}\cdot\boldsymbol{t}^0\mathrm{d}s=\oint_C\mathrm{Prj}_{\boldsymbol{t}^0}\boldsymbol{v}\mathrm{d}s$$

表示沿闭路 C 的环流.

在磁场强度为 $\boldsymbol{H}(M)$ 的电磁场中,根据安培环路定律,闭曲线积分

$$\oint_C\boldsymbol{H}\cdot\mathrm{d}\boldsymbol{r}=\oint_C\boldsymbol{H}\cdot\boldsymbol{t}^0\mathrm{d}s=\oint_C\mathrm{Prj}_{\boldsymbol{t}^0}\boldsymbol{H}\mathrm{d}s$$

表示 C 所张开的曲面通过的电流的代数和.

由此可见,在向量场的研究中,向量在有向闭曲线上的积分是很重要的.

定义 10.5　在向量场 $\boldsymbol{F}(M)$ 中,设 C 为一条有向闭曲线,则称曲线积分

$$\Gamma=\oint_C\boldsymbol{F}\cdot\mathrm{d}\boldsymbol{r}\tag{3}$$

为向量场 $\boldsymbol{F}(M)$ 沿有向闭曲线 C 的**环量**.

在直角坐标系下,若

$$\boldsymbol{F}(M)=\{P(x,y,z),Q(x,y,z),R(x,y,z)\},$$

则环量

$$\Gamma=\oint_C P(x,y,z)\,\mathrm{d}x+Q(x,y,z)\,\mathrm{d}y+R(x,y,z)\,\mathrm{d}z.$$

在 10.3.2 段里，我们曾介绍平面流速场的环量，并通过格林公式了解环量与闭曲线 C 所围的平面区域内诸点的旋度之间的关系. 这里把它们扩展到空间的一般向量场上去. 由于第二型曲线积分当积分路径的方向相反时，积分值差一个负号，所以环量有如下意义的**可加性**（参看图 10.29）：在 C 所张开的曲面 Σ 上，任意作一网格来分割 Σ，则向量场沿每个小曲面片的边界（其方向与曲面片的方向满足右手螺旋法则）的环量之和，等于向量场沿曲线 C 的环量，即沿曲线 C 的环量可以按 C 所张开的曲面进行累积.

图 10.29

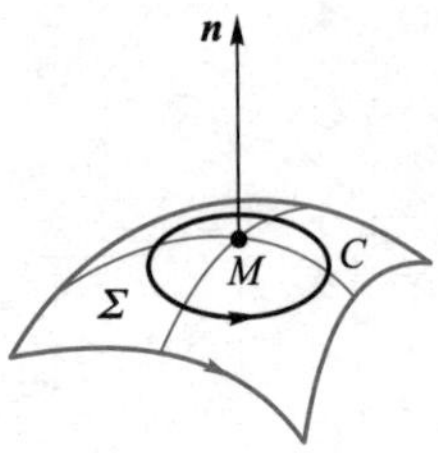

图 10.30

定义 10.6　设 M 为向量场 $\boldsymbol{F}(M)$ 中一点，$\boldsymbol{n}$ 为取定的向量. 过点 M 任意作一个非闭的光滑曲面片 Σ，使之在点 M 处以 $\boldsymbol{n}$ 为法向量（图 10.30）. 设 C 为 Σ 上包围着点 M 的闭曲线，ΔS 是它包围的曲面，C 与 ΔS 的方向满足右手螺旋法则，若 C 沿曲面 Σ 向点 M 无限收缩（记 $\Delta S\to M$）时，极限

$$\lim_{\Delta S\to M}\frac{\oint_C \boldsymbol{F}\cdot\mathrm{d}\boldsymbol{r}}{\Delta S}$$

存在，且与 Σ 的取法及 C 的收缩法无关时，则称此极限值为向量场 $\boldsymbol{F}(M)$ 在点 M 处沿 $\boldsymbol{n}$ 方向的**环量面密度**（或**方向旋数**）.

在直角坐标系下，设

$$\boldsymbol{F}=\{P(x,y,z),Q(x,y,z),R(x,y,z)\},$$

则由斯托克斯公式，有

$$\begin{aligned}\Gamma&=\oint_C\boldsymbol{F}\cdot\mathrm{d}\boldsymbol{r}=\oint_C P(x,y,z)\,\mathrm{d}x+Q(x,y,z)\,\mathrm{d}y+R(x,y,z)\,\mathrm{d}z\\&=\iint_{\Delta S}\left(\frac{\partial R}{\partial y}-\frac{\partial Q}{\partial z}\right)\mathrm{d}y\mathrm{d}z+\left(\frac{\partial P}{\partial z}-\frac{\partial R}{\partial x}\right)\mathrm{d}z\mathrm{d}x+\left(\frac{\partial Q}{\partial x}-\frac{\partial P}{\partial y}\right)\mathrm{d}x\mathrm{d}y\\&=\iint_{\Delta S}\left[\left(\frac{\partial R}{\partial y}-\frac{\partial Q}{\partial z}\right)\cos\alpha+\left(\frac{\partial P}{\partial z}-\frac{\partial R}{\partial x}\right)\cos\beta+\left(\frac{\partial Q}{\partial x}-\frac{\partial P}{\partial y}\right)\cos\gamma\right]\mathrm{d}S.\end{aligned}$$

利用积分中值定理，得

$$\Gamma=\left[\left(\frac{\partial R}{\partial y}-\frac{\partial Q}{\partial z}\right)\cos\alpha+\left(\frac{\partial P}{\partial z}-\frac{\partial R}{\partial x}\right)\cos\beta+\left(\frac{\partial Q}{\partial x}-\frac{\partial P}{\partial y}\right)\cos\gamma\right]_{M^*}\Delta S,$$

其中 M^* 为 ΔS 上一点，当 $\Delta S\to M$ 时，$M^*\to M$，于是

$$\lim_{\Delta S\to M}\frac{\oint_C \boldsymbol{F}\cdot \mathrm{d}\boldsymbol{r}}{\Delta S}=\left(\frac{\partial R}{\partial y}-\frac{\partial Q}{\partial z}\right)\cos\alpha+\left(\frac{\partial P}{\partial z}-\frac{\partial R}{\partial x}\right)\cos\beta+\left(\frac{\partial Q}{\partial x}-\frac{\partial P}{\partial y}\right)\cos\gamma,$$

其中 $\cos\alpha,\cos\beta,\cos\gamma$ 为指定的向量 $\boldsymbol{n}$ 的方向余弦.

环量面密度是既与点 M 的位置有关,又与 $\boldsymbol{n}$ 的方向有关的数,它等于向量

$$\left(\frac{\partial R}{\partial y}-\frac{\partial Q}{\partial z}\right)\boldsymbol{i}+\left(\frac{\partial P}{\partial z}-\frac{\partial R}{\partial x}\right)\boldsymbol{j}+\left(\frac{\partial Q}{\partial x}-\frac{\partial P}{\partial y}\right)\boldsymbol{k}$$

与

$$\boldsymbol{n}^0=\cos\alpha\,\boldsymbol{i}+\cos\beta\,\boldsymbol{j}+\cos\gamma\,\boldsymbol{k}$$

的数量积.

定义 10.7　向量场 $\boldsymbol{F}(M)$ 在点 M 处的**旋度**是个向量,其方向指向点 M 处环量面密度最大的方向,其模等于这个最大值,记为 $\mathbf{rot}\,\boldsymbol{F}(M)$.

在直角坐标系下,连续可微的向量场 $\boldsymbol{F}(M)$ 的旋度的计算公式为

$$\mathbf{rot}\,\boldsymbol{F}(M)=\left(\frac{\partial R}{\partial y}-\frac{\partial Q}{\partial z}\right)\boldsymbol{i}+\left(\frac{\partial P}{\partial z}-\frac{\partial R}{\partial x}\right)\boldsymbol{j}+\left(\frac{\partial Q}{\partial x}-\frac{\partial P}{\partial y}\right)\boldsymbol{k},$$

即

$$\mathbf{rot}\,\boldsymbol{F}(M)=\begin{vmatrix}\boldsymbol{i} & \boldsymbol{j} & \boldsymbol{k}\\ \dfrac{\partial}{\partial x} & \dfrac{\partial}{\partial y} & \dfrac{\partial}{\partial z}\\ P & Q & R\end{vmatrix}=\nabla\times\boldsymbol{F}. \tag{4}$$

旋度在任一方向上的投影,就是该方向上的环量面密度.

在大气中,手中的风车朝哪个方向转动最快,哪个方向就是风速场的旋度方向.

由旋度的定义,斯托克斯公式可以表示为向量形式:

$$\oint_C \boldsymbol{F}\cdot \mathrm{d}\boldsymbol{r}=\iint_{\Sigma}\mathbf{rot}\,\boldsymbol{F}\cdot \mathrm{d}\boldsymbol{S}=\iint_{\Sigma}(\nabla\times\boldsymbol{F})\cdot \mathrm{d}\boldsymbol{S},$$

这说明沿闭曲线 C 的环量等于由 C 所张开的任何有向曲面上诸点旋度向量的通量.

当 P,Q,R 具有二阶连续偏导数时,容易算出

$$\mathrm{div}(\mathbf{rot}\,\boldsymbol{F})=0,$$

这说明旋度场是无源场,也就说明了斯托克斯公式中曲面 $\boldsymbol{\Sigma}$ 可以是有向闭曲线 C 在场内张开的任何曲面.

各点旋度均为零的场,叫做**无旋场**.

旋度有如下的运算性质:

(1) $\mathbf{rot}(C_1\boldsymbol{F}+C_2\boldsymbol{G})=C_1\mathbf{rot}\ \boldsymbol{F}+C_2\mathbf{rot}\ \boldsymbol{G}$ (C_1,C_2 为常数);

(2) $\mathbf{rot}(u\boldsymbol{F})=u\mathbf{rot}\ \boldsymbol{F}+\mathbf{grad}\ u\times\boldsymbol{F}$ (u 为数量函数);

(3) $\mathrm{div}(\boldsymbol{F}\times\boldsymbol{G})=\boldsymbol{G}\cdot\mathbf{rot}\ \boldsymbol{F}-\boldsymbol{F}\cdot\mathbf{rot}\ \boldsymbol{G}$;

(4) $\mathbf{rot}(\mathbf{grad}\ u)=\mathbf{0}$ (梯度场是无旋场).

例 2 计算曲面积分

$$\iint_{\Sigma}\mathbf{rot}\ \boldsymbol{F}\cdot\mathrm{d}\boldsymbol{S},$$

其中 $\boldsymbol{F}=(x-z,x^3+yz,-3xy^2)$,$\Sigma$ 是锥面 $z=2-\sqrt{x^2+y^2}$ $(z\geqslant 0)$上侧.

解 因旋度场是无源场,曲面积分只与曲面边界线 C 有关,与曲面 Σ 无关. 这里边界 C 是 Oxy 平面曲线 $x^2+y^2=2^2$,所以可把 Σ 换为 C 所张开的平面区域 $D:z=0,x^2+y^2\leqslant 2^2$ 上侧,由于

$$\mathbf{rot}\ \boldsymbol{F}=\begin{vmatrix}\boldsymbol{i} & \boldsymbol{j} & \boldsymbol{k}\\ \dfrac{\partial}{\partial x} & \dfrac{\partial}{\partial y} & \dfrac{\partial}{\partial z}\\ x-z & x^3+yz & -3xy^2\end{vmatrix}$$

$$=(-6xy-y)\boldsymbol{i}+(-1+3y^2)\boldsymbol{j}+3x^2\boldsymbol{k},$$

$$\mathrm{d}\boldsymbol{S}=\mathrm{d}y\mathrm{d}z\ \boldsymbol{i}+\mathrm{d}z\mathrm{d}x\ \boldsymbol{j}+\mathrm{d}x\mathrm{d}y\ \boldsymbol{k}=\mathrm{d}x\mathrm{d}y\boldsymbol{k},$$

所以

$$\iint_{\Sigma}\mathbf{rot}\ \boldsymbol{F}\cdot\mathrm{d}\boldsymbol{S}=\iint_{D}\mathbf{rot}\ \boldsymbol{F}\cdot\mathrm{d}\boldsymbol{S}=\iint_{D}3x^2\mathrm{d}x\mathrm{d}y=12\pi.$$

关于空间曲线积分与路径无关的条件问题,以及表达式 $P\mathrm{d}x+Q\mathrm{d}y+R\mathrm{d}z$ 为全微分的条件问题,有与定理 10.2 类似的结果,仅叙述如下:

定理 10.5 设函数 $P(x,y,z),Q(x,y,z),R(x,y,z)$ 在曲面单连通区域[①] G 内,有连续的一阶偏导数,则下列四件事相互等价:

(1) 在 G 内,对任一闭曲线 C,积分

$$\oint_C P\mathrm{d}x+Q\mathrm{d}y+R\mathrm{d}z=0.$$

(2) 在 G 内,曲线积分

$$\int_{\widehat{AB}}P\mathrm{d}x+Q\mathrm{d}y+R\mathrm{d}z$$

与路径无关(与起点 A,终点 B 有关).

(3) 在 G 内,表达式 $P\mathrm{d}x+Q\mathrm{d}y+R\mathrm{d}z$ 是某函数 $u(x,y,z)$ 的全微

① 曲面单连通区域,指区域内任何闭曲线都有以它为边界的曲面完全含于该区域.

微视频
10.7.5 空间曲线与路径无关的等价条件

分,即有

$$du=P\mathrm{d}x+Q\mathrm{d}y+R\mathrm{d}z.$$

(4) 在 G 内任一点处,恒有

$$\frac{\partial R}{\partial y}=\frac{\partial Q}{\partial z},\quad \frac{\partial P}{\partial z}=\frac{\partial R}{\partial x},\quad \frac{\partial Q}{\partial x}=\frac{\partial P}{\partial y}. \tag{5}$$

这个定理指明:当 P,Q,R 有连续的一阶偏导数时,(5)式是曲线积分与路径无关的充要条件,也是表达式 $P\mathrm{d}x+Q\mathrm{d}y+R\mathrm{d}z$ 是某函数 $u(x,y,z)$ 的全微分的充要条件,且此时原函数

$$u(x,y,z)=\int_{(x_0,y_0,z_0)}^{(x,y,z)}P\mathrm{d}x+Q\mathrm{d}y+R\mathrm{d}z+C,$$

由于曲线积分与路径无关,在可能的条件下,通常取与坐标轴平行的折线作积分路径,化为定积分,如

$$u(x,y,z)=\int_{x_0}^{x}P(x,y_0,z_0)\mathrm{d}x+\int_{y_0}^{y}Q(x,y,z_0)\mathrm{d}y+\int_{z_0}^{z}R(x,y,z)\mathrm{d}z+C, \tag{6}$$

其中 (x_0,y_0,z_0) 为 G 内任取的定点.

在向量场 $\boldsymbol{F}=\{P(x,y,z),Q(x,y,z),R(x,y,z)\}$ 里,满足(1)和(2)的叫做**保守场**;满足(3)的叫做**有势场**,此时称 $v=-u$ 为**势函数**;满足(4)的叫做**无旋场**.

既无源、又无旋的场称为**调和场**.

例 3 表达式 $2xyz^2\mathrm{d}x+[x^2z^2+z\cos(yz)]\mathrm{d}y+[2x^2yz+y\cos(yz)]\mathrm{d}z$ 是否为某函数的全微分?若是,求此函数.

解 由于

$$\frac{\partial R}{\partial y}=2x^2z+\cos(yz)-yz\sin(yz)=\frac{\partial Q}{\partial z},$$

$$\frac{\partial P}{\partial z}=4xyz=\frac{\partial R}{\partial x},\quad \frac{\partial Q}{\partial x}=2xz^2=\frac{\partial P}{\partial y},$$

所以表达式是某函数的全微分. 取 $(x_0,y_0,z_0)=(0,0,0)$,则

$$u=\int_0^z[2x^2yz+y\cos(yz)]\mathrm{d}z+C=x^2yz^2+\sin(yz)+C.$$

函数 $u=x^2yz^2+\sin(yz)+C$ 即为所述表达式的原函数.

10.8 例 题

例 1 计算 $\int_L\frac{\mathrm{d}x+\mathrm{d}y}{|x|+|y|}$,其中 L 为折线 ABC,且 $A(1,0),B(0,1)$,

$C(-1,0)$.

解　将 L 分为两段,

$$\overline{AB}: y=1-x \quad (0\leqslant x\leqslant 1, y\geqslant 0),$$
$$\overline{BC}: y=1+x \quad (-1\leqslant x\leqslant 0, y\geqslant 0),$$

故

$$\int_L \frac{dx+dy}{|x|+|y|}=\int_{\overline{AB}}\frac{dx+dy}{x+y}+\int_{\overline{BC}}\frac{dx+dy}{-x+y}$$
$$=\int_1^0 \frac{dx-dx}{1}+\int_0^{-1}\frac{dx+dx}{1}=\int_0^{-1}2dx=-2.$$

例 2　计算 $\int_L \sqrt{x^2+y^2}\,dx+y[xy+\ln(x+\sqrt{x^2+y^2})]dy$,其中 L 是一段正弦曲线 $y=\sin x(\pi\leqslant x\leqslant 2\pi)$ 沿 x 增大方向.

解　本题直接计算太繁,这里通过格林公式来换个积分线路. 换为从点 $A(\pi,0)$ 到点 $B(2\pi,0)$ 的直线段 $y=0$. 因为

$$\frac{\partial Q}{\partial x}=y^2+\frac{y}{\sqrt{x^2+y^2}},\quad \frac{\partial P}{\partial y}=\frac{y}{\sqrt{x^2+y^2}},$$

所以

$$\int_L \sqrt{x^2+y^2}\,dx+y[xy+\ln(x+\sqrt{x^2+y^2})]dy$$
$$=\left(\int_{\overline{AB}}+\oint_{L+\overline{BA}}\right)\sqrt{x^2+y^2}\,dx+y[xy+\ln(x+\sqrt{x^2+y^2})]dy$$
$$=\int_\pi^{2\pi}x\,dx+\iint_\sigma y^2 d\sigma=\frac{3\pi^2}{2}+\int_\pi^{2\pi}dx\int_{\sin x}^0 y^2 dy=\frac{3\pi^2}{2}+\frac{4}{9}.$$

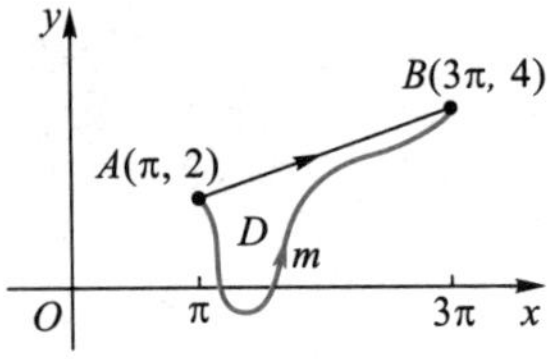

图 10.31

例 3　计算 $I=\int_{\widehat{AmB}}[\varphi(y)\cos x-\pi y]dx+[\varphi'(y)\sin x-\pi]dy$,其中 $\varphi(y)$ 具有连续的导数;$\widehat{AmB}$ 是从点 $A(\pi,2)$ 到点 $B(3\pi,4)$,且在直线 $\overline{AB}$ 下方的一条曲线,它与 $\overline{AB}$ 围成的区域的面积为 2(图 10.31).

解　这里

$$\frac{\partial Q}{\partial x}-\frac{\partial P}{\partial y}=\pi,$$

所以曲线积分与路径有关. 但这里的积分路径又不十分明确,被积表达式中还有一未知的函数,无法按第二型曲线积分直接化为定积分的办法计算. 在曲线积分与路径有关的条件下,也可以通过格林公式来实现变换积分线路. 因为

$$\widehat{AmB}=\widehat{AmB}+\overline{BA}-\overline{BA},$$

记$\overset{\frown}{AmB}+\overline{BA}$为闭曲线 C,则因$\overline{AB}$:$x=\pi y-\pi$,$2\leqslant y\leqslant 4$,故

$$I=\left(\oint_C+\int_{\overline{AB}}\right)(\varphi(y)\cos x-\pi y)\,dx+(\varphi'(y)\sin x-\pi)\,dy$$

$$=\iint_D\pi\,dxdy+\int_2^4[(\varphi(y)\cos(\pi y-\pi)-\pi y)\pi+(\varphi'(y)\sin(\pi y-\pi)-\pi)]\,dy$$

$$=2\pi-\int_2^4(\pi^2 y+\pi)\,dy+\int_2^4[\pi\varphi(y)\cos(\pi y-\pi)+\varphi'(y)\sin(\pi y-\pi)]\,dy$$

$$=-6\pi^2+\varphi(y)\sin(\pi y-\pi)\Big|_2^4=-6\pi^2.$$

例 4 设函数 $Q(x,y)$在 Oxy 平面上具有一阶连续偏导数,曲线积分$\int_L 2xy\,dx+Q(x,y)\,dy$与路径无关,并且对任意 t,恒有

$$\int_{(0,0)}^{(t,1)}2xy\,dx+Q(x,y)\,dy=\int_{(0,0)}^{(1,t)}2xy\,dx+Q(x,y)\,dy,$$

求二元函数 $Q(x,y)$.

解 由曲线积分与路径无关的条件知

$$\frac{\partial Q}{\partial x}=\frac{\partial(2xy)}{\partial y}=2x,$$

于是

$$Q(x,y)=x^2+C(y),$$

其中 $C(y)$是待定函数. 又因

$$\int_{(0,0)}^{(t,1)}2xy\,dx+Q(x,y)\,dy=\int_0^1[t^2+C(y)]\,dy=t^2+\int_0^1 C(y)\,dy,$$

$$\int_{(0,0)}^{(1,t)}2xy\,dx+Q(x,y)\,dy=\int_0^t[1^2+C(y)]\,dy=t+\int_0^t C(y)\,dy.$$

由假设条件知

$$t^2+\int_0^1 C(y)\,dy=t+\int_0^t C(y)\,dy.$$

两边对 t 求导,得

$$2t=1+C(t),$$

故 $C(t)=2t-1$,即 $C(y)=2y-1$,从而所求的二元函数

$$Q(x,y)=x^2+2y-1.$$

例 5 在力场 $\boldsymbol{F}=\{yz,zx,xy\}$内,质点由原点运动到椭球面$\frac{x^2}{a^2}+\frac{y^2}{b^2}+\frac{z^2}{c^2}=1$上位于第一卦限的点 $M(\xi,\eta,\zeta)$处,问当 ξ,η,ζ 取何值时,场力做的功 W 最大,并求出这个最大值.

解 因为

$$\begin{vmatrix} \boldsymbol{i} & \boldsymbol{j} & \boldsymbol{k} \\ \dfrac{\partial}{\partial x} & \dfrac{\partial}{\partial y} & \dfrac{\partial}{\partial z} \\ yz & zx & xy \end{vmatrix} = \boldsymbol{0},$$

即 $\boldsymbol{F}$ 为无旋场，所以曲线积分与路径无关.

直线段$\overline{OM}$的参数方程是

$$x=\xi t, y=\eta t, z=\zeta t, 0\leqslant t\leqslant 1.$$

质点从原点沿直线运动到 M 点，场力做的功

$$W=\int_{\overline{OM}}\boldsymbol{F}\cdot \mathrm{d}\boldsymbol{r}=\int_{\overline{OM}}yz\mathrm{d}x+zx\mathrm{d}y+xy\mathrm{d}z=\int_0^1 3\xi\eta\zeta t^2\mathrm{d}t=\xi\eta\zeta.$$

问题化为 $W=\xi\eta\zeta$ 在约束条件$\dfrac{\xi^2}{a^2}+\dfrac{\eta^2}{b^2}+\dfrac{\zeta^2}{c^2}=1$ 下的条件极值问题. 令

$$F(\xi,\eta,\zeta)=\xi\eta\zeta+\lambda\left(1-\frac{\xi^2}{a^2}-\frac{\eta^2}{b^2}-\frac{\zeta^2}{c^2}\right),$$

由方程组

$$\begin{cases} F'_\xi=\eta\zeta-\dfrac{2\lambda}{a^2}\xi=0, \\ F'_\eta=\xi\zeta-\dfrac{2\lambda}{b^2}\eta=0, \\ F'_\zeta=\xi\eta-\dfrac{2\lambda}{c^2}\zeta=0, \\ \dfrac{\xi^2}{a^2}+\dfrac{\eta^2}{b^2}+\dfrac{\zeta^2}{c^2}-1=0 \end{cases}$$

解得

$$\xi=\frac{\sqrt{3}}{3}a,\quad \eta=\frac{\sqrt{3}}{3}b,\quad \zeta=\frac{\sqrt{3}}{3}c.$$

由此实际问题知最大值存在，且

$$W_{\max}=\left(\frac{\sqrt{3}}{3}\right)^3 abc=\frac{\sqrt{3}}{9}abc.$$

例 6 设在第一卦限内，对任一有向闭曲面 $\boldsymbol{\Sigma}$ 恒有

$$\oint\!\!\!\oint_{\Sigma} 2yz\varphi'(x)\mathrm{d}y\mathrm{d}z+y^2z\varphi(x)\mathrm{d}z\mathrm{d}x-yz^2\mathrm{e}^x\mathrm{d}x\mathrm{d}y=0,$$

其中 $\varphi(x)\in C^2$，$\varphi(0)=\dfrac{1}{2}$，$\varphi'(0)=1$，求 $\varphi(x)$.

解 由题设的条件和高斯公式知，对任何有界闭域 V 恒有

$$\iiint_V 2yz(\varphi''(x)+\varphi(x)-e^x)\,dV=0,$$

所以

$$\varphi''(x)+\varphi(x)=e^x.$$

其通解为

$$\varphi(x)=C_1\cos x+C_2\sin x+\frac{1}{2}e^x.$$

由初始条件 $\varphi(0)=\frac{1}{2},\varphi'(0)=1$ 确定 $C_1=0,C_2=\frac{1}{2}$,故所求

$$\varphi(x)=\frac{1}{2}(\sin x+e^x).$$

例 7 计算 $J=\iint_\Sigma yx^3\,dydz+xy^3\,dzdx+z\,dxdy$,其中 Σ 是旋转抛物面 $z=x^2+y^2$ 被围在柱面 $|x|+|y|=1$ 内的曲面的下侧.

解 显然这里不便通过使用补面的方法来利用高斯公式,下面直接计算它.由于 Σ 在 Oyz 面上的投影域关于 z 轴($y=0$)对称,所以

$$\begin{aligned}\iint_\Sigma yx^3\,dydz &=\iint_{\Sigma前} yx^3\,dydz+\iint_{\Sigma后} yx^3\,dydz\\&=\iint_{\sigma_{yz}} y(\sqrt{z-y^2})^3\,d\sigma-\iint_{\sigma_{yz}} y(-\sqrt{z-y^2})^3\,d\sigma\\&=2\iint_{\sigma_{yz}} y(z-y^2)^{\frac{3}{2}}\,d\sigma=0,\end{aligned}$$

最后一步用到二重积分的对称性,再由 x 与 y 的可轮换性(地位对等性)知

$$\iint_\Sigma xy^3\,dzdx=0,$$

于是(图 10.32),

$$\begin{aligned}J&=0+0+\iint_\Sigma z\,dxdy\\&=-\iint_{\sigma_{xy}}(x^2+y^2)\,dxdy=-2\iint_{\sigma_{xy}}x^2\,dxdy\\&=-8\int_0^1 dx\int_0^{1-x}x^2\,dy=-\frac{2}{3}.\end{aligned}$$

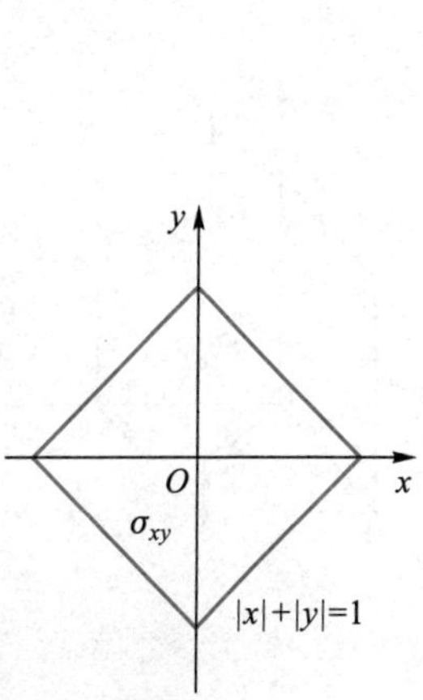

图 10.32

例 8 试证阿基米德浮力定律:浸没在液体中的任何物体,所受的浮力铅直向上,大小等于它排开的液体的重量.

证 设液体的密度为 ρ,将 x,y 轴置液面上,z 轴铅直向下.设物

体的边界面为 Σ,体积为 V.

在 Σ 上任取一面积微元 dS,设 dS 浸没深度为 z,于是 dS 受到的压力的大小为

$$dP = g\rho z dS,$$

且与面积微元 dS 的外法方向相反,所以,这个压力在三个坐标轴上的投影为

$$dP_x = -g\rho z\cos\alpha dS, dP_y = -g\rho z\cos\beta dS, dP_z = -g\rho z\cos\gamma dS,$$

其中 $\cos\alpha,\cos\beta,\cos\gamma$ 为 dS 处的外法向量方向余弦,因此,物体受到的总压力在三个坐标轴上的投影分别为

$$P_x = -g\rho\oiint_{\Sigma} z\cos\alpha dS = -g\rho\oiint_{\Sigma外} z dy dz,$$

$$P_y = -g\rho\oiint_{\Sigma} z\cos\beta dS = -g\rho\oiint_{\Sigma外} z dz dx,$$

$$P_z = -g\rho\oiint_{\Sigma} z\cos\gamma dS = -g\rho\oiint_{\Sigma外} z dx dy.$$

由高斯公式得

$$P_x = -g\rho\iiint_V 0 dV = 0,$$

$$P_y = -g\rho\iiint_V 0 dV = 0,$$

$$P_z = -g\rho\iiint_V 1 dV = -g\rho V.$$

这说明了液体对物体的浮力铅直向上,大小等于排开液体的重量. □

例 9 利用高斯公式计算三重积分

$$I = \iiint_V (xy+yz+zx) dV,$$

其中 V 是由平面 $x=0, y=0, z=0, z=1$ 以及圆柱面 $x^2+y^2=1$ 围在第一卦限内的立体.

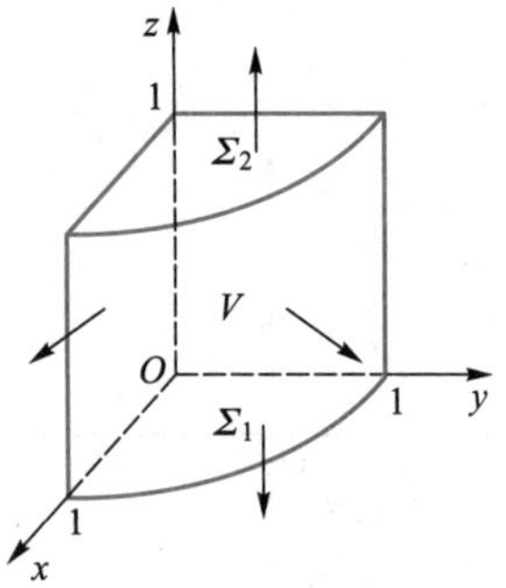

图 10.33

解 由于 $\frac{\partial P}{\partial x},\frac{\partial Q}{\partial y},\frac{\partial R}{\partial z}$ 选取相当自由,考虑到 V 的边界面(图 10.33),取

$$P = Q = 0, R = xyz+\frac{1}{2}yz^2+\frac{1}{2}xz^2,$$

则

$$\frac{\partial R}{\partial z} = xy+yz+zx.$$

由高斯公式，

$$I=\iiint_V (xy+yz+zx)\,\mathrm{d}V$$
$$=\oiint_{\Sigma外}\left[xyz+\frac{1}{2}(x+y)z^2\right]\mathrm{d}x\mathrm{d}y.$$

Σ 由 V 的侧面(母线平行于 z 轴的柱面)，底面 $\Sigma_1:z=0$ 和上面 Σ_2：$z=1$ 构成，故

$$I=\left(\iint_{\Sigma_1下}+\iint_{\Sigma_2上}\right)\left[xyz+\frac{1}{2}(x+y)z^2\right]\mathrm{d}x\mathrm{d}y$$
$$=0+\iint_{\sigma_{xy}}\left[xy+\frac{1}{2}(x+y)\right]\mathrm{d}x\mathrm{d}y$$
$$=\int_0^{\frac{\pi}{2}}\mathrm{d}\theta\int_0^1\left[r^2\sin\theta\cos\theta+\frac{1}{2}r(\sin\theta+\cos\theta)\right]r\mathrm{d}r=\frac{11}{24}.$$

仔细分析上述计算过程，与柱坐标系下三重积分计算无异.

习题十

10.1

1. 求向量场 $\boldsymbol{F}=(z-y)^2\boldsymbol{i}+z\boldsymbol{j}+y\boldsymbol{k}$ 的向量线方程.
2. 电流 I 流过无限长的直导线，在导线周围产生磁场，当取导线为 z 轴时，磁场强度

$$\boldsymbol{H}=\frac{2I}{x^2+y^2}(-y\boldsymbol{i}+x\boldsymbol{j}).$$

求磁场线方程.

10.2

1. 计算 $\oint_l x\mathrm{d}y$，其中 l 是由坐标轴和直线 $\frac{x}{2}+\frac{y}{3}=1$ 所围成的三角形逆时针方向的回路.
2. 计算 $\int_l (x^2-2xy)\mathrm{d}x+(y^2-2xy)\mathrm{d}y$，其中 l 为抛物线 $y=x^2$ 上，对应于 x 由 -1 增加到 1 的那一段弧.
3. 计算 $\int_l (2a-y)\mathrm{d}x-(a-y)\mathrm{d}y$，其中 l 为旋轮线 $x=a(t-\sin t)$，$y=a(1-\cos t)$ 一拱，$0\leqslant t\leqslant 2\pi$.
4. 计算 $\oint_l \frac{(x+y)\mathrm{d}x-(x-y)\mathrm{d}y}{x^2+y^2}$，其中 l 为圆周 $x^2+y^2=a^2$，顺时针方向.
5. 计算 $\int_l (x^2+y^2)\mathrm{d}x+(x^2-y^2)\mathrm{d}y$，其中 l 为曲线 $y=1-|1-x|$ 上对应于 x 由 0 变到 2 的一段.
6. 计算 $\int_\Gamma y\mathrm{d}x+z\mathrm{d}y+x\mathrm{d}z$，其中 Γ 为螺旋线 $x=a\cos t$，$y=a\sin t$，$z=bt$ 从 $t=0$ 到 $t=2\pi$ 的一段.
7. 计算 $\int_\Gamma x\mathrm{d}x+y\mathrm{d}y+(x+y-1)\mathrm{d}z$，其中 Γ 是从点 $(1,1,1)$ 到点 $(4,7,10)$ 的直线段.
8. 计算 $\int_l 2x\mathrm{e}^{xy}\mathrm{d}x+y\mathrm{e}^{xy}\mathrm{d}y$，其中 l 是从点 $A(1,0)$ 沿椭圆 $x^2+\frac{y^2}{2}=1$ 至点 $B(0,\sqrt{2})$ 的逆时针弧段.
9. 计算 $\oint_\Gamma (y^2+z^2)\mathrm{d}x+(z^2+x^2)\mathrm{d}y+(x^2+y^2)\mathrm{d}z$，其中 Γ 为

$$\begin{cases}x^2+y^2+z^2=4x\,(z\geqslant 0),\\ x^2+y^2=2x,\end{cases}$$

从 z 轴正向看 Γ 取逆时针方向.

10. 设 $\overset{\frown}{AB}$ 在极坐标系下的方程为 $r=f(\theta)$，其中 $f(\theta)$ 在 $[0,2\pi]$ 上具有连续的导数，且 $\theta=\alpha$ 对应点 A，$\theta=\beta$ 对应点 $B(0\leqslant\alpha\leqslant\beta\leqslant 2\pi)$，试证

$$\int_{\overset{\frown}{AB}} -y\mathrm{d}x+x\mathrm{d}y=\int_{\alpha}^{\beta} f^2(\theta)\,\mathrm{d}\theta.$$

11. 设 $\overset{\frown}{MEN}$ 是由点 $M(0,-1)$ 沿右半圆 $x=\sqrt{1-y^2}$ 经点 $E(1,0)$ 到点 $N(0,1)$ 的弧段，求 $\int_{\overset{\frown}{MEN}} |y|\mathrm{d}x+y^3\mathrm{d}y$.

12. 设 Oxy 平面内有一力场 $\boldsymbol{F}(M)$，它的方向指向原点，大小等于点 M 到原点的距离.

(1) 求质点从点 $A(a,0)$ 沿椭圆 $\dfrac{x^2}{a^2}+\dfrac{y^2}{b^2}=1$，逆时针移动到点 $B(0,b)$ 时，力场做的功；

(2) 质点按逆时针方向沿椭圆 $\dfrac{x^2}{a^2}+\dfrac{y^2}{b^2}=1$ 运动一周时，力场做的功.

13. 设 Γ 是弧长为 s 的光滑曲线段，函数 $P(x,y,z)$，$Q(x,y,z)$，$R(x,y,z)$ 在 Γ 上连续，且 $M=\max\limits_{\Gamma}\{\sqrt{P^2+Q^2+R^2}\}$，证明

$$\left|\int_{\Gamma} P\mathrm{d}x+Q\mathrm{d}y+R\mathrm{d}z\right|\leqslant Ms.$$

14. 将 $\int_l P(x,y)\mathrm{d}x+Q(x,y)\mathrm{d}y$ 化为对弧长的曲线积分. 其中(1) l 为从点 $(0,0)$ 到点 $(1,1)$ 的抛物线 $y=\sqrt{x}$；(2) l 为从点 $(1,1)$ 到点 $(0,0)$ 的抛物线 $y=x^2$.

10.3

1. 利用曲线积分计算星形线 $x=a\cos^3 t, y=a\sin^3 t$ 所围图形的面积.

2. 计算 $\oint_C x^2\mathrm{d}x+x\mathrm{e}^{y^2}\mathrm{d}y$，其中 C 是由直线 $y=x-1$，$y=1$ 及 $x=1$ 所围成的三角形区域边界线的正向.

3. 设 C 是 Oxy 平面一顺时针方向简单闭曲线，且 $\oint_C (x-2y)\mathrm{d}x+(4x+3y)\mathrm{d}y=-9$，求曲线 C 所围的区域的面积.

4. 计算 $\oint_C \mathrm{e}^x[(1-\cos y)\mathrm{d}x-(y-\sin y)\mathrm{d}y]$，其中 C 为区域 $0<x<\pi, 0<y<\sin x$ 的边界的正向闭曲线.

5. 计算 $\oint_C (x^3-x^2y)\mathrm{d}x+(xy^2-y^3)\mathrm{d}y$，其中 C 是圆周 $x^2+y^2=a^2\ (a>0)$ 顺时针方向一周.

6. 计算 $\oint_C y(2x-1)\mathrm{d}x-x(x+1)\mathrm{d}y$，其中 C 是正向椭圆周 $b^2x^2+a^2y^2=a^2b^2$.

7. 计算 $\oint_C \dfrac{yx^2\mathrm{d}x-xy^2\mathrm{d}y}{1+\sqrt{x^2+y^2}}$，其中 C 是由曲线 $l_1: y=-\sqrt{1-x^2}$ 和直线 $l_2: y=0\ (-1\leqslant x\leqslant 1)$ 构成的顺时针闭曲线.

8. 计算 $\int_l (x+y)^2\mathrm{d}x+(x+y^2\sin y)\mathrm{d}y$，其中 l 是从点 $A(1,1)$ 沿曲线 $y=x^2$ 到点 $B(-1,1)$ 的弧段.

9. 计算 $\int_l \sqrt{x^2+y^2}\,\mathrm{d}x+[x+y\ln(x+\sqrt{x^2+y^2})]\mathrm{d}y$，其中 l 是从点 $B(2,1)$ 沿上半圆 $y=1+\sqrt{1-(x-1)^2}$ 至点 $A(0,1)$ 的弧段.

10. 计算 $\int_l (3xy+\sin x)\mathrm{d}x+(x^2-y\mathrm{e}^y)\mathrm{d}y$，其中 l 是从点 $(0,0)$ 到点 $(4,8)$ 的抛物线段 $y=x^2-2x$.

11. 计算曲线积分

$$I=\int_l [u_x'(x,y)+xy]\mathrm{d}x+u_y'(x,y)\mathrm{d}y,$$

其中 l 是从点 $A(0,1)$ 沿曲线 $y=\dfrac{\sin x}{x}$ 到点 $B(\pi,0)$ 的曲线段. $u(x,y)$ 在 Oxy 平面上具有二阶连续偏导数，且 $u(0,1)=1, u(\pi,0)=\pi$.

12. 设有平面流速场 $\boldsymbol{v}(x,y)=[\mathrm{e}^x(y^3-2y)-y^2]\boldsymbol{i}+[\mathrm{e}^x(3y^2-2)-x]\boldsymbol{j}$,

(1) 求各点的旋度；

(2) 求沿椭圆 $C: 4(x-3)^2+9y^2=36$ 逆时针方向的环流.

13. 设 $u=u(x,y), v=v(x,y), w=w(x,y)$ 在有界闭区域 D 上有连续的一阶偏导数，C 是 D 的边界线，证明

$$\iint_D \left(u\frac{\partial w}{\partial x}+v\frac{\partial w}{\partial y}\right)\mathrm{d}x\mathrm{d}y$$

$$=\oint_{C^+} w(u\mathrm{d}y-v\mathrm{d}x)-\iint_D\left(\frac{\partial u}{\partial x}+\frac{\partial v}{\partial y}\right)w\mathrm{d}x\mathrm{d}y.$$

10.4

1. 证明曲线积分$\int_l \mathrm{e}^x(\cos y\mathrm{d}x-\sin y\mathrm{d}y)$只与 l 的起点和终点有关，而与所取的路径无关，并求

$$\int_{(0,0)}^{(a,b)}\mathrm{e}^x(\cos y\mathrm{d}x-\sin y\mathrm{d}y).$$

2. 证明曲线积分$\int_l \frac{y\mathrm{d}x-x\mathrm{d}y}{x^2}$只与 l 的起点和终点有关，而与所取的路径无关，其中 l 为不过 y 轴的任意曲线，并求

$$\int_{(2,1)}^{(1,2)}\frac{y\mathrm{d}x-x\mathrm{d}y}{x^2}.$$

3. 计算$\int_l \frac{1}{x}\sin\left(xy-\frac{\pi}{4}\right)\mathrm{d}x+\frac{1}{y}\sin\left(xy-\frac{\pi}{4}\right)\mathrm{d}y$，其中 l 是由点 $A(1,\pi)$ 到点 $B\left(\frac{\pi}{2},2\right)$ 的直线段.

4. 计算$\int_l (x^2+1-\mathrm{e}^y\sin x)\mathrm{d}y-\mathrm{e}^y\cos x\mathrm{d}x$，其中 l 是由点$O(0,0)$沿 $y=x^2$ 到点 $A(1,1)$的曲线.

5. 设$f(x)$具有二阶连续导数，$f(0)=0$，$f'(0)=1$，而且曲线积分

$$\int_l [f'(x)+6f(x)+4\mathrm{e}^{-x}]y\mathrm{d}x+f'(x)\mathrm{d}y$$

与路径无关. 计算

$$\int_{(0,0)}^{(1,1)}[f'(x)+6f(x)+4\mathrm{e}^{-x}]y\mathrm{d}x+f'(x)\mathrm{d}y.$$

6. 设$f(1)=1$，试求可微函数$f(x)$，使曲线积分

$$\int_{\widehat{AB}}[\sin x-f(x)]\frac{y}{x}\mathrm{d}x+[f(x)-x^2]\mathrm{d}y$$

与路径无关（$\widehat{AB}$不穿过 y 轴）. 并求从点 $A\left(-\frac{3\pi}{2},\pi\right)$ 到点 $B\left(-\frac{\pi}{2},0\right)$ 的这个积分值.

7. 设曲线积分$\int_l F(x,y)(y\mathrm{d}x+x\mathrm{d}y)$与积分路径无关，$F(x,y)$有连续的一阶偏导数，且由方程$F(x,y)=0$所确定的隐函数的图形过点$(1,2)$，试求方程$F(x,y)=0$所确定的函数 $y=f(x)$.

8. 设$f(x),g(x)\in C(-\infty,+\infty)$，且曲线积分

$$\int_l g(x)y\mathrm{d}x+f(x)\mathrm{d}y$$

与路径无关. 试证

$$f(x)=f(0)+\int_0^x g(t)\mathrm{d}t.$$

9. 计算闭曲线积分$\oint_C \frac{-y\mathrm{d}x+x\mathrm{d}y}{x^2+y^2}$，其中 C 是逆时针方向的椭圆$\frac{x^2}{a^2}+\frac{y^2}{b^2}=1$.

10. 已知 C 是平面上任意一条不自相交的闭曲线，问常数 a 为何值时，曲线积分

$$\oint_C \frac{x\mathrm{d}x-ay\mathrm{d}y}{x^2+y^2}=0,$$

其中 C 是不穿过原点$(0,0)$的闭曲线.

11. 设有平面力场 $\boldsymbol{F}=(2xy^3-y^2\cos x)\boldsymbol{i}+(1-2y\sin x+3x^2y^2)\boldsymbol{j}$，求质点沿曲线 $l:2x=\pi y^2$，从点 $O(0,0)$运动到点 $A\left(\frac{\pi}{2},1\right)$ 时，场力 $\boldsymbol{F}$ 所做的功.

12. 设质点 A 对质点 M 的引力大小为$\frac{k}{r^2}$（k 为常数），r 为点 A 与 M 之间的距离，将质点 A 固定于点$(0,1)$处，质点 M 沿 $y=\sqrt{2x-x^2}$ 自点$(0,0)$处移动到点$(2,0)$处，求在此运动过程中质点 A 对质点 M 的引力所做的功.

13. 验证表达式

$$\frac{y\mathrm{d}x}{3x^2-2xy+3y^2}-\frac{x\mathrm{d}y}{3x^2-2xy+3y^2}$$

在不含原点的任何单连通区域内是某函数 $u(x,y)$的全微分，并在 $x>0$ 区域上求函数 $u(x,y)$.

14. 验证表达式$(2x\cos y-y^2\sin x)\mathrm{d}x+(2y\cos x-x^2\sin y)\mathrm{d}y$是某二元函数$u(x,y)$的全微分，并求函数 $u(x,y)$，计算曲线积分

$$\int_{(0,0)}^{\left(\frac{\pi}{2},\pi\right)}(2x\cos y-y^2\sin x)\mathrm{d}x+(2y\cos x-x^2\sin y)\mathrm{d}y.$$

15. a 为何值时，表达式

$$\frac{(x+ay)\mathrm{d}x+y\mathrm{d}y}{(x+y)^2}$$

是某函数的全微分.

16. 确定常数 λ,使在右半平面 $x>0$ 上的向量 $\boldsymbol{F}(x,y)=2xy(x^4+y^2)^{\lambda}\boldsymbol{i}-x^2(x^4+y^2)^{\lambda}\boldsymbol{j}$ 为某二元函数 $u(x,y)$ 的梯度,并求 $u(x,y)$.

17. 已知函数 $z=f(x,y)$ 在任一点 (x,y) 处的两个偏增量:

$$\Delta_x z=(2+3x^2y^2)\Delta x+3xy^2(\Delta x)^2+y^2(\Delta x)^3,$$

$$\Delta_y z=2x^3y\Delta y+x^3(\Delta y)^2,$$

且 $f(0,0)=1$,求 $f(x,y)$.

18. 验证下列方程是全微分方程,并求其通解:

(1) $(3x^2+6y^2x)\mathrm{d}x+(6x^2y+4y^2)\mathrm{d}y=0$;

(2) $[\cos(x+y^2)+3y]\mathrm{d}x+[2y\cos(x+y^2)+3x]\mathrm{d}y=0$;

(3) $(x\cos y+\cos x)y'-y\sin x+\sin y=0$.

19. 设 $f(x)$ 具有二阶连续导数,$f(0)=0$,$f'(0)=1$,且

$$[xy(x+y)-f(x)y]\mathrm{d}x+[f'(x)+x^2y]\mathrm{d}y=0$$

为一全微分方程,求 $f(x)$ 及此全微分方程的通解.

20. 证明解一阶微分方程的分离变量法,本质上就是将方程乘以积分因子,化为全微分方程来求解.

21. 设有平面向量场 $\boldsymbol{F}=\{2x\cos y-y^2\sin x,2y\cos x-x^2\sin y\}$,

(1) 证明 $\boldsymbol{F}$ 是保守场;

(2) 求势函数;

(3) 求从点 $A(-\pi,\pi)$ 到点 $B\left(3\pi,\dfrac{\pi}{2}\right)$ 的曲线积分 $\int_{\widehat{AB}}\boldsymbol{F}\cdot\mathrm{d}\boldsymbol{r}$.

10.5

1. 计算曲面积分 $\iint\limits_{\Sigma}(z-1)\mathrm{d}x\mathrm{d}y$,其中 Σ 是球面 $x^2+y^2+z^2=1$ 在第一卦限部分的内侧.

2. 计算 $\iint\limits_{S}xyz^2\mathrm{d}x\mathrm{d}y$,其中 S 是球面 $x^2+y^2+z^2=1$ 在 $x\geqslant0,y\geqslant0$ 的部分的外侧.

3. 计算 $\iint\limits_{S}x\mathrm{d}y\mathrm{d}z+y\mathrm{d}z\mathrm{d}x+z\mathrm{d}x\mathrm{d}y$,其中 S 是旋转抛物面 $z=x^2+y^2(z\leqslant1$ 部分$)$的上侧.

4. 计算 $\oiint\limits_{S}(x+y+z)\mathrm{d}x\mathrm{d}y-(y-z)\mathrm{d}y\mathrm{d}z$,其中 S 是三个坐标面与平面 $x=1,y=1,z=1$ 所围成的正方体表面外侧.

5. 设有流速场 $\boldsymbol{v}=x\boldsymbol{i}+y\boldsymbol{j}+z\boldsymbol{k}$,

(1) 求穿过锥面 $\boldsymbol{\Sigma}_1:x^2+y^2=z^2(0\leqslant z\leqslant h)$ 向下侧的净流量 I_1;

(2) 求穿过平面 $\boldsymbol{\Sigma}_2:z=h(x^2+y^2\leqslant h^2)$ 向上侧的净流量 I_2.

6. 计算 $\oiint\limits_{S}\dfrac{x\mathrm{d}y\mathrm{d}z+z^2\mathrm{d}x\mathrm{d}y}{x^2+y^2+z^2}$,其中 S 是由圆柱面 $x^2+y^2=R^2$ 及两平面 $z=R,z=-R(R>0)$ 所围成立体表面的外侧.

7. 计算 $\iint\limits_{S}\boldsymbol{F}\cdot\mathrm{d}\boldsymbol{S}$,其中 $\boldsymbol{F}=\dfrac{x\boldsymbol{i}+y\boldsymbol{j}+z\boldsymbol{k}}{\sqrt{x^2+y^2+z^2}}$,$S$ 是上半球面 $z=\sqrt{R^2-x^2-y^2}$ 的下侧.

8. 设 σ_{xy} 是曲面 S 在 Oxy 面上的投影域,问

$$\iint\limits_{S}f(x,y)\mathrm{d}x\mathrm{d}y=\iint\limits_{\sigma_{xy}}f(x,y)\mathrm{d}x\mathrm{d}y$$

是否成立,为什么?

10.6

1. 试证光滑闭曲面 S 所围的立体体积

$$V=\frac{1}{3}\oiint\limits_{S}[x\cos\alpha+y\cos\beta+z\cos\gamma]\mathrm{d}S,$$

其中 $\cos\alpha,\cos\beta,\cos\gamma$ 为曲面 S 的外法向量方向余弦.

2. 计算 $\oiint\limits_{\Sigma}xz^2\mathrm{d}y\mathrm{d}z+yx^2\mathrm{d}z\mathrm{d}x+zy^2\mathrm{d}x\mathrm{d}y$,其中 Σ 为球面 $x^2+y^2+z^2=a^2$ 的外侧.

3. 计算 $\oiint\limits_{\Sigma}xz\mathrm{d}y\mathrm{d}z+x^2y\mathrm{d}z\mathrm{d}x+y^2z\mathrm{d}x\mathrm{d}y$,其中 Σ 由旋转抛物面 $z=x^2+y^2$,圆柱面 $x^2+y^2=1$ 和坐标面在第一卦限所围立体表面的外侧.

4. 设函数 $f(u)$ 有连续的导数,计算曲面积分

$$\oiint\limits_{\Sigma}\frac{x}{y}f\left(\frac{x}{y}\right)\mathrm{d}y\mathrm{d}z+f\left(\frac{x}{y}\right)\mathrm{d}z\mathrm{d}x+\left[z-\frac{z}{y}f\left(\frac{x}{y}\right)\right]$$

$\mathrm{d}x\mathrm{d}y$,其中 Σ 是由 $y=x^2+z^2+1$ 和 $y=9-x^2-z^2$ 所围立体表面的外侧.

5. 计算 $\iint\limits_S x^3\mathrm{d}y\mathrm{d}z+y^3\mathrm{d}z\mathrm{d}x+z^3\mathrm{d}x\mathrm{d}y$,其中 S 是曲面 $z=\sqrt{x^2+y^2}\,(0\leqslant z\leqslant h)$ 的下侧.

6. 计算 $\iint\limits_S (8y+1)x\mathrm{d}y\mathrm{d}z+2(1-y)^2\mathrm{d}z\mathrm{d}x-4yz\mathrm{d}x\mathrm{d}y$,其中 S 是由曲线 $\begin{cases}z=\sqrt{y-1},\\x=0\end{cases}(1\leqslant y\leqslant 3)$ 绕 y 轴旋转一周所生成的曲面,它的法向量与 y 轴正向的夹角恒大于 $\dfrac{\pi}{2}$.

7. 计算 $\iint\limits_S x^2\mathrm{d}y\mathrm{d}z+y^2\mathrm{d}z\mathrm{d}x+2cz\mathrm{d}x\mathrm{d}y$,其中 S 是上半球面 $z=\sqrt{R^2-(x-a)^2-(y-b)^2}$ 的下侧.

8. 设 $V=\left\{(x,y,z)\ \middle|\ -\sqrt{2ax-x^2-y^2}\leqslant z\leqslant 0\right\}$,$S$ 为 V 的表面外侧,求

$$\oiint\limits_S \frac{ax\mathrm{d}y\mathrm{d}z+2(x+a)y\mathrm{d}z\mathrm{d}x}{\sqrt{(x-a)^2+y^2+z^2}}.$$

9. 设空间区域 Ω 由曲面 $z=a^2-x^2-y^2$ 与平面 $z=0$ 围成,记 S 为 Ω 的表面外侧,V 为 Ω 的体积,试证

$$\oiint\limits_S x^2yz^2\mathrm{d}y\mathrm{d}z-xy^2z^2\mathrm{d}z\mathrm{d}x+z(1+xyz)\mathrm{d}x\mathrm{d}y=V.$$

10. 设空间有界闭区域 V(V 也表示它的体积)关于平面 $x=0$ 和平面 $y=x$ 都对称,S 为 V 的表面外侧,$f(t)$ 为连续可微函数,试证

$$\oiint\limits_S f(x)yz^2\mathrm{d}y\mathrm{d}z-xf(y)z^2\mathrm{d}z\mathrm{d}x+z(1+xyf(z))\mathrm{d}x\mathrm{d}y=V.$$

11. 已知 $\boldsymbol{F}=\dfrac{2^y}{\sqrt{x^2+z^2}}\boldsymbol{j}$,求

$$\oiint\limits_S \boldsymbol{F}\cdot\mathrm{d}\boldsymbol{S},$$

其中 S 为曲面 $y=\sqrt{x^2+z^2}$ 及 $y=1$,$y=2$ 所围成的立体的表面的外侧.

12. 设 Σ 是曲面 $z=x^2+y^2$ 与平面 $z=1$ 围成的立体的表面外侧,求向量场 $\boldsymbol{A}=x^2\boldsymbol{i}+y^2\boldsymbol{j}+z^2\boldsymbol{k}$ 穿过 Σ 向外的通量 Φ.

13. 设有向量场

$$\boldsymbol{F}=\frac{1}{\sqrt{x^2+y^2+4z^2+3}}(xy^2\boldsymbol{i}+yz^2\boldsymbol{j}+zx^2\boldsymbol{k}),$$

求穿过椭球面 $x^2+y^2+4z^2=1$ 向外的通量 Φ.

14. 计算 $\iint\limits_S \dfrac{\boldsymbol{r}\cdot\mathrm{d}\boldsymbol{S}}{r^3}$,其中 $\boldsymbol{r}=x\boldsymbol{i}+y\boldsymbol{j}+z\boldsymbol{k}$,$r=|\boldsymbol{r}|$,

(1) S 为不经过,也不包围原点的任意简单闭曲面的外侧;

(2) S 为包围原点的任意简单闭曲面的外侧.

15. 求下列向量场 $\boldsymbol{A}$ 在指定点 M 处的散度:

(1) $\boldsymbol{A}=x^3\boldsymbol{i}+y^3\boldsymbol{j}+z^3\boldsymbol{k}$,$M(1,0,-1)$;

(2) $\boldsymbol{A}=4x\boldsymbol{i}-2xy\boldsymbol{j}-2\boldsymbol{k}$,$M(7,3,0)$;

(3) $\boldsymbol{A}=xyz\boldsymbol{r}$,$\boldsymbol{r}=x\boldsymbol{i}+y\boldsymbol{j}+z\boldsymbol{k}$,$M(1,2,3)$.

16. 设 $\boldsymbol{r}=x\boldsymbol{i}+y\boldsymbol{j}+z\boldsymbol{k}$,$r=|\boldsymbol{r}|$,

(1) 求 $f(r)$,使 $\mathrm{div}[f(r)\boldsymbol{r}]=0$;

(2) 求 $f(r)$,使 $\mathrm{div}[\,\mathbf{grad}\,f(r)\,]=0$.

10.7

1. 计算空间闭曲线 C 上的积分

$$\oint_C (y-z)\mathrm{d}x+(z-x)\mathrm{d}y+(x-y)\mathrm{d}z,$$

其中曲线 C 是圆柱面 $x^2+y^2=a^2$ 与平面 $\dfrac{x}{a}+\dfrac{z}{h}=1\,(a>0,h>0)$ 的交线,从 z 轴正向看 C 是逆时针方向的.

2. 设曲线 C 是球面 $x^2+y^2+z^2=2Rx$ 和柱面 $x^2+y^2=2rx\,(0<r<R,z\geqslant 0)$ 的交线,从 z 轴正向看是顺时针的. 计算

$$\oint_C (y^2+z^2)\mathrm{d}x+(z^2+x^2)\mathrm{d}y+(x^2+y^2)\mathrm{d}z.$$

3. 证明曲线积分

$$\int_\Gamma yz\mathrm{d}x+zx\mathrm{d}y+xy\mathrm{d}z$$

与路径无关(与起点和终点有关). 并计算从点 $A(1,1,0)$ 到点 $B(1,1,1)$ 的这个积分.

4. 计算曲线积分

$$\int_{\widehat{AmB}} (x^2-yz)\mathrm{d}x+(y^2-xz)\mathrm{d}y+(z^2-xy)\mathrm{d}z,$$

其中 $\widehat{AmB}$ 是从点 $A(a,0,0)$ 开始,沿螺线 $x=a\cos\theta$,

$y=a\sin\theta, z=\frac{h}{2\pi}\theta$ 到点 $B(a,0,h)$ 的曲线段.

5. 设向量 $\boldsymbol{A}(M)$ 的分量具有连续的二阶偏导数. 试证在向量场 $\boldsymbol{A}$ 内,任何分块光滑的闭曲面 Σ 上,恒有

$$\oiint_{\Sigma}\mathbf{rot}\,\boldsymbol{A}\cdot d\boldsymbol{S}=0.$$

6. 设 Σ 是球面 $x^2+y^2+z^2=9$ 的上半部的上侧,C 为 Σ 的边界线,$\boldsymbol{A}=\{2y,3x,-z^2\}$. 试用下面指定的方法计算 $\iint_{\Sigma}\mathbf{rot}\,\boldsymbol{A}\cdot d\boldsymbol{S}$.

(1) 用第一型曲面积分计算;

(2) 用第二型曲面积分计算;

(3) 用高斯公式计算;

(4) 用斯托克斯公式计算.

7. 求向量场 $\boldsymbol{A}=-y\boldsymbol{i}+x\boldsymbol{j}+a\boldsymbol{k}$ (a 为常数)沿闭曲线 C 的环量.

(1) C 为圆周 $x^2+y^2=1, z=0$,逆时针;

(2) $C:\begin{cases}z=2x,\\ z=(x-1)^2+y^2,\end{cases}$ 从 z 轴正向看顺时针方向.

8. 求下列向量场的旋度:

(1) $\boldsymbol{A}=y\boldsymbol{i}+z\boldsymbol{j}+x\boldsymbol{k}$;

(2) $\boldsymbol{A}=x^2\boldsymbol{i}+y^2\boldsymbol{j}+z^2\boldsymbol{k}$;

(3) $\boldsymbol{A}=yz\boldsymbol{i}+zx\boldsymbol{j}+xy\boldsymbol{k}$;

(4) $\boldsymbol{A}=(y^2+z^2)\boldsymbol{i}+(z^2+x^2)\boldsymbol{j}+(x^2+y^2)\boldsymbol{k}$;

(5) $\boldsymbol{A}=xyz(\boldsymbol{i}+\boldsymbol{j}+\boldsymbol{k})$;

(6) $\boldsymbol{A}=P(x)\boldsymbol{i}+Q(y)\boldsymbol{j}+R(z)\boldsymbol{k}$.

9. 证明向量场 $\boldsymbol{A}=y\cos(xy)\boldsymbol{i}+x\cos(xy)\boldsymbol{j}+\sin z\boldsymbol{k}$ 是保守场,并求势函数.

10. 设函数 $Q(x,y,z)$ 具有连续的一阶偏导数,且 $Q(0,y,0)=0$,表达式

$$axz\,dx+Q(x,y,z)\,dy+(x^2+2y^2z-1)\,dz$$

是某函数 $u(x,y,z)$ 的全微分,求常数 a,函数 Q 及 u.

10.8

1. 在过点 $O(0,0)$ 和 $A(\pi,0)$ 的曲线族 $y=a\sin x\,(a>0)$ 中,求一条曲线 L,使沿该曲线从 O 到 A 的积分 $\int_L(1+y^3)\,dx+(2x+y)\,dy$ 的值最小.

2. 质点 M 沿着以 AB 为直径的右下半圆周,从点 $A(1,2)$ 运动到点 $B(3,4)$ 的过程中受变力 $\boldsymbol{F}$ 作用,$\boldsymbol{F}$ 的大小等于点 M 与原点 O 之间的距离,其方向垂直于线段 OM,且与 y 轴正向的夹角小于 $\frac{\pi}{2}$,求变力 $\boldsymbol{F}$ 对质点 M 所做的功.

3. 计算平面曲线积分

$$\int_l\frac{(x-y)\,dx+(x+y)\,dy}{x^2+y^2},$$

其中 l 为摆线 $x=t-\sin t-\pi, y=1-\cos t$,从 $t=0$ 到 $t=2\pi$ 的弧段.

4. 确定参数 t 的值,使得在不包含直线 $y=0$ 的区域上,曲线积分

$$I=\int_l\frac{x(x^2+y^2)^t}{y}dx-\frac{x^2(x^2+y^2)^t}{y^2}dy$$

与路径无关,并求出从点 $A(1,1)$ 到点 $B(0,2)$ 的积分值 I.

5. 设在上半平面 $D=\{(x,y)\mid y>0\}$ 内,函数 $f(x,y)$ 具有连续偏导数,且对任意的 $t>0$ 都有 $f(tx,ty)=t^{-2}f(x,y)$,证明对 D 内的任意分段光滑的有向简单闭曲线 L,都有

$$\oint_L yf(x,y)\,dx-xf(x,y)\,dy=0.$$

6. 计算曲面积分

$$\iint_{\Sigma}(z^2x+ye^z)\,dydz+x^2y\,dzdx+(\sin^3x+y^2z)\,dxdy,$$

其中 Σ 为下半球面 $z=-\sqrt{R^2-x^2-y^2}$ 的上侧.

7. 计算曲面积分

$$\oiint_S(2x-2x^3-e^{-\pi})\,dydz+(zy^2+6x^2y+z^2x)\,dzdx-z^2y\,dxdy,$$

其中 S 是由抛物面 $z=4-x^2-y^2$,坐标面 Oxz, Oyz 及平面 $z=\frac{1}{2}y, x=1, y=1$ 所围成的立体的表面外侧.

8. 试将曲面积分

$$\oiint_S \frac{x\cos\alpha+y\cos\beta+z\cos\gamma}{\sqrt{x^2+y^2+z^2}}\mathrm{d}S$$

化为三重积分，其中 $\cos\alpha,\cos\beta,\cos\gamma$ 是曲面 S 的内法向量方向余弦（原点不在 S 上）.

9. 求向量场 $\boldsymbol{A}=(x^3-y^2)\boldsymbol{i}+(y^3-z^2)\boldsymbol{j}+(z^3-x^2)\boldsymbol{k}$ 的散度与旋度及 $\boldsymbol{A}$ 穿过曲面 S 向外的通量 $\boldsymbol{\Phi}$，其中 S 是由半球面 $y=R+\sqrt{R^2-x^2-z^2}\ (R>0)$ 与锥面 $y=\sqrt{x^2+z^2}$ 构成的闭曲面. 求 $\boldsymbol{A}$ 沿曲线 C 的环量 $\boldsymbol{\Gamma}$，其中 C 是圆柱面 $x^2+y^2=Rx$ 及球面 $z=\sqrt{R^2-x^2-y^2}$ 的交线，从 z 轴正向看为逆时针方向.

10. 设 $u=u(x,y)$，$v=v(x,y)$ 具有连续的偏导数，C 是平面区域 D 的边界线正向，试证二重积分有分部积分公式：

$$\iint_D u\frac{\partial v}{\partial x}\mathrm{d}x\mathrm{d}y=\oint_C uv\cos(\boldsymbol{n},x)\,\mathrm{d}s-\iint_D v\frac{\partial u}{\partial x}\mathrm{d}x\mathrm{d}y,$$

其中 $\boldsymbol{n}$ 为曲线 C 的外法向量.

11. 设 $u=u(x,y,z)$ 有连续的二阶偏导数，试证

$$\oiint_S \frac{\partial u}{\partial \boldsymbol{n}}\mathrm{d}S=\iiint_V (u''_{xx}+u''_{yy}+u''_{zz})\,\mathrm{d}V,$$

其中 S 是 V 的边界面，$\boldsymbol{n}$ 为 S 的外法向量.

12. 设 S 是简单光滑的闭曲面，包围的闭区域为 V，$u=u(x,y,z)$ 在 V 上有连续的一阶偏导数，$v=v(x,y,z)$ 有连续的二阶偏导数，且满足拉普拉斯方程

$$\frac{\partial^2 v}{\partial x^2}+\frac{\partial^2 v}{\partial y^2}+\frac{\partial^2 v}{\partial z^2}=0,$$

$\boldsymbol{n}$ 是曲面 S 上在点 (x,y,z) 处的外法线向量，试证

$$\oiint_S u\frac{\partial v}{\partial \boldsymbol{n}}\mathrm{d}S=\iiint_V (\mathbf{grad}\ u\cdot\mathbf{grad}\ v)\,\mathrm{d}x\mathrm{d}y\mathrm{d}z.$$

网上更多……　　教学 PPT　　拓展练习

自测题

第十一章 无穷级数

定义 11.1　把无穷序列 $\{u_n\}: u_1, u_2, \cdots, u_n, \cdots$ 的项依次用加号 "+" 连接起来的式子

$$u_1+u_2+\cdots+u_n+\cdots$$

叫做**无穷级数**(简称为级数),记为 $\sum_{n=1}^{\infty} u_n$,即

$$\sum_{n=1}^{\infty} u_n = u_1+u_2+\cdots+u_n+\cdots, \qquad (*)$$

其中 u_n 称为级数的**一般项**(或**通项**).

各项都是常数的级数,叫做(常)**数项级数**,例如

$$\frac{3}{10}+\frac{3}{100}+\cdots+\frac{3}{10^n}+\cdots,$$

$$1-\frac{1}{2}+\frac{1}{3}-\frac{1}{4}+\cdots+(-1)^{n-1}\frac{1}{n}+\cdots,$$

$$1-1+1-1+\cdots+(-1)^{n-1}+\cdots.$$

以函数为项的级数,叫做**函数项级数**,例如

$$1+x+x^2+\cdots+x^n+\cdots,$$

$$x-\frac{x^3}{3!}+\frac{x^5}{5!}-\cdots+(-1)^{n-1}\frac{x^{2n-1}}{(2n-1)!}+\cdots,$$

$$\sin x+\frac{1}{3}\sin 3x+\cdots+\frac{1}{2n-1}\sin(2n-1)x+\cdots.$$

为什么要研究无穷级数呢?

无穷级数是数和函数的一种无限的表现形式,它是进行数值计算的有效工具,计算函数值、造函数值表都借助于它;无穷级数在积分运算和微分方程求解时,也将呈现出它的威力,因为无穷级数中包含有许多非初等函数;在自然科学和工程技术里,也常常用无穷级数来分析问题,如谐波分析等. 总之,无穷级数是分析学的重要组成部

分，在理论上、计算上和实际应用方面都有重要意义.

11.1　无穷级数的敛散性

11.1.1　收敛与发散概念

无穷级数定义式(＊)的含义是什么？按通常的加法运算一项一项地加下去，永远也算不完，那么如何计算？

微视频
11.1.1 数项级数的敛散性

称无穷级数(＊)的前 n 项和

$$S_n = u_1 + u_2 + \cdots + u_n \tag{1}$$

为级数(＊)的(前 n 项)**部分和**. 这样，级数(＊)对应一个部分和序列

$$S_1, S_2, \cdots, S_n, \cdots. \tag{2}$$

定义 11.2　若级数(＊)的部分和序列(2)有极限，

$$\lim_{n\to\infty} S_n = S,$$

则称级数(＊)**收敛**，并称其极限 S 为级数(＊)的**和**，记为

$$S = \sum_{n=1}^{\infty} u_n = u_1 + u_2 + \cdots + u_n + \cdots.$$

否则，称级数(＊)**发散**.

级数的敛散性是个根本性的问题，它与部分和序列是否有极限是等价的.

对于收敛级数(＊)，称差

$$r_n = S - S_n = u_{n+1} + u_{n+2} + \cdots$$

为级数(＊)的**余和**. 显然有 $\lim\limits_{n\to\infty} r_n = 0$，所以，当 n 充分大时，可以用 S_n 近似代替 S，其误差为 $|r_n|$.

例 1　判断级数

$$\sum_{n=1}^{\infty} \frac{1}{n(n+1)} = \frac{1}{1\cdot 2} + \frac{1}{2\cdot 3} + \cdots + \frac{1}{n(n+1)} + \cdots$$

的敛散性.

解　由于 $\dfrac{1}{n(n+1)} = \dfrac{1}{n} - \dfrac{1}{n+1}$，所以，部分和

$$\begin{aligned} S_n &= \frac{1}{1\cdot 2} + \frac{1}{2\cdot 3} + \cdots + \frac{1}{n(n+1)} \\ &= \left(1 - \frac{1}{2}\right) + \left(\frac{1}{2} - \frac{1}{3}\right) + \cdots + \left(\frac{1}{n} - \frac{1}{n+1}\right) = 1 - \frac{1}{n+1}. \end{aligned}$$

因此

$$\lim_{n\to\infty} S_n = \lim_{n\to\infty}\left(1-\frac{1}{n+1}\right)=1.$$

故所讨论级数收敛,其和为 1,其余和

$$r_n = 1-\left(1-\frac{1}{n+1}\right)=\frac{1}{n+1}.$$

△例 2 试证**等比级数**(几何级数)

$$\sum_{n=1}^{\infty} ar^{n-1} = a+ar+ar^2+\cdots+ar^{n-1}+\cdots \quad (a\neq 0) \tag{3}$$

当 $|r|<1$ 时,收敛,和为$\frac{a}{1-r}$;当 $|r|\geqslant 1$ 时,发散.

证明 当公比 $r\neq 1$ 时,部分和

$$S_n = a+ar+ar^2+\cdots+ar^{n-1}=\frac{a-ar^n}{1-r}=\frac{a}{1-r}-\frac{ar^n}{1-r}.$$

(1) 若 $|r|<1$,由于$\lim\limits_{n\to\infty} r^n=0$,所以

$$\lim_{n\to\infty} S_n = \lim_{n\to\infty}\left(\frac{a}{1-r}-\frac{ar^n}{1-r}\right)=\frac{a}{1-r},$$

故当 $|r|<1$ 时,等比级数(3)收敛,其和为$\frac{a}{1-r}$.

(2) 若 $|r|>1$,由于$\lim\limits_{n\to\infty} r^n=\infty$,所以 S_n 无极限,此时等比级数(3)发散.

(3) 当公比 $r=1$ 时,$S_n=na$;当公比 $r=-1$ 时,

$$S_n=\begin{cases} a, & n\text{ 为奇数},\\ 0, & n\text{ 为偶数}.\end{cases}$$

可见在 $n\to\infty$ 时,S_n 无极限. 所以当 $|r|=1$ 时,等比级数(3)也发散. □

例 3 证明级数 $\sum\limits_{n=1}^{\infty}\frac{n}{2^n}$收敛,并求其和.

证明 因为

$$S_n=\frac{1}{2}+\frac{2}{2^2}+\frac{3}{2^3}+\cdots+\frac{n}{2^n},$$

$$2S_n = 1+\frac{2}{2}+\frac{3}{2^2}+\cdots+\frac{n}{2^{n-1}}.$$

后式减前式,得

$$S_n=1+\left(\frac{2}{2}-\frac{1}{2}\right)+\left(\frac{3}{2^2}-\frac{2}{2^2}\right)+\cdots+\left(\frac{n}{2^{n-1}}-\frac{n-1}{2^{n-1}}\right)-\frac{n}{2^n}$$

$$=1+\frac{1}{2}+\frac{1}{2^2}+\cdots+\frac{1}{2^{n-1}}-\frac{n}{2^n}$$

$$=\frac{1-\frac{1}{2^n}}{1-\frac{1}{2}}-\frac{n}{2^n}=2-\frac{1}{2^{n-1}}-\frac{n}{2^n}.$$

故

$$S=\lim_{n\to\infty}S_n=\lim_{n\to\infty}\left(2-\frac{1}{2^{n-1}}-\frac{n}{2^n}\right)=2.$$

这就证明了级数收敛，且和为 2. □

△例 4 证明**调和级数**[①]

$$\sum_{n=1}^{\infty}\frac{1}{n}=1+\frac{1}{2}+\frac{1}{3}+\cdots+\frac{1}{n}+\cdots \tag{4}$$

发散.

证明 利用不等式 $x>\ln(1+x)\ (x>0)$，有

$$S_n>\ln(1+1)+\ln\left(1+\frac{1}{2}\right)+\cdots+\ln\left(1+\frac{1}{n}\right)$$

$$=\ln 2+\ln 3-\ln 2+\cdots+\ln(n+1)-\ln n$$

$$=\ln(n+1),$$

而 $\lim\limits_{n\to\infty}\ln(n+1)=+\infty$，故 $\lim\limits_{n\to\infty}S_n=+\infty$，说明调和级数(4)发散. □

通过部分和序列的极限来判定无穷级数的敛散性，虽然是最基本的方法，但它常常是十分困难的. 因此需要寻找简便易行的判别方法，这是下面几节的中心议题.

11.1.2 无穷级数的几个基本性质

由无穷级数的收敛、发散的概念和极限运算的性质，容易得到无穷级数的下列性质：

性质 1 当 k 为非零常数时，级数 $\sum\limits_{n=1}^{\infty}ku_n$ 和 $\sum\limits_{n=1}^{\infty}u_n$ 敛散性相同. 在收敛的情况下，有

$$\sum_{n=1}^{\infty}ku_n=k\sum_{n=1}^{\infty}u_n.$$

证明 由级数的部分和

① 从第二项开始，每项都是相邻两项的调和中项，c 称为 a,b 的调和中项是指它满足关系 $\frac{1}{c}=\frac{1}{2}\left(\frac{1}{a}+\frac{1}{b}\right)$. 这个调和级数的部分和增长得很缓慢，欧拉曾计算过 $S_{1\,000}=7.84,\cdots$，$S_{1\,000\,000}=14.39$.

微视频
11.1.2 数项级数的性质

$$\sum_{i=1}^{n} ku_i = k\sum_{i=1}^{n} u_i$$

以及极限的性质

$$\lim_{n\to\infty}\sum_{i=1}^{n} ku_i = k\lim_{n\to\infty}\sum_{i=1}^{n} u_i,$$

易知结论成立. □

性质 2 若级数 $\sum_{n=1}^{\infty} u_n$ 和 $\sum_{n=1}^{\infty} v_n$ 均收敛,则逐项相加(减)的级数 $\sum_{n=1}^{\infty}(u_n \pm v_n)$ 也收敛,且

$$\sum_{n=1}^{\infty}(u_n \pm v_n) = \sum_{n=1}^{\infty} u_n \pm \sum_{n=1}^{\infty} v_n.$$

证明 由级数的部分和

$$\sum_{i=1}^{n}(u_i \pm v_i) = \sum_{i=1}^{n} u_i \pm \sum_{i=1}^{n} v_i$$

以及极限的性质

$$\lim_{n\to\infty}\sum_{i=1}^{n}(u_i \pm v_i) = \lim_{n\to\infty}\sum_{i=1}^{n} u_i \pm \lim_{n\to\infty}\sum_{i=1}^{n} v_i,$$

知性质 2 成立. □

由这条性质易知,若在两个级数中,有一个收敛,另一个发散,则它们逐项相加(减)的级数必发散;而两个发散级数逐项相加(减)的级数不一定发散. 例如,级数

$$\sum_{n=1}^{\infty}(-1)^n,\ \sum_{n=1}^{\infty}(-1)^{n-1}$$

都发散,但

$$\sum_{n=1}^{\infty}[(-1)^n+(-1)^{n-1}] = \sum_{n=1}^{\infty} 0$$

是收敛的.

性质 3 在一个级数中,任意去掉、增加或改变有限项后,级数的敛散性不变. 但对于收敛级数,其和将受到影响.

证明 假设在级数 $\sum_{n=1}^{\infty} u_n$ 中,去掉 $u_{i_1}, u_{i_2}, \cdots, u_{i_l}$,共 l 项,u_{i_l} 是最后一项,得到新级数为

$$\sum_{n=1}^{\infty} \hat{u}_n.$$

设 $u_{i_1}+u_{i_2}+\cdots+u_{i_l}=a$,$S_n$ 和 $\hat{S}_n$ 分别为两个级数的前 n 项部分和. 显然,当 $n+l>i_l$ 时,有

$$\hat{S}_n = S_{n+l} - a.$$

由此可见级数 $\sum_{n=1}^{\infty}\hat{u}_n$ 与 $\sum_{n=1}^{\infty}u_n$ 的敛散性一致. 但是，当 $\sum_{n=1}^{\infty}u_n=S$ 时，$\sum_{n=1}^{\infty}\hat{u}_n=S-a$.

有了上面的论证，用反证法知，在级数中任意增加有限项，也不改变级数的敛散性，但收敛级数的和要变.

改变有限项，等于去掉这些项，再于原位置上增加适当的项，所以结论也是正确的. □

性质 4　在收敛级数内可以任意加（有限个或无限个）括号，即若级数 $\sum_{n=1}^{\infty}u_n$ 收敛，则任意加括号所得到的级数（每个括号内的和数为新级数的一项）如

$$(u_1+u_2+\cdots+u_{k_1})+(u_{k_1+1}+u_{k_1+2}+\cdots+u_{k_2})+\cdots+$$
$$(u_{k_{n-1}+1}+u_{k_{n-1}+2}+\cdots+u_{k_n})+\cdots \tag{5}$$

也收敛，且其和与原级数和相等.

证明　因为新级数(5)的部分和数列 $\{\hat{S}_n\}=\{S_{k_n}\}$，而

$$\lim_{n\to\infty}S_n=S,$$

故

$$\lim_{n\to\infty}\hat{S}_n=\lim_{n\to\infty}S_{k_n}=S. \quad \square$$

由性质 4 知，发散级数去掉括号（拆项）后，仍发散.

要强调的是，收敛级数一般不能去掉无穷多个括号；发散级数一般不能加无穷多个括号. 例如级数

$$(1-1)+(1-1)+\cdots+(1-1)+\cdots$$

是收敛的，其和为零，但级数

$$1-1+1-1+\cdots+(-1)^{n-1}+\cdots$$

发散.

性质 5（级数收敛的必要条件）　若级数 $\sum_{n=1}^{\infty}u_n$ 收敛，则必有

$$\lim_{n\to\infty}u_n=0.$$

即收敛级数的一般项必趋于零（是无穷小）.

证明　设 $S=\sum_{n=1}^{\infty}u_n$，于是

$$\lim_{n\to\infty}u_n=\lim_{n\to\infty}(S_n-S_{n-1})=S-S=0. \quad \square$$

根据性质 5,若某级数的一般项不以零为极限,便可断言,该级数发散. 例如,级数

$$\sum_{n=1}^{\infty}\frac{n!}{a^n}\quad(a>1),$$

由于$\lim\limits_{n\to\infty}\frac{n!}{a^n}=\infty$,所以该级数发散.

一般项为无穷小仅仅是级数收敛的必要条件,不是充分条件. 如调和级数$\sum\limits_{n=1}^{\infty}\frac{1}{n}$的一般项$\frac{1}{n}$是无穷小,但调和级数发散.

例 5　判定级数

$$\sum_{n=1}^{\infty}n\sin\frac{1}{n}$$

的敛散性.

微视频
11.1.3 数项级数敛散性举例

解　由于

$$\lim_{n\to\infty}u_n=\lim_{n\to\infty}n\sin\frac{1}{n}=1\neq0,$$

故所讨论的级数发散.

例 6　判定级数

$$\sum_{n=1}^{\infty}\left(\frac{1}{3n}-\frac{\ln^n3}{3^n}\right)$$

的敛散性.

解　因调和级数$\sum\limits_{n=1}^{\infty}\frac{1}{n}$发散,由性质 1 知,级数$\sum\limits_{n=1}^{\infty}\frac{1}{3n}$发散. 而级数

$$\sum_{n=1}^{\infty}\left(\frac{\ln 3}{3}\right)^n$$

是以$r=\frac{\ln 3}{3}$为公比的等比级数,$|r|=\frac{\ln 3}{3}<1$,所以这个等比级数收敛. 由性质 2 知,级数

$$\sum_{n=1}^{\infty}\left(\frac{1}{3n}-\frac{\ln^n3}{3^n}\right)$$

发散.

例 7　试证

$$\lim_{n\to\infty}\frac{a_n}{(1+a_1)(1+a_2)\cdots(1+a_n)}=0,$$

其中$a_i>0\ (i=1,2,\cdots)$.

证明　由于级数

$$\sum_{n=1}^{\infty}\frac{a_n}{(1+a_1)(1+a_2)\cdots(1+a_n)} \tag{6}$$

的部分和 S_n 是单增的，且

$$S_n=\frac{a_1(1+a_2)\cdots(1+a_n)+a_2(1+a_3)\cdots(1+a_n)+\cdots+a_{n-1}(1+a_n)+a_n}{(1+a_1)(1+a_2)\cdots(1+a_n)}$$

$$=\frac{a_1(1+a_2)\cdots(1+a_n)+a_2(1+a_3)\cdots(1+a_n)+\cdots+a_{n-1}(1+a_n)+(1+a_n)-1}{(1+a_1)(1+a_2)\cdots(1+a_n)}$$

$$=\frac{(1+a_1)(1+a_2)\cdots(1+a_n)-1}{(1+a_1)(1+a_2)\cdots(1+a_n)}=1-\frac{1}{(1+a_1)(1+a_2)\cdots(1+a_n)}<1,$$

所以，$\{S_n\}$ 是单增有上界的数列，故 $\{S_n\}$ 有极限，即级数(6)收敛，于是由性质 5 知，级数(6)的一般项以零为极限. □

*11.1.3 柯西收敛原理[①]

① 本书带 * 号的内容可依具体情况确定讲或不讲.

除了级数的定义可以用来判定级数的敛散性之外，我们还可以用下述的柯西收敛原理进行判断.

定理 11.1（柯西收敛原理） 级数 $\sum_{n=1}^{\infty}u_n$ 收敛的充要条件为：对于任意给定的正数 ε，总存在正整数 N，使得当 $n>N$ 时，对于任意的正整数 p，都有

$$|u_{n+1}+u_{n+2}+\cdots+u_{n+p}|=\left|\sum_{k=n+1}^{n+p}u_k\right|<\varepsilon \text{ 成立.}$$

证明 设级数 $\sum_{n=1}^{\infty}u_n$ 的部分和为 S_n，因为

$$|u_{n+1}+u_{n+2}+\cdots+u_{n+p}|=|S_{n+p}-S_n|.$$

故由数列的柯西收敛准则（第二章定理 2.15），即得本定理结论. □

例 8 利用柯西收敛原理判定级数 $\sum_{n=1}^{\infty}\frac{1}{n^2}$ 的收敛性.

解 因为对任何正整数 p，

$$|u_{n+1}+u_{n+2}+\cdots+u_{n+p}|$$

$$=\frac{1}{(n+1)^2}+\frac{1}{(n+2)^2}+\cdots+\frac{1}{(n+p)^2}$$

$$<\frac{1}{n(n+1)}+\frac{1}{(n+1)(n+2)}+\cdots+\frac{1}{(n+p-1)(n+p)}$$

$$=\left(\frac{1}{n}-\frac{1}{n+1}\right)+\left(\frac{1}{n+1}-\frac{1}{n+2}\right)+\cdots+\left(\frac{1}{n+p-1}-\frac{1}{n+p}\right)$$

$$=\frac{1}{n}-\frac{1}{n+p}<\frac{1}{n}.$$

于是对任意 $\varepsilon>0$,存在 $N=\left[\frac{1}{\varepsilon}\right]$,当 $n>N$ 时,对任何正整数 p,总有

$$|u_{n+1}+u_{n+2}+\cdots+u_{n+p}|<\varepsilon$$

成立. 由柯西收敛原理,级数 $\sum_{n=1}^{\infty}\frac{1}{n^2}$收敛.

柯西收敛原理有时也常用来判定级数发散.

例 9 利用柯西收敛原理判别 $\sum_{n=1}^{\infty}\frac{1}{n}$发散.

证明 考虑

$$\begin{aligned}|S_{n+p}-S_n| &= \frac{1}{n+1}+\frac{1}{n+2}+\cdots+\frac{1}{n+p}\\ &> \frac{1}{n+p}+\frac{1}{n+p}+\cdots+\frac{1}{n+p} \quad (\text{共 } p \text{ 项})\\ &= \frac{p}{n+p},\end{aligned}$$

取 $p=n$,得

$$|S_{2n}-S_n|>\frac{1}{2}.$$

故级数 $\sum_{n=1}^{\infty}\frac{1}{n}$必发散. 这是因为若取 $\varepsilon=\frac{1}{2}$,无论 n 怎样大,都不能使得

$$|S_{2n}-S_n|<\frac{1}{2}.$$

11.2 正项级数敛散性判别法

微视频
11.2.1 正项级数敛散性判别法

若级数 $\sum_{n=1}^{\infty}u_n$ 的各项都是非负的实数,则称其为**正项级数**. 由于正项级数的部分和数列 $\{S_n\}$ 是单增的,即有

$$S_1\leqslant S_2\leqslant\cdots\leqslant S_n\leqslant\cdots,$$

所以,若部分和数列 $\{S_n\}$ 有上界,它必有极限,从而级数 $\sum_{n=1}^{\infty}u_n$ 收敛;若 $\{S_n\}$ 无上界,则 $\lim\limits_{n\to\infty}S_n=+\infty$,级数 $\sum_{n=1}^{\infty}u_n$ 必发散. 总之有:

定理 11.2 正项级数收敛的充要条件是其部分和数列有上界.

不难看出,正项级数可以任意加括号,其敛散性不变,对收敛的正项级数,其和也不变. 若收敛的正项级数和为 S,则 $S\geqslant S_n$.

例 1 判定级数 $\sum_{n=1}^{\infty}\frac{1}{2^n+1}$的收敛性.

解 由于$\frac{1}{2^n+1}<\frac{1}{2^n}$,故级数的部分和

$$S_n=\frac{1}{2+1}+\frac{1}{2^2+1}+\cdots+\frac{1}{2^n+1}<\frac{1}{2}+\frac{1}{2^2}+\cdots+\frac{1}{2^n}=1-\frac{1}{2^n}<1.$$

由定理 11.2 知,该正项级数收敛.

这个例子启示我们,判定一个正项级数的敛散性,可以与另一个已知敛散性的正项级数比较来确定.

微视频
11.2.2 正项级数比较判别法

定理 11.3(比较判别法) 设 $\sum_{n=1}^{\infty}u_n$, $\sum_{n=1}^{\infty}v_n$ 为两个正项级数,且满足不等式

$$u_n\leqslant v_n \quad (n=1,2,\cdots),$$

则当级数 $\sum_{n=1}^{\infty}v_n$ 收敛时,级数 $\sum_{n=1}^{\infty}u_n$ 也收敛;当级数 $\sum_{n=1}^{\infty}u_n$ 发散时,级数 $\sum_{n=1}^{\infty}v_n$ 也发散.

证明 设级数 $\sum_{n=1}^{\infty}u_n$ 和 $\sum_{n=1}^{\infty}v_n$ 的部分和依次为 S_n 和 σ_n,由于$u_n\leqslant v_n$,所以 $S_n\leqslant\sigma_n$.

当 $\sum_{n=1}^{\infty}v_n$ 收敛时,σ_n 有上界,从而 S_n 也有上界,由定理 11.2 知,$\sum_{n=1}^{\infty}u_n$ 收敛.

当 $\sum_{n=1}^{\infty}u_n$ 发散时,$S_n\to+\infty$,从而 $\sigma_n\to+\infty\ (n\to\infty)$,由此可见,$\sum_{n=1}^{\infty}v_n$ 发散. □

推论 若对两个正项级数 $\sum_{n=1}^{\infty}u_n$ 和 $\sum_{n=1}^{\infty}v_n$,存在常数 $C>0$ 和正整数 N,使得当 $n\geqslant N$ 时,

$$u_n\leqslant Cv_n,$$

则当级数 $\sum_{n=1}^{\infty}v_n$ 收敛时,$\sum_{n=1}^{\infty}u_n$ 也收敛;当级数 $\sum_{n=1}^{\infty}u_n$ 发散时,$\sum_{n=1}^{\infty}v_n$ 也发散.

△例 2 试证 P-级数①

$$\sum_{n=1}^{\infty}\frac{1}{n^P}=1+\frac{1}{2^P}+\frac{1}{3^P}+\cdots+\frac{1}{n^P}+\cdots$$

① 当 $P>1$ 时,P-级数的和是 P 的函数,称之为黎曼函数 $\zeta(P)$,在数论中起重要作用.

当 $P\leqslant 1$ 时发散，当 $P>1$ 时收敛.

证明　当 $P\leqslant 1$ 时，有

$$\frac{1}{n^P}\geqslant\frac{1}{n}\quad(n=1,2,\cdots),$$

而调和级数 $\sum\limits_{n=1}^{\infty}\frac{1}{n}$ 发散，故由比较判别法知 $P\leqslant 1$ 时，P-级数 $\sum\limits_{n=1}^{\infty}\frac{1}{n^P}$ 发散.

当 $P>1$ 时，将 P-级数加括号如下：

$$1+\left(\frac{1}{2^P}+\frac{1}{3^P}\right)+\left(\frac{1}{4^P}+\frac{1}{5^P}+\frac{1}{6^P}+\frac{1}{7^P}\right)+\left(\frac{1}{8^P}+\cdots+\frac{1}{15^P}\right)+\cdots,$$

它的各项均不大于正项级数

$$1+\left(\frac{1}{2^P}+\frac{1}{2^P}\right)+\left(\frac{1}{4^P}+\frac{1}{4^P}+\frac{1}{4^P}+\frac{1}{4^P}\right)+\left(\frac{1}{8^P}+\cdots+\frac{1}{8^P}\right)+\cdots,$$

即

$$1+\frac{1}{2^{P-1}}+\frac{1}{4^{P-1}}+\frac{1}{8^{P-1}}+\cdots$$

的对应项. 这最后的级数是收敛的等比级数，公比 $r=\frac{1}{2^{P-1}}<1$. 故由比较判别法知 $P>1$ 时，P-级数 $\sum\limits_{n=1}^{\infty}\frac{1}{n^P}$ 收敛. □

使用正项级数的比较判别法时，需要知道一些级数的敛散性，作为比较的标准. 等比级数 $\sum\limits_{n=1}^{\infty}ar^n$ 和 P-级数 $\sum\limits_{n=1}^{\infty}\frac{1}{n^P}$ 常常被当作标准. 当估计某一正项级数可能收敛时，就把它的项适当放大，若新级数是已知的收敛级数，就可断定原级数收敛；当估计某一正项级数可能发散，把它的项适当地缩小，若得到一个发散的级数，就可断定原级数也发散.

例 3　讨论下列正项级数的敛散性：

（1）$\sum\limits_{n=1}^{\infty}2^n\sin\frac{\pi}{3^n}$；　（2）$\sum\limits_{n=1}^{\infty}\frac{1}{\sqrt[3]{n(n+1)}}$；　（3）$\sum\limits_{n=1}^{\infty}\int_0^{1/n}\frac{\sqrt{x}}{1+x^2}\mathrm{d}x$.

解　（1）因为

$$0<u_n=2^n\sin\frac{\pi}{3^n}<2^n\frac{\pi}{3^n}=\pi\left(\frac{2}{3}\right)^n,$$

而等比级数 $\sum\limits_{n=1}^{\infty}\pi\left(\frac{2}{3}\right)^n$ 收敛，故由比较判别法知级数

$$\sum_{n=1}^{\infty}2^n\sin\frac{\pi}{3^n}$$

收敛.

(2) 因为

$$u_n=\frac{1}{\sqrt[3]{n(n+1)}}>\frac{1}{(n+1)^{2/3}},$$

而 $\sum\limits_{n=1}^{\infty}\frac{1}{(n+1)^{2/3}}=\sum\limits_{n=2}^{\infty}\frac{1}{n^{2/3}}$ 是发散的 P-级数 $\left(P=\frac{2}{3}<1\right)$,故由比较判别法知,级数

$$\sum_{n=1}^{\infty}\frac{1}{\sqrt[3]{n(n+1)}}$$

发散.

(3) 因为

$$0<u_n=\int_0^{\frac{1}{n}}\frac{\sqrt{x}}{1+x^2}\mathrm{d}x<\int_0^{\frac{1}{n}}\sqrt{x}\,\mathrm{d}x=\frac{2}{3}\ \frac{1}{n^{3/2}},$$

又 P-级数 $\sum\limits_{n=1}^{\infty}\frac{1}{n^{3/2}}$ 收敛 $\left(P=\frac{3}{2}>1\right)$,故级数

$$\sum_{n=1}^{\infty}\int_0^{\frac{1}{n}}\frac{\sqrt{x}}{1+x^2}\mathrm{d}x$$

收敛.

微视频
11.2.3 正项级数比阶法

定理 11.4(比较判别法的极限形式) 设 $\sum\limits_{n=1}^{\infty}u_n$ 和 $\sum\limits_{n=1}^{\infty}v_n$ 为两个正项级数,如果

$$\lim_{n\to\infty}\frac{u_n}{v_n}=C,$$

则 (1) 当 $0<C<+\infty$ 时,两个级数敛散性一致;

(2) 当 $C=0$ 时,若 $\sum\limits_{n=1}^{\infty}v_n$ 收敛,那么 $\sum\limits_{n=1}^{\infty}u_n$ 也收敛;

(3) 当 $C=\infty$ 时,若 $\sum\limits_{n=1}^{\infty}v_n$ 发散,那么 $\sum\limits_{n=1}^{\infty}u_n$ 也发散.

*证明 只证(1),$0<C<+\infty$ 情形. 取 $\varepsilon=\frac{C}{2}$,$\exists N$,当 $n>N$ 时,恒有 $\left|\frac{u_n}{v_n}-C\right|<\frac{C}{2}$,即有

$$\frac{C}{2}v_n<u_n<\frac{3C}{2}v_n,\quad \forall n>N.$$

由比较判别法的推论知,结论(1)成立. ▯

(2)(3)的证明留给读者作练习.

当 $u_n\to 0, v_n\to 0$ 时，比较判别法的极限形式的实质是通项无穷小比阶. 若 u_n, v_n 是同阶无穷小，两个级数 $\sum_{n=1}^{\infty} u_n$ 和 $\sum_{n=1}^{\infty} v_n$ 敛散性相同；若 u_n 是 v_n 的高阶无穷小，则级数 $\sum_{n=1}^{\infty} v_n$ 收敛时，级数 $\sum_{n=1}^{\infty} u_n$ 必收敛；若 u_n 是 v_n 的低阶无穷小，则级数 $\sum_{n=1}^{\infty} v_n$ 发散时，级数 $\sum_{n=1}^{\infty} u_n$ 必发散. 因为当 $n\to\infty$ 时，$\frac{1}{n}$是无穷小，考察 u_n 是$\frac{1}{n}$的几阶无穷小，就相当于和 P-级数比较来判定敛散性.

例 4　判定级数 $\sum_{n=1}^{\infty}\sin\frac{1}{n}$的敛散性.

解　因为

$$\lim_{n\to\infty}\left(\sin\frac{1}{n}\bigg/\frac{1}{n}\right)=1,$$

又调和级数 $\sum_{n=1}^{\infty}\frac{1}{n}$发散，所以，级数 $\sum_{n=1}^{\infty}\sin\frac{1}{n}$发散.

例 5　判定级数 $\sum_{n=1}^{\infty}\left(1-\cos\frac{\pi}{n}\right)$ 的敛散性.

解　因为 $1-\cos\frac{\pi}{n}$是$\frac{\pi}{n}$的二阶无穷小（$n\to\infty$ 时），而级数

$$\sum_{n=1}^{\infty}\left(\frac{\pi}{n}\right)^2=\pi^2\sum_{n=1}^{\infty}\frac{1}{n^2}$$

收敛，故级数 $\sum_{n=1}^{\infty}\left(1-\cos\frac{\pi}{n}\right)$ 收敛.

推论　设 $u_n\geqslant 0$，且 $\lim_{n\to\infty} n^P u_n=C$，则

（1）当 $P>1$，且 $0\leqslant C<+\infty$ 时，级数 $\sum_{n=1}^{\infty} u_n$ 收敛；

（2）当 $P\leqslant 1$，且 $0<C\leqslant+\infty$ 时，级数 $\sum_{n=1}^{\infty} u_n$ 发散.

使用比较判别法时，要找一个已知敛散性的级数与给定的级数对比，一般说来技巧性高、难度大. 如果换一个角度看问题，只要取定一个已知敛散性的级数作标准，就可以判定一些级数的敛散性. 如以等比级数为标准，就导出应用中很方便的两个充分性的判别法：比值法与根值法，它们的优点是由级数本身就能断定敛散性.

定理 11.5（比值判别法或达朗贝尔[①]判别法）　对正项级数

① 达朗贝尔（d'Alembert J L R，1717—1783），法国数学和力学大师，他把微积分学建立在“理性的”极限观念上，他的名言：向前进，你就会产生信念.

$\sum_{n=1}^{\infty} u_n$,若

$$\lim_{n\to\infty}\frac{u_{n+1}}{u_n}=\rho,$$

则当 $\rho<1$ 时,级数收敛;当 $\rho>1$(或 $\rho=+\infty$)时,级数发散.

证明 由数列极限定义,$\forall\varepsilon>0$,$\exists N$,当 $n\geqslant N$ 时,恒有

$$\left|\frac{u_{n+1}}{u_n}-\rho\right|<\varepsilon,$$

即

$$\rho-\varepsilon<\frac{u_{n+1}}{u_n}<\rho+\varepsilon,\quad \forall n\geqslant N. \tag{1}$$

(1) 当 $\rho<1$ 时,取 ε 适当小,使 $\rho+\varepsilon=r<1$. 于是由(1)式,得

$$u_{n+1}<ru_n,\quad \forall n\geqslant N.$$

微视频

11.2.4 正项级数比值法与根值法

从而

$$u_{N+k}<ru_{N+k-1}<\cdots<r^k u_N\quad (k=1,2,\cdots).$$

由 $0<r<1$ 知,等比级数 $\sum_{k=1}^{\infty} u_N r^k$ 收敛,再由比较判别法知,$\sum_{k=1}^{\infty} u_{N+k}=\sum_{n=N+1}^{\infty} u_n$ 收敛,从而级数 $\sum_{n=1}^{\infty} u_n$ 收敛.

(2) 当 $\rho>1$ 时,取 ε 适当小,使 $\rho-\varepsilon>1$,于是由(1)式得

$$u_{n+1}>u_n,\quad \forall n\geqslant N.$$

注意,这时 u_n 单调上升,故 $\lim_{n\to\infty} u_n\neq 0$,从而级数 $\sum_{n=1}^{\infty} u_n$ 发散. □

定理 11.6(根值判别法或柯西判别法) 对正项级数 $\sum_{n=1}^{\infty} u_n$,若

$$\lim_{n\to\infty}\sqrt[n]{u_n}=\rho,$$

则当 $\rho<1$ 时,级数收敛;当 $\rho>1$(或 $\rho=+\infty$)时,级数发散.

证明方法与比值法类似,请自行证明.

强调指出:(1) 若用比值法或根值法判定级数发散($\rho>1$),级数的通项 u_n 不趋于零. 后面将用到这一点. (2) 当 $\rho=1$ 时,比值法和根值法失灵. 比如,对 P-级数 $\sum_{n=1}^{\infty}\frac{1}{n^P}$,有

$$\lim_{n\to\infty}\frac{u_{n+1}}{u_n}=\lim_{n\to\infty}\left(\frac{n}{n+1}\right)^P=1,$$

所以用比值判别法不能判定 P-级数的敛散性.

例 6　讨论级数 $\sum_{n=1}^{\infty}\frac{x^n}{n}(x>0)$ 的敛散性.

解　因为

$$\lim_{n\to\infty}\frac{u_{n+1}}{u_n}=\lim_{n\to\infty}\left(\frac{x^{n+1}}{n+1}\Big/\frac{x^n}{n}\right)=\lim_{n\to\infty}\frac{n}{n+1}x=x,$$

所以,当 $0<x<1$ 时,级数收敛;当 $x>1$ 时,级数发散;当 $x=1$ 时,级数是调和级数,发散.

例 7　判定 $\sum_{n=1}^{\infty}\frac{n}{2^n}\cos^2\frac{n\pi}{3}$ 的敛散性.

解　因为 $0\leqslant\cos^2\frac{n\pi}{3}\leqslant 1$,所以

$$0\leqslant\frac{n}{2^n}\cos^2\frac{n\pi}{3}\leqslant\frac{n}{2^n}\quad(n=1,2,\cdots).$$

又因为

$$\lim_{n\to\infty}\left(\frac{n+1}{2^{n+1}}\Big/\frac{n}{2^n}\right)=\lim_{n\to\infty}\frac{n+1}{2n}=\frac{1}{2}<1,$$

所以,级数 $\sum_{n=1}^{\infty}\frac{n}{2^n}$ 收敛,再由比较判别法知,所讨论的级数也收敛.

例 8　讨论级数 $\sum_{n=1}^{\infty}\left(\frac{n}{2n+1}\right)^{an}$ 的敛散性.

解　因为

$$\lim_{n\to\infty}\sqrt[n]{u_n}=\lim_{n\to\infty}\sqrt[n]{\left(\frac{n}{2n+1}\right)^{an}}=\lim_{n\to\infty}\left(\frac{n}{2n+1}\right)^{a}=\left(\frac{1}{2}\right)^{a},$$

所以,当 $a>0$ 时,$\left(\frac{1}{2}\right)^{a}<1$,级数收敛;当 $a<0$ 时,$\left(\frac{1}{2}\right)^{a}>1$,级数发散;当 $a=0$ 时,根值法失灵,但此时级数为 $\sum_{n=1}^{\infty}1$,是发散的.

两点补充:

(1) 比值法(或根值法)的一般形式. 当 $n\geqslant N$ 时,若 $\frac{u_{n+1}}{u_n}\leqslant r<1$(或 $\sqrt[n]{u_n}\leqslant r<1$),则正项级数 $\sum_{n=1}^{\infty}u_n$ 收敛,若 $\frac{u_{n+1}}{u_n}\geqslant 1$(或 $\sqrt[n]{u_n}\geqslant 1$),则正项级数 $\sum_{n=1}^{\infty}u_n$ 发散.

(2) 如果用部分和 S_n 代替和 S,用比值法时,其误差 r_n 的估计为

$$r_n=u_{n+1}+u_{n+2}+\cdots<ru_n+r^2u_n+\cdots=\frac{ru_n}{1-r};\tag{2}$$

用根值法时，则

$$r_n=u_{n+1}+u_{n+2}+\cdots<r^{n+1}+r^{n+2}+\cdots=\frac{r^{n+1}}{1-r}. \qquad (3)$$

例9 证明级数 $\sum_{n=1}^{\infty}\frac{1}{3^n}[\sqrt{2}+(-1)^n]^n$ 收敛，并估计误差.

证明 由于

$$\sqrt[n]{u_n}=\frac{1}{3}[\sqrt{2}+(-1)^n]\leqslant\frac{1}{3}(1+\sqrt{2})<1,$$

所以，级数收敛.

若用前 n 项和 S_n 代替和 S，其误差

$$r_n<\frac{\left[\frac{1}{3}(1+\sqrt{2})\right]^{n+1}}{1-\frac{1}{3}(1+\sqrt{2})}=\frac{(1+\sqrt{2})^{n+1}}{3^n(2-\sqrt{2})}. \quad \square$$

例10 证明级数 $\sum_{n=2}^{\infty}\frac{1}{(n-1)!}$收敛，并估计误差.

证明 因为

$$\lim_{n\to\infty}\frac{u_{n+1}}{u_n}=\lim_{n\to\infty}\frac{(n-1)!}{n!}=\lim_{n\to\infty}\frac{1}{n}=0<1,$$

所以，级数收敛. 以 S_n 代替 S 时的误差

$$r_n=\frac{1}{n!}+\frac{1}{(n+1)!}+\cdots=\frac{1}{n!}\left[1+\frac{1}{n+1}+\frac{1}{(n+1)(n+2)}+\cdots\right]$$

$$<\frac{1}{n!}\left(1+\frac{1}{n}+\frac{1}{n^2}+\cdots\right)=\frac{1}{(n-1)!(n-1)}. \quad \square$$

例11 利用级数收敛性，证明 $\lim_{n\to\infty}\frac{n^n}{(n!)^2}=0$.

证明 考察级数 $\sum_{n=1}^{\infty}\frac{n^n}{(n!)^2}$，由于

$$\lim_{n\to\infty}\frac{u_{n+1}}{u_n}=\lim_{n\to\infty}\left\{\frac{(n+1)^{n+1}}{[(n+1)!]^2}\cdot\frac{(n!)^2}{n^n}\right\}$$

$$=\lim_{n\to\infty}\left[\frac{1}{n+1}\left(1+\frac{1}{n}\right)^n\right]=0<1,$$

故级数 $\sum_{n=1}^{\infty}\frac{n^n}{(n!)^2}$收敛. 由级数收敛的必要条件知

$$\lim_{n\to\infty}\frac{n^n}{(n!)^2}=0. \quad \square$$

*定理11.7（积分判别法） 设 $\sum_{n=1}^{\infty}u_n$ 为正项级数，函数 $f(x)$ 在区

微视频

11.2.5 正项级数柯西积分判别法

间$[a,+\infty)(a>0)$上非负、连续、单调下降，且

$$f(n)=u_n \quad (n\geqslant N),$$

则级数$\sum\limits_{n=1}^{\infty}u_n$与反常积分$\int_a^{+\infty}f(x)\mathrm{d}x$敛散性相同.

证明　为简便计，设$a=1,N=1$，见图 11.1. 由已知条件，对任何正整数k，有

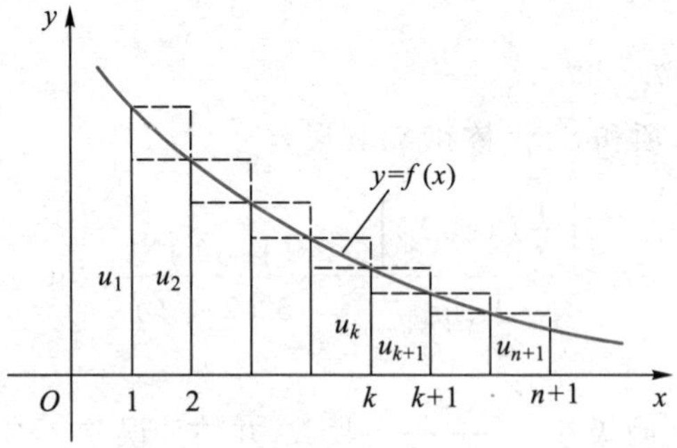

图 11.1

$$u_{k+1}=f(k+1)\leqslant\int_k^{k+1}f(x)\mathrm{d}x\leqslant f(k)=u_k,$$

从而有

$$S_{n+1}-u_1\leqslant\int_1^{n+1}f(x)\mathrm{d}x\leqslant S_n \quad (n=1,2,\cdots).$$

由于$f(x)>0$，所以$\int_1^b f(x)\mathrm{d}x$是b的单增函数. 又S_n也是单增的，若反常积分$\int_1^{+\infty}f(x)\mathrm{d}x$收敛于$I$，则$\int_1^{n+1}f(x)\mathrm{d}x<I$，于是$S_{n+1}\leqslant I+u_1$，即$\{S_n\}$有界，由定理 11.2 知，级数$\sum\limits_{n=1}^{\infty}u_n$收敛. 若反常积分$\int_1^{+\infty}f(x)\mathrm{d}x$发散，则$\lim\limits_{n\to\infty}\int_1^{n+1}f(x)\mathrm{d}x=+\infty$，从而$\lim\limits_{n\to\infty}S_n=+\infty$，故级数$\sum\limits_{n=1}^{\infty}u_n$发散. □

由定理 11.7 不难看出P-级数$\sum\limits_{n=1}^{\infty}\dfrac{1}{n^P}$与反常积分$\int_1^{+\infty}\dfrac{1}{x^P}\mathrm{d}x$的敛散性相同. 有关反常积分敛散性的判别法见上册第六章 6.5 节.

△例 12　试证级数$\sum\limits_{n=2}^{\infty}\dfrac{1}{n(\ln n)^P}$，当$P>1$时，级数收敛；当$0<P\leqslant1$时，级数发散.

证明　设

$$f(x)=\frac{1}{x(\ln x)^{P}},\quad x\geqslant 2,$$

则函数 $f(x)$ 在区间 $[2,+\infty)$ 上满足 $f(x)>0$,连续且单调下降,$f(n)=\frac{1}{n(\ln n)^{P}}$. 当 $P=1$ 时,

$$\int_2^{+\infty}\frac{\mathrm{d}x}{x\ln x}=\ln\ln x\Big|_2^{\infty}=+\infty,$$

反常积分发散;当 $P\neq 1$ 时,

$$\int_2^{+\infty}\frac{\mathrm{d}x}{x(\ln x)^{P}}=\frac{1}{1-P}(\ln x)^{1-P}\Big|_2^{+\infty}=\begin{cases}+\infty, & P<1,\\ \frac{1}{P-1}(\ln 2)^{1-P}, & P>1.\end{cases}$$

故由积分判别法知:当 $P>1$ 时,所讨论的级数收敛;当 $0<P\leqslant 1$ 时,所讨论的级数发散. □

11.3 任意项级数、绝对收敛

既有正项又有负项的级数,叫做**任意项级数**. 如果在级数中出现的正项(或负项)的项数有限,其余各项都取同一符号,那么它的收敛性问题,可以通过正项级数敛散性判别法来解决. 如果级数中正项和负项都有无穷多项,它的收敛问题能否借助于正项级数敛散性判别法来解决呢? 设

微视频
11.3.1 绝对收敛的级数

$$\sum_{n=1}^{\infty}u_n=u_1+u_2+\cdots+u_n+\cdots \tag{1}$$

为任意项级数,将其各项取绝对值,得到一个正项级数

$$\sum_{n=1}^{\infty}|u_n|=|u_1|+|u_2|+\cdots+|u_n|+\cdots. \tag{2}$$

定义 11.3 如果级数(2)收敛,则称级数(1)**绝对收敛**. 如果级数(2)发散,而级数(1)收敛,则称级数(1)**条件收敛**.

定理 11.8 级数(1)绝对收敛的充要条件是由(1)中正项构成的级数和负项构成的级数

$$\sum_{n=1}^{\infty}\frac{|u_n|+u_n}{2},\quad \sum_{n=1}^{\infty}\frac{|u_n|-u_n}{2} \tag{3}$$

都收敛.

证明 注意这是两个正项级数,且

$$0\leqslant\frac{|u_n|+u_n}{2}\leqslant|u_n|,\quad 0\leqslant\frac{|u_n|-u_n}{2}\leqslant|u_n|.$$

若级数(1)绝对收敛,则由正项级数比较判别法知级数

$$\sum_{n=1}^{\infty}\frac{|u_n|+u_n}{2},\quad \sum_{n=1}^{\infty}\frac{|u_n|-u_n}{2}$$

均收敛.

反之,若(3)中的两个级数均收敛,则由级数的性质以及

$$|u_n|=\frac{|u_n|+u_n}{2}+\frac{|u_n|-u_n}{2}$$

知级数(1)绝对收敛. □

定理 11.9　若级数(1)绝对收敛,则级数(1)必收敛.

证明　由于

$$u_n=\frac{|u_n|+u_n}{2}-\frac{|u_n|-u_n}{2},$$

利用定理 11.8 及级数的性质知,级数(1)收敛. □

注意,级数绝对收敛是级数收敛的充分条件,不是必要条件(图 11.2).

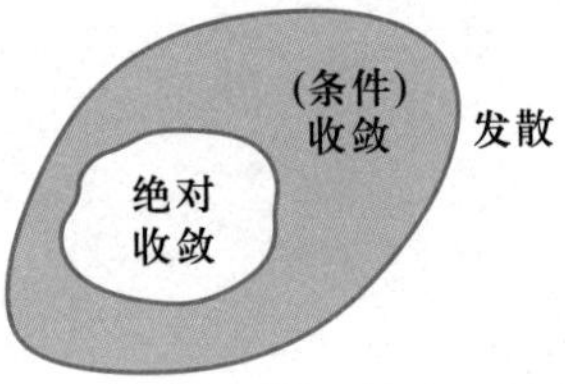

图 11.2

总之,若(3)中的两个级数都收敛,则级数(1)绝对收敛;若(3)中的两个级数一个收敛,一个发散,则级数(1)必发散;若(3)中两个级数都发散,则级数(1)可能条件收敛,也可能发散.

正项与负项相间的级数,叫做**交错级数**. 设 $u_n>0, n=1,2,\cdots$,则交错级数形如

$$\sum_{n=1}^{\infty}(-1)^{n-1}u_n=u_1-u_2+u_3-\cdots+(-1)^{n-1}u_n+\cdots \tag{4}$$

或

$$\sum_{n=1}^{\infty}(-1)^{n}u_n=-u_1+u_2-u_3+\cdots+(-1)^{n}u_n+\cdots. \tag{5}$$

微视频
11.3.2 交错级数判别法

定理 11.10(莱布尼茨判别法)　若交错级数(4)满足条件

1°　$\lim\limits_{n\to\infty}u_n=0$;

2°　$u_n\geqslant u_{n+1}, n=1,2,\cdots$,

则级数(4)收敛,且其和 $S\leqslant u_1$,余和 $r_n=S-S_n$ 的绝对值 $|r_n|\leqslant u_{n+1}$.

证明　将级数(4)的前 $2m$ 项部分和 S_{2m} 写成以下两种形式:

$$S_{2m}=(u_1-u_2)+(u_3-u_4)+\cdots+(u_{2m-1}-u_{2m}),$$

$$S_{2m}=u_1-(u_2-u_3)-\cdots-(u_{2m-2}-u_{2m-1})-u_{2m}.$$

由条件 2°知，$\{S_{2m}\}$ 单调上升，且有界 $S_{2m}\leqslant u_1$，故

$$\lim_{m\to\infty} S_{2m}=S\leqslant u_1.$$

另一方面，由条件 1°，有

$$\lim_{m\to\infty} S_{2m+1}=\lim_{m\to\infty}(S_{2m}+u_{2m+1})=S.$$

总之不论 n 为奇数还是偶数，恒有

$$\lim_{n\to\infty} S_n=S,$$

故级数(4)收敛，且 $S\leqslant u_1$.

其余和的绝对值

$$|r_n|=u_{n+1}-u_{n+2}+\cdots$$

也是一个交错级数. 由上面的证明知

$$|r_n|\leqslant u_{n+1}. \quad \square$$

例 1 判定下列级数的敛散性，若收敛，请指明是条件收敛，还是绝对收敛.

(1) $\sum\limits_{n=1}^{\infty}(-1)^{n-1}\frac{1}{n}$； (2) $\sum\limits_{n=1}^{\infty}\sin(\pi\sqrt{n^2+1})$.

解 (1) 因为调和级数

$$\sum_{n=1}^{\infty}\frac{1}{n}$$

发散，所以级数(1)不绝对收敛. 因为

$$\lim_{n\to\infty} u_n=\lim_{n\to\infty}\frac{1}{n}=0,\quad u_n=\frac{1}{n}>\frac{1}{n+1}=u_{n+1}\quad(n=1,2,\cdots),$$

所以由莱布尼茨判别法知级数(1)收敛. 总之，级数(1)是条件收敛的.

(2) 因为

$$\begin{aligned}\sin(\pi\sqrt{n^2+1})&=\sin[n\pi+\pi(\sqrt{n^2+1}-n)]\\&=\sin\left(n\pi+\frac{\pi}{\sqrt{n^2+1}+n}\right)=(-1)^n\sin\frac{\pi}{\sqrt{n^2+1}+n},\end{aligned}$$

所以

$$\sum_{n=1}^{\infty}\sin(\pi\sqrt{n^2+1})=\sum_{n=1}^{\infty}(-1)^n\sin\frac{\pi}{\sqrt{n^2+1}+n}$$

为交错级数.

由于

$$\lim_{n\to\infty}\frac{u_n}{\frac{1}{n}}=\lim_{n\to\infty}\frac{\sin\frac{\pi}{\sqrt{n^2+1}+n}}{\frac{1}{n}}=\lim_{n\to\infty}\frac{\frac{\pi}{\sqrt{n^2+1}+n}}{\frac{1}{n}}=\frac{\pi}{2},$$

根据比较判别法的极限形式知,级数

$$\sum_{n=1}^{\infty}\left|\sin(\pi\sqrt{n^2+1})\right|$$

发散,即原级数(2)不是绝对收敛的. 但由于 u_n 是无穷小,又

$$u_n=\sin\frac{\pi}{\sqrt{n^2+1}+n}>\sin\frac{\pi}{\sqrt{(n+1)^2+1}+(n+1)}=u_{n+1}(n=1,2,\cdots),$$

所以级数(2)收敛. 总之,级数(2)条件收敛.

例 2　判定下列级数的敛散性,对收敛级数要指明是条件收敛还是绝对收敛.

(1) $\sum\limits_{n=1}^{\infty}(-1)^{\frac{n(n+1)}{2}}\dfrac{1}{2^n}$;　　(2) $\sum\limits_{n=1}^{\infty}\dfrac{(-n)^n}{n!}$.

解　(1) 因为

$$\sum_{n=1}^{\infty}\left|(-1)^{\frac{n(n+1)}{2}}\frac{1}{2^n}\right|=\sum_{n=1}^{\infty}\frac{1}{2^n},$$

而等比级数 $\sum\limits_{n=1}^{\infty}\dfrac{1}{2^n}$收敛,所以级数(1)绝对收敛.

(2) 因为

$$\sum_{n=1}^{\infty}\left|\frac{(-n)^n}{n!}\right|=\sum_{n=1}^{\infty}\frac{n^n}{n!},$$

又

$$\lim_{n\to\infty}\left[\frac{(n+1)^{n+1}}{(n+1)!}\Big/\frac{n^n}{n!}\right]=\lim_{n\to\infty}\left(\frac{n+1}{n}\right)^n=\mathrm{e}>1,$$

由正项级数的比值判别法知,级数 $\sum\limits_{n=1}^{\infty}\dfrac{n^n}{n!}$发散,从而级数(2)不绝对收敛. 由于这里是用比值判别法来判定级数(2)不绝对收敛,因此级数(2)是发散的.

例 3　设常数 $\lambda\geqslant0$,且级数 $\sum\limits_{n=1}^{\infty}a_n^2$ 收敛,判定级数 $\sum\limits_{n=1}^{\infty}(-1)^n\dfrac{|a_n|}{\sqrt{n^2+\lambda}}$ 的敛散性,若收敛,指明是条件收敛还是绝对收敛.

解　利用不等式 $a^2+b^2\geqslant2ab$,得到

$$|a_n|\frac{1}{\sqrt{n^2+\lambda}}\leqslant\frac{1}{2}\left(|a_n|^2+\frac{1}{n^2+\lambda}\right).$$

由于正项级数

$$\sum_{n=1}^{\infty}|a_n|^2=\sum_{n=1}^{\infty}a_n^2,\quad\sum_{n=1}^{\infty}\frac{1}{n^2+\lambda}$$

都收敛,所以级数

$$\sum_{n=1}^{\infty}\frac{1}{2}\left(|a_n|^2+\frac{1}{n^2+\lambda}\right)$$

收敛. 于是由正项级数的比较判别法知,级数

$$\sum_{n=1}^{\infty}\frac{|a_n|}{\sqrt{n^2+\lambda}}$$

收敛,故级数 $\sum_{n=1}^{\infty}(-1)^n\frac{|a_n|}{\sqrt{n^2+\lambda}}$ 是绝对收敛的.

讨论任意项级数的敛散性时,通常先考察它是否绝对收敛(用正项级数敛散性判别法),如果不是绝对收敛的,再看它是否条件收敛. 若使用比值法或根值法判定级数不绝对收敛(这时级数的通项不趋于零),便可断言该级数发散. 对交错级数,可以用莱布尼茨判别法,还可利用无穷级数收敛的定义或性质 1、性质 2,将级数拆开为两个级数,然后讨论敛散性.

下面给出绝对收敛级数的两条性质,不予证明.

微视频
11.3.3 绝对收敛级数的性质

性质 1 若级数 $\sum_{n=1}^{\infty}u_n$ 绝对收敛,且其和为 S,则任意交换其各项的次序后所得到的新级数 $\sum_{n=1}^{\infty}u_n^*$(称为原级数的更序级数)也绝对收敛,其和亦为 S.

条件收敛的级数不具有这一性质. 对条件收敛的级数,可以做适当的更序,使更序级数收敛于任何预先指定的数 S,也可以使它以任何方式发散.

性质 2 若级数 $\sum_{n=1}^{\infty}u_n$, $\sum_{n=1}^{\infty}v_n$ 都绝对收敛,它们的和分别为 S 和 σ,则它们的柯西乘积

$$\left(\sum_{n=1}^{\infty}u_n\right)\left(\sum_{n=1}^{\infty}v_n\right)$$
$$=(u_1v_1)+(u_1v_2+u_2v_1)+\cdots+(u_1v_n+u_2v_{n-1}+\cdots+u_nv_1)+\cdots$$

也是绝对收敛的,且其和为 $S\sigma$.

11.4 函数项级数、一致收敛

11.4.1 函数项级数

微视频
11.4.1 函数项级数

设函数 $u_n(x)(n=1,2,\cdots)$ 都在集合 X 上有定义,对函数项级数

$$\sum_{n=1}^{\infty} u_n(x) = u_1(x) + u_2(x) + \cdots + u_n(x) + \cdots, \tag{1}$$

当点 $x_0 \in X$ 时,若数项级数

$$\sum_{n=1}^{\infty} u_n(x_0) = u_1(x_0) + u_2(x_0) + \cdots + u_n(x_0) + \cdots \tag{2}$$

收敛,则称 x_0 为函数项级数(1)的**收敛点**,否则称为函数项级数(1)的**发散点**. 所有收敛点构成的集合,称为函数项级数(1)的**收敛域**,发散点集称为(1)的**发散域**.

设 J 是函数项级数(1)的收敛域,$\forall x \in J$,级数(1)都有和. 显然,这个和是 J 上的函数,记为 $S(x)$,称为函数项级数(1)的和函数.

例如,等比级数

$$\sum_{n=0}^{\infty} x^n = 1 + x + x^2 + \cdots + x^n + \cdots,$$

它的收敛域为 $|x|<1$,发散域为 $|x| \geqslant 1$,在收敛域内和函数是 $\frac{1}{1-x}$,即有

$$\sum_{n=0}^{\infty} x^n = \frac{1}{1-x}, \quad \forall x \in (-1,1).$$

设 $S_n(x)$ 是函数项级数(1)的前 n 项和(部分和),则当 $x \in J$ 时,有

$$\lim_{n \to \infty} S_n(x) = S(x). \tag{3}$$

称 $r_n(x) = S(x) - S_n(x)$ 为函数项级数(1)的**余和**,显然

$$\lim_{n \to \infty} r_n(x) = 0, \quad \forall x \in J. \tag{4}$$

例 1 求函数项级数 $\sum\limits_{n=1}^{\infty} (-1)^{n-1} \frac{x^{3n}}{n}$ 的收敛域.

解 由于

$$\lim_{n \to \infty} \left| \frac{u_{n+1}}{u_n} \right| = \lim_{n \to \infty} \frac{\frac{|x|^{3n+3}}{n+1}}{\frac{|x|^{3n}}{n}} = \lim_{n \to \infty} \frac{n}{n+1} |x|^3 = |x|^3,$$

根据正项级数的比值判别法知,当 $|x|<1$ 时,所讨论的级数绝对收敛;当 $|x|>1$ 时,该级数发散.

当 $x=1$ 时,级数为 $\sum\limits_{n=1}^{\infty} (-1)^{n-1} \frac{1}{n}$,是条件收敛的;当 $x=-1$ 时,级数为 $\sum\limits_{n=1}^{\infty} \frac{-1}{n}$,是发散的.

总之,所讨论的级数的收敛域为区间$(-1,1]$.

把函数项级数中的变量 x 视为参数,通过数项级数的敛散性判别法来判定函数项级数对哪些 x 值收敛,哪些 x 值发散,是确定函数项级数收敛域的基本方法.

*11.4.2 一致收敛

微视频
11.4.2 函数项级数的一致收敛性

前面介绍的函数项级数(1)在收敛域 J 上收敛于和函数 $S(x)$,是逐点收敛的.用“$\varepsilon-N$”语言精确定义如下:

$\forall \varepsilon>0, \forall x\in J, \exists N=N(\varepsilon,x)$,使得当 $n>N$ 时,恒有

$$|r_n(x)|=|S_n(x)-S(x)|<\varepsilon.$$

这个定义中,对 J 中不同的 x,可以有不同的 N,对所有的 x 不一定有通用的正整数 N.下面介绍一个较强的收敛,它要求级数在某区间 I 内,能有与 x 无关,仅与 ε 有关的 N,即对区间 I 内每个 x 都有通用的 N.

定义 11.4 如果 $\forall \varepsilon>0, \exists N=N(\varepsilon)$,使得当 $n>N$ 时,恒有

$$|r_n(x)|=|S_n(x)-S(x)|<\varepsilon, \quad \forall x\in I,$$

则称函数项级数 $\sum\limits_{n=1}^{\infty}u_n(x)$ 在区间 I 上**一致收敛**(或**均匀收敛**).

用几何的话说,级数在区间 I 上一致收敛,就是在区间 I 上部分和曲线整条向和函数曲线收敛.

例 2 考察级数

$$\frac{1}{x+1}-\frac{1}{(x+1)(x+2)}-\frac{1}{(x+2)(x+3)}-\cdots-\frac{1}{(x+n-1)(x+n)}-\cdots$$

在 $0\leqslant x<+\infty$ 上的一致收敛性.

解 由于

$$\frac{1}{(x+n-1)(x+n)}=\frac{1}{x+n-1}-\frac{1}{x+n},$$

所以,$S_n(x)=\dfrac{1}{x+n}$,故

$$S(x)=\lim_{n\to\infty}S_n(x)=\lim_{n\to\infty}\frac{1}{x+n}=0,$$

即当 $x\geqslant 0$ 时,级数收敛于和函数 0.又因

$$|r_n(x)|=|S_n(x)-S(x)|=\frac{1}{x+n}\leqslant\frac{1}{n},$$

当 $0\leqslant x<+\infty$ 时.$\forall \varepsilon>0$,取 $N=\left[\dfrac{1}{\varepsilon}\right]+1$,则当 $n>N$ 时,恒有

$$|r_n(x)|<\varepsilon, \quad \forall x\in[0,+\infty),$$

所以在区间$[0,+\infty)$上,所讨论的函数项级数是一致收敛的.

例 3　考察函数项级数

$$x+(x^2-x)+(x^3-x^2)+\cdots+(x^n-x^{n-1})+\cdots$$

在区间[0,1]上是否一致收敛.

解　由于

$$S(x)=\lim_{n\to\infty}S_n(x)=\lim_{n\to\infty}x^n=\begin{cases}0, & 0\leqslant x<1,\\ 1, & x=1,\end{cases}$$

所以,当 $0<x<1$ 时,

$$|r_n(x)|=|S_n(x)-S(x)|=x^n,$$

故 $\forall\varepsilon>0$,若要 $|r_n(x)|<\varepsilon$,必须 $n\ln x<\ln\varepsilon$,即

$$n>\frac{\ln\varepsilon}{\ln x}\quad(0<x<1).$$

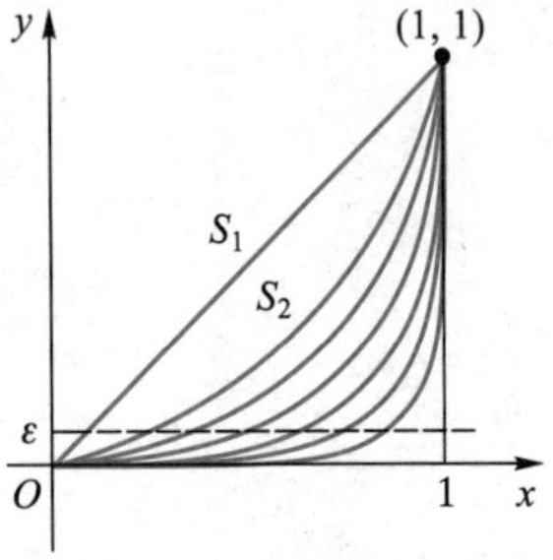

图 11.3

当 $x\to1^-$ 时,由于 $\frac{\ln\varepsilon}{\ln x}\to+\infty$,所以当 x 在区间(0,1)内时没有通用的 N,从而,所讨论的级数在区间(0,1)内不一致收敛,在区间[0,1]上更不可能一致收敛(图 11.3).

但是,对于任何小于 1 的正数 r,所讨论的级数在区间$[0,r]$上是一致收敛的,因为这时可以取 $N=\frac{\ln\varepsilon}{\ln r}$.

定理 11.11(魏尔斯特拉斯 M-检定法)　如果有收敛的正项常数项级数 $\sum_{n=1}^{\infty}M_n$,使得当 $x\in I$ 时,

$$|u_n(x)|\leqslant M_n\qquad(n=1,2,\cdots),$$

则函数项级数 $\sum_{n=1}^{\infty}u_n(x)$ 在区间 I 上一致收敛.

证明　根据定理的条件及正项级数的比较判别法知,级数 $\sum_{n=1}^{\infty}u_n(x)$ 对每个 $x\in I$ 都是绝对收敛的.

因为正项级数 $\sum_{n=1}^{\infty}M_n$ 收敛,故 $\forall\varepsilon>0$,$\exists N=N(\varepsilon)$,当 $n>N$ 时,恒有

$$r_N=M_{N+1}+M_{N+2}+\cdots+M_{N+P}+\cdots<\varepsilon,$$

于是对任何 $x\in I$ 和任意正整数 P,恒有

$$\begin{aligned}&|u_{N+1}(x)+u_{N+2}(x)+\cdots+u_{N+P}(x)|\\ \leqslant&|u_{N+1}(x)|+|u_{N+2}(x)|+\cdots+|u_{N+P}(x)|\\ \leqslant&M_{N+1}+M_{N+2}+\cdots+M_{N+P}\leqslant r_N<\varepsilon.\end{aligned}$$

令 $P\to+\infty$,并注意到 $\sum_{n=N+1}^{\infty}u_n(x)$ 在区间 I 上是绝对收敛的,从而当

$n>N$ 时,恒有

$$|u_{N+1}(x)+u_{N+2}(x)+\cdots|\leqslant r_N<\varepsilon,\quad \forall x\in I.$$

这就证明了级数 $\sum_{n=1}^{\infty}u_n(x)$ 在区间 I 上是一致收敛的. □

定理 11.11 中的级数 $\sum_{n=1}^{\infty}M_n$ 称为**控制级数**或**优级数**.

例 4 判断级数 $\sum_{n=1}^{\infty}\frac{x}{1+n^4x^2}$ 在 $x\geqslant0$ 上的一致收敛性.

解 因为 $1+n^4x^2\geqslant2n^2x,x\geqslant0$,所以

$$\frac{x}{1+n^4x^2}\leqslant\frac{1}{2n^2},$$

而常数项级数 $\sum_{n=1}^{\infty}\frac{1}{n^2}$ 是收敛的 P-级数,故所讨论的函数项级数在区间 $[0,+\infty)$ 上是一致收敛的.

一致收敛级数有许多重要的分析性质,介绍如下:

性质 1(函数项级数的和函数的连续性) 如果函数项级数 $\sum_{n=1}^{\infty}u_n(x)$ 在区间 $[a,b]$ 上一致收敛,且级数的每一项 $u_n(x)$ 都在区间 $[a,b]$ 上连续,则和函数 $S(x)$ 也在区间 $[a,b]$ 上连续.

证明 对任意的 $x,x_0\in[a,b]$,由于级数 $\sum_{n=1}^{\infty}u_n(x)$ 在区间 $[a,b]$ 上一致收敛,所以对任给的 $\varepsilon>0$,可以找到一个仅与 ε 有关的 n_1,使得

$$|S(x)-S_{n_1}(x)|<\frac{\varepsilon}{3},$$

$$|S_{n_1}(x_0)-S(x_0)|<\frac{\varepsilon}{3}.$$

又因每一项 $u_n(x)$ 连续,所以前 n_1 项的和 $S_{n_1}(x)$ 在 x_0 处连续,从而存在 $\delta>0$,使得当 $|x-x_0|<\delta$ 时,恒有

$$|S_{n_1}(x)-S_{n_1}(x_0)|<\frac{\varepsilon}{3}.$$

总之,对任给的 $\varepsilon>0$,存在 $\delta>0$,使得当 $|x-x_0|<\delta$ 时,恒有

$$\begin{aligned}&|S(x)-S(x_0)|\\&\leqslant|S(x)-S_{n_1}(x)|+|S_{n_1}(x)-S_{n_1}(x_0)|+|S_{n_1}(x_0)-S(x_0)|\\&<\frac{\varepsilon}{3}+\frac{\varepsilon}{3}+\frac{\varepsilon}{3}=\varepsilon.\end{aligned}$$

这就证明了和函数 $S(x)$ 在点 x_0 处是连续的. 由 x_0 的任意性知,$S(x)$

在区间$[a,b]$上连续. □

对于例 3 中的函数项级数

$$x+(x^2-x)+(x^3-x^2)+\cdots+(x^n-x^{n-1})+\cdots,$$

虽然每一项(x^n-x^{n-1})都在区间$[0,1]$上连续,但其和函数

$$S(x)=\begin{cases}0, & 0\leqslant x<1,\\ 1, & x=1\end{cases}$$

在点 $x=1$ 处不连续,所以该级数在区间$[0,1]$上不一致收敛.

类似地不难得到:对一致收敛的级数,若每一项都有极限,则和函数的极限等于每一项取极限后的级数和,即

$$\lim_{x\to x_0} S(x)=\sum_{n=1}^{\infty}\left[\lim_{x\to x_0} u_n(x)\right],$$

也就是说,在一致收敛的条件下,极限号和级数的和号可以换序:

$$\lim_{x\to x_0}\sum_{n=1}^{\infty} u_n(x)=\sum_{n=1}^{\infty}\lim_{x\to x_0} u_n(x).$$

性质 2(函数项级数的逐项积分性)　如果函数项级数 $\sum\limits_{n=1}^{\infty} u_n(x)$ 在区间$[a,b]$上一致收敛,且级数的每一项 $u_n(x)$ 都在区间$[a,b]$上连续,则和函数$S(x)$可积,且可逐项积分,即

$$\int_{x_0}^{x} S(x)\,\mathrm{d}x=\int_{x_0}^{x} u_1(x)\,\mathrm{d}x+\int_{x_0}^{x} u_2(x)\,\mathrm{d}x+\cdots+\int_{x_0}^{x} u_n(x)\,\mathrm{d}x+\cdots,$$

其中 x_0, x 是区间$[a,b]$内任意两点. 逐项积分后的级数也在区间$[a,b]$上一致收敛.

证明　由性质 1 知,$S(x)$在区间$[a,b]$上连续,故积分$\int_{x_0}^{x} S(x)\,\mathrm{d}x$存在.

因为函数项级数$\sum\limits_{n=1}^{\infty} u_n(x)$在区间$[a,b]$上一致收敛,对任给的 $\varepsilon>0$,存在只与 ε 有关的 N,使得当 $n>N$ 时,恒有

$$|r_n(x)|=|S(x)-S_n(x)|<\varepsilon, \quad \forall x\in[a,b],$$

于是,当 $n>N$ 时,恒有

$$\begin{aligned}&\left|\int_{x_0}^{x} S_n(x)\,\mathrm{d}x-\int_{x_0}^{x} S(x)\,\mathrm{d}x\right|\\ =&\left|\int_{x_0}^{x}[S_n(x)-S(x)]\,\mathrm{d}x\right|\\ \leqslant&\int_{x_0}^{x}|r_n(x)|\,\mathrm{d}x<|x-x_0|\varepsilon<(b-a)\varepsilon, \quad \forall x\in[a,b],\end{aligned}$$

而且

$$\int_{x_0}^{x} S_n(x)\,\mathrm{d}x=\int_{x_0}^{x} u_1(x)\,\mathrm{d}x+\int_{x_0}^{x} u_2(x)\,\mathrm{d}x+\cdots+\int_{x_0}^{x} u_n(x)\,\mathrm{d}x.$$

由函数项级数一致收敛概念知,级数

$$\int_{x_0}^{x} u_1(x)\,\mathrm{d}x+\int_{x_0}^{x} u_2(x)\,\mathrm{d}x+\cdots+\int_{x_0}^{x} u_n(x)\,\mathrm{d}x+\cdots$$

在区间$[a,b]$上一致收敛于$\int_{x_0}^{x} S(x)\,\mathrm{d}x$,故

$$\int_{x_0}^{x} S(x)\,\mathrm{d}x=\int_{x_0}^{x} u_1(x)\,\mathrm{d}x+\int_{x_0}^{x} u_2(x)\,\mathrm{d}x+\cdots+\int_{x_0}^{x} u_n(x)\,\mathrm{d}x+\cdots. \quad \square$$

性质 2 通常写成

$$\int_{x_0}^{x}\left[\sum_{n=1}^{\infty} u_n(x)\right]\mathrm{d}x=\sum_{n=1}^{\infty}\left[\int_{x_0}^{x} u_n(x)\,\mathrm{d}x\right], \quad x_0,x\in[a,b],$$

即一致收敛的函数项级数,和函数的积分等于各项积分之后的级数的和.也就是说,在一致收敛的条件下,积分号和级数的和号可以换序.

性质 3(函数项级数的逐项微分性)　设级数$\sum\limits_{n=1}^{\infty} u_n(x)$在区间$[a,b]$上收敛.如果它的各项$u_n(x)$都在区间$[a,b]$上有连续的导数,即$u_n'(x)\in C[a,b]$ $(n=1,2,\cdots)$,并且级数

$$\sum_{n=1}^{\infty} u_n'(x)=u_1'(x)+u_2'(x)+\cdots+u_n'(x)+\cdots$$

在区间$[a,b]$上一致收敛,则级数$\sum\limits_{n=1}^{\infty} u_n(x)$在该区间上也是一致收敛的,和函数$S(x)$在$[a,b]$上有连续的导数,并且可逐项求导,即

$$S'(x)=u_1'(x)+u_2'(x)+\cdots+u_n'(x)+\cdots.$$

证明　设

$$S^*(x)=\sum_{n=1}^{\infty} u_n'(x), \quad x\in[a,b],$$

由性质 2,有

$$\begin{aligned}\int_{x_0}^{x} S^*(x)\,\mathrm{d}x &= \sum_{n=1}^{\infty}\int_{x_0}^{x} u_n'(x)\,\mathrm{d}x=\sum_{n=1}^{\infty}[u_n(x)-u_n(x_0)]\\ &= \sum_{n=1}^{\infty} u_n(x)-\sum_{n=1}^{\infty} u_n(x_0)=S(x)-S(x_0).\end{aligned}$$

由性质 1 知,$S^*(x)$连续,故$\int_{x_0}^{x} S^*(x)\,\mathrm{d}x$可导.将上式两边求导,得

$$S^*(x)=S'(x), \quad x\in[a,b].$$

这说明了级数$\sum\limits_{n=1}^{\infty} u_n'(x)$在区间$[a,b]$上一致收敛于$S'(x)$.在上面的

证明中可以看出,级数

$$\sum_{n=1}^{\infty} u_n(x) = \sum_{n=1}^{\infty} \int_{x_0}^{x} u_n'(x)\,\mathrm{d}x + \sum_{n=1}^{\infty} u_n(x_0),$$

其中 $\sum\limits_{n=1}^{\infty} u_n(x_0)$ 是个收敛的数项级数(常数),$\sum\limits_{n=1}^{\infty} \int_{x_0}^{x} u'(x)\,\mathrm{d}x$ 是由一致收敛的函数项级数 $\sum\limits_{n=1}^{\infty} u_n'(x)$ 逐项积分得到的. 由性质 2 知,$\sum\limits_{n=1}^{\infty} \int_{x_0}^{x} u_n'(x)\,\mathrm{d}x$ 在区间$[a,b]$上一致收敛. 容易证明,一致收敛的函数项级数与收敛的数项级数之和是一致收敛的,故 $\sum\limits_{n=1}^{\infty} u_n(x)$ 在区间$[a,b]$上一致收敛. □

性质 3 中,逐项求导后的级数的一致收敛性,是不能由原级数的一致收敛性代替的,例如,对于级数

$$\frac{\sin x}{1^2} + \frac{\sin(2^2 x)}{2^2} + \cdots + \frac{\sin(n^2 x)}{n^2} + \cdots.$$

因为 $\left|\frac{\sin(n^2 x)}{n^2}\right| \leqslant \frac{1}{n^2}$,$\sum\limits_{n=1}^{\infty} \frac{1}{n^2}$ 收敛,由魏尔斯特拉斯 M-检定法知,级数 $\sum\limits_{n=1}^{\infty} \frac{\sin(n^2 x)}{n^2}$ 在任何区间上都是一致收敛的,但逐项微分后的级数

$$\cos x + \cos(2^2 x) + \cdots + \cos(n^2 x) + \cdots,$$

因其通项不趋于零,所以级数的收敛域是空集,故原级数不可能逐项微分.

性质 3 通常记为

$$\left[\sum_{n=1}^{\infty} u_n(x)\right]' = \sum_{n=1}^{\infty} u_n'(x),$$

即在 $\sum\limits_{n=1}^{\infty} u_n'(x)$ 一致收敛的条件下,函数项级数 $\sum\limits_{n=1}^{\infty} u_n(x)$ 可逐项微分(求导),也就是说,导数符号和级数和号可以换序.

下面几节,将讨论两类重要的函数项级数:幂级数和傅里叶级数.

11.5 幂 级 数

微视频
11.5.1 幂级数的收敛域

形如

$$\sum_{n=0}^{\infty} a_n x^n = a_0 + a_1 x + a_2 x^2 + \cdots + a_n x^n + \cdots \tag{1}$$

的函数项级数,叫做 x 的**幂级数**,其中常数 $a_n(n=0,1,2,\cdots)$ 叫做幂级数的**系数**. 更一般地,形如

$$\sum_{n=0}^{\infty} a_n(x-x_0)^n = a_0+a_1(x-x_0)+a_2(x-x_0)^2+\cdots+a_n(x-x_0)^n+\cdots \quad (2)$$

的函数项级数,叫做$(x-x_0)$的**幂级数**,其中 x_0 为固定值.

显然,通过变换 $t=x-x_0$,就可把级数(2)化为级数(1)的形式,所以下面将着重讨论幂级数(1).幂级数(1)的每一项都是方幂为自然数的幂函数与常数之积,它的部分和为多项式.

11.5.1 幂级数的收敛半径和收敛域

阿贝尔[①]引理 如果幂级数(1)在点 $x=x_0(x_0\neq 0)$处收敛,则对开区间$(-|x_0|,|x_0|)$内的任一点 x,幂级数(1)都绝对收敛;如果幂级数(1)在点$x=x_0$处发散,则当 $x>|x_0|$ 或$x<-|x_0|$时,幂级数(1)均发散.

① 阿贝尔(Abel N H,1802—1829),挪威数学家.家境贫寒,但他追求真理,坚持研究,在数学史上写下了光辉的篇章,后因贫病交加去世,死后三天收到柏林大学教授的聘书.

证明 (1) 设幂级数(1)在 $x=x_0(x_0\neq 0)$处收敛,即数项级数

$$a_0+a_1x_0+a_2x_0^2+\cdots+a_nx_0^n+\cdots$$

收敛.由收敛的必要条件知

$$\lim_{n\to+\infty} a_nx_0^n=0,$$

从而数列$\{a_nx_0^n\}$有界,即有常数 $M>0$,使得

$$|a_nx_0^n|\leqslant M \quad (n=0,1,2,\cdots),$$

因此

$$|a_nx^n|=|a_nx_0^n|\left|\frac{x}{x_0}\right|^n\leqslant M\left|\frac{x}{x_0}\right|^n \quad (n=0,1,2,\cdots).$$

当$|x|<|x_0|$时,$\left|\frac{x}{x_0}\right|<1$,等比级数 $\sum\limits_{n=0}^{\infty} M\left|\frac{x}{x_0}\right|^n$ 收敛.由比较判别法知,级数 $\sum\limits_{n=0}^{\infty}|a_nx^n|$ 收敛,即幂级数(1)在开区间$(-|x_0|,|x_0|)$内的任一点处都是绝对收敛的.

(2) 设幂级数(1)在 $x=x_0$ 处发散,假设存在点 x_1,满足$|x_1|>|x_0|$,且使幂级数(1)在 x_1 处收敛.那么由(1)段的证明知,幂级数(1)必在 x_0 处收敛,这与前提条件相矛盾.

因为幂级数的项都在$(-\infty,+\infty)$上有定义,所以对每个实数 x,幂级数(1)或者收敛,或者发散.然而任何一个幂级数(1)在原点 $x=0$ 处都收敛,所以由阿贝尔引理可直接得到如下推论:

推论 幂级数(1)的收敛性有三种类型:

1° 存在常数 $R>0$,当 $|x|<R$ 时,幂级数(1)绝对收敛,当 $|x|>R$ 时,幂级数(1)发散;

2° 除 $x=0$ 外,幂级数(1)处处发散,此时记 $R=0$;

3° 对任何 x,幂级数(1)都绝对收敛,此时记 $R=\infty$.

称 R 为幂级数(1)的**收敛半径**. 称开区间 $(-R,R)$ 为幂级数(1)的**收敛区间**. 在收敛区间内幂级数(1)绝对收敛.

除 $R=0$ 情况外,幂级数(1)的收敛域一般是一个以原点为中心,R 为半径的区间. 对情况 1°,还要讨论 $x=\pm R$ 时的两个数项级数

$$\sum_{n=0}^{\infty} a_n(-R)^n, \quad \sum_{n=0}^{\infty} a_n R^n$$

是否收敛,才能最后确定收敛域.

下面讨论收敛半径 R 的求法及收敛域的求法.

定理 11.12 对幂级数(1),若

$$1^\circ \quad \lim_{n\to\infty}\left|\frac{a_{n+1}}{a_n}\right|=b; \quad 或\ 2^\circ \quad \lim_{n\to\infty}\sqrt[n]{|a_n|}=b,$$

则幂级数(1)的收敛半径

$$R=\begin{cases}\dfrac{1}{b}, & 0<b<+\infty, \\ +\infty, & b=0, \\ 0, & b=+\infty.\end{cases}$$

证明 只证 1°,因为正项级数

$$\sum_{n=0}^{\infty}|a_n x^n| = |a_0|+|a_1 x|+|a_2 x^2|+\cdots+|a_n x^n|+\cdots \tag{3}$$

的后项与前项比的极限

$$\lim_{n\to\infty}\frac{|a_{n+1}x^{n+1}|}{|a_n x^n|}=\lim_{n\to\infty}\left|\frac{a_{n+1}}{a_n}\right||x|=b|x|,$$

依据比值判别法知,

(1) 当 $0<b<+\infty$ 时,如果 $|x|<\dfrac{1}{b}$,即有 $b|x|<1$,则级数(3)收敛,从而级数(1)绝对收敛;如果 $|x|>\dfrac{1}{b}$,即有 $b|x|>1$,则级数(3)发散,从而可断言级数(1)发散(因为这里用的是比值判别法,判定级数(1)不绝对收敛). 总之,此时收敛半径 $R=\dfrac{1}{b}$.

(2) 当 $b=0$ 时,恒有 $b|x|=0$,故级数(3)处处收敛,即级数(1)处处绝对收敛,$R=+\infty$.

(3) 当 $b=+\infty$ 时,除 $x=0$ 外,$b|x|=+\infty$,级数(3)除 $x=0$ 一点外处处发散,所以级数(1)在 $x\neq 0$ 时发散,$R=0$. □

在定理 11.12 的条件下,可按下式直接求幂级数的收敛半径:

$$R=\lim_{n\to\infty}\left|\frac{a_n}{a_{n+1}}\right| \quad 或 \quad R=\lim_{n\to\infty}\frac{1}{\sqrt[n]{|a_n|}}.$$

例 1 求下列幂级数的收敛半径与收敛域:

(1) $\sum\limits_{n=1}^{\infty}\dfrac{x^n}{2^n\cdot n}$; (2) $\sum\limits_{n=1}^{\infty}\dfrac{(n!)^2}{(2n)!}x^n$;

(3) $\sum\limits_{n=0}^{\infty}\dfrac{x^n}{(2n)!!}$[①]; (4) $\sum\limits_{n=1}^{\infty}n^n x^n$.

① 规定 $(2n)!!=2\cdot4\cdot6\cdot\cdots\cdot2n$, $(2n-1)!!=1\cdot3\cdot5\cdot\cdots\cdot(2n-1)$, $0!=1$.

解 (1) 收敛半径

$$R=\lim_{n\to\infty}\left|\frac{a_n}{a_{n+1}}\right|=\lim_{n\to\infty}\left[\frac{1}{2^n\cdot n}\Big/\frac{1}{2^{n+1}(n+1)}\right]=\lim_{n\to\infty}\frac{2(n+1)}{n}=2,$$

所以收敛区间为 $(-2,2)$.

微视频
11.5.2 幂级数的收敛域举例

当 $x=-2$ 时,级数(1)为 $\sum\limits_{n=1}^{\infty}(-1)^n\dfrac{1}{n}$,是收敛的交错级数;当 $x=2$ 时,级数(1)为 $\sum\limits_{n=1}^{\infty}\dfrac{1}{n}$,是调和级数,发散.

总之,级数(1)的收敛域为 $[-2,2)$.

(2) 收敛半径

$$R=\lim_{n\to\infty}\left|\frac{a_n}{a_{n+1}}\right|=\lim_{n\to\infty}\left\{\frac{(n!)^2}{(2n)!}\Big/\frac{[(n+1)!]^2}{[2(n+1)]!}\right\}=\lim_{n\to\infty}\frac{2(2n+1)}{(n+1)}=4,$$

所以收敛区间为 $(-4,4)$.

当 $x=4$ 时,级数(2)为正项级数 $\sum\limits_{n=1}^{\infty}\dfrac{(n!)^2}{(2n)!}4^n$,因为 $\dfrac{u_{n+1}}{u_n}=\dfrac{2n+2}{2n+1}>1$,所以,$u_n\not\to 0$(当 $n\to\infty$ 时),故级数 $\sum\limits_{n=1}^{\infty}\dfrac{(n!)^2}{(2n)!}4^n$ 发散;因此 $x=-4$ 时,级数(2)对应的数项级数也发散.因此,幂级数(2)的收敛域为 $(-4,4)$.

(3) 因为收敛半径

$$R=\lim_{n\to\infty}\left|\frac{a_n}{a_{n+1}}\right|=\lim_{n\to\infty}\left[\frac{1}{(2n)!!}\Big/\frac{1}{(2n+2)!!}\right]=\lim_{n\to\infty}(2n+2)=\infty,$$

所以,幂级数(3)的收敛域为 $(-\infty,+\infty)$.

(4) 因为收敛半径

$$R=\lim_{n\to\infty}\frac{1}{\sqrt[n]{|a_n|}}=\lim_{n\to\infty}\frac{1}{\sqrt[n]{n^n}}=\lim_{n\to\infty}\frac{1}{n}=0,$$

所以,幂级数(4)仅在 $x=0$ 一点收敛.

例 2 求 $(x-1)$ 的幂级数 $\sum_{n=1}^{\infty}(-1)^{n-1}\frac{(x-1)^n}{n}$ 的收敛域.

解 作变换,令 $t=x-1$,级数变为 t 的幂级数 $\sum_{n=1}^{\infty}(-1)^{n-1}\frac{t^n}{n}$,因为

$$R_t=\lim_{n\to\infty}\left|\frac{a_n}{a_{n+1}}\right|=\lim_{n\to\infty}\left(\frac{1}{n}\Big/\frac{1}{n+1}\right)=1,$$

当 $t=-1$ 时,级数为 $\sum_{n=1}^{\infty}\frac{-1}{n}$,发散;当 $t=1$ 时,级数为 $\sum_{n=1}^{\infty}\frac{(-1)^{n-1}}{n}$,收敛,所以,级数 $\sum_{n=1}^{\infty}(-1)^{n-1}\frac{t^n}{n}$ 的收敛域为 $(-1,1]$. 因此,$\sum_{n=1}^{\infty}(-1)^{n-1}\frac{(x-1)^n}{n}$ 的收敛域为 $(0,2]$,收敛半径 $R=1$.

一般地说,$(x-x_0)$ 的幂级数的收敛区间是以点 x_0 为中心的,所以也可以不作变换,先求出收敛半径 R,然后讨论在收敛区间 (x_0-R,x_0+R) 的两个端点处,对应的数项级数的收敛性,最后确定收敛域.

例 3 讨论幂级数 $\sum_{n=1}^{\infty}(-1)^{n+1}\frac{x^{2n}}{3^n-1}$ 的收敛域.

解 这是缺项的幂级数,不满足定理 11.12 的条件. 作变换,令 $y=x^2$,级数变为 $\sum_{n=1}^{\infty}(-1)^{n+1}\frac{y^n}{3^n-1}$. 因为

$$R_y=\lim_{n\to\infty}\left(\frac{1}{3^n-1}\Big/\frac{1}{3^{n+1}-1}\right)=3,$$

当 $y=3$ 时,级数为 $\sum_{n=1}^{\infty}(-1)^{n+1}\frac{3^n}{3^n-1}$,由于 $\lim_{n\to\infty}\frac{3^n}{3^n-1}=1\neq0$,所以这个数项级数发散,故 $y(\geqslant0)$ 的幂级数收敛域是 $0\leqslant y<3$. 因此,原幂级数收敛域是 $0\leqslant x^2<3$,即 $-\sqrt{3}<x<\sqrt{3}$,收敛半径 $R=\sqrt{3}$.

例 4 求函数项级数 $\ln x+\sum_{n=0}^{\infty}(-1)^n\frac{x^{2n+1}}{(2n+1)!}$ 的收敛域.

解 去掉第一项,则原级数是缺偶次幂的幂级数. 直接用比值判别法也是求收敛域的方法,因为

$$\lim_{n\to\infty}\left|\frac{u_{n+1}}{u_n}\right|=\lim_{n\to\infty}\left[\frac{|x|^{2n+3}}{(2n+3)!}\cdot\frac{(2n+1)!}{|x|^{2n+1}}\right]=\lim_{n\to\infty}\frac{|x|^2}{(2n+2)(2n+3)}=0,$$

所以,去掉第一项,级数处处绝对收敛. 由于第一项 $\ln x$ 的定义域为 $x>0$,所以,整个级数的收敛域是 $(0,+\infty)$.

例 5 讨论函数项级数 $\sum_{n=0}^{\infty}\frac{1}{2n+1}\left(\frac{1-\sin x}{2}\right)^n$ 的收敛域.

解　作变换，令 $y=\frac{1-\sin x}{2}\geqslant 0$，级数变为幂级数 $\sum_{n=0}^{\infty}\frac{y^n}{2n+1}$，因为

$$R_y=\lim_{n\to\infty}\frac{1}{2n+1}\bigg/\frac{1}{2n+3}=1,$$

当 $y=1$ 时，级数为 $\sum_{n=0}^{\infty}\frac{1}{2n+1}$，发散；又因 $0\leqslant y<1$，所以原函数项级数的收敛域为 $x\neq 2k\pi-\frac{\pi}{2},k=0,\pm 1,\cdots$.

11.5.2　幂级数的运算

设有两个幂级数

微视频
11.5.3 幂级数的性质

$$\sum_{n=0}^{\infty}a_nx^n=f(x),\quad x\in(-A,A),$$

$$\sum_{n=0}^{\infty}b_nx^n=g(x),\quad x\in(-B,B).$$

记 $R=\min\{A,B\}$. 显然，在区间 $(-R,R)$ 内两个幂级数都是绝对收敛的，由绝对收敛级数的性质有：

1. 加法与减法

$$\left(\sum_{n=0}^{\infty}a_nx^n\right)\pm\left(\sum_{n=0}^{\infty}b_nx^n\right)=\sum_{n=0}^{\infty}(a_n\pm b_n)x^n=f(x)\pm g(x),\quad x\in(-R,R),$$

且 $\sum_{n=0}^{\infty}(a_n\pm b_n)x^n$ 在区间 $(-R,R)$ 内绝对收敛.

2. 乘法

$$\begin{aligned}&\left(\sum_{n=0}^{\infty}a_nx^n\right)\left(\sum_{n=0}^{\infty}b_nx^n\right)\\&=a_0b_0+(a_0b_1+a_1b_0)x+\cdots+(a_0b_n+a_1b_{n-1}+\cdots+a_nb_0)x^n+\cdots\\&=\sum_{n=0}^{\infty}\left(\sum_{i=0}^{n}a_ib_{n-i}\right)x^n=f(x)g(x),\quad x\in(-R,R),\end{aligned}$$

且 $\sum_{n=0}^{\infty}\left(\sum_{i=0}^{n}a_ib_{n-i}\right)x^n$ 在区间 $(-R,R)$ 内绝对收敛.

3. 除法

因为除法是乘法的逆运算，当 $b_0\neq 0$ 时，定义两个幂级数的商是个幂级数：

$$\frac{\sum_{n=0}^{\infty}a_nx^n}{\sum_{n=0}^{\infty}b_nx^n}=\frac{a_0+a_1x+a_2x^2+\cdots+a_nx^n+\cdots}{b_0+b_1x+b_2x^2+\cdots+b_nx^n+\cdots}$$

$$=c_0+c_1x+c_2x^2+\cdots+c_nx^n+\cdots=\sum_{n=0}^{\infty}c_nx^n,$$

其中 $\sum_{n=0}^{\infty} c_n x^n$ 满足

$$\left(\sum_{n=0}^{\infty} b_n x^n\right)\left(\sum_{n=0}^{\infty} c_n x^n\right)=\sum_{n=0}^{\infty} a_n x^n.$$

根据等式两边级数的对应项系数相等，确定 $c_n(n=1,2,\cdots)$，如

$$c_0=a_0/b_0,\quad c_1=(a_1b_0-a_0b_1)/b_0^2,$$
$$c_2=(a_2b_0^2-a_1b_0b_1-a_0b_0b_2+a_0b_1^2)/b_0^3,\cdots,$$

级数 $\sum_{n=0}^{\infty} c_n x^n=\dfrac{f(x)}{g(x)}$ 的收敛半径，有时比上述的 R 小.

例如，幂级数 1 和幂级数 $1-x$ 的收敛半径均为 $+\infty$，但它们的商的幂级数

$$\frac{1}{1-x}=1+x+x^2+\cdots+x^n+\cdots$$

的收敛半径 $R=1$.

对于加（减）法和乘法，这里只肯定在区间 $(-R,R)$ 内绝对收敛. 当 $A\neq B$ 时，可以肯定收敛半径就是这个 R；当 $A=B$ 时，收敛半径不小于这个 R.

例 6　求幂级数 $\sum_{n=1}^{\infty}(2^n+\sqrt{n})(x+1)^n$ 的收敛域.

解　将原幂级数分为两个幂级数：

$$\sum_{n=1}^{\infty} 2^n(x+1)^n,\quad \sum_{n=1}^{\infty}\sqrt{n}(x+1)^n.$$

前者的收敛半径

$$R_1=\lim_{n\to\infty}\frac{2^n}{2^{n+1}}=\frac{1}{2},$$

后者的收敛半径

$$R_2=\lim_{n\to\infty}\frac{\sqrt{n}}{\sqrt{n+1}}=1,$$

于是，所求幂级数的收敛半径 $R=\min\left\{\dfrac{1}{2},1\right\}=\dfrac{1}{2}$，即收敛区间为

$$-\frac{3}{2}<x<-\frac{1}{2}.$$

当 $x=-\dfrac{3}{2}$ 和 $x=-\dfrac{1}{2}$ 时，对应的级数依次为

$$\sum_{n=1}^{\infty}(-1)^n\frac{2^n+\sqrt{n}}{2^n},\quad \sum_{n=1}^{\infty}\frac{2^n+\sqrt{n}}{2^n}.$$

因为 $\lim\limits_{n\to\infty}\dfrac{2^n+\sqrt{n}}{2^n}=1\neq 0$,所以这两个级数都发散,从而原幂级数的收敛域为$\left(-\dfrac{3}{2},-\dfrac{1}{2}\right)$.

下面讨论幂级数的分析运算性质,先介绍幂级数一致收敛性的一个定理.

*定理 11.13 幂级数(1)在它的收敛区间$(-R,R)$内的任一闭子区间$[-R_1,R_1]$上是一致收敛的(其中$0<R_1<R$).

证明 因为 $R_1\in(-R,R)$,所以级数(1)在点 R_1 处绝对收敛,即 $\sum\limits_{n=0}^{\infty}|a_nR_1^n|$收敛. 对于区间$[-R_1,R_1]$内任一点 x,恒有

$$|a_nx^n|\leqslant|a_nR_1^n|,\quad n=1,2,\cdots.$$

因此,由定理 11.11(魏尔斯特拉斯 M–检定法)知,级数(1)在$[-R_1,R_1]$上一致收敛. □

幂级数有如下分析运算性质:

4. 在收敛域上,幂级数 $\sum\limits_{n=0}^{\infty}a_nx^n$ 的和函数 $f(x)$ 是连续函数.

5. 在收敛域内,幂级数可逐项积分,且收敛半径不变,即有

$$\int_0^x f(x)\,\mathrm{d}x=\sum_{n=0}^{\infty}\left(a_n\int_0^x x^n\,\mathrm{d}x\right)=\sum_{n=0}^{\infty}\frac{a_n}{n+1}x^{n+1}.$$

6. 在收敛域内,幂级数可逐项微分,且收敛半径不变,即有

$$f'(x)=\sum_{n=0}^{\infty}(a_nx^n)'=\sum_{n=1}^{\infty}na_nx^{n-1}.$$

幂级数逐项积分或微分后,虽然收敛半径不变,收敛区间不变,但收敛域有可能变,例如

$$\frac{1}{1+x}=1-x+x^2-\cdots+(-1)^nx^n+\cdots$$

的收敛域是$(-1,1)$,但逐项积分后的幂级数

$$\ln(1+x)=x-\frac{x^2}{2}+\frac{x^3}{3}-\cdots+(-1)^{n-1}\frac{x^n}{n}+\cdots$$

的收敛域是$(-1,1]$. 这是因为,当 $x=1$ 时,左边函数(和函数)有定义、连续,右边级数收敛.

从运算性质 6 知,幂级数表示的函数是无穷次连续可微的"好"函数. 幂级数的收敛区间有时与和函数的表达式的定义域不一致. 在收敛域内,幂级数的运算类似于多项式的运算. 幂级数的和函数,有

时不是初等函数,这使得幂级数在积分运算和微分方程求解时起着一定的作用.

11.6　函数的幂级数展开

将函数表示为幂级数的形式,在理论上和应用中都是重要的. 比如,对函数做数值分析时,总离不开用多项式逼近给定的函数,而幂级数的部分和恰是多项式. 所以有了函数的幂级数展开,一些函数的多项式逼近,函数值的近似计算,以及一些积分、微分方程问题就迎刃而解了. 哪些函数在怎样的区间上可以表示为幂级数? 这时幂级数的系数如何确定? 这些就是本节讨论的主要问题. 此外,本节还将介绍某些幂级数求和的方法.

11.6.1　直接展开法,泰勒级数

回顾第四章介绍过的泰勒公式:若函数 $f(x)$ 在点 x_0 的某邻域 $U(x_0)$ 内有$n+1$阶导数,则 $f(x)$ 可表示为

$$f(x)=f(x_0)+\frac{f'(x_0)}{1!}(x-x_0)+\frac{f''(x_0)}{2!}(x-x_0)^2+\cdots+\frac{f^{(n)}(x_0)}{n!}(x-x_0)^n+R_n(x), \tag{1}$$

微视频
11.6.1 幂级数的展开

其中

$$R_n(x)=\frac{f^{(n+1)}(\xi)}{(n+1)!}(x-x_0)^{n+1},\quad \xi \text{ 介于 } x_0,x \text{ 之间}.$$

公式(1)就是函数 $f(x)$ 在 x_0 处展开的泰勒公式,$R_n(x)$ 是拉格朗日型余项.

如果 $f(x)$ 在点 x_0 的某邻域 $U(x_0)$ 内是无穷次连续可微的,记为 $f(x)\in C^{\infty}(U(x_0))$,我们就自然会想到,函数 $f(x)$ 是否可展为如下的幂级数:

$$f(x_0)+\frac{f'(x_0)}{1!}(x-x_0)+\frac{f''(x_0)}{2!}(x-x_0)^2+\cdots+\frac{f^{(n)}(x_0)}{n!}(x-x_0)^n+\cdots. \tag{2}$$

人们称幂级数(2)为函数 $f(x)$ 在 x_0 处(诱导出)的**泰勒级数**. 特别地,当 $x_0=0$ 时,称幂级数

$$f(0)+\frac{f'(0)}{1!}x+\frac{f''(0)}{2!}x^2+\cdots+\frac{f^{(n)}(0)}{n!}x^n+\cdots \tag{3}$$

为 $f(x)$（诱导出）的**麦克劳林级数**.

显然，泰勒级数(2)在什么范围上收敛于函数 $f(x)$，取决于在什么范围上有 $R_n(x)\to 0$.

定理 11.14　设函数 $f(x)\in C^\infty(U(x_0))$，则它的泰勒级数

$$\sum_{n=0}^{\infty}\frac{f^{(n)}(x_0)}{n!}(x-x_0)^n$$

在 $U(x_0)$ 内收敛于 $f(x)$ 的充要条件是

$$\lim_{n\to\infty}R_n(x)=0,\quad \forall x\in U(x_0). \tag{4}$$

证明　用 $S_n(x)$ 表示泰勒级数(2)的前 $n+1$ 项和，由泰勒公式(1)知

$$R_n(x)=f(x)-S_n(x),\quad S_n(x)=f(x)-R_n(x).$$

（必要性）设泰勒级数(2)在 $U(x_0)$ 上收敛于 $f(x)$，则 $\forall x\in U(x_0)$，$\lim\limits_{n\to\infty}S_n(x)=f(x)$，从而有

$$\lim_{n\to\infty}R_n(x)=\lim_{n\to\infty}[f(x)-S_n(x)]=0,\quad \forall x\in U(x_0).$$

（充分性）设(4)式成立，则

$$\lim_{n\to\infty}S_n(x)=\lim_{n\to\infty}[f(x)-R_n(x)]=f(x),\quad \forall x\in U(x_0),$$

即在 $U(x_0)$ 上，泰勒级数(2)收敛于 $f(x)$. □

在条件(4)不成立的范围内，函数 $f(x)$ 的泰勒级数(2)即使收敛，也不能收敛到 $f(x)$. 譬如，函数

$$f(x)=\begin{cases}e^{-1/x^2}, & x\neq 0,\\ 0, & x=0,\end{cases}$$

见图 11.4. 由于

$$f(0)=f'(0)=f''(0)=\cdots=0,$$

所以，函数 $f(x)$ 的麦克劳林级数各项系数均为零，显然它在整个数轴上收敛到零. 除 $x=0$ 外，在任何点 x 处都未收敛到原来的函数 $f(x)$ 上. 这就是因为除原点外，(4)式都不成立之故.

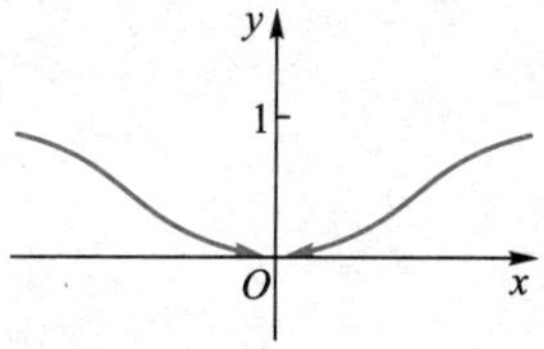

图 11.4

定理 11.15（函数幂级数展开的唯一性）　若函数 $f(x)$ 在点 x_0 的某邻域内可展开为幂级数

$$f(x)=\sum_{n=0}^{\infty}a_n(x-x_0)^n, \tag{5}$$

则其系数

$$a_n=\frac{f^{(n)}(x_0)}{n!}\quad (n=0,1,2,\cdots),$$

这里规定 $0!=1, f^{(0)}(x_0)=f(x_0)$.

证明　由于幂级数在收敛区间内可逐项微分,于是

$$f(x)=a_0+a_1(x-x_0)+a_2(x-x_0)^2+\cdots+a_n(x-x_0)^n+\cdots,$$

$$f'(x)=a_1+2a_2(x-x_0)+3a_3(x-x_0)^2+\cdots+na_n(x-x_0)^{n-1}+\cdots,$$

$$f''(x)=2!a_2+3\cdot 2a_3(x-x_0)+\cdots+n(n-1)a_n(x-x_0)^{n-2}+\cdots,$$

$$\cdots\cdots$$

$$f^{(n)}(x)=n!a_n+\cdots,$$

$$\cdots\cdots$$

在上述各式中,令 $x=x_0$,得

$$a_0=f(x_0),\quad a_1=\frac{f'(x_0)}{1!},\quad a_2=\frac{f''(x_0)}{2!},\quad \cdots,\quad a_n=\frac{f^{(n)}(x_0)}{n!},\quad \cdots.$$ □

这两个定理说明:在 x_0 的某邻域内,若函数 $f(x)$ 具有各阶导数,且其泰勒公式的余项 $R_n(x)$ 趋于零(当 $n\to\infty$ 时),则 $f(x)$ 可展开为幂级数,且其展开式是唯一的,就是 $f(x)$ 的泰勒级数. 据此,要将函数在 x_0 附近展开为幂级数,有如下的**直接展开法**:

第一步,求 $f(x)$ 的各阶导数 $f'(x), f''(x),\cdots,f^{(n)}(x),\cdots$;

第二步,计算 $f(x_0), f'(x_0), f''(x_0),\cdots,f^{(n)}(x_0),\cdots$;

第三步,写出泰勒级数

$$f(x_0)+\frac{f'(x_0)}{1!}(x-x_0)+\frac{f''(x_0)}{2!}(x-x_0)^2+\cdots+\frac{f^{(n)}(x_0)}{n!}(x-x_0)^n+\cdots,$$

并确定其收敛半径及收敛域;

第四步,在收敛域内,求使 $\lim\limits_{n\to\infty}R_n(x)=0$ 的区间,就是函数的幂级数**展开区间**.

△例 1　将函数 $f(x)=\mathrm{e}^x$ 展开为 x 的幂级数.

解　由 $f^{(n)}(x)=\mathrm{e}^x(n=0,1,2,\cdots)$,有 $f^{(n)}(0)=1(n=0,1,2,\cdots)$,于是 e^x 的泰勒级数为

$$1+x+\frac{x^2}{2!}+\frac{x^3}{3!}+\cdots+\frac{x^n}{n!}+\cdots,$$

其收敛半径

$$R=\lim_{n\to\infty}\left|\frac{a_n}{a_{n+1}}\right|=\lim_{n\to\infty}\frac{1}{n!}\bigg/\frac{1}{(n+1)!}=+\infty.$$

泰勒公式的余项

$$R_n(x)=\frac{\mathrm{e}^{\xi}}{(n+1)!}x^{n+1},\quad \xi\text{ 介于 }0,x\text{ 之间}.$$

它满足不等式

$$|R_n(x)|=\left|\frac{e^{\xi}}{(n+1)!}x^{n+1}\right|\leqslant e^{|x|}\frac{|x|^{n+1}}{(n+1)!}.$$

对任一确定的 $x\in(-\infty,+\infty)$，$e^{|x|}$是确定的数，而$\frac{|x|^{n+1}}{(n+1)!}$是处处收敛的幂级数 $\sum_{n=0}^{\infty}\frac{|x|^n}{n!}$的一般项，所以在区间$(-\infty,+\infty)$上恒有

$$\lim_{n\to\infty}R_n(x)=0,$$

于是，有展开公式

$$e^x=\sum_{n=0}^{\infty}\frac{x^n}{n!}=1+x+\frac{x^2}{2!}+\cdots+\frac{x^n}{n!}+\cdots,\quad x\in(-\infty,+\infty).\tag{6}$$

△例 2　将函数 $f(x)=\sin x$ 展开为 x 的幂级数.

解　由 $\sin x$ 的泰勒公式知它的泰勒级数为

$$x-\frac{x^3}{3!}+\frac{x^5}{5!}-\cdots+(-1)^n\frac{x^{2n+1}}{(2n+1)!}+\cdots,$$

其收敛半径 $R=+\infty$.

对收敛区间$(-\infty,+\infty)$内任一点 x，有 ξ 介于 $0,x$ 之间，使

$$\begin{aligned}|R_{2n+2}(x)|&=\left|\frac{f^{(2n+3)}(\xi)}{(2n+3)!}x^{2n+3}\right|\\&=\frac{|x|^{2n+3}}{(2n+3)!}\left|\sin\left[\xi+(2n+3)\frac{\pi}{2}\right]\right|\\&\leqslant\frac{|x|^{2n+3}}{(2n+3)!}\to 0,\quad 当\ n\to\infty\ 时.\end{aligned}$$

从而得到展开公式

$$\begin{aligned}\sin x&=\sum_{n=0}^{\infty}(-1)^n\frac{x^{2n+1}}{(2n+1)!}\\&=x-\frac{x^3}{3!}+\frac{x^5}{5!}-\cdots+(-1)^n\frac{x^{2n+1}}{(2n+1)!}+\cdots,\quad x\in(-\infty,+\infty).\end{aligned}\tag{7}$$

△例 3　将函数 $f(x)=(1+x)^{\alpha}$ 展开为 x 的幂级数，其中 α 为任意实常数.

解　由$(1+x)^{\alpha}$ 的泰勒公式知它的泰勒级数为

$$1+\alpha x+\frac{\alpha(\alpha-1)}{2!}x^2+\cdots+\frac{\alpha(\alpha-1)\cdots(\alpha-n+1)}{n!}x^n+\cdots,$$

其收敛半径

$$R=\lim_{n\to\infty}\left|\frac{a_n}{a_{n+1}}\right|=\lim_{n\to\infty}\left|\frac{n+1}{\alpha-n}\right|=1,$$

所以$(1+x)^\alpha$ 的泰勒级数的收敛区间是$(-1,1)$. 在 $x=\pm1$ 处,对不同的 α,敛散性不同.

为了避免讨论余项的极限,设在区间$(-1,1)$内$(1+x)^\alpha$ 的泰勒级数的和函数为 $S(x)$,即设

$$S(x)=1+\alpha x+\frac{\alpha(\alpha-1)}{2!}x^2+\cdots+\frac{\alpha(\alpha-1)\cdots(\alpha-n+1)}{n!}x^n+\cdots,\quad x\in(-1,1).$$

下面证明 $S(x)=(1+x)^\alpha, x\in(-1,1)$. 由逐项微分得

$$S'(x)=\alpha\left[1+\frac{\alpha-1}{1!}x+\cdots+\frac{(\alpha-1)\cdots(\alpha-n+1)}{(n-1)!}x^{n-1}+\cdots\right],$$

两边同乘$(1+x)$后,注意右边方括号内 x^n 的系数为

$$\frac{(\alpha-1)\cdots(\alpha-n+1)}{(n-1)!}+\frac{(\alpha-1)\cdots(\alpha-n)}{n!}=\frac{\alpha(\alpha-1)\cdots(\alpha-n+1)}{n!},$$

于是,有微分方程

$$(1+x)S'(x)=\alpha\left[1+\alpha x+\frac{\alpha(\alpha-1)}{2!}x^2+\cdots+\frac{\alpha(\alpha-1)\cdots(\alpha-n+1)}{n!}x^n+\cdots\right]$$
$$=\alpha S(x),\quad x\in(-1,1),$$

满足条件 $S(0)=1$. 由分离变量法解得

$$S(x)=(1+x)^\alpha,\quad x\in(-1,1),$$

故有展开公式

$$(1+x)^\alpha=1+\alpha x+\frac{\alpha(\alpha-1)}{2!}x^2+\cdots+\frac{\alpha(\alpha-1)\cdots(\alpha-n+1)}{n!}x^n+\cdots,$$
$$x\in(-1,1),\tag{8}$$

上式称为**牛顿二项式展开式**. 当 α 为正整数时,(8)式就是代数中的二项公式.

当 $\alpha=\frac{1}{2},-\frac{1}{2}$时,依次有展开式

$$\sqrt{1+x}=1+\frac{1}{2}x-\frac{1}{2\cdot4}x^2+\frac{1\cdot3}{2\cdot4\cdot6}x^3-\cdots+$$
$$(-1)^{n-1}\frac{1\cdot3\cdot5\cdot\cdots\cdot(2n-3)}{2\cdot4\cdot6\cdot\cdots\cdot(2n)}x^n+\cdots,\quad x\in[-1,1].\tag{9}$$

$$\frac{1}{\sqrt{1+x}}=1-\frac{1}{2}x+\frac{1\cdot3}{2\cdot4}x^2-\frac{1\cdot3\cdot5}{2\cdot4\cdot6}x^3+\cdots+$$
$$(-1)^n\frac{1\cdot3\cdot5\cdot\cdots\cdot(2n-1)}{2\cdot4\cdot6\cdot\cdots\cdot(2n)}x^n+\cdots,\quad x\in(-1,1].\tag{10}$$

11.6.2 间接展开法

将函数用直接法展开为幂级数,一般计算量大,而且对许多函数来说,求各阶导数与讨论拉格朗日型余项 $R_n(x)$ 趋于零的范围都是困难的.下面介绍**间接展开法**,它是利用已知的幂级数展开式(如公式(6),(7),(8)及等比级数的和等),通过变量代换、幂级数的运算等,得到函数的幂级数展开式的方法.根据展开的唯一性,它与直接展开法得到的结果是一致的.

微视频
11.6.2 幂级数的间接展开法

△例 4 将函数 $f(x)=\cos x$ 展开为 x 的幂级数.

解 将 $\sin x$ 的展开式(7)两边逐项微分,得到 $\cos x$ 的展开式:

$$\cos x=\sum_{n=0}^{\infty}(-1)^n\frac{x^{2n}}{(2n)!}$$

$$=1-\frac{x^2}{2!}+\frac{x^4}{4!}-\cdots+(-1)^n\frac{x^{2n}}{(2n)!}+\cdots,\quad x\in(-\infty,+\infty).\tag{11}$$

△例 5 将函数 $f(x)=\ln(1+x)$ 展开为麦克劳林级数.

解 因为 $[\ln(1+x)]'=\dfrac{1}{1+x}$,而

$$\frac{1}{1+x}=1-x+x^2-\cdots+(-1)^n x^n+\cdots,\quad x\in(-1,1),\tag{12}$$

从 0 到 x 逐项积分,得

$$\ln(1+x)=x-\frac{x^2}{2}+\frac{x^3}{3}-\cdots+(-1)^{n-1}\frac{x^n}{n}+\cdots,\quad x\in(-1,1].\tag{13}$$

展开式(13)对 $x=1$ 也成立,这是因为在 $x=1$ 时,右边级数收敛,左边函数在 $x=1$ 处连续的缘故,所以有

$$\ln 2=1-\frac{1}{2}+\frac{1}{3}-\cdots+(-1)^{n-1}\frac{1}{n}+\cdots.$$

△例 6 对展开式(13)作变量替换,以 $-x$ 替换 x,得到展开式

$$\ln(1-x)=-x-\frac{x^2}{2}-\frac{x^3}{3}-\cdots-\frac{x^n}{n}-\cdots,\quad x\in[-1,1).\tag{14}$$

(13)式减去(14)式,再除以 2,可得

$$\frac{1}{2}\ln\frac{1+x}{1-x}=x+\frac{x^3}{3}+\frac{x^5}{5}+\cdots+\frac{x^{2n-1}}{2n-1}+\cdots,\quad x\in(-1,1).\tag{15}$$

例 7 将展开式

$$\frac{1}{1+x^2}=1-x^2+x^4-x^6+\cdots+(-1)^n x^{2n}+\cdots,\quad x\in(-1,1)$$

从 0 到 x 逐项积分,得

$$\arctan x=x-\frac{x^3}{3}+\frac{x^5}{5}-\cdots+(-1)^n\frac{x^{2n+1}}{2n+1}+\cdots,\quad x\in[-1,1].\quad(16)$$

展开式(16)对 $x=\pm1$ 也成立,从而有

$$\frac{\pi}{4}=\arctan 1=1-\frac{1}{3}+\frac{1}{5}-\frac{1}{7}+\cdots.$$

利用间接展开法时,要注意区间端点的收敛性.

例 8　将 $\sin x$ 展开为 $\left(x-\frac{\pi}{4}\right)$ 的幂级数.

解　作变换,令 $t=x-\frac{\pi}{4}$,则 $x=t+\frac{\pi}{4}$,故

$$\sin x=\sin\left(t+\frac{\pi}{4}\right)=\sin\frac{\pi}{4}\cos t+\cos\frac{\pi}{4}\sin t=\frac{\sqrt{2}}{2}(\cos t+\sin t)$$

$$=\frac{\sqrt{2}}{2}\left[\sum_{n=0}^{\infty}(-1)^n\frac{t^{2n}}{(2n)!}+\sum_{n=0}^{\infty}(-1)^n\frac{t^{2n+1}}{(2n+1)!}\right]$$

$$=\frac{\sqrt{2}}{2}\sum_{n=0}^{\infty}(-1)^n\left[\frac{t^{2n}}{(2n)!}+\frac{t^{2n+1}}{(2n+1)!}\right]$$

$$=\frac{\sqrt{2}}{2}\left[1+\left(x-\frac{\pi}{4}\right)-\frac{\left(x-\frac{\pi}{4}\right)^2}{2!}-\frac{\left(x-\frac{\pi}{4}\right)^3}{3!}+\right.$$

$$\left.\frac{\left(x-\frac{\pi}{4}\right)^4}{4!}+\frac{\left(x-\frac{\pi}{4}\right)^5}{5!}-\cdots\right],x\in(-\infty,+\infty).$$

例 9　求函数 $f(x)=\frac{1}{x^2+x}$ 在 $x_0=-2$ 处展开的泰勒级数.

解　作变换,令 $t=x+2$,则 $x=t-2$,

$$\frac{1}{x^2+x}=\frac{1}{x}-\frac{1}{x+1}=\frac{1}{t-2}-\frac{1}{t-1}=\frac{1}{1-t}-\frac{\frac{1}{2}}{1-\frac{t}{2}}.$$

由于

$$\frac{1}{1-t}=\sum_{n=0}^{\infty}t^n,\quad t\in(-1,1),$$

$$\frac{\frac{1}{2}}{1-\frac{t}{2}}=\sum_{n=0}^{\infty}\frac{1}{2}\left(\frac{t}{2}\right)^n,\quad t\in(-2,2),$$

所以

$$\frac{1}{1-t}-\frac{\frac{1}{2}}{1-\frac{t}{2}}=\sum_{n=0}^{\infty}\frac{2^{n+1}-1}{2^{n+1}}t^n,\quad t\in(-1,1),$$

故

$$\frac{1}{x^2+x}=\sum_{n=0}^{\infty}\frac{2^{n+1}-1}{2^{n+1}}(x+2)^n,\quad x\in(-3,-1).$$

例 10　将 $f(x)=\dfrac{e^x}{1-x}$ 展开为 x 的幂级数,并求 $f'''(0)$.

解　由

$$\frac{1}{1-x}=1+x+x^2+\cdots+x^n+\cdots,\quad |x|<1,$$

$$e^x=1+\frac{x}{1!}+\frac{x^2}{2!}+\cdots+\frac{x^n}{n!}+\cdots,\quad |x|<+\infty$$

相乘得

$$\frac{e^x}{1-x}=1+\left(1+\frac{1}{1!}\right)x+\left(1+\frac{1}{1!}+\frac{1}{2!}\right)x^2+\cdots+\left(1+\frac{1}{1!}+\frac{1}{2!}+\cdots+\frac{1}{n!}\right)x^n+\cdots,\quad |x|<1.$$

因为 $f^{(n)}(0)=n!a_n$,所以

$$f'''(0)=3!\left(1+\frac{1}{1!}+\frac{1}{2!}+\frac{1}{3!}\right)=16.$$

例 11　设 $f(x)=\begin{cases}\dfrac{\sin x}{x}, & x\neq 0,\\ 1, & x=0.\end{cases}$ 试将函数 $\ln f(x)$ 的麦克劳林展开式写到 x^4 项.

解　因为

$$f(x)=1-\frac{x^2}{3!}+\frac{x^4}{5!}-\cdots,\quad x\in(-\infty,+\infty),$$

$$\ln(1+t)=t-\frac{t^2}{2}+\frac{t^3}{3}-\cdots,\quad t\in(-1,1],$$

故

$$\begin{aligned}\ln f(x)&=\ln[1+(f(x)-1)]\\&=\left(-\frac{x^2}{3!}+\frac{x^4}{5!}-\cdots\right)-\frac{1}{2}\left(-\frac{x^2}{3!}+\frac{x^4}{5!}-\cdots\right)^2+\cdots\\&=-\frac{x^2}{3!}+\frac{x^4}{5!}-\frac{x^4}{2(3!)^2}+\cdots\\&=-\frac{x^2}{6}-\frac{x^4}{180}-\cdots,\qquad x\in(-\pi,\pi).\end{aligned}$$

无穷级数有时也用来推广新概念,比如,由 e^x 的展开式定义指数矩阵:设 $\boldsymbol{A}$ 是 $n\times n$ 方阵,定义

$$e^{\boldsymbol{A}}=\boldsymbol{E}+\boldsymbol{A}+\frac{\boldsymbol{A}^2}{2!}+\cdots+\frac{\boldsymbol{A}^n}{n!}+\cdots,\tag{17}$$

其中 $\boldsymbol{E}$ 为 n 阶单位矩阵.

又如,以 ix(其中 $i=\sqrt{-1}$)替换 x,定义

$$e^{ix}=1+(ix)+\frac{(ix)^2}{2!}+\cdots+\frac{(ix)^n}{n!}+\cdots,\tag{18}$$

容易推出

$$e^{ix}=\left(1-\frac{x^2}{2!}+\frac{x^4}{4!}-\cdots\right)+i\left(x-\frac{x^3}{3!}+\frac{x^5}{5!}-\cdots\right)=\cos x+i\sin x.\tag{19}$$

以 $-x$ 替换(19)式中的 x,得

$$e^{-ix}=\cos x-i\sin x.\tag{20}$$

(19),(20)两式相加除以 2,相减除以 2i,得

$$\cos x=\frac{e^{ix}+e^{-ix}}{2},\quad \sin x=\frac{e^{ix}-e^{-ix}}{2i}.\tag{21}$$

(19)—(21)各式称为**欧拉公式**,它表明了三角函数与指数函数的关系.

11.6.3 幂级数求和

微视频
11.6.3 幂级数的求和举例

本段讨论与上段相反的问题——求幂级数的和函数. 因为幂级数的和函数不一定是初等函数,所以不能任意指一个幂级数就来求和. 但是,现在可以利用等比级数求和公式以及 e^x, $\sin x$ 等函数的展开式,通过变量变换,幂级数的运算等,求某些幂级数的和函数.

例 12 求幂级数 $\sum\limits_{n=1}^{\infty}\frac{x^{4n+1}}{4n+1}$ 的和函数.

解 将级数变为

$$x\sum_{n=1}^{\infty}\frac{x^{4n}}{4n+1}=x\sum_{n=1}^{\infty}\frac{t^n}{4n+1}\quad(t=x^4\geqslant 0),$$

则

$$R_t=\lim_{n\to\infty}\left(\frac{1}{4n+1}\Big/\frac{1}{4n+5}\right)=1,$$

又当 $t=1$ 时,级数为 $\sum\limits_{n=1}^{\infty}\frac{1}{4n+1}$,发散,所以,$t$ 的级数 $\sum\limits_{n=1}^{\infty}\frac{t^n}{4n+1}$ 的收敛域是[0,1),因此所讨论的级数的收敛域为(−1,1). 设和函数为 $S(x)$,即设

$$S(x)=\sum_{n=1}^{\infty}\frac{x^{4n+1}}{4n+1},\quad x\in(-1,1),$$

则 $S(0)=0$. 通过逐项求导，并利用等比级数求和公式，得

$$S'(x)=\sum_{n=1}^{\infty}x^{4n}=\frac{x^4}{1-x^4}.$$

从 0 到 x 积分，得所求的和函数

$$S(x)=S(x)-S(0)=\int_0^x\frac{t^4}{1-t^4}\mathrm{d}t=\int_0^x\left(\frac{1/2}{1-t^2}+\frac{1/2}{1+t^2}-1\right)\mathrm{d}t$$

$$=\frac{1}{4}\ln\left|\frac{1+x}{1-x}\right|+\frac{1}{2}\arctan x-x,\quad x\in(-1,1).$$

例 13　求幂级数 $\sum_{n=1}^{\infty}n(n+1)x^{n-1}$ 的和函数，并求数项级数 $\sum_{n=1}^{\infty}\frac{n(n+1)}{2^n}$ 的和.

解　收敛半径

$$R=\lim_{n\to\infty}\left|\frac{a_n}{a_{n+1}}\right|=\lim_{n\to\infty}\frac{n(n+1)}{(n+1)(n+2)}=1,$$

又当 $x=\pm1$ 时，级数 $\sum_{n=1}^{\infty}n(n+1)$，$\sum_{n=1}^{\infty}(-1)^{n-1}n(n+1)$ 都发散. 总之，所讨论的幂级数的收敛域为 $(-1,1)$.

设其和函数为 $S(x)$，即

$$S(x)=\sum_{n=1}^{\infty}n(n+1)x^{n-1},$$

则

$$S(x)=\sum_{n=1}^{\infty}(x^{n+1})''=\left(\sum_{n=1}^{\infty}x^{n+1}\right)''=\left(\frac{x^2}{1-x}\right)''=\frac{2}{(1-x)^3},\quad |x|<1.$$

据此，不难求所给数项级数的和. 令 $x=\frac{1}{2}$，得

$$\sum_{n=1}^{\infty}\frac{n(n+1)}{2^n}=\sum_{n=1}^{\infty}n(n+1)\left(\frac{1}{2}\right)^n$$

$$=\frac{1}{2}\sum_{n=1}^{\infty}n(n+1)\left(\frac{1}{2}\right)^{n-1}=\frac{1}{2}S\left(\frac{1}{2}\right)=8.$$

例 14　求幂级数 $\sum_{n=1}^{\infty}\frac{1}{n2^n}x^{n-1}$ 的和函数.

解　收敛半径

$$R=\lim_{n\to\infty}\left|\frac{a_n}{a_{n+1}}\right|=\lim_{n\to\infty}\left|\frac{1}{n2^n}\Big/\frac{1}{(n+1)2^{n+1}}\right|=2.$$

当 $x=2$ 时,级数为 $\sum\limits_{n=1}^{\infty}\frac{1}{2n}$,发散;当 $x=-2$ 时,级数为 $\sum\limits_{n=1}^{\infty}(-1)^{n-1}\frac{1}{2n}$,收敛,故原级数的收敛域为$[-2,2)$.

设所求的和函数为 $S(x)$,即

$$S(x)=\sum_{n=1}^{\infty}\frac{1}{n2^n}x^{n-1},\quad x\in[-2,2),$$

那么有

$$x\,S(x)=\sum_{n=1}^{\infty}\frac{1}{n}\left(\frac{x}{2}\right)^n,$$

$$[x\,S(x)]'=\sum_{n=1}^{\infty}\frac{1}{2}\left(\frac{x}{2}\right)^{n-1}=\frac{\frac{1}{2}}{1-\frac{x}{2}}=\frac{1}{2-x}.$$

上式两边从 0 到 x 积分,得

$$\begin{aligned}x\,S(x)&=\int_0^x\frac{\mathrm{d}x}{2-x}=-\ln(2-x)\Big|_0^x=-\ln(2-x)+\ln 2\\&=-\ln\left(1-\frac{x}{2}\right),\end{aligned}$$

因此

$$S(x)=-\frac{1}{x}\ln\left(1-\frac{x}{2}\right),\quad x\in[-2,0)\cup(0,2).$$

当 $x=0$ 时,显然有

$$S(0)=\frac{1}{2}.$$

总之,有

$$\sum_{n=1}^{\infty}\frac{1}{n2^n}x^{n-1}=\begin{cases}-\frac{1}{x}\ln\left(1-\frac{x}{2}\right), & x\in[-2,0)\cup(0,2),\\ \frac{1}{2}, & x=0.\end{cases}$$

例 15　求数项级数 $\sum\limits_{n=0}^{\infty}\frac{(n+1)^2}{n!}$的和.

解　这个数项级数是幂级数 $\sum\limits_{n=0}^{\infty}\frac{(n+1)^2}{n!}x^n$ 在 $x=1$ 时对应的级数.显然这个幂级数收敛域为$(-\infty,+\infty)$.先来求此幂级数的和函数,因为

$$S(x)=\sum_{n=0}^{\infty}\frac{(n+1)^2}{n!}x^n=\sum_{n=0}^{\infty}\frac{n(n-1)+3n+1}{n!}x^n$$

$$=\sum_{n=2}^{\infty}\frac{x^n}{(n-2)!}+3\sum_{n=1}^{\infty}\frac{x^n}{(n-1)!}+\sum_{n=0}^{\infty}\frac{x^n}{n!}$$

$$=x^2\sum_{k=0}^{\infty}\frac{x^k}{k!}+3x\sum_{k=0}^{\infty}\frac{x^k}{k!}+\sum_{n=0}^{\infty}\frac{x^n}{n!}=(x^2+3x+1)\mathrm{e}^x,$$

这里用到 e^x 的泰勒级数,从而有

$$\sum_{n=0}^{\infty}\frac{(n+1)^2}{n!}=S(1)=5\mathrm{e}.$$

11.7 幂级数的应用举例

有了函数的幂级数展开式,便可方便地解决一些函数的多项式逼近和函数值的近似计算问题.同时,因幂级数的和函数中有一些不是初等函数,因此利用幂级数可以使一些积分和微分方程问题得到完满的解决.

微视频
11.7.1 幂级数的其他应用

11.7.1 函数值的近似计算

例 1 计算 e 的值,精确到小数点后第四位(即误差 $r_n<0.0001$).

解 因为

$$\mathrm{e}^x=1+x+\frac{x^2}{2!}+\cdots+\frac{x^n}{n!}+\cdots,\quad x\in(-\infty,+\infty),$$

所以,当 $x=1$ 时,有

$$\mathrm{e}=1+1+\frac{1}{2!}+\cdots+\frac{1}{n!}+\cdots.$$

若取前 $n+1$ 项近似计算 e,其截断误差

$$|r_n|=\left|\frac{1}{(n+1)!}+\frac{1}{(n+2)!}+\cdots\right|$$

$$<\frac{1}{(n+1)!}\left[1+\frac{1}{n+1}+\frac{1}{(n+1)^2}+\cdots\right]$$

$$=\frac{1}{(n+1)!}\frac{1}{1-\frac{1}{n+1}}=\frac{1}{n!n}.$$

要使 $\frac{1}{n!\,n}<0.0001$,只需取 $n=7$,于是

$$e\approx 2+\frac{1}{2!}+\cdots+\frac{1}{7!}=\frac{1\ 370}{504}\approx 2.718\ 3.$$

例 2　计算 ln 2 的近似值,精确到小数点后第四位.

解　由 $\ln(1+x)$ 的麦克劳林级数知

$$\ln 2=1-\frac{1}{2}+\frac{1}{3}-\frac{1}{4}+\cdots+(-1)^{n-1}\frac{1}{n}+\cdots.$$

这是个交错级数,其截断误差

$$|r_n|<\frac{1}{n+1}.$$

要使 $|r_n|<0.000\ 1$,至少取 $n=9\ 999$. 看来这个级数收敛得太慢,计算量太大. 我们再找一个收敛快的幂级数来计算 ln 2.

由 11.6 节例 6 中公式(15)知

$$\ln\frac{1+x}{1-x}=2\left(x+\frac{1}{3}x^3+\frac{1}{5}x^5+\cdots+\frac{1}{2n-1}x^{2n-1}+\cdots\right),\quad x\in(-1,1).$$

令 $\frac{1+x}{1-x}=2$,解得 $x=\frac{1}{3}$,代入上式得

$$\ln 2=2\left(\frac{1}{3}+\frac{1}{3}\cdot\frac{1}{3^3}+\frac{1}{5}\cdot\frac{1}{3^5}+\cdots+\frac{1}{2n-1}\cdot\frac{1}{3^{2n-1}}+\cdots\right).$$

若取前 n 项作 ln 2 的近似值,则截断误差

$$\begin{aligned}|r_n|&=2\left[\frac{1}{2n+1}\cdot\frac{1}{3^{2n+1}}+\frac{1}{2n+3}\cdot\frac{1}{3^{2n+3}}+\frac{1}{2n+5}\cdot\frac{1}{3^{2n+5}}+\cdots\right]\\&<\frac{2}{(2n+1)3^{2n+1}}\left[1+\frac{1}{9}+\left(\frac{1}{9}\right)^2+\cdots\right]\\&=\frac{2}{(2n+1)3^{2n+1}}\ \frac{1}{1-\frac{1}{9}}=\frac{1}{4(2n+1)3^{2n-1}}.\end{aligned}$$

要使 $|r_n|<0.000\ 1$,只需取 $n=4$,故

$$\ln 2\approx 2\left[\frac{1}{3}+\frac{1}{3\cdot 3^3}+\frac{1}{5\cdot 3^5}+\frac{1}{7\cdot 3^7}\right].$$

考虑到舍入误差,每项计算到小数点后五位,

$$\frac{1}{3}\approx 0.333\ 33,\quad \frac{1}{3\cdot 3^3}\approx 0.012\ 35,$$

$$\frac{1}{5\cdot 3^5}\approx 0.000\ 82,\quad \frac{1}{7\cdot 3^7}\approx 0.000\ 07,$$

于是,有

$$\ln 2\approx 0.693\ 1.$$

通过这两个例子可以看出,用泰勒级数的部分和作近似计算时,其截断误差通常有如下两种估计法:

1. 如果展开式是收敛的交错级数,取前 n 项作近似计算时,其截断误差不超过第 $n+1$ 项的绝对值,即 $|r_n|\leqslant|u_{n+1}|$.

2. 对一般的收敛级数,取前 n 项作近似计算时,其截断误差是个无穷级数. 把它的每一项适当放大,成为一个收敛的等比级数. 由等比级数求和公式,便可得到截断误差的估计.

11.7.2 在积分计算中的应用

一些初等函数,如 e^{x^2},$\dfrac{\sin x}{x}$,$\cos x^2$,$\sqrt{1+x^3}$ 等,它们的原函数不是初等函数,但在它们的连续区间内原函数是存在的,而且变上限定积分就是它的一个原函数,如 $\int_0^x e^{t^2}dt$ 是 e^{x^2} 的一个原函数. 因此,将这样的被积函数展开为幂级数,然后在收敛区间内,逐项积分,所得到的幂级数就是被积函数的原函数的又一种表示方式,如

$$\begin{aligned}\int_0^x e^{t^2}dt&=\int_0^x\left(1+t^2+\frac{t^4}{2!}+\frac{t^6}{3!}+\cdots+\frac{t^{2n}}{n!}+\cdots\right)dt\\&=x+\frac{x^3}{3}+\frac{x^5}{2!\cdot5}+\frac{x^7}{3!\cdot7}+\cdots+\frac{x^{2n+1}}{n!(2n+1)}+\cdots,\quad x\in(-\infty,+\infty).\end{aligned}$$

这个幂级数就是函数 e^{x^2} 的一个原函数的级数形式.

例 3 计算 $\int_0^1\dfrac{\sin x}{x}dx$ 的近似值,精确到 10^{-4}.

解 因为

$$\sin x=x-\frac{x^3}{3!}+\frac{x^5}{5!}-\frac{x^7}{7!}+\cdots+(-1)^n\frac{x^{2n+1}}{(2n+1)!}+\cdots,$$

所以

$$\frac{\sin x}{x}=1-\frac{x^2}{3!}+\frac{x^4}{5!}-\frac{x^6}{7!}+\cdots+(-1)^n\frac{x^{2n}}{(2n+1)!}+\cdots,\quad x\in(-\infty,+\infty),\quad x\neq0.$$

由于 $\lim\limits_{x\to0}\dfrac{\sin x}{x}=1$,所以 $\int_0^x\dfrac{\sin t}{t}dt$ 是通常的定积分(不是反常积分).

$$\begin{aligned}\int_0^x\frac{\sin t}{t}dt&=\int_0^x\left[1-\frac{t^2}{3!}+\frac{t^4}{5!}-\frac{t^6}{7!}+\cdots+(-1)^n\frac{t^{2n}}{(2n+1)!}+\cdots\right]dt\\&=x-\frac{x^3}{3!\cdot3}+\frac{x^5}{5!\cdot5}-\frac{x^7}{7!\cdot7}+\cdots+\\&\quad(-1)^n\frac{x^{2n+1}}{(2n+1)!\cdot(2n+1)}+\cdots,\quad x\in(-\infty,+\infty).\end{aligned}$$

令上限 $x=1$,得

$$\int_0^1 \frac{\sin x}{x}\mathrm{d}x=1-\frac{1}{3!\cdot 3}+\frac{1}{5!\cdot 5}-\frac{1}{7!\cdot 7}+\cdots+(-1)^n\frac{1}{(2n+1)!\cdot(2n+1)}+\cdots.$$

这是个交错级数,若取前三项作为近似值,其截断误差

$$|r_3|<\frac{1}{7!\cdot 7}=\frac{1}{35\ 280}<10^{-4},$$

故

$$\int_0^1 \frac{\sin x}{x}\mathrm{d}x\approx 1-\frac{1}{3!\cdot 3}+\frac{1}{5!\cdot 5}=1-\frac{97}{1\ 800}\approx 0.946\ 11\approx 0.946\ 1.$$

11.7.3 方程的幂级数解法

例 4 方程

$$xy-\mathrm{e}^x+\mathrm{e}^y=0 \tag{1}$$

确定 y 是 x 的函数,试将 y 表示为 x 的幂级数(只要求写出前几项).

解 设

$$y=a_0+a_1x+a_2x^2+a_3x^3+\cdots,$$

由方程(1)知,当 $x=0$ 时,$y=0$,从而 $a_0=0$. 于是

$$xy=a_1x^2+a_2x^3+a_3x^4+\cdots, \tag{2}$$

$$\mathrm{e}^x=1+x+\frac{x^2}{2!}+\frac{x^3}{3!}+\frac{x^4}{4!}+\cdots, \tag{3}$$

$$\begin{aligned}\mathrm{e}^y&=1+y+\frac{y^2}{2!}+\frac{y^3}{3!}+\frac{y^4}{4!}+\cdots\\&=1+(a_1x+a_2x^2+a_3x^3+\cdots)+\frac{1}{2!}(a_1x+a_2x^2+a_3x^3+\cdots)^2+\\&\quad\frac{1}{3!}(a_1x+a_2x^2+a_3x^3+\cdots)^3+\frac{1}{4!}(a_1x+a_2x^2+a_3x^3+\cdots)^4+\cdots\\&=1+a_1x+\left(\frac{a_1^2}{2}+a_2\right)x^2+\left(\frac{a_1^3}{6}+a_1a_2+a_3\right)x^3+\\&\quad\left(\frac{a_1^4}{24}+\frac{1}{2}a_1^2a_2+\frac{1}{2}a_2^2+a_1a_3+a_4\right)x^4+\cdots.\end{aligned} \tag{4}$$

将(2),(3),(4)式代入(1)式,由 x 的各次幂的系数皆应为零,得到

$$\begin{cases}-1+a_1=0,\\ a_1-\dfrac{1}{2}+\dfrac{1}{2}a_1^2+a_2=0,\\ a_2-\dfrac{1}{6}+\dfrac{1}{6}a_1^3+a_1a_2+a_3=0,\\ a_3-\dfrac{1}{24}+\dfrac{1}{24}a_1^4+\dfrac{1}{2}a_1^2a_2+\dfrac{1}{2}a_2^2+a_1a_3+a_4=0,\\ \cdots\cdots\cdots\cdots\end{cases}$$

解此方程组,得

$$a_1=1,\quad a_2=-1,\quad a_3=2,\quad a_4=-4,\quad \cdots,$$

于是由方程(1)确定的隐函数 y 的幂级数展开式为

$$y=x-x^2+2x^3-4x^4+\cdots.$$

例 5 求解以下的零阶贝塞尔[1]方程:

$$xy''+y'+xy=0.$$

解 这是一个变系数的线性方程,设方程有幂级数形解

$$y=\sum_{n=0}^{\infty}a_nx^n.$$

由于

$$y'=\sum_{n=1}^{\infty}na_nx^{n-1},\quad y''=\sum_{n=2}^{\infty}n(n-1)a_nx^{n-2},$$

代入方程,合并 x 的同次幂项,x^n 的系数为

$$a_{n-1}+(n+1)a_{n+1}+(n+1)na_{n+1}=a_{n-1}+(n+1)^2a_{n+1},\quad n=1,2,\cdots,$$

常数项为 a_1. 比较等式两边 x 同次幂的系数得

$$a_1=0,\quad a_{n+1}=-\frac{a_{n-1}}{(n+1)^2},\quad n=1,2,\cdots,$$

于是

$$a_1=0,\quad a_3=a_5=a_7=\cdots=a_{2k+1}=\cdots=0;$$

$$a_2=-\frac{a_0}{2^2},\quad a_4=-\frac{a_2}{4^2}=\frac{(-1)^2a_0}{2^4(2!)^2},\quad \cdots,\quad a_{2k}=\frac{(-1)^ka_0}{2^{2k}(k!)^2},\quad \cdots,$$

所以零阶贝塞尔方程的幂级数解为

$$y=a_0\left[1-\frac{x^2}{2^2}+\frac{x^4}{2^4(2!)^2}-\cdots+(-1)^k\frac{x^{2k}}{2^{2k}(k!)^2}+\cdots\right].$$

若取 $a_0=1$,得到方程一个特解,称之为**零阶贝塞尔函数**,记为 $J_0(x)$,即

① 贝塞尔(Bessel F W,1784—1846),法国数学家. 一般贝塞尔方程为

$$y''+\frac{1}{x}y'+\left(1-\frac{v^2}{x^2}\right)y=0,$$

其中 v 是常数,称为贝塞尔方程的阶或其解的阶,贝塞尔方程在解偏微分方程时常见到.

$$J_0(x)=1+\sum_{k=1}^{\infty}\frac{(-1)^k}{(k!)^2}\left(\frac{x}{2}\right)^{2k}.$$

11.8 傅里叶级数

微视频
11.8.1 傅里叶级数的引入

在自然界和人类的生产实践中,周而复始的现象、周期运动是司空见惯的.譬如行星的运转,飞轮的旋转,蒸汽机活塞的往复运动,物体的振动,声、热、光、电的波动等.数学上,用周期函数来描述它们.最简单最基本的周期函数是正弦函数

$$A\sin(\omega x+\varphi),$$

也叫做**谐函数**.它的周期 $T=\dfrac{2\pi}{\omega}$,最大值 A 叫做**振幅**,ω 称为(角)**频率**,φ 称为**初相位**.这三个量一经确定,谐函数就完全确定了.除了正弦函数外,经常遇到的是非正弦周期函数,它们反映较复杂的周期现象.如电子技术中遇到的矩形波(如图 11.5 所示).

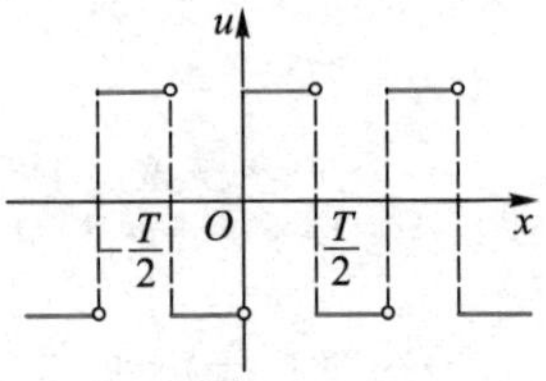

图 11.5

对复杂的周期运动如何进行定量分析呢?大家知道,光的传播是波动,通过三棱镜的色散可以看到白光是由七种不同频率的单色光组成.反之,几种单色光叠加又可构成复光.同样,复杂的声波、电磁波也是由不同频率的谐波叠加而成.不同频率的谐振动可以组成复杂的周期运动.这促使人们考虑,复杂的周期运动是由哪些不同频率的谐振动合成的,它们各占的分量如何?这在理论上和应用中都是非常重要的,是许多学科的重要课题.从数学角度上看,无非是把一个周期函数分解为不同频率的正弦函数和的形式,即将周期为 T 的函数 $f(x)$ 表示为

$$A_0+\sum_{n=1}^{\infty}A_n\sin(n\omega x+\varphi_n),\quad \omega=\frac{2\pi}{T} \tag{1}$$

的形式,其中 $A_0,A_n,\varphi_n(n=1,2,\cdots)$ 都是常数.利用三角公式

$$\sin(n\omega x+\varphi_n)=\sin\varphi_n\cos n\omega x+\cos\varphi_n\sin n\omega x,$$

并令 $a_0=2A_0,a_n=A_n\sin\varphi_n,b_n=A_n\cos\varphi_n(n=1,2,\cdots)$,则(1)式变为

$$\frac{a_0}{2}+\sum_{n=1}^{\infty}(a_n\cos n\omega x+b_n\sin n\omega x). \tag{2}$$

(2)式表示的函数项级数,叫做**三角级数**.

自然要问:函数 $f(x)$ 满足什么条件,才能展开为三角级数(2)?系数 a_0,a_n,b_n 如何确定?为简便计,先来讨论以 2π 为周期的函数

$f(x)$,此时,$\omega=1$. 解决上述问题起着关键作用的是下面介绍的三角函数系的正交性.

11.8.1 三角函数系的正交性

三角函数系

$$1,\quad \cos x,\quad \sin x,\quad \cos 2x,\quad \sin 2x,\quad \cdots,\quad \cos nx,\quad \sin nx,\quad \cdots$$

具有如下两条性质:

1. (正交性)任何两个不同的三角函数的乘积在一个周期长的区间$[-\pi,\pi]$上的积分等于零.

2. 任何一个三角函数自乘(平方)在$[-\pi,\pi]$上的积分不等于零.

即有

$$\int_{-\pi}^{\pi} 1\mathrm{d}x=2\pi,$$

$$\int_{-\pi}^{\pi}\sin nx\mathrm{d}x=\int_{-\pi}^{\pi}\cos nx\mathrm{d}x=0,$$

$$\int_{-\pi}^{\pi}\cos nx\cos mx\mathrm{d}x=\begin{cases}0, & m\neq n,\\ \pi, & m=n,\end{cases}$$

$$\int_{-\pi}^{\pi}\sin nx\sin mx\mathrm{d}x=\begin{cases}0, & m\neq n,\\ \pi, & m=n,\end{cases}$$

$$\int_{-\pi}^{\pi}\cos nx\sin mx\mathrm{d}x=0,$$

其中 $m,n=1,2,\cdots$. 利用三角函数的积化和差公式,不难验证上述各式. 如当$m\neq n$ 时,

$$\begin{aligned}\int_{-\pi}^{\pi}\cos nx\cos mx\mathrm{d}x &=\frac{1}{2}\int_{-\pi}^{\pi}[\cos(m-n)x+\cos(m+n)x]\mathrm{d}x\\ &=\frac{1}{2}\left[\frac{\sin(m-n)x}{m-n}+\frac{\sin(m+n)x}{m+n}\right]\Bigg|_{-\pi}^{\pi}=0.\end{aligned}$$

当 $m=n$ 时,

$$\int_{-\pi}^{\pi}\cos^2 nx\mathrm{d}x=\int_{-\pi}^{\pi}\frac{1+\cos 2nx}{2}\mathrm{d}x=\left(\frac{x}{2}+\frac{\sin 2nx}{4n}\right)\Bigg|_{-\pi}^{\pi}=\pi.$$

11.8.2 傅里叶级数

定理 11.16 如果以 2π 为周期的函数 $f(x)$ 在区间$[-\pi,\pi]$上,能够展开为可逐项积分的三角级数

微视频
11.8.2 傅里叶级数的狄利克雷定理

$$f(x)=\frac{a_0}{2}+\sum_{n=1}^{\infty}(a_n\cos nx+b_n\sin nx),\tag{3}$$

则其系数公式为

$$\begin{cases} a_0=\dfrac{1}{\pi}\displaystyle\int_{-\pi}^{\pi}f(x)\,\mathrm{d}x, \\ a_n=\dfrac{1}{\pi}\displaystyle\int_{-\pi}^{\pi}f(x)\cos nx\mathrm{d}x, \\ b_n=\dfrac{1}{\pi}\displaystyle\int_{-\pi}^{\pi}f(x)\sin nx\mathrm{d}x \quad (n=1,2,\cdots). \end{cases} \tag{4}$$

证明 将(3)式两边在区间$[-\pi,\pi]$上积分,利用三角函数系的正交性,有

$$\int_{-\pi}^{\pi}f(x)\,\mathrm{d}x=\int_{-\pi}^{\pi}\frac{a_0}{2}\mathrm{d}x+\sum_{n=1}^{\infty}\left(a_n\int_{-\pi}^{\pi}\cos nx\mathrm{d}x+b_n\int_{-\pi}^{\pi}\sin nx\mathrm{d}x\right)=a_0\pi,$$

故

$$a_0=\frac{1}{\pi}\int_{-\pi}^{\pi}f(x)\,\mathrm{d}x.$$

将(3)式两边同乘$\cos kx$,再从$-\pi$到π积分,得

$$\begin{aligned}&\int_{-\pi}^{\pi}f(x)\cos kx\mathrm{d}x\\ &=\frac{a_0}{2}\int_{-\pi}^{\pi}\cos kx\mathrm{d}x+\sum_{n=1}^{\infty}\left(a_n\int_{-\pi}^{\pi}\cos nx\cos kx\mathrm{d}x+b_n\int_{-\pi}^{\pi}\sin nx\cos kx\mathrm{d}x\right)\\ &=a_k\int_{-\pi}^{\pi}\cos^2 kx\mathrm{d}x=a_k\pi,\end{aligned}$$

故

$$a_k=\frac{1}{\pi}\int_{-\pi}^{\pi}f(x)\cos kx\mathrm{d}x.$$

类似地,用$\sin kx$乘(3)式两边,然后在区间$[-\pi,\pi]$上积分,利用三角函数系的正交性可推出

$$b_k=\frac{1}{\pi}\int_{-\pi}^{\pi}f(x)\sin kx\mathrm{d}x. \quad \square$$

从系数公式(4)知,只要函数$f(x)$在区间$[-\pi,\pi]$上可积,无论$f(x)$是否可以展开为可逐项积分的三角级数(3),都可以算出公式(4)中各数$a_0,a_n,b_n(n=1,2,\cdots)$,称之为函数$f(x)$的**傅里叶**[①]**系数**.由这些系数做成的三角级数

$$\frac{a_0}{2}+\sum_{n=1}^{\infty}(a_n\cos nx+b_n\sin nx),$$

称为函数$f(x)$(诱导出)的**傅里叶级数**,记为

$$f(x)\sim\frac{a_0}{2}+\sum_{n=1}^{\infty}(a_n\cos nx+b_n\sin nx).$$

① 傅里叶(Fourier J B J, 1768—1830),法国数学家.8岁失去双亲,曾随拿破仑远征埃及,任总督,他兴趣广泛,想象力丰富,勤奋好学,忠诚老实,又能挺身保护受迫害的科学家.他的名言:对自然界的深入研究是数学发现的最丰富的源泉.

注意，$f(x)$的傅里叶级数不见得处处收敛，即使收敛也未必收敛到$f(x)$上. 所以，不能无条件地把符号“～”换为“=”. 哪些函数的傅里叶级数收敛到它自己呢？也就是说，满足什么条件的函数可以展开为傅里叶级数呢？下面仅叙述一个收敛定理，希望能正确理解它的全部含义，由于它的证明还需要较多的知识，这里不予证明.

定理 11.17（收敛的充分条件） 如果以 2π 为周期的函数 $f(x)$ 在区间$[-\pi,\pi]$上满足**狄利克雷条件**：

1° 除有限个第一类间断点外，处处连续；

2° 分段单调，单调区间个数有限，

则$f(x)$的傅里叶级数在区间$[-\pi,\pi]$上处处收敛，且

$$\frac{a_0}{2}+\sum_{n=1}^{\infty}(a_n\cos nx+b_n\sin nx)$$

$$=\begin{cases}f(x), & x \text{ 是 } f(x) \text{ 的连续点}, \\ \dfrac{1}{2}[f(x^-)+f(x^+)], & x \text{ 是 } f(x) \text{ 的第一类间断点}, \\ \dfrac{1}{2}[f(-\pi^+)+f(\pi^-)], & x=\pm\pi.\end{cases}$$

这个定理说明满足狄利克雷条件的函数的傅里叶级数，在$f(x)$的连续点处，都收敛到$f(x)$；在间断点处，收敛到左右极限的算术平均值：在端点 $x=\pm\pi$ 处，收敛到左端点的右极限和右端点的左极限的算术平均值. 把函数展开为傅里叶级数的条件远比展开为幂级数的条件低.

顺便指出，周期函数的三角级数展开是唯一的，就是其傅里叶级数. 它的常数项$\frac{a_0}{2}$，就是函数在一个周期内的平均值.

例 1 设函数$f(x)$以 2π 为周期，且

$$f(x)=\begin{cases}-1, & -\pi<x\leqslant 0, \\ x^2, & 0<x\leqslant\pi,\end{cases}$$

其傅里叶级数的和函数记为 $S(x)$，求 $S(0)$，$S(1)$，$S(\pi)$，$S(2\pi)$.

解 由于$f(x)$在区间$[-\pi,\pi]$上满足狄利克雷条件，可以将$f(x)$展开为傅里叶级数. 且

$$S(0)=-\frac{1}{2}, \quad S(1)=1,$$

$$S(\pi)=\frac{\pi^2-1}{2}, \quad S(2\pi)=-\frac{1}{2}.$$

例 2 设$f(x)$是以 2π 为周期的函数,在区间$[-\pi,\pi]$上的表达式为

$$f(x)=\begin{cases}-1, & -\pi\leqslant x<0,\\ 1, & 0\leqslant x<\pi.\end{cases}$$

试将$f(x)$展开为傅里叶级数.

解 首先计算傅里叶系数,注意到$f(x)$是奇函数,

$$a_0=\frac{1}{\pi}\int_{-\pi}^{\pi}f(x)\,\mathrm{d}x=0,$$

$$a_n=\frac{1}{\pi}\int_{-\pi}^{\pi}f(x)\cos nx\,\mathrm{d}x=0\quad(n=1,2,\cdots),$$

$$\begin{aligned}b_n&=\frac{1}{\pi}\int_{-\pi}^{\pi}f(x)\sin nx\,\mathrm{d}x\\&=\frac{2}{\pi}\int_0^{\pi}\sin nx\,\mathrm{d}x\\&=-\frac{2}{\pi}\frac{\cos nx}{n}\bigg|_0^{\pi}=\frac{2}{n\pi}(1-\cos n\pi)\\&=\frac{2}{n\pi}[1-(-1)^n]=\begin{cases}\dfrac{4}{n\pi}, & n=1,3,5,\cdots,\\ 0, & n=2,4,6,\cdots,\end{cases}\end{aligned}$$

故$f(x)$的傅里叶级数为

$$\begin{aligned}f(x)&\sim\frac{4}{\pi}\sum_{n=1}^{\infty}\frac{1}{2n-1}\sin(2n-1)x\\&=\frac{4}{\pi}\left(\sin x+\frac{1}{3}\sin 3x+\frac{1}{5}\sin 5x+\cdots\right).\end{aligned}$$

由于$f(x)$满足狄利克雷条件,所以由定理 11.17 得

$$\frac{4}{\pi}\sum_{n=1}^{\infty}\frac{1}{2n-1}\sin\,(2n-1)x=\begin{cases}f(x), & x\in(-\pi,0)\cup(0,\pi),\\ 0, & x=0,\pm\pi.\end{cases}$$

图 11.6 中的一组图形,说明这个级数是如何向$f(x)$收敛的.

例 3 函数$f(x)$以 2π 为周期,且

$$f(x)=\begin{cases}x, & -\pi<x\leqslant 0,\\ 0, & 0<x\leqslant\pi,\end{cases}$$

将$f(x)$展开为傅里叶级数(图 11.7).

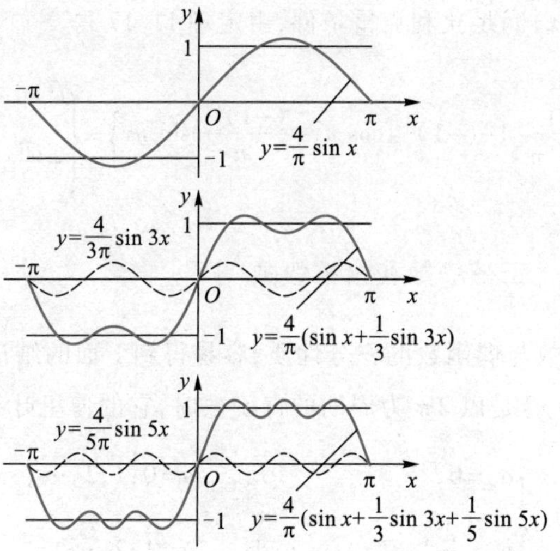

图 11.6

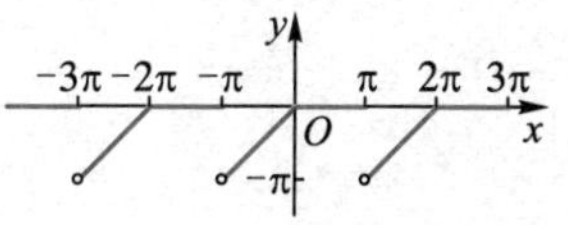

图 11.7

解　首先计算傅里叶系数，

$$a_0=\frac{1}{\pi}\int_{-\pi}^{\pi}f(x)\,\mathrm{d}x=\frac{1}{\pi}\int_{-\pi}^{0}x\mathrm{d}x=-\frac{\pi}{2},$$

$$\begin{aligned}a_n&=\frac{1}{\pi}\int_{-\pi}^{\pi}f(x)\cos nx\mathrm{d}x=\frac{1}{\pi}\int_{-\pi}^{0}x\cos nx\mathrm{d}x\\&=\frac{1}{\pi}\left[\frac{x\sin nx}{n}+\frac{\cos nx}{n^2}\right]\Bigg|_{-\pi}^{0}\\&=\frac{1}{n^2\pi}[1-(-1)^n]\\&=\begin{cases}\dfrac{2}{n^2\pi}, & n=1,3,5,\cdots,\\0, & n=2,4,6,\cdots,\end{cases}\end{aligned}$$

$$\begin{aligned}b_n&=\frac{1}{\pi}\int_{-\pi}^{\pi}f(x)\sin nx\mathrm{d}x=\frac{1}{\pi}\int_{-\pi}^{0}x\sin nx\mathrm{d}x\\&=\frac{1}{\pi}\left[-\frac{x\cos nx}{n}+\frac{\sin nx}{n^2}\right]\Bigg|_{-\pi}^{0}=-\frac{\cos n\pi}{n}\\&=\frac{(-1)^{n+1}}{n}.\end{aligned}$$

故 $f(x)$ 的傅里叶级数为

$$\begin{aligned}f(x)&\sim-\frac{\pi}{4}+\sum_{n=1}^{\infty}\left\{\frac{1}{n^2\pi}[1-(-1)^n]\cos nx+\frac{(-1)^{n+1}}{n}\sin nx\right\}\\&=-\frac{\pi}{4}+\frac{2}{\pi}\left(\cos x+\frac{1}{3^2}\cos 3x+\frac{1}{5^2}\cos 5x+\cdots\right)+\\&\quad\left(\sin x-\frac{1}{2}\sin 2x+\frac{1}{3}\sin 3x-\cdots\right).\end{aligned}$$

由于$f(x)$满足狄利克雷条件,由定理11.17得

$$-\frac{\pi}{4}+\sum_{n=1}^{\infty}\left\{\frac{1}{n^2\pi}[1-(-1)^n]\cos nx+\frac{(-1)^{n+1}}{n}\sin nx\right\}=\begin{cases}f(x), & -\pi<x<\pi,\\ -\frac{\pi}{2}, & x=\pm\pi.\end{cases}$$

11.8.3 正弦级数和余弦级数

由奇函数与偶函数的积分性质,容易得到下面的结论.

1. 当$f(x)$是以2π为周期的奇函数时,它的傅里叶系数

$$\begin{cases}a_n=0, & n=0,1,2,\cdots,\\ b_n=\frac{2}{\pi}\int_0^{\pi}f(x)\sin nx\mathrm{d}x, & n=1,2,\cdots.\end{cases} \tag{5}$$

此时,$f(x)$的傅里叶级数中只含有正弦项,即

$$f(x)\sim\sum_{n=1}^{\infty}b_n\sin nx, \tag{6}$$

称之为**正弦级数**.

2. 当$f(x)$是以2π为周期的偶函数时,它的傅里叶系数

$$\begin{cases}a_0=\frac{2}{\pi}\int_0^{\pi}f(x)\mathrm{d}x,\\ a_n=\frac{2}{\pi}\int_0^{\pi}f(x)\cos nx\mathrm{d}x, & n=1,2,\cdots,\\ b_n=0, & n=1,2,\cdots.\end{cases} \tag{7}$$

此时,$f(x)$的傅里叶级数中仅含余弦项和常数项,即

$$f(x)\sim\frac{a_0}{2}+\sum_{n=1}^{\infty}a_n\cos nx, \tag{8}$$

称之为**余弦级数**.

将函数展开为傅里叶级数时,先考察函数是否有奇偶性是有益的.

例4 试将周期为2π的函数

$$f(x)=\begin{cases}-x, & -\pi\leqslant x<0,\\ x, & 0\leqslant x<\pi\end{cases}$$

展开为傅里叶级数.

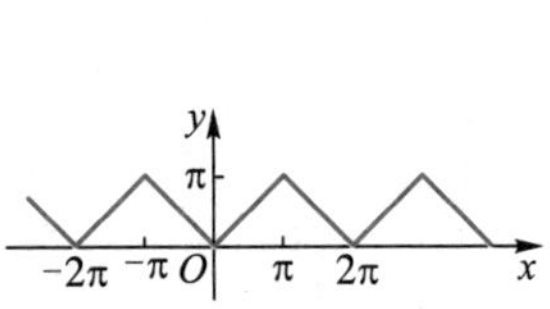

图11.8

解 函数的图形如图11.8所示(电学上称为锯齿波),这是个偶函数.

$$a_0=\frac{2}{\pi}\int_0^{\pi}f(x)\,\mathrm{d}x=\frac{2}{\pi}\int_0^{\pi}x\mathrm{d}x=\pi,$$

$$\begin{aligned}a_n&=\frac{2}{\pi}\int_0^{\pi}f(x)\cos nx\mathrm{d}x=\frac{2}{\pi}\int_0^{\pi}x\cos nx\mathrm{d}x\\&=\frac{2}{\pi}\left[\frac{x\sin nx}{n}+\frac{\cos nx}{n^2}\right]\Bigg|_0^{\pi}=\frac{2}{n^2\pi}[(-1)^n-1]\\&=\begin{cases}-\dfrac{4}{n^2\pi}, & n=1,3,5,\cdots,\\0, & n=2,4,6,\cdots.\end{cases}\end{aligned}$$

由于$f(x)$处处连续,所以

$$\begin{aligned}f(x)&=\frac{\pi}{2}-\frac{4}{\pi}\sum_{n=1}^{\infty}\frac{1}{(2n-1)^2}\cos(2n-1)x\\&=\frac{\pi}{2}-\frac{4}{\pi}\left(\cos x+\frac{1}{3^2}\cos 3x+\frac{1}{5^2}\cos 5x+\cdots\right),\quad x\in(-\infty,+\infty).\end{aligned}$$

利用这个展开式,容易得到几个数项级数的有趣的结果,令$x=0$,得

$$\frac{\pi^2}{8}=1+\frac{1}{3^2}+\frac{1}{5^2}+\cdots.$$

设

$$\sigma=1+\frac{1}{2^2}+\frac{1}{3^2}+\frac{1}{4^2}+\cdots,$$

$$\sigma_1=1+\frac{1}{3^2}+\frac{1}{5^2}+\cdots=\frac{\pi^2}{8},$$

$$\sigma_2=\frac{1}{2^2}+\frac{1}{4^2}+\frac{1}{6^2}+\cdots,$$

$$\sigma_3=1-\frac{1}{2^2}+\frac{1}{3^2}-\frac{1}{4^2}+\cdots.$$

因为$\sigma_2=\frac{\sigma}{4}=\frac{\sigma_1+\sigma_2}{4}$,所以,

$$\sigma_2=\frac{\sigma_1}{3}=\frac{\pi^2}{24},\quad \sigma=\sigma_1+\sigma_2=\frac{\pi^2}{6},\quad \sigma_3=\sigma_1-\sigma_2=\frac{\pi^2}{12}.$$

11.8.4 以 $2l$ 为周期的函数的傅里叶级数

前面讨论以 2π 为周期的函数的傅里叶级数,现在讨论一般的周期函数的傅里叶级数. 设$f(x)$是以$2l(l>0)$为周期的周期函数. 作变换,令

$$t=\frac{\pi}{l}x,$$

则当 x 在区间$[-l,l]$上变化时,t 就在区间$[-\pi,\pi]$上变化,函数$f(x)$

微视频
11.8.3 有限区间上函数的傅里叶展开

变为以 2π 为周期的 t 的函数，记

$$f(x)=f\left(\frac{l}{\pi}t\right)=g(t).$$

只要 $f(x)$ 在区间 $[-l,l]$ 上可积，$g(t)$ 就在区间 $[-\pi,\pi]$ 上可积，于是，$g(t)$ 有傅里叶级数

$$g(t)\sim\frac{a_0}{2}+\sum_{n=1}^{\infty}(a_n\cos nt+b_n\sin nt),$$

其傅里叶系数为

$$\begin{cases}a_0=\dfrac{1}{\pi}\displaystyle\int_{-\pi}^{\pi}g(t)\,\mathrm{d}t,\\ a_n=\dfrac{1}{\pi}\displaystyle\int_{-\pi}^{\pi}g(t)\cos nt\mathrm{d}t,\quad n=1,2,\cdots,\\ b_n=\dfrac{1}{\pi}\displaystyle\int_{-\pi}^{\pi}g(t)\sin nt\mathrm{d}t,\quad n=1,2,\cdots.\end{cases}$$

将 $t=\dfrac{\pi}{l}x$ 代入，就得到以 $2l$ 为周期的函数 $f(x)$ 的傅里叶级数

$$f(x)\sim\frac{a_0}{2}+\sum_{n=1}^{\infty}\left(a_n\cos\frac{n\pi x}{l}+b_n\sin\frac{n\pi x}{l}\right)\tag{9}$$

和傅里叶系数

$$\begin{cases}a_0=\dfrac{1}{l}\displaystyle\int_{-l}^{l}f(x)\,\mathrm{d}x,\\ a_n=\dfrac{1}{l}\displaystyle\int_{-l}^{l}f(x)\cos\dfrac{n\pi x}{l}\mathrm{d}x,\quad n=1,2,\cdots,\\ b_n=\dfrac{1}{l}\displaystyle\int_{-l}^{l}f(x)\sin\dfrac{n\pi x}{l}\mathrm{d}x,\quad n=1,2,\cdots.\end{cases}\tag{10}$$

当 $f(x)$ 在区间 $[-l,l]$ 上满足狄利克雷条件时，$f(x)$ 的傅里叶级数(9)在 $f(x)$ 的连续点处收敛于 $f(x)$，在间断点 x_0 处收敛于 $\dfrac{1}{2}[f(x_0^-)+f(x_0^+)]$，在 $\pm l$ 处收敛于 $\dfrac{1}{2}[f(-l^+)+f(l^-)]$.

如果 $f(x)$ 是以 $2l$ 为周期的奇函数，其傅里叶级数是正弦级数

$$f(x)\sim\sum_{n=1}^{\infty}b_n\sin\frac{n\pi x}{l}.\tag{11}$$

系数

$$b_n=\frac{2}{l}\int_0^l f(x)\sin\frac{n\pi x}{l}\mathrm{d}x,\quad n=1,2,\cdots.\tag{12}$$

如果 $f(x)$ 是以 $2l$ 为周期的偶函数，其傅里叶级数是余弦级数：

$$f(x)\sim\frac{a_0}{2}+\sum_{n=1}^{\infty}a_n\cos\frac{n\pi x}{l}.\tag{13}$$

系数

$$\begin{cases} a_0=\dfrac{2}{l}\displaystyle\int_0^l f(x)\,\mathrm{d}x, \\ a_n=\dfrac{2}{l}\displaystyle\int_0^l f(x)\cos\dfrac{n\pi x}{l}\mathrm{d}x, \quad n=1,2,\cdots. \end{cases} \tag{14}$$

例5 计算周期 $T=\dfrac{2\pi}{\omega}$ 的函数

$$f(x)=\begin{cases} 0, & -\dfrac{T}{2}\leqslant x<0, \\ E\sin\omega x, & 0\leqslant x<\dfrac{T}{2} \end{cases}$$

的傅里叶系数 b_n.

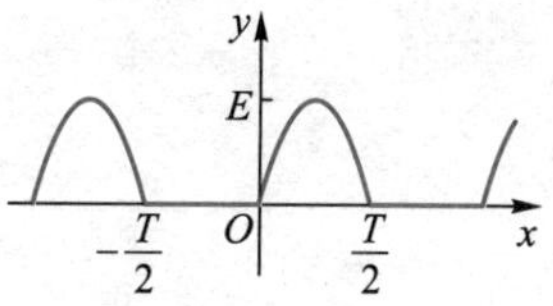

图 11.9

解 参看图 11.9(电学上叫做半波整流波形). $l=\dfrac{\pi}{\omega}$, $\dfrac{n\pi x}{l}=n\omega x$. 故

$$\begin{aligned} b_n &=\frac{1}{l}\int_{-l}^{l} f(x)\sin\frac{n\pi x}{l}\mathrm{d}x \\ &=\frac{\omega}{\pi}\int_{-\pi/\omega}^{\pi/\omega} f(x)\sin n\omega x\mathrm{d}x \\ &=\frac{\omega}{\pi}\int_0^{\pi/\omega} E\sin\omega x\sin n\omega x\mathrm{d}x \\ &=\frac{\omega E}{2\pi}\int_0^{\pi/\omega}[\cos(n-1)\omega x-\cos(n+1)\omega x]\mathrm{d}x \\ &=\frac{\omega E}{2\pi}\left[\frac{\sin(n-1)\omega x}{(n-1)\omega}-\frac{\sin(n+1)\omega x}{(n+1)\omega}\right]\Bigg|_0^{\frac{\pi}{\omega}}=0, \quad n=2,3,\cdots. \end{aligned}$$

上面计算中,要求 $n\neq 1$,所以 b_1 需单独计算,

$$b_1=\frac{\omega E}{2\pi}\int_0^{\frac{\pi}{\omega}}(1-\cos 2\omega x)\mathrm{d}x=\frac{\omega E}{2\pi}\left[x-\frac{\sin 2\omega x}{2\omega}\right]\Bigg|_0^{\frac{\pi}{\omega}}=\frac{E}{2}.$$

例6 函数 $f(x)$ 的周期为 6,且当 $-3\leqslant x<3$ 时,$f(x)=x$,求 $f(x)$ 的傅里叶级数展开式.

解 这里 $l=3$,$f(x)$ 是奇函数,所以 $a_n=0$,$n=0,1,2,\cdots$. 由公式(12)得

$$\begin{aligned} b_n &=\frac{2}{l}\int_0^l f(x)\sin\frac{n\pi x}{l}\mathrm{d}x=\frac{2}{3}\int_0^3 x\sin\frac{n\pi x}{3}\mathrm{d}x \\ &=-\frac{2}{n\pi}\left[x\cos\frac{n\pi x}{3}-\frac{3}{n\pi}\sin\frac{n\pi x}{3}\right]\Bigg|_0^3=(-1)^{n+1}\frac{6}{n\pi}, \quad n=1,2,\cdots. \end{aligned}$$

又 $f(x)$ 满足狄利克雷条件,故有

$$\frac{6}{\pi}\left(\sin\frac{\pi x}{3}-\frac{1}{2}\sin\frac{2\pi x}{3}+\frac{1}{3}\sin\frac{3\pi x}{3}-\cdots\right)=\begin{cases} x, & -3<x<3, \\ 0, & x=\pm 3. \end{cases}$$

例 7 将周期为 1 的函数

$$f(x)=\frac{1}{2}e^x,\quad 0\leqslant x<1$$

展开为傅里叶级数.

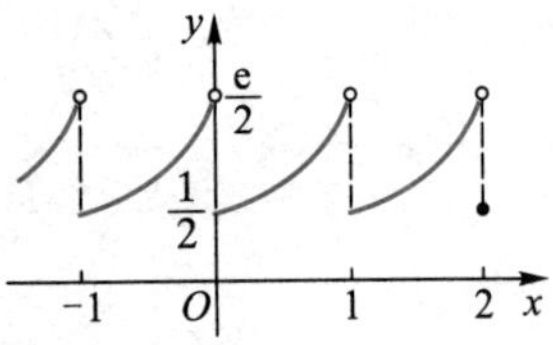

图 11.10

解 这里 $2l=1$,由周期函数积分的性质,傅里叶系数公式(10)中的积分区间只要保持一个周期长的区间即可. 本题函数图形如图 11.10 所示. 故系数

$$a_0=\frac{1}{l}\int_0^{2l}f(x)\,dx=2\int_0^1\frac{1}{2}e^x\,dx=e-1,$$

$$a_n=\frac{1}{l}\int_0^{2l}f(x)\cos\frac{n\pi x}{l}dx$$

$$=2\int_0^1\frac{1}{2}e^x\cos 2n\pi x\,dx=\frac{e-1}{1+(2n\pi)^2},$$

$$b_n=\frac{1}{l}\int_0^{2l}f(x)\sin\frac{n\pi x}{l}dx$$

$$=2\int_0^1\frac{1}{2}e^x\sin 2n\pi x\,dx=\frac{-2n\pi(e-1)}{1+(2n\pi)^2},\quad n=1,2,\cdots.$$

$f(x)$ 在区间 $[0,1]$ 上满足狄利克雷条件,故有

$$\frac{e-1}{2}+(e-1)\sum_{n=1}^{\infty}\frac{1}{1+(2n\pi)^2}(\cos 2n\pi x-2n\pi\sin 2n\pi x)=\begin{cases}\frac{1}{2}e^x, & 0<x<1,\\ \frac{e+1}{4}, & x=0,1.\end{cases}$$

11.8.5 有限区间上的函数的傅里叶展开

对于在有限区间 $[a,b]$ 上定义的函数 $f(x)$,只要在区间 $[a,b]$ 之外适当地补充函数的定义,把它延拓为周期函数 $F(x)$,则 $F(x)$ 的傅里叶级数限定 $x\in[a,b]$ 时,就是 $f(x)$ 的傅里叶级数. 比如,要将区间 $[0,1]$ 上的函数 $f(x)=\frac{1}{2}e^x$ 展开为傅里叶级数,展开过程同例 7 一样,只不过是展开式成立的区间应为 $(0,1)$.

但是,有限区间上定义的函数(非周期的)与周期函数的傅里叶展开也有不同之处,就是怎样向区间外延拓函数,确定周期都有很大的灵活性,所以展开的傅里叶级数不唯一. 这使得有选择的余地,一般视其方便和要求来确定. 如函数 $f(x)$ 定义在区间 $[0,l]$ 上,并满足狄利克雷条件时,可以把它展开为正弦级数,也可展开为余弦级数.

根据不同的要求，只需在区间$[-l,0]$上补充函数定义时，使延拓了的函数成为奇函数或偶函数即可，其实也不必真正实施这一手续.

例 8 将函数

$$f(x)=x+1,\quad 0\leqslant x\leqslant \pi$$

分别展开为正弦级数和余弦级数.

解 先求正弦级数，这时，周期为2π（见图 11.11），系数

$$b_n=\frac{2}{\pi}\int_0^{\pi}(x+1)\sin nx\mathrm{d}x=\frac{2}{\pi}\left[-\frac{(x+1)\cos nx}{n}+\frac{\sin nx}{n^2}\right]\Bigg|_0^{\pi}$$

$$=\frac{2}{n\pi}[1-(\pi+1)\cos n\pi]=\frac{2}{n\pi}[1+(-1)^{n+1}(\pi+1)],\quad n=1,2,\cdots.$$

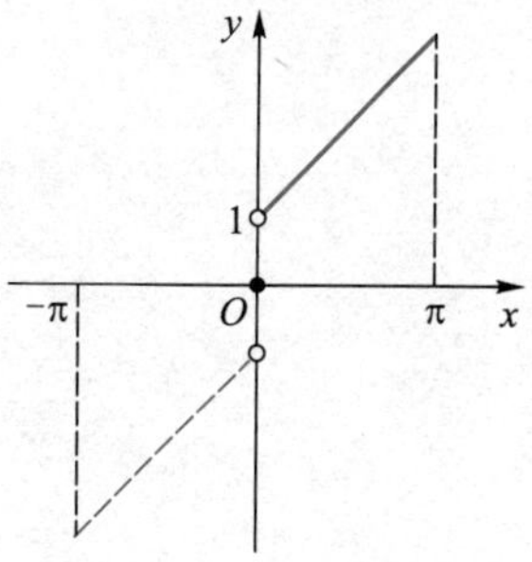

图 11.11

由于$f(x)$满足狄利克雷条件，故有正弦级数

$$\frac{2}{\pi}\left[(\pi+2)\sin x-\frac{\pi}{2}\sin 2x+\frac{1}{3}(\pi+2)\sin 3x-\frac{\pi}{4}\sin 4x+\cdots\right]$$

$$=\begin{cases}x+1, & 0<x<\pi,\\ 0, & x=0,\pi.\end{cases}$$

函数$f(x)=x+1$的余弦级数（见图 11.12），可由例 4 的展开式加 1 便得到：

$$1+\frac{\pi}{2}-\frac{4}{\pi}\left(\cos x+\frac{1}{3^2}\cos 3x+\frac{1}{5^2}\cos 5x+\cdots\right)=x+1,\quad 0\leqslant x\leqslant \pi.$$

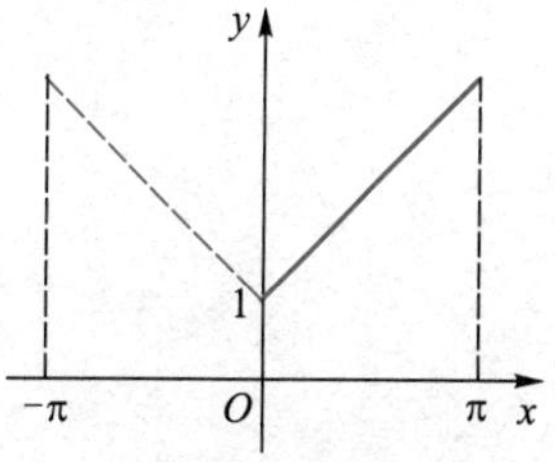

图 11.12

将区间$[0,l]$上连续函数展开为余弦级数时，级数在端点$x=0,l$处收敛到原来函数，正弦级数未必如此. 此外，若将$f(x)$的展开式加上常数c，就得到$f(x)+c$的傅里叶展开式. 这种做法，余弦级数还是余弦级数，但正弦级数加非零常数后，不再是正弦级数，而是一般的傅里叶级数.

例 9 已知有限区间$[0,1]$上的函数$f(x)=x^2$的正弦级数的和函数

$$S(x)=\sum_{n=1}^{\infty}b_n\sin n\pi x,$$

求$S(x)$的周期和$S\left(-\frac{1}{2}\right)$的值.

解 因为$n=1$时，$\sin n\pi x$的周期为 2，所以$S(x)$的周期为 2.

这里的正弦级数是将$f(x)$奇延拓为

$$F(x)=\begin{cases}-x^2, & -1<x<0,\\ x^2, & 0\leqslant x\leqslant 1\end{cases}$$

之后展开的傅里叶级数，而$x=-\frac{1}{2}$是函数$F(x)$的连续点，由定理 11.16 知

$$S\left(-\frac{1}{2}\right)=F\left(-\frac{1}{2}\right)=-\frac{1}{4}.$$

*11.8.6 傅里叶级数的复数形式

傅里叶级数的复数形式,在电子技术中经常用到.利用欧拉公式

$$\cos x=\frac{e^{ix}+e^{-ix}}{2},\quad \sin x=\frac{e^{ix}-e^{-ix}}{2i},$$

则

$$\begin{aligned}&\frac{a_0}{2}+\sum_{n=1}^{\infty}\left(a_n\cos\frac{n\pi x}{l}+b_n\sin\frac{n\pi x}{l}\right)\\&=\frac{a_0}{2}+\sum_{n=1}^{\infty}\left[\frac{a_n}{2}\left(e^{i\frac{n\pi x}{l}}+e^{-i\frac{n\pi x}{l}}\right)-\frac{ib_n}{2}\left(e^{i\frac{n\pi x}{l}}-e^{-i\frac{n\pi x}{l}}\right)\right]\\&=\frac{a_0}{2}+\sum_{n=1}^{\infty}\left(\frac{a_n-ib_n}{2}e^{i\frac{n\pi x}{l}}+\frac{a_n+ib_n}{2}e^{-i\frac{n\pi x}{l}}\right).\end{aligned}$$

若记

$$c_0=\frac{a_0}{2},\quad c_n=\frac{a_n-ib_n}{2},\quad c_{-n}=\frac{a_n+ib_n}{2}\quad(n=1,2,\cdots),$$

上面的级数变为

$$c_0+\sum_{n=1}^{\infty}\left(c_ne^{i\frac{n\pi x}{l}}+c_{-n}e^{-i\frac{n\pi x}{l}}\right)=\left(c_ne^{i\frac{n\pi x}{l}}\right)\Big|_{n=0}+\sum_{n=1}^{\infty}c_ne^{i\frac{n\pi x}{l}}+\sum_{n=-\infty}^{-1}c_ne^{i\frac{n\pi x}{l}}.$$

将最后的表达式写在一起,得到傅里叶级数的复数形式

$$\sum_{n=-\infty}^{\infty}c_ne^{i\frac{n\pi x}{l}},\tag{15}$$

其系数 c_n 的表达式为

$$\begin{aligned}c_0&=\frac{a_0}{2}=\frac{1}{2l}\int_{-l}^{l}f(x)\,dx,\\c_n&=\frac{1}{2}(a_n-ib_n)\\&=\frac{1}{2}\left[\frac{1}{l}\int_{-l}^{l}f(x)\cos\frac{n\pi x}{l}dx-\frac{i}{l}\int_{-l}^{l}f(x)\sin\frac{n\pi x}{l}dx\right]\\&=\frac{1}{2l}\int_{-l}^{l}f(x)\left(\cos\frac{n\pi x}{l}-i\sin\frac{n\pi x}{l}\right)dx\\&=\frac{1}{2l}\int_{-l}^{l}f(x)e^{-i\frac{n\pi x}{l}}dx\quad(n=1,2,\cdots),\end{aligned}$$

同理,

$$c_{-n}=\frac{1}{2}(a_n+ib_n)=\frac{1}{2l}\int_{-l}^{l}f(x)e^{i\frac{n\pi x}{l}}dx\quad(n=1,2,\cdots).$$

以上所有系数可以通过一个式子表达,即

$$c_n=\frac{1}{2l}\int_{-l}^{l}f(x)\,\mathrm{e}^{-\mathrm{i}\frac{n\pi x}{l}}\mathrm{d}x\quad(n=0,\pm1,\pm2,\cdots).\tag{16}$$

傅里叶级数的两种形式本质上一样，但复数形式(15)比较简洁，且系数公式统一为(16)式.

例 10　把宽为 τ，高为 h，周期为 T 的矩形波(图 11.13)展开为复数形的傅里叶级数.

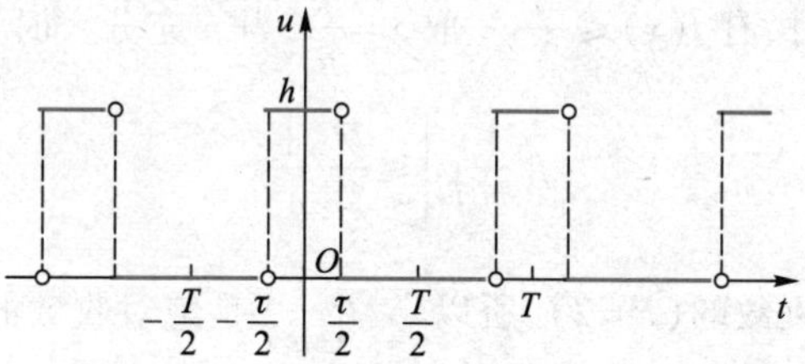

图 11.13

解　在一个周期 $\left[-\frac{T}{2},\frac{T}{2}\right]$ 内的波形函数为

$$u(t)=\begin{cases}0, & -\frac{T}{2}\leqslant t<-\frac{\tau}{2},\\ h, & -\frac{\tau}{2}\leqslant t<\frac{\tau}{2},\\ 0, & \frac{\tau}{2}\leqslant t<\frac{T}{2}.\end{cases}$$

由系数公式(16)，有

$$c_0=\frac{1}{T}\int_{-\frac{T}{2}}^{\frac{T}{2}}u(t)\,\mathrm{d}t=\frac{1}{T}\int_{-\frac{\tau}{2}}^{\frac{\tau}{2}}h\,\mathrm{d}t=\frac{h\tau}{T},$$

$$\begin{aligned}c_n&=\frac{1}{T}\int_{-\frac{T}{2}}^{\frac{T}{2}}u(t)\,\mathrm{e}^{-\mathrm{i}\frac{2n\pi t}{T}}\mathrm{d}t=\frac{1}{T}\int_{-\frac{\tau}{2}}^{\frac{\tau}{2}}h\mathrm{e}^{-\mathrm{i}\frac{2n\pi t}{T}}\mathrm{d}t\\&=\frac{h}{T}\left[-\frac{T}{\mathrm{i}2n\pi}\mathrm{e}^{-\mathrm{i}\frac{2n\pi t}{T}}\right]\Bigg|_{-\frac{\tau}{2}}^{\frac{\tau}{2}}=\frac{h}{n\pi}\sin\frac{n\pi\tau}{T}\quad(n=\pm1,\pm2,\cdots).\end{aligned}$$

又 $u(t)$ 满足狄利克雷条件，故 $u(t)$ 的复数形傅里叶级数为

$$u(t)=\frac{h\tau}{T}+\frac{h}{\pi}\sum_{\substack{n=-\infty\\n\neq0}}^{\infty}\frac{1}{n}\sin\frac{n\pi\tau}{T}\mathrm{e}^{\mathrm{i}\frac{2n\pi t}{T}},\quad t\neq\pm kT\pm\frac{\tau}{2},\quad k=0,1,2,\cdots.$$

11.9 例　　题

例 1　设 $f(x)$ 在点 $x=0$ 的某邻域内具有二阶连续导数，且 $\lim\limits_{x\to0}\frac{f(x)}{x}=0$，证明级数 $\sum\limits_{n=1}^{\infty}f\left(\frac{1}{n}\right)$ 绝对收敛.

证法 1 由题设 $\lim\limits_{x\to 0}\dfrac{f(x)}{x}=0$ 及一阶麦克劳林公式知

$$f(x)=\frac{1}{2}f''(\theta x)x^2 \quad (0<\theta<1).$$

再由题设，$f''(x)$ 在 $x=0$ 的某邻域内连续，因而 $f''(x)$ 在此邻域内闭区间上有界，即存在 $M>0$，使当 x 在此闭区间内时，恒有 $|f''(x)|\leqslant M$，于是，当 x 很小时，有 $f(x)\leqslant \dfrac{M}{2}x^2$. 取 $x=\dfrac{1}{n}$，当 n 充分大时，恒有

$$\left|f\left(\frac{1}{n}\right)\right|\leqslant \frac{M}{2}\frac{1}{n^2}.$$

由于 $\sum\limits_{n=1}^{\infty}\dfrac{1}{n^2}$ 是收敛的 $(P=2)$，所以 $\sum\limits_{n=1}^{\infty}f\left(\dfrac{1}{n}\right)$ 是绝对收敛的. □

证法 2 由证法 1 前半部分知 $f(0)=f'(0)=0$，由洛必达法则得

$$\lim_{x\to 0}\frac{f(x)}{x^2}=\lim_{x\to 0}\frac{f'(x)}{2x}=\lim_{x\to 0}\frac{f''(x)}{2}=\frac{1}{2}f''(0),$$

令 $x=\dfrac{1}{n}$，得

$$\lim_{n\to\infty}\frac{\left|f\left(\frac{1}{n}\right)\right|}{\frac{1}{n^2}}=\frac{1}{2}|f''(0)|,$$

故由比较判别法的极限形式知，$\sum\limits_{n=1}^{\infty}f\left(\dfrac{1}{n}\right)$ 是绝对收敛的. □

例 2 已知级数 $\sum\limits_{n=1}^{\infty}(-1)^n a_n 2^n$ 收敛，证明级数 $\sum\limits_{n=1}^{\infty}a_n$ 绝对收敛.

证法 1 由于级数 $\sum\limits_{n=1}^{\infty}(-1)^n a_n 2^n$ 收敛，所以通项趋于零，即有

$$\lim_{n\to\infty}(-1)^n a_n 2^n=0,$$

从而有

$$\lim_{n\to\infty}\frac{|a_n|}{\frac{1}{2^n}}=\lim_{n\to\infty}|a_n|2^n=0.$$

因为 $\sum\limits_{n=1}^{\infty}\dfrac{1}{2^n}$ 是收敛的等比级数，由比较判别法的极限形式知，级数 $\sum\limits_{n=1}^{\infty}|a_n|$ 收敛，故 $\sum\limits_{n=1}^{\infty}a_n$ 绝对收敛. □

证法 2 由给定的条件知，幂级数

$$\sum_{n=1}^{\infty} a_n x^n$$

在 $x=-2$ 处收敛. 由阿贝尔引理知,此幂级数在区间$(-2,2)$内处处绝对收敛. 特别地,当 $x=1$ 时,此幂级数化为级数 $\sum\limits_{n=1}^{\infty} a_n$,也是绝对收敛的. □

例 3 求数项级数 $\sum\limits_{n=0}^{\infty}\frac{2n+1}{n!}$的和.

解法 1

$$\begin{aligned}\sum_{n=0}^{\infty}\frac{2n+1}{n!}&=2\sum_{n=0}^{\infty}\frac{n}{n!}+\sum_{n=0}^{\infty}\frac{1}{n!}\\&=2\sum_{n=1}^{\infty}\frac{1}{(n-1)!}+\sum_{n=0}^{\infty}\frac{1}{n!}=2\sum_{n=0}^{\infty}\frac{1}{n!}+\sum_{n=0}^{\infty}\frac{1}{n!}=3\sum_{n=0}^{\infty}\frac{1}{n!}=3\mathrm{e}.\end{aligned}$$

解法 2 令

$$S(x)=\sum_{n=0}^{\infty}\frac{2n+1}{n!}x^{2n},$$

从 0 到 x 积分得

$$\int_0^x S(x)\,\mathrm{d}x=\sum_{n=0}^{\infty}\frac{1}{n!}x^{2n+1}=x\sum_{n=0}^{\infty}\frac{(x^2)^n}{n!}=x\mathrm{e}^{x^2},\quad |x|<+\infty,$$

故

$$S(x)=(x\mathrm{e}^{x^2})'=\mathrm{e}^{x^2}+2x^2\mathrm{e}^{x^2}=(1+2x^2)\mathrm{e}^{x^2}.$$

令 $x=1$,得

$$S(1)=\sum_{n=0}^{\infty}\frac{2n+1}{n!}=(1+2x^2)\mathrm{e}^{x^2}\Big|_{x=1}=3\mathrm{e}.$$

解法 3 令

$$S(x)=\sum_{n=0}^{\infty}\frac{1}{n!}x^{2n+1}=x\sum_{n=0}^{\infty}\frac{x^{2n}}{n!}=x\mathrm{e}^{x^2},\quad |x|<+\infty,$$

则两边求导得

$$S'(x)=\sum_{n=0}^{\infty}\frac{2n+1}{n!}x^{2n}=(1+2x^2)\mathrm{e}^{x^2}.$$

令 $x=1$,得

$$S'(1)=\sum_{n=0}^{\infty}\frac{2n+1}{n!}=3\mathrm{e}.$$

例 4 求幂级数$1+\frac{x^2}{2!}+\frac{x^4}{4!}+\frac{x^6}{6!}+\cdots$的和函数.

解　由于

$$\lim_{n\to\infty}\left|\frac{u_{n+1}(x)}{u_n(x)}\right|=\lim_{n\to\infty}\left|\frac{x^{2(n+1)}}{[2(n+1)]!}\cdot\frac{(2n)!}{x^{2n}}\right|$$

$$=\lim_{n\to\infty}\frac{|x^2|}{2(n+1)(2n+1)}=0,\quad -\infty<x<+\infty,$$

据比值判别法知,此幂级数收敛域为$(-\infty,+\infty)$.

设和函数

$$S(x)=1+\frac{x^2}{2!}+\frac{x^4}{4!}+\frac{x^6}{6!}+\cdots,\quad -\infty<x<+\infty,$$

则

$$S'(x)=x+\frac{x^3}{3!}+\frac{x^5}{5!}+\cdots,\quad -\infty<x<+\infty,$$

于是有

$$S'(x)+S(x)=1+x+\frac{x^2}{2!}+\frac{x^3}{3!}+\cdots=\mathrm{e}^x,\quad -\infty<x<+\infty.$$

由此可见,这个和函数是如下初值问题的解:

$$\begin{cases}S'(x)+S(x)=\mathrm{e}^x,\\ S(0)=1.\end{cases}$$

不难解得

$$S(x)=\frac{1}{2}(\mathrm{e}^x+\mathrm{e}^{-x}),\quad -\infty<x<+\infty.$$

例5　确定函数项级数$\sum\limits_{n=1}^{\infty}\frac{(n+x)^n}{n^{n+x}}$的收敛域.

解　对任意固定的x,当n充分大时,有$u_n(x)=\frac{(n+x)^n}{n^{n+x}}>0$,且

$$u_n(x)=\frac{(n+x)^n}{n^{n+x}}=\frac{1}{n^x}\left(1+\frac{x}{n}\right)^n,$$

于是

$$\lim_{n\to\infty}\frac{u_n(x)}{\frac{1}{n^x}}=\lim_{n\to\infty}\left(1+\frac{x}{n}\right)^n=\mathrm{e}^x.$$

而级数$\sum\limits_{n=1}^{\infty}\frac{1}{n^x}$是$P=x$的$P$-级数,所以,$x>1$时它收敛,$x\leqslant 1$时它发散.

据此,由比较判别法的极限形式知,级数$\sum\limits_{n=1}^{\infty}\frac{(n+x)^n}{n^{n+x}}$的收敛域为$x>1$.

例6　将函数$f(x)=\frac{1}{4}\ln\frac{1+x}{1-x}+\frac{1}{2}\arctan x-x$展开为$x$的幂级数.

解　由于

$$f'(x)=\frac{1}{4}\left(\frac{1}{1+x}+\frac{1}{1-x}\right)+\frac{1}{2}\frac{1}{1+x^2}-1$$

$$=\frac{1}{1-x^4}-1=\sum_{n=0}^{\infty}x^{4n}-1=\sum_{n=1}^{\infty}x^{4n},\quad -1<x<1,$$

所以将上式两端从 0 到 x 进行积分,并注意 $f(0)=0$,便得

$$f(x)=\int_0^x\sum_{n=1}^{\infty}x^{4n}\mathrm{d}x=\sum_{n=1}^{\infty}\frac{1}{4n+1}x^{4n+1},\quad -1<x<1.$$

可以看出此例恰是 11.6.3 段例 12 的反问题.

例 7　证明在区间$[-\pi,\pi]$上有恒等式

$$\sum_{n=1}^{\infty}\frac{(-1)^{n-1}}{n^2}\cos nx=\frac{\pi^2}{12}-\frac{x^2}{4},$$

并求级数 $\sum_{n=1}^{\infty}(-1)^{n-1}\frac{1}{n^2}$的和.

证明　欲证之等式等价于

$$x^2=4\left(\frac{\pi^2}{12}-\sum_{n=1}^{\infty}\frac{(-1)^{n-1}}{n^2}\cos nx\right)=\frac{\pi^2}{3}+4\sum_{n=1}^{\infty}\frac{(-1)^n}{n^2}\cos nx.$$

将 x^2 在区间$[-\pi,\pi]$上展开成傅里叶级数,由于 x^2 为偶函数,故

$$b_n=0,n=1,2,\cdots,$$

$$a_0=\frac{2}{\pi}\int_0^{\pi}x^2\mathrm{d}x=\frac{2}{\pi}\left.\frac{x^3}{3}\right|_0^{\pi}=\frac{2}{3}\pi^2,$$

$$a_n=\frac{2}{\pi}\int_0^{\pi}x^2\cos nx\mathrm{d}x=(-1)^n\frac{4}{n^2},\quad n=1,2,\cdots,$$

于是得到

$$x^2=\frac{1}{3}\pi^2+4\sum_{n=1}^{\infty}\frac{(-1)^n}{n^2}\cos nx,\quad -\pi\leqslant x\leqslant\pi.$$

在上式中,令 $x=0$,得

$$\sum_{n=1}^{\infty}\frac{(-1)^{n-1}}{n^2}=\frac{\pi^2}{12}.\quad\square$$

例 8　将 $f(x)=\mathrm{sgn}(\cos x)$展开为傅里叶级数.

解　因为 $\cos x$ 是以 2π 为周期的偶函数,所以 $f(x)$ 也是以 2π 为周期的偶函数,可展开为余弦级数. 系数

$$a_0=\frac{2}{\pi}\int_0^{\pi}f(x)\,\mathrm{d}x=\frac{2}{\pi}\left(\int_0^{\frac{\pi}{2}}\mathrm{d}x-\int_{\frac{\pi}{2}}^{\pi}\mathrm{d}x\right)=0,$$

$$a_n=\frac{2}{\pi}\int_0^{\pi}f(x)\cos nx\mathrm{d}x=\frac{2}{\pi}\left(\int_0^{\frac{\pi}{2}}\cos nx\mathrm{d}x-\int_{\frac{\pi}{2}}^{\pi}\cos nx\mathrm{d}x\right)$$

$$=\frac{4}{n\pi}\sin\frac{n\pi}{2}=\begin{cases}0, & n=2k,\\ (-1)^{k-1}\dfrac{4}{(2k-1)\pi}, & n=2k-1,\end{cases}\quad k=1,2,\cdots.$$

于是由定理 11.17 有

$$\operatorname{sgn}(\cos x)=\frac{4}{\pi}\sum_{n=1}^{\infty}(-1)^{n-1}\frac{1}{2n-1}\cos(2n-1)x,\quad -\pi\leqslant x\leqslant\pi.$$

习题十一

11.1

1. 写出下列级数的一般项 u_n：

(1) $-\frac{1}{2}+0+\frac{1}{4}+\frac{2}{5}+\frac{3}{6}+\cdots$；

(2) $\frac{1}{2}+\frac{2}{5}+\frac{3}{10}+\frac{4}{17}+\cdots$；

(3) $\frac{\sqrt{3}}{2}+\frac{3}{2\cdot 4}+\frac{3\sqrt{3}}{2\cdot 4\cdot 6}+\frac{3^2}{2\cdot 4\cdot 6\cdot 8}+\cdots$.

2. 已知级数 $\sum\limits_{n=1}^{\infty}u_n$ 的部分和 $S_n=\frac{2n}{n+1}\ (n=1,2,\cdots)$，

(1) 求此级数的一般项 u_n；

(2) 判定此级数的敛散性.

3. 用定义判定下列级数的敛散性，对收敛级数求出其和：

(1) $\sum\limits_{n=1}^{\infty}\frac{1}{2^n}$；

(2) $\sum\limits_{n=1}^{\infty}\sin\frac{n\pi}{2}$；

(3) $\sum\limits_{n=1}^{\infty}\frac{1}{(5n-4)(5n+1)}$；

(4) $\sum\limits_{n=1}^{\infty}\frac{1}{n(n+1)(n+2)}$；

(5) $\sum\limits_{n=1}^{\infty}\frac{2n-1}{2^n}$；

(6) $\sum\limits_{n=1}^{\infty}(\sqrt{n+2}-2\sqrt{n+1}+\sqrt{n})$；

(7) $\frac{1}{3}+\frac{1}{15}+\frac{1}{35}+\frac{1}{63}+\cdots$；

(8) $\sum\limits_{n=1}^{\infty}\arctan\frac{1}{n^2+n+1}$.

4. 设数列 $\{nu_n\}$ 收敛，且级数 $\sum\limits_{n=1}^{\infty}n(u_n-u_{n-1})$ 收敛，证明 $\sum\limits_{n=1}^{\infty}u_n$ 收敛.

5. 将 $0.\dot{7}\dot{3}$ 化为分数.

6. 用性质判定下列级数的敛散性：

(1) $\frac{1}{11}+\frac{2}{12}+\frac{3}{13}+\cdots$；

(2) $\frac{1}{4}+\frac{1}{5}+\frac{1}{6}+\frac{1}{7}+\cdots$；

(3) $\left(\frac{1}{6}+\frac{8}{9}\right)+\left(\frac{1}{6^2}+\frac{8^2}{9^2}\right)+\left(\frac{1}{6^3}+\frac{8^3}{9^3}\right)+\cdots$；

(4) $\frac{1}{2}+\frac{1}{10}+\frac{1}{4}+\frac{1}{20}+\cdots+\frac{1}{2^n}+\frac{1}{10n}+\cdots$；

(5) $\sum\limits_{n=1}^{\infty}\ln\frac{n+1}{n}$；

(6) $\sum\limits_{n=1}^{\infty}\frac{2^n+3^n}{6^n}$；

(7) $\sum\limits_{n=1}^{\infty}\frac{(-1)^n n^2}{2n^2+n}$.

7. 分别就级数 $\sum_{n=1}^{\infty} u_n$ 收敛和发散的两种情况,讨论下列级数的敛散性:

(1) $\sum_{n=1}^{\infty}(u_n+0.0001)$; (2) $1000+\sum_{n=1}^{\infty} u_n$;

(3) $\sum_{n=1}^{\infty}\frac{1}{u_n}$.

8. 已知 $\sum_{n=1}^{\infty}\frac{1}{n^2}=\frac{\pi^2}{6}$,求级数 $\sum_{n=1}^{\infty}\frac{1}{(2n-1)^2}$的和.

9. 一类慢性病人需每天服用某种药物,按药理,一般患者体内药量需维持在 20～25 mg 之间.设体内药物每天有 80% 排泄掉,问病人每天服用的药量为多少?

10. 计算机中的数据都是二进制的,求二进制无限循环小数 $(110.110\,110\cdots)_2$ 在十进制下的值.

11.2

1. 用比较法判别下列级数的敛散性:

(1) $\frac{1}{2}+\frac{1}{5}+\frac{1}{10}+\frac{1}{17}+\cdots$;

(2) $1+\frac{1+2}{1+2^2}+\frac{1+3}{1+3^2}+\cdots$;

(3) $\sum_{n=1}^{\infty}\sin\frac{\pi}{2^n}$;

(4) $\sum_{n=1}^{\infty}\left[\frac{1}{n}-\ln\left(1+\frac{1}{n}\right)\right]$.

2. 用比值法判别下列级数的敛散性:

(1) $\sum_{n=0}^{\infty}\frac{n!}{n^n}$;

(2) $\sum_{n=0}^{\infty}\frac{5^n}{n!}$;

(3) $\sum_{n=1}^{\infty}\frac{2^n n!}{n^n}$;

(4) $\sum_{n=1}^{\infty}\frac{2\cdot5\cdot\cdots\cdot(3n-1)}{1\cdot5\cdot\cdots\cdot(4n-3)}$.

3. 用根值法判别下列级数的敛散性:

(1) $\sum_{n=1}^{\infty}\left(\frac{n}{3n+1}\right)^n$;

(2) $\frac{3}{1\cdot2}+\frac{3^2}{2\cdot2^2}+\frac{3^3}{3\cdot2^3}+\cdots$.

4. 用积分判别法判别下列级数的敛散性:

(1) $\sum_{n=1}^{\infty}\frac{n+1}{n(n+2)}$;

(2) $\sum_{n=3}^{\infty}\frac{\ln n}{n^p}$.

5. 判别下列级数的敛散性:

(1) $\sum_{n=0}^{\infty}\frac{[(2n)!!]^2}{(4n)!!}$;

(2) $\sum_{n=1}^{\infty}\sqrt{\frac{n+1}{n}}$;

(3) $\sum_{n=2}^{\infty}\frac{1}{n\ln^{1+\sigma}n}$ $(\sigma>0)$;

(4) $\sum_{n=1}^{\infty}\frac{1}{\sqrt{n}}\arcsin\frac{1}{n}$;

(5) $\sum_{n=1}^{\infty}\frac{1}{1+a^n}$ $(a>0)$;

(6) $\sum_{n=1}^{\infty}\ln\left(1+\frac{1}{n}\right)$;

(7) $\sum_{n=1}^{\infty} n\tan\frac{\pi}{2^{n+1}}$;

(8) $\sum_{n=1}^{\infty}\frac{n^2}{\left(2+\frac{1}{n}\right)^n}$;

(9) $\sum_{n=1}^{\infty}\frac{(n!)^2}{(2n)!}x^n$ $(x>0)$;

(10) $\sum_{n=3}^{\infty}\frac{1}{n\ln n\cdot\ln\ln n}$;

(11) $\sum_{n=0}^{\infty}\left(\frac{b}{a_n}\right)^n$,假设 $\lim\limits_{n\to\infty}a_n=a$,$b\neq a$ 均为正数.

6. 讨论级数 $\sum_{n=1}^{\infty} n^{\alpha}\beta^n$ 的敛散性,其中 α 为任意实数,β 为非负实数.

7. 设 a 为正数,若级数 $\sum_{n=1}^{\infty}\frac{a^n n!}{n^n}$ 收敛,而 $\sum_{n=2}^{\infty}\frac{\sqrt{n+2}-\sqrt{n-2}}{n^a}$发散,则( ).

(A) $a>\mathrm{e}$ (B) $a=\mathrm{e}$

(C) $\frac{1}{2}<a<\mathrm{e}$ (D) $a\leqslant\frac{1}{2}$

8. 证明

(1) 若正项级数 $\sum_{n=1}^{\infty} u_n$ 收敛,则 $\sum_{n=1}^{\infty} u_n^2$ 收敛;

(2) 若正项级数 $\sum_{n=1}^{\infty} u_n$, $\sum_{n=1}^{\infty} v_n$ 均收敛,则 $\sum_{n=1}^{\infty} u_n v_n$, $\sum_{n=1}^{\infty}\sqrt{\frac{v_n}{n^p}}\,(p>1)$ 均收敛;

(3) 若正项级数 $\sum_{n=1}^{\infty} u_n$ 发散, $S_n = u_1+\cdots+u_n$,则 $\sum_{n=1}^{\infty}\frac{u_n}{S_n^2}$ 收敛;

(4) 若 $u_n, v_n>0$,且 $\frac{u_{n+1}}{u_n}\leqslant\frac{v_{n+1}}{v_n}$,则当 $\sum_{n=1}^{\infty} v_n$ 收敛时, $\sum_{n=1}^{\infty} u_n$ 收敛;当 $\sum_{n=1}^{\infty} u_n$ 发散时, $\sum_{n=1}^{\infty} v_n$ 发散.

9. 利用收敛级数性质证明

(1) $\lim\limits_{n\to\infty}\frac{n^n}{(2n)!}=0$;

(2) $\lim\limits_{n\to\infty}\frac{a^n}{n!}=0\quad(a>1)$.

10. 设级数 $\sum_{n=1}^{\infty} a_n$ 与 $\sum_{n=1}^{\infty} b_n$ 收敛,且对一切正整数 n 都有 $a_n<c_n<b_n$,证明 $\sum_{n=1}^{\infty} c_n$ 收敛.

11. 若 $\lim\limits_{n\to+\infty} na_n = a\neq 0$,则 $\sum_{n=1}^{\infty} a_n$ 发散.

12. 设 $a_n=\int_0^{\pi/4}\tan^n x\,\mathrm{d}x$,试证 $\forall\,\lambda>0$,级数 $\sum_{n=1}^{\infty}\frac{a_n}{n^{\lambda}}$ 收敛.

13. 设数列 $\{u_n\}$ 满足 $u_{n+1}=\frac{1}{2}u_n(u_n^2+1)$, $n=1,2,\cdots$. 针对首项(1) $u_1=\frac{1}{2}$ 和(2) $u_1=2$ 两种情况讨论级数 $\sum_{n=1}^{\infty} u_n$ 的敛散性.

14. 讨论级数 $\sum_{n=1}^{\infty}\left(\int_0^n\sqrt[3]{1+x^2}\,\mathrm{d}x\right)^{-1}$ 的敛散性.

11.3

1. 判定下列级数的敛散性,如果收敛,是条件收敛?还是绝对收敛?

(1) $1-\frac{1}{\sqrt{2}}+\frac{1}{\sqrt{3}}-\frac{1}{\sqrt{4}}+\cdots+(-1)^{n-1}\frac{1}{\sqrt{n}}+\cdots$;

(2) $\sum_{n=2}^{\infty}(-1)^n\frac{1}{n-\ln n}$;

(3) $\sum_{n=1}^{\infty}(-1)^{n-1}\frac{1}{3\cdot 2^n}$;

(4) $\sum_{n=1}^{\infty}(-1)^{n-1}\frac{1}{n^{p+\frac{1}{n}}}$;

(5) $\sum_{n=1}^{\infty}\frac{n!\;2^n\sin\frac{n\pi}{5}}{n^n}$;

(6) $\sum_{n=1}^{\infty}\left[\frac{\sin(n\alpha)}{n^2}-\frac{1}{\sqrt{n}}\right]$;

(7) $\sum_{n=1}^{\infty}(-1)^n\left(1-\cos\frac{\alpha}{n}\right)$ (常数 $\alpha>0$);

(8) $\sum_{n=1}^{\infty}\frac{(-\alpha)^n\cdot n!}{n^n}$ ($\alpha>0$ 常数);

(9) $\sum_{n=2}^{\infty}\sin\left(n\pi+\frac{1}{\ln n}\right)$.

2. 设级数 $\sum_{n=1}^{\infty}a_n^2$, $\sum_{n=1}^{\infty}b_n^2$ 均收敛,证明 $\sum_{n=1}^{\infty}a_nb_n$, $\sum_{n=1}^{\infty}\frac{a_n}{n}$ 和 $\sum_{n=1}^{\infty}(-1)^{\frac{n(n+1)}{2}}(a_n+b_n)^2$ 均绝对收敛.

3. 设常数 $k>0$,则级数 $\sum_{n=1}^{\infty}(-1)^n\frac{k+n}{n^2}$(　　).

(A) 发散

(B) 绝对收敛

(C) 条件收敛

(D) 收敛或发散与 k 的取值有关

4. 设级数 $\sum_{n=1}^{\infty}u_n$ 条件收敛,又设 $u_n^{*}=\frac{u_n+|u_n|}{2}$, $u_n^{**}=\frac{u_n-|u_n|}{2}$,则级数(　　).

(A) $\sum_{n=1}^{\infty}u_n^{*}$ 和 $\sum_{n=1}^{\infty}u_n^{**}$ 都收敛

(B) $\sum_{n=1}^{\infty}u_n^{*}$ 和 $\sum_{n=1}^{\infty}u_n^{**}$ 都发散

(C) $\sum_{n=1}^{\infty}u_n^{*}$ 收敛,但 $\sum_{n=1}^{\infty}u_n^{**}$ 发散

(D) $\sum_{n=1}^{\infty}u_n^{*}$ 发散,但 $\sum_{n=1}^{\infty}u_n^{**}$ 收敛

5. 判定级数 $\sum_{n=2}^{\infty}\frac{(-1)^n}{\sqrt{n}+(-1)^n}$ 的敛散性.

6. 设部分和 $S_n=\sum\limits_{k=1}^{n}u_k$，则数列 $\{S_n\}$ 有界是级数 $\sum\limits_{n=1}^{\infty}u_n$ 收敛的（　　）.

(A) 充分条件，但非必要条件

(B) 必要条件，但非充分条件

(C) 充分必要条件

(D) 非充分条件，又非必要条件

7. 若级数 $\sum\limits_{n=1}^{\infty}u_n$，$\sum\limits_{n=1}^{\infty}v_n$ 都发散，讨论级数 $\sum\limits_{n=1}^{\infty}(|u_n|+|v_n|)$ 的敛散性.

8. 设正项数列 $\{a_n\}$ 单调减少，且 $\sum\limits_{n=1}^{\infty}(-1)^n a_n$ 发散，试问级数 $\sum\limits_{n=1}^{\infty}\left(\dfrac{1}{a_n+1}\right)^n$ 是否收敛？并说明理由.

9. 对无穷数列 $\{u_n\}$ $(u_n\neq 0)$，如果引入无穷乘积

$$\prod_{n=1}^{\infty}u_n=u_1\cdot u_2\cdot\cdots\cdot u_n\cdot\cdots$$

概念，你认为首要讨论的问题应为什么？

11.4

1. 讨论函数项级数 $\sum\limits_{n=1}^{\infty}u_n(x)$ 的收敛域及和函数.

(1) 设 $u_1=\dfrac{x}{2}$，$u_n=\dfrac{x^n}{2^n}-\dfrac{x^{n-1}}{2^{n-1}}$，$n\geqslant 2$；

(2) 设 $u_1=\dfrac{x}{2}$，$u_n=\dfrac{nx}{n+1}-\dfrac{(n-1)x}{n}$，$n\geqslant 2$.

2. 求下列函数项级数的收敛域：

(1) $\sum\limits_{n=1}^{\infty}\dfrac{1}{2n+1}\left(\dfrac{1-x}{1+x}\right)^n$；

(2) $x-\dfrac{x^3}{3\cdot 3!}+\dfrac{x^5}{5\cdot 5!}-\cdots$；

(3) $x+x^4+x^9+x^{16}+x^{25}+\cdots$.

3. 判别下列级数是否一致收敛：

(1) $\sum\limits_{n=0}^{\infty}(1-x)x^n$，$0\leqslant x\leqslant 1$；

(2) $\sum\limits_{n=1}^{\infty}\dfrac{\sin nx}{\sqrt[3]{n^4+x^4}}$，$|x|<+\infty$；

(3) $\sum\limits_{n=1}^{\infty}\dfrac{\ln(1+nx)}{nx^n}$，$x\in[1+\alpha,+\infty)$ $(\alpha>0)$；

(4) $\sum\limits_{n=1}^{\infty}\dfrac{1}{(x+n)(x+n+1)}$，$0<x<+\infty$.

11.5

1. 求下列幂级数的收敛半径及收敛区间：

(1) $\sum\limits_{n=1}^{\infty}n!\left(\dfrac{x}{n}\right)^n$；

(2) $\sum\limits_{n=1}^{\infty}\dfrac{1}{3^n+(-2)^n+3\cdot 2^n}x^n$；

(3) $\sum\limits_{n=1}^{\infty}\dfrac{a^n-b^n}{a^n+b^n}(x-x_0)^n$ $(0<a<b)$；

(4) $\sum\limits_{n=0}^{\infty}\dfrac{2+(-1)^n}{2^n}x^n$.

2. 设 $\sum\limits_{n=1}^{\infty}a_nx^n$ 的收敛半径为 R_1，$\sum\limits_{n=1}^{\infty}b_nx^n$ 的收敛半径为 R_2，且 $R_1<R_2$，试证级数 $\sum\limits_{n=1}^{\infty}(a_n+b_n)x^n$ 的收敛半径为 R_1.

3. 求下列幂级数的收敛域：

(1) $\sum\limits_{n=1}^{\infty}\dfrac{2^n}{n^2+1}x^n$；

(2) $\sum\limits_{n=1}^{\infty}\left(\dfrac{x}{n}\right)^n$；

(3) $\sum\limits_{n=1}^{\infty}\dfrac{x^n}{(n+1)^p}$；

(4) $\sum\limits_{n=1}^{\infty}\dfrac{2^n+3^n}{n}x^n$；

(5) $\sum\limits_{n=0}^{\infty}\dfrac{3^{-\sqrt{n}}x^n}{\sqrt{n^2+1}}$；

(6) $\sum\limits_{n=1}^{\infty}\left(\dfrac{a^n}{n}+\dfrac{b^n}{n^2}\right)x^n$ $(a>0,b>0)$；

(7) $\sum\limits_{n=1}^{\infty}(-1)^n\left(1+\dfrac{1}{2}+\dfrac{1}{3}+\cdots+\dfrac{1}{n}\right)x^n$；

(8) $\sum\limits_{n=1}^{\infty}\dfrac{\ln(n+1)}{n+1}x^{n+1}$；

(9) $\sum\limits_{n=1}^{\infty}\dfrac{(x-5)^n}{\sqrt{n}}$；

(10) $\sum\limits_{n=1}^{\infty}(-1)^{n-1}\dfrac{(x-1)^n}{5n}$；

(11) $\sum\limits_{n=0}^{\infty}\dfrac{(x-3)^n}{n-3^n}$；

(12) $\sum_{n=1}^{\infty}\frac{(2x+1)^n}{n}$;

(13) $\sum_{n=1}^{\infty}(-1)^n\frac{x^{2n+1}}{2n+1}$;

(14) $1+\frac{x^2}{2\cdot 3}+\frac{x^4}{4\cdot 3^2}+\frac{x^6}{6\cdot 3^3}+\cdots$;

(15) $\sum_{n=0}^{\infty}\frac{x^{n^2}}{2^n}$.

4. 求下列函数项级数的收敛域：

(1) $\sum_{n=1}^{\infty}(\lg x)^n$;

(2) $\sum_{n=1}^{\infty}\frac{n^2}{x^n}$;

(3) $\sum_{n=1}^{\infty}\frac{(x^2+x+1)^n}{n(n+1)}$;

(4) $\sum_{n=1}^{\infty}\frac{1}{x^n}\sin\frac{\pi}{2^n}$.

5. 设幂级数 $\sum_{n=0}^{\infty}a_n(x+1)^n$ 在 $x=3$ 处条件收敛，试确定此幂级数的收敛半径，并阐明理由.

6. 已知级数 $\sum_{n=1}^{\infty}(-1)^n a_n(a_n>0)$ 条件收敛，求幂级数 $\sum_{n=0}^{\infty}a_n x^n$ 的收敛域，并说明理由.

7. 已知幂级数 $\sum_{n=0}^{\infty}a_n x^n$ 的系数 $a_n>0(n=1,2,\cdots)$，且当 $x=-3$ 时，该级数条件收敛，试确定此幂级数的收敛域，并阐明理由.

8. 求幂级数

$$1+\frac{(x-1)^2}{1\cdot 3^2}+\frac{(x-1)^4}{2\cdot 3^4}+\cdots+\frac{(x-1)^{2n}}{n\cdot 3^{2n}}+\cdots$$

的收敛区间.

9. 已知

$$\frac{1}{1-x}=1+x+x^2+\cdots+x^n+\cdots,\quad x\in(-1,1),$$

求函数 $\ln(1-x)$ 和 $\frac{1}{(1-x)^2}$ 的幂级数表达式.

11.6

1. 用直接展开法将函数 $f(x)=a^x(a>0,a\neq 1)$ 展开为 x 的幂级数.

2. 若 $f(x)=\sum_{n=0}^{\infty}a_n x^n$，试证：

(1) 当 $f(x)$ 为奇函数时，必有 $a_{2k}=0,\quad k=0,1,2,\cdots$;

(2) 当 $f(x)$ 为偶函数时，必有 $a_{2k+1}=0,\quad k=0,1,2,\cdots$.

3. 用间接展开法将下列函数展开为 x 的幂级数：

(1) $\sin^2 x$;

(2) $\sin\left(x+\frac{\pi}{4}\right)$;

(3) $\frac{x}{\sqrt{1-2x}}$;

(4) $\ln(1+x-2x^2)$;

(5) $\int_0^x\frac{\sin x}{x}\mathrm{d}x$;

(6) $\frac{\mathrm{d}}{\mathrm{d}x}\left(\frac{\mathrm{e}^x-1}{x}\right)$;

(7) $\arcsin x$;

(8) $\frac{1}{4}\ln\frac{1+x}{1-x}+\frac{1}{2}\arctan x-x$;

(9) $\frac{1}{(x^2+1)(x^4+1)(x^8+1)}$.

4. 设 $f(x)=\sum_{n=0}^{\infty}a_n x^n$，求函数 $g(x)=\frac{f(x)}{1-x}$ 的幂级数展开式（麦克劳林级数）.

5. 将下列函数在指定点 x_0 处展开为 $x-x_0$ 的幂级数：

(1) $\sqrt{x^3},\quad x_0=1$;

(2) $\cos x,\quad x_0=-\frac{\pi}{3}$;

(3) $\frac{x}{x^2-5x+6},\quad x_0=5$.

6. 设 $f(x)=(\arctan x)^2$，求 $f^{(n)}(0)$.

7. 设 $f(x)$ 在 $|x|<r$ 时可以展开成麦克劳林级数，且 $g(x)=f(x^2)$，试证

$$g^{(n)}(0)=\begin{cases}0, & n=2m-1,\\ \frac{(2m)!}{m!}f^{(m)}(0), & n=2m,\end{cases}\qquad m=1,2,\cdots.$$

8. 求下列级数在收敛区间内的和函数：

(1) $\sum_{n=1}^{\infty}\frac{x^{3n}}{(3n)!},\quad |x|<+\infty$;

（2） $\sum_{n=1}^{\infty} nx^{n-1}$， $|x|<1$；

（3） $\sum_{n=1}^{\infty} \frac{2n-1}{2^n}x^{2n-2}$， $|x|<\sqrt{2}$，并求 $\sum_{n=1}^{\infty} \frac{2n-1}{2^n}$；

（4） $\sum_{n=1}^{\infty} (-1)^{n+1}n^2x^n$， $|x|<1$，并求 $\sum_{n=1}^{\infty} (-1)^n \frac{n^2}{2^n}$；

（5） $x-\frac{x^3}{3}+\frac{x^5}{5}+\cdots$， $|x|<1$，并求 $\sum_{n=1}^{\infty} \frac{(-1)^n}{2n-1}\left(\frac{3}{4}\right)^n$；

（6） $\sum_{n=0}^{\infty} \frac{(n+1)x^n}{n!}$， $|x|<+\infty$.

9. 求下列幂级数的收敛域及和函数：

（1） $\frac{x}{4}+\frac{x^2}{2\cdot 4^2}+\cdots+\frac{x^n}{n\cdot 4^n}+\cdots$；

（2） $\sum_{n=0}^{\infty} \frac{n^2+1}{2^n\cdot n!}x^n$；

（3） $\sum_{n=1}^{\infty} (-1)^{n-1}\frac{x^{2n}}{n(2n-1)}$.

10. 利用$\frac{\mathrm{d}}{\mathrm{d}x}\left(\frac{\cos x-1}{x}\right)$的幂级数展开式，求 $\sum_{n=1}^{\infty} (-1)^n \cdot \frac{2n-1}{(2n)!}\left(\frac{\pi}{2}\right)^{2n}$的和.

11. 求数项级数 $\sum_{n=0}^{\infty} \frac{(-1)^n(n^2-n+1)}{2^n}$的和.

12. 求数项级数 $\sum_{n=1}^{\infty} (-1)^{n-1}\frac{2n^2}{(2n)!}\frac{1}{2^n}$的和.

13. 设 $\sum_{n=1}^{\infty} a_nx^n$ 的收敛半径为 3，和函数为 $S(x)$，求幂级数 $\sum_{n=1}^{\infty} na_n(x-1)^{n+1}$的收敛区间及和函数.

14. 求下列极限：

（1） $\lim_{x\to 1^-}(1-x^3)\sum_{n=1}^{\infty} n^2x^n$；

（2） $\lim_{n\to\infty}\left(\frac{1}{a}+\frac{2}{a^2}+\cdots+\frac{n}{a^n}\right)$ $(a>1)$；

（3） $\lim_{n\to\infty}\left(\frac{3}{2\cdot 1}+\frac{5}{2^2\cdot 2!}+\cdots+\frac{2n+1}{2^n\cdot n!}\right)$.

15. 设$f(x)=\int_0^{\sin x}\sin(t^2)\,\mathrm{d}t$，$g(x)=\sum_{n=1}^{\infty}\frac{x^{2n+1}}{n^n+2}$，则 $x\to 0$ 时，$f(x)$是 $g(x)$的（ ）.

（A）等价无穷小

（B）同阶，但不等价无穷小

（C）低阶无穷小

（D）高阶无穷小

11.7

1. 求下列各数的近似值，精确到小数点后第四位：

（1） $\sqrt{\mathrm{e}}$；（2） $\sqrt[5]{245}$；

（3） $\cos 10°$；（4） $\int_0^{1/10}\frac{\ln(1+x)}{x}\mathrm{d}x$.

2. 试用幂级数解微分方程 $y''=x^2y$.

3. 在区间[1,2]上，用函数$\frac{2(x-1)}{x+1}$近似函数 $\ln x$，估计其误差.

4. 已知级数 $2+\sum_{n=1}^{\infty}\frac{x^{2n}}{(2n)!}$在$(-\infty,+\infty)$上是微分方程$y''-y=b$ 的解，确定常数 b，并利用这一结果求该级数的和函数.

11.8

1. 将下列以 2π 为周期的函数$f(x)$展开为傅里叶级数，其中 $f(x)$在区间$[-\pi,\pi)$上的表达式分别为

（1） $f(x)=\frac{\pi}{4}-\frac{x}{2}$；

（2） $f(x)=\mathrm{e}^x+1$；

（3） $f(x)=3x^2+1$；

（4） $f(x)=2\sin\frac{x}{3}$；

（5） $f(x)=\begin{cases}x+2\pi, & -\pi\leqslant x<0,\\ x, & 0\leqslant x<\pi;\end{cases}$

（6） $f(x)=\begin{cases}\mathrm{e}^x, & -\pi\leqslant x<0,\\ 1, & 0\leqslant x<\pi.\end{cases}$

2. 设函数 $f(x)=\pi x+x^2(-\pi\leqslant x<\pi)$的傅里叶级数为

$$\frac{a_0}{2}+\sum_{n=1}^{\infty}(a_n\cos nx+b_n\sin nx),$$

求系数 b_3，并说明常数$\frac{a_0}{2}$的意义.

3. 将区间$[0,\pi]$上的下列函数$f(x)$展开为正弦级数.

（1） $f(x)=\frac{\pi-x}{2}$；

(2) $f(x)=\begin{cases}\dfrac{x}{\pi}, & 0\leqslant x<\dfrac{\pi}{2},\\ 1-\dfrac{x}{\pi}, & \dfrac{\pi}{2}\leqslant x\leqslant\pi.\end{cases}$

4. 将区间$[0,\pi]$上的下列函数$f(x)$展开为余弦级数.

(1) $f(x)=\cos\dfrac{x}{2}$;

(2) $f(x)=\begin{cases}1, & 0\leqslant x<h,\\ 0, & h\leqslant x\leqslant\pi.\end{cases}$

5. 将下列周期函数$f(x)$展开为傅里叶级数,其中$f(x)$在一个周期的表达式分别为

(1) $f(x)=x^2-x,-2\leqslant x<2$;

(2) $f(x)=\begin{cases}2x+1, & -3\leqslant x<0,\\ x, & 0\leqslant x<3;\end{cases}$

(3) $f(x)=\begin{cases}x, & 0\leqslant x<1,\\ 0, & 1\leqslant x<2,\end{cases}$ 并利用它的傅里叶级数,证明等式

$$1+\frac{1}{3^2}+\frac{1}{5^2}+\frac{1}{7^2}+\cdots=\frac{\pi^2}{8}.$$

6. 设$f(x)$是以 2 为周期的函数,它在区间$(-1,1]$上的定义为

$$f(x)=\begin{cases}2, & -1<x\leqslant 0,\\ x^3, & 0<x\leqslant 1,\end{cases}$$

那么$f(x)$的傅里叶级数在$x=0,\dfrac{1}{2},1$处各自的和为多少?

7. 将函数

$$f(x)=\begin{cases}x, & 0\leqslant x\leqslant\dfrac{l}{2},\\ l-x, & \dfrac{l}{2}<x\leqslant l\end{cases}$$

展开为正弦级数.

8. 将函数

$$f(x)=\begin{cases}\cos\dfrac{\pi x}{l}, & 0\leqslant x\leqslant\dfrac{l}{2},\\ 0, & \dfrac{l}{2}<x<l\end{cases}$$

展开为余弦级数.

9. 将函数$f(x)=x^2(0\leqslant x\leqslant 2)$分别展开成正弦级数和余弦级数,并指出它们在敛散性上的差别.

10. 设$f(x)=\begin{cases}e^x-1, & -\pi\leqslant x<0,\\ e^x+1, & 0\leqslant x<\pi,\end{cases}$ $a_0,a_n(n=1,2,\cdots)$为$f(x)$的傅里叶系数,则数项级数$\dfrac{a_0}{2}+\sum\limits_{n=1}^{\infty}a_n$的和为________.

11. 如果$f(x)$在$[-\pi,\pi]$上满足狄利克雷条件,证明

$$\lim_{n\to\infty}a_n=0,\quad \lim_{n\to\infty}b_n=0,$$

其中a_n,b_n是$f(x)$的傅里叶系数.

11.9

1. 设$a>0$,讨论级数$\sum\limits_{n=1}^{\infty}\dfrac{a^{\frac{n(n+1)}{2}}}{(1+a^0)(1+a^1)(1+a^2)\cdots(1+a^{n-1})}$的敛散性.

2. 讨论级数$\sum\limits_{n=1}^{\infty}\dfrac{(-1)^{n+1}}{\sqrt{n^{2k}+1}}$的敛散性,其中$k$为实数.

3. 判别级数$\sum\limits_{n=1}^{\infty}(-1)^{n+1}\left[e-\left(1+\dfrac{1}{n}\right)^n\right]$是否收敛,如果收敛,要指明是条件收敛还是绝对收敛.

4. 已知级数$\sum\limits_{n=1}^{\infty}(-1)^{n-1}a_n=2$, $\sum\limits_{n=1}^{\infty}a_{2n-1}=5$,求级数$\sum\limits_{n=1}^{\infty}a_n$的和.

5. 已知$\sum\limits_{k=1}^{\infty}\dfrac{1}{(2k-1)^2}=\dfrac{\pi^2}{8}$,求$P=2$时的$P$-级数$\sum\limits_{n=1}^{\infty}\dfrac{1}{n^2}$的和.

6. 证明级数

$$\arctan\frac{1}{2}+\arctan\frac{1}{8}+\cdots+\arctan\frac{1}{2n^2}+\cdots$$

是收敛的,并求其和S.

7. 证明幂级数$\sum\limits_{n=1}^{\infty}\dfrac{(1!)^2+(2!)^2+\cdots+(n!)^2}{(2n)!}x^n$在$(-3,3)$内绝对收敛.

8. 求极限

$$\lim_{n\to\infty}\frac{1+\dfrac{\pi^4}{5!}+\dfrac{\pi^8}{9!}+\cdots+\dfrac{\pi^{4(n-1)}}{(4n-3)!}}{\dfrac{1}{3!}+\dfrac{\pi^4}{7!}+\dfrac{\pi^8}{11!}+\cdots+\dfrac{\pi^{4(n-1)}}{(4n-1)!}}.$$

9. 若幂级数$\sum\limits_{n=0}^{\infty}a_n(x-x_0)^n(x_0\neq 0)$在$x=0$处收敛,

在 $x=2x_0$ 处发散，指出此幂级数的收敛半径 R 和收敛域，并说明理由.

10. 求下列幂级数的收敛半径及收敛域：

(1) $\sum\limits_{n=1}^{\infty}\dfrac{4^{2n-1}}{n\sqrt{n}}(x-2)^{2n-1}$；

(2) $\sum\limits_{n=1}^{\infty}8^n(2x-1)^{3n+1}$.

11. 求级数 $\sum\limits_{n=1}^{\infty}\dfrac{x^n}{(1+x)(1+x^2)\cdots(1+x^n)}$ 的收敛域.

12. 利用幂级数展开式，求下列函数在 $x=0$ 处的指定阶数的导数：

(1) $f(x)=\dfrac{x}{1+x^2}$，求 $f^{(7)}(0)$；

(2) $f(x)=x^6\mathrm{e}^x$，求 $f^{(10)}(0)$.

13. 利用函数的幂级数展开式，计算下列极限：

(1) $\lim\limits_{x\to\infty}\left[x-x^2\ln\left(1+\dfrac{1}{x}\right)\right]$；

(2) $\lim\limits_{x\to 0}\dfrac{2(\tan x-\sin x)-x^3}{x^5}$.

14. 设 $f(x)=\begin{cases}\dfrac{1+x^2}{x}\arctan x, & x\neq 0,\\ 1, & x=0,\end{cases}$ 将 $f(x)$ 展开为 x 的幂级数，并求 $\sum\limits_{n=1}^{\infty}\dfrac{(-1)^n}{1-4n^2}$ 的和.

15. 设 $f(x)$ 是以 2π 为周期的连续函数，a_n,b_n 是其傅里叶系数，求函数

$$F(x)=\frac{1}{\pi}\int_{-\pi}^{\pi}f(t)f(x+t)\,\mathrm{d}t$$

的傅里叶系数 A_n,B_n，并证明

$$\frac{1}{\pi}\int_{-\pi}^{\pi}f^2(t)\,\mathrm{d}t=\frac{a_0^2}{2}+\sum_{n=1}^{\infty}(a_n^2+b_n^2).$$

16. 已知函数 $f(x)=\dfrac{\pi}{2}\cdot\dfrac{\mathrm{e}^x+\mathrm{e}^{-x}}{\mathrm{e}^{\pi}-\mathrm{e}^{-\pi}}$，

(1) 求 $f(x)$ 在 $[-\pi,\pi]$ 上的傅里叶级数；

(2) 求级数 $\sum\limits_{n=1}^{\infty}\dfrac{(-1)^n}{1+(2n)^2}$ 的和.

17. 将函数 $f(x)=\arcsin(\sin x)$ 展开为傅里叶级数.

18. 已知周期为 2π 的可积函数 $f(x)$ 的傅里叶系数为 $a_0,a_n,b_n,n=1,2,\cdots$，试计算"平移"了的函数 $f(x+h)$（h 为常数）的傅里叶系数 $\overline{a_0},\overline{a_n},\overline{b_n},n=1,2,\cdots$.

附录Ⅷ　幂级数的收敛半径

每一个幂级数

$$\sum_{n=0}^{\infty}a_nx^n=a_0+a_1x+a_2x^2+\cdots+a_nx^n+\cdots \tag{1}$$

都有一个收敛半径 R，使得幂级数(1)在收敛区间 $(-R,R)$ 内绝对收敛. 下面仅给出求收敛半径的通用方法.

柯西-阿达马[①]定理　若上极限

$$\overline{\lim_{n\to\infty}}\sqrt[n]{|a_n|}=\rho,$$

则幂级数(1)的收敛半径

$$R=\frac{1}{\rho}$$

（当 $\rho=0$ 时，$R=+\infty$；当 $\rho=+\infty$ 时，$R=0$）.

① 阿达马（Hadamard J S, 1865—1963），法国数学家.

例 求函数项级数 $\sum\limits_{n=1}^{\infty}\left(1+\frac{1}{n}\right)^{-n^3}e^{-n^2x}$ 的收敛域.

解 令 $y=e^{-x}>0$,级数变为幂级数

$$\sum_{n=1}^{\infty}\left(1+\frac{1}{n}\right)^{-n^3}y^{n^2},$$

其收敛半径

$$R=\lim_{n\to\infty}\frac{1}{\sqrt[n]{|a_n|}}=\lim_{n\to\infty}\frac{1}{\sqrt[n^2]{|a_{n^2}|}}=\lim_{n\to\infty}\frac{1}{\sqrt[n^2]{\left(1+\frac{1}{n}\right)^{-n^3}}}$$

$$=\lim_{n\to\infty}\left(1+\frac{1}{n}\right)^{n}=e,$$

故 $0<y<e$ 时,幂级数收敛;而当 $y=e$ 时,对应的数项级数通项

$$\left(1+\frac{1}{n}\right)^{-n^3}e^{n^2}=\left[\frac{e}{\left(1+\frac{1}{n}\right)^{n}}\right]^{n^2}>1,$$

由级数的性质知,此时数项级数发散. 总之,区间$(0,e)$是 y 的幂级数的收敛域,因此所讨论之函数项级数的收敛域为$(-1,+\infty)$.

网上更多…… 教学 PPT 拓展练习

自测题

补充知识 I

向量与空间解析几何

§1 向 量

一、向量的概念

在研究力学、物理学以及其他应用科学时，常会遇到这样一类量，它们既有大小又有方向，如位移、速度、加速度、力等，这类量叫做**向量**或**矢量**. 通常以 A 为起点 B 为终点的有向线段 $\overrightarrow{AB}$ 表示向量. 向量可用粗体或者加箭头字母表示，例如，$\boldsymbol{a}$，$\boldsymbol{r}$，$\boldsymbol{v}$，$\boldsymbol{F}$ 或 $\vec{a}$，$\vec{r}$，$\vec{v}$，$\vec{F}$.

与起点无关的向量称为**自由向量**，简称**向量**. 因此，如果向量 $\boldsymbol{a}$ 和 $\boldsymbol{b}$ 的大小相等，且方向相同，则说向量 $\boldsymbol{a}$ 和 $\boldsymbol{b}$ 是相等的，记为 $\boldsymbol{a}=\boldsymbol{b}$.

向量的大小叫做向量的**模**，记为 $|\overrightarrow{AB}|$ 或 $|\boldsymbol{a}|$. 模等于 1 的向量叫做**单位向量**. 模等于 0 的向量叫做**零向量**，记作 $\boldsymbol{0}$ 或 $\vec{0}$.

二、向量的线性运算

向量的线性运算是指向量的加法与数乘. 当向量 $\boldsymbol{a}$ 与 $\boldsymbol{b}$ 不平行时，平移向量使 $\boldsymbol{a}$ 与 $\boldsymbol{b}$ 的起点重合，以 $\boldsymbol{a}$，$\boldsymbol{b}$ 为邻边作一平行四边形，从公共起点到对角顶点的向量等于向量 $\boldsymbol{a}$ 与 $\boldsymbol{b}$ 的和.

向量加法的运算规律：

(1) 交换律　$\boldsymbol{a}+\boldsymbol{b}=\boldsymbol{b}+\boldsymbol{a}$；

(2) 结合律　$(\boldsymbol{a}+\boldsymbol{b})+\boldsymbol{c}=\boldsymbol{a}+(\boldsymbol{b}+\boldsymbol{c})$.

向量 $\boldsymbol{a}$ 与实数 λ 的乘积记作 $\lambda\boldsymbol{a}$，规定 $\lambda\boldsymbol{a}$ 是一个向量，它的模 $|\lambda\boldsymbol{a}|=|\lambda||\boldsymbol{a}|$，当 $\lambda>0$ 时它的方向与 $\boldsymbol{a}$ 相同，当 $\lambda<0$ 时与 $\boldsymbol{a}$ 相反. 当 $\lambda=0$ 时，$|\lambda\boldsymbol{a}|=0$，即 $\lambda\boldsymbol{a}$ 为零向量，这时它的方向可以是任意的.

特别地,当 $\lambda=\pm 1$ 时,有 $1\boldsymbol{a}=\boldsymbol{a}$,$(-1)\boldsymbol{a}=-\boldsymbol{a}$.

数乘向量的运算规律:

(1) 结合律 $\lambda(\mu\boldsymbol{a})=\mu(\lambda\boldsymbol{a})=(\lambda\mu)\boldsymbol{a}$;

(2) 分配律 $(\lambda+\mu)\boldsymbol{a}=\lambda\boldsymbol{a}+\mu\boldsymbol{a}$,$\lambda(\boldsymbol{a}+\boldsymbol{b})=\lambda\boldsymbol{a}+\lambda\boldsymbol{b}$.

三、向量的模、方向角、投影

1. 向量的模与两点间的距离公式

设向量 $\boldsymbol{r}=(x,y,z)$,则向量模的坐标表示式为

$$|\boldsymbol{r}|=\sqrt{x^2+y^2+z^2}.$$

设有点 $A(x_1,y_1,z_1)$,$B(x_2,y_2,z_2)$,则点 A 与点 B 间的**距离**为

$$|\boldsymbol{AB}|=|\overrightarrow{AB}|=\sqrt{(x_2-x_1)^2+(y_2-y_1)^2+(z_2-z_1)^2}.$$

2. 方向角与方向余弦

当把两个非零向量 $\boldsymbol{a}$ 与 $\boldsymbol{b}$ 的起点放到同一点时,两个向量之间不超过 π 的夹角称为向量 $\boldsymbol{a}$ 与 $\boldsymbol{b}$ 的**夹角**,记作 $(\widehat{\boldsymbol{a},\boldsymbol{b}})$ 或 $(\widehat{\boldsymbol{b},\boldsymbol{a}})$. 如果向量 $\boldsymbol{a}$ 与 $\boldsymbol{b}$ 中有一个是零向量,规定它们的夹角可以在 0 与 π 之间任意取值. 非零向量 $\boldsymbol{r}$ 与三条坐标轴的夹角 α,β,γ 称为向量 $\boldsymbol{r}$ 的**方向角**.

设向量 $\boldsymbol{r}=(x,y,z)$,则 $x=|\boldsymbol{r}|\cos\alpha$,$y=|\boldsymbol{r}|\cos\beta$,$z=|\boldsymbol{r}|\cos\gamma$,其中 $\cos\alpha,\cos\beta,\cos\gamma$ 称为向量 $\boldsymbol{r}$ 的**方向余弦**.

3. 向量在轴上的投影

设点 O 及单位向量 $\boldsymbol{e}$ 确定 u 轴. 任给向量 $\boldsymbol{r}$,作 $\overrightarrow{OM}=\boldsymbol{r}$,再过点 M 作与 u 轴垂直的平面交 u 轴于点 M'(点 M' 称为点 M 在 u 轴上的投影),则向量 $\overrightarrow{OM}'$ 称为向量 $\boldsymbol{r}$ 在 u 轴上的**分向量**. 设 $\overrightarrow{OM}'=\lambda\boldsymbol{e}$,则数 λ 称为向量 $\boldsymbol{r}$ 在 u 轴上的**投影**,记作 $\mathrm{Prj}_u\boldsymbol{r}$ 或 $(\boldsymbol{r})_u$.

按此定义,向量 $\boldsymbol{a}$ 在直角坐标系 $Oxyz$ 中的坐标 a_x,a_y,a_z 就是 $\boldsymbol{a}$ 在三条坐标轴上的投影,即 $a_x=\mathrm{Prj}_x\boldsymbol{a}$,$a_y=\mathrm{Prj}_y\boldsymbol{a}$,$a_z=\mathrm{Prj}_z\boldsymbol{a}$.

投影的性质:

(1) $(\boldsymbol{a})_u=|\boldsymbol{a}|\cos\varphi$(即 $\mathrm{Prj}_u\boldsymbol{a}=|\boldsymbol{a}|\cos\varphi$),其中 φ 为向量与 u 轴的夹角;

(2) $(\boldsymbol{a}+\boldsymbol{b})_u=(\boldsymbol{a})_u+(\boldsymbol{b})_u$(即 $\mathrm{Prj}_u(\boldsymbol{a}+\boldsymbol{b})=\mathrm{Prj}_u\boldsymbol{a}+\mathrm{Prj}_u\boldsymbol{b}$);

(3) $(\lambda\boldsymbol{a})_u=\lambda(\boldsymbol{a})_u$(即 $\mathrm{Prj}_u(\lambda\boldsymbol{a})=\lambda\mathrm{Prj}_u\boldsymbol{a}$).

四、两向量的数量积

1. 数量积的概念

设一物体在恒力 $\boldsymbol{F}$ 作用下沿直线从点 M_1 移动到点 M_2. 以 $\boldsymbol{s}$ 表示位移 $\overrightarrow{M_1M_2}$. 由物理学知道,力 $\boldsymbol{F}$ 所做的功为 $W=|\boldsymbol{F}||\boldsymbol{s}|\cos\theta$,其中 θ 为 $\boldsymbol{F}$ 与 $\boldsymbol{s}$ 的夹角.

定义1　对于两个向量 $\boldsymbol{a}$ 和 $\boldsymbol{b}$,它们的模 $|\boldsymbol{a}|$, $|\boldsymbol{b}|$ 及它们的夹角 θ 的余弦的乘积称为向量 $\boldsymbol{a}$ 和 $\boldsymbol{b}$ 的**数量积**,记作 $\boldsymbol{a}\cdot\boldsymbol{b}$,即 $\boldsymbol{a}\cdot\boldsymbol{b}=|\boldsymbol{a}||\boldsymbol{b}|\cos\theta$.

数量积的性质:向量 $\boldsymbol{a},\boldsymbol{b}$ 垂直(即 $\boldsymbol{a}\perp\boldsymbol{b}$)的充要条件是 $\boldsymbol{a}\cdot\boldsymbol{b}=0$.

数量积的运算规律:对任意的向量 $\boldsymbol{a},\boldsymbol{b},\boldsymbol{c}$ 及实数 λ,以下运算性质成立:

(1) 交换律　$\boldsymbol{a}\cdot\boldsymbol{b}=\boldsymbol{b}\cdot\boldsymbol{a}$;

(2) 分配律　$\boldsymbol{a}\cdot(\boldsymbol{b}+\boldsymbol{c})=\boldsymbol{a}\cdot\boldsymbol{b}+\boldsymbol{a}\cdot\boldsymbol{c}$;

(3) 结合律　$(\lambda\boldsymbol{a})\cdot\boldsymbol{b}=\boldsymbol{a}\cdot(\lambda\boldsymbol{b})=\lambda(\boldsymbol{a}\cdot\boldsymbol{b})$($\lambda$ 为数);

(4) 正定性　$\boldsymbol{a}^2=\boldsymbol{a}\cdot\boldsymbol{a}\geqslant 0$,等号成立当且仅当 $\boldsymbol{a}=\boldsymbol{0}$.

2. 数量积和向量夹角的余弦的坐标表示

(1) 设 $\boldsymbol{a}=(a_x,a_y,a_z)$, $\boldsymbol{b}=(b_x,b_y,b_z)$,则 $\boldsymbol{a}\cdot\boldsymbol{b}=a_xb_x+a_yb_y+a_zb_z$.

(2) 设 $\theta=(\widehat{\boldsymbol{a},\boldsymbol{b}})$,则当 $\boldsymbol{a}\neq\boldsymbol{0}$, $\boldsymbol{b}\neq\boldsymbol{0}$ 时,有

$$\cos\theta=\frac{\boldsymbol{a}\cdot\boldsymbol{b}}{|\boldsymbol{a}||\boldsymbol{b}|}=\frac{a_xb_x+a_yb_y+a_zb_z}{\sqrt{a_x^2+a_y^2+a_z^2}\sqrt{b_x^2+b_y^2+b_z^2}}.$$

五、向量的向量积

1. 向量积的概念

设 O 为一根杠杆 L 的支点,有一个力 $\boldsymbol{F}$ 作用于这杠杆上 P 点处, $\boldsymbol{F}$ 与 $\overrightarrow{OP}$ 的夹角为 θ. 由力学规定,力 $\boldsymbol{F}$ 对支点 O 的力矩是一向量 $\boldsymbol{M}$,它的模 $|\boldsymbol{M}|=|\overrightarrow{OP}||\boldsymbol{F}|\sin\theta$. 而 $\boldsymbol{M}$ 的方向垂直于 $\overrightarrow{OP}$ 与 $\boldsymbol{F}$ 所决定的平面, $\boldsymbol{M}$ 的方向是按右手规则来确定的.

定义2　设向量 $\boldsymbol{c}$ 是由两个向量 $\boldsymbol{a}$ 与 $\boldsymbol{b}$ 按下列方式给定:

(1) $\boldsymbol{c}$ 的模 $|\boldsymbol{c}|=|\boldsymbol{a}||\boldsymbol{b}|\sin\theta$,其中 θ 为 $\boldsymbol{a}$ 与 $\boldsymbol{b}$ 间的夹角;

(2) $\boldsymbol{c}$ 的方向垂直于 $\boldsymbol{a}$ 与 $\boldsymbol{b}$ 所决定的平面, $\boldsymbol{c}$ 的方向按右手规则从 $\boldsymbol{a}$ 转向 $\boldsymbol{b}$ 来确定,

那么,向量 $\boldsymbol{c}$ 称为向量 $\boldsymbol{a}$ 与 $\boldsymbol{b}$ 的**向量积**,记作 $\boldsymbol{a}\times\boldsymbol{b}$,即 $\boldsymbol{c}=\boldsymbol{a}\times\boldsymbol{b}$.

向量积的性质：

(1) $\boldsymbol{a}\times\boldsymbol{a}=\boldsymbol{0}$；

(2) 对于两个非零向量 $\boldsymbol{a},\boldsymbol{b}$，$\boldsymbol{a}\times\boldsymbol{b}=\boldsymbol{0}$ 的充要条件是 $\boldsymbol{a}/\!/\boldsymbol{b}$.

向量积的运算规律：

(1) 反交换律 $\boldsymbol{a}\times\boldsymbol{b}=-\boldsymbol{b}\times\boldsymbol{a}$；

(2) 分配律 $(\boldsymbol{a}+\boldsymbol{b})\times\boldsymbol{c}=\boldsymbol{a}\times\boldsymbol{c}+\boldsymbol{b}\times\boldsymbol{c}$；

(3) $(\lambda\boldsymbol{a})\times\boldsymbol{b}=\boldsymbol{a}\times(\lambda\boldsymbol{b})=\lambda(\boldsymbol{a}\times\boldsymbol{b})$（$\lambda$ 为数）.

2. 向量积的坐标表示

设 $\boldsymbol{a}=a_x\boldsymbol{i}+a_y\boldsymbol{j}+a_z\boldsymbol{k}$，$\boldsymbol{b}=b_x\boldsymbol{i}+b_y\boldsymbol{j}+b_z\boldsymbol{k}$. 按向量积的运算规律可得

$$\begin{aligned}\boldsymbol{a}\times\boldsymbol{b}&=(a_x\boldsymbol{i}+a_y\boldsymbol{j}+a_z\boldsymbol{k})\times(b_x\boldsymbol{i}+b_y\boldsymbol{j}+b_z\boldsymbol{k})\\&=a_xb_x\boldsymbol{i}\times\boldsymbol{i}+a_xb_y\boldsymbol{i}\times\boldsymbol{j}+a_xb_z\boldsymbol{i}\times\boldsymbol{k}+a_yb_x\boldsymbol{j}\times\boldsymbol{i}+a_yb_y\boldsymbol{j}\times\boldsymbol{j}+\\&\quad a_yb_z\boldsymbol{j}\times\boldsymbol{k}+a_zb_x\boldsymbol{k}\times\boldsymbol{i}+a_zb_y\boldsymbol{k}\times\boldsymbol{j}+a_zb_z\boldsymbol{k}\times\boldsymbol{k},\end{aligned}$$

由于 $\boldsymbol{i}\times\boldsymbol{i}=\boldsymbol{j}\times\boldsymbol{j}=\boldsymbol{k}\times\boldsymbol{k}=\boldsymbol{0}$，$\boldsymbol{i}\times\boldsymbol{j}=\boldsymbol{k}$，$\boldsymbol{j}\times\boldsymbol{k}=\boldsymbol{i}$，$\boldsymbol{k}\times\boldsymbol{i}=\boldsymbol{j}$，所以

$$\boldsymbol{a}\times\boldsymbol{b}=(a_yb_z-a_zb_y)\boldsymbol{i}+(a_zb_x-a_xb_z)\boldsymbol{j}+(a_xb_y-a_yb_x)\boldsymbol{k}.$$

为了帮助记忆，利用三阶行列式符号，上式可写成

$$\begin{aligned}\boldsymbol{a}\times\boldsymbol{b}&=\begin{vmatrix}\boldsymbol{i}&\boldsymbol{j}&\boldsymbol{k}\\a_x&a_y&a_z\\b_x&b_y&b_z\end{vmatrix}\\&=a_yb_z\boldsymbol{i}+a_zb_x\boldsymbol{j}+a_xb_y\boldsymbol{k}-a_yb_x\boldsymbol{k}-a_xb_z\boldsymbol{j}-a_zb_y\boldsymbol{i}\\&=(a_yb_z-a_zb_y)\boldsymbol{i}+(a_zb_x-a_xb_z)\boldsymbol{j}+(a_xb_y-a_yb_x)\boldsymbol{k}.\end{aligned}$$

六、向量的混合积

1. 向量混合积的概念

定义3 已知三个向量 $\boldsymbol{a}$，$\boldsymbol{b}$ 和 $\boldsymbol{c}$，先作 $\boldsymbol{a}$ 和 $\boldsymbol{b}$ 的向量积 $\boldsymbol{a}\times\boldsymbol{b}$，把所得向量与 $\boldsymbol{c}$ 再作数量积 $(\boldsymbol{a}\times\boldsymbol{b})\cdot\boldsymbol{c}$，这样得到的数量积叫做三向量 $\boldsymbol{a},\boldsymbol{b},\boldsymbol{c}$ 的**混合积**，记作 $(\boldsymbol{a},\boldsymbol{b},\boldsymbol{c})$.

易知，$(\boldsymbol{a},\boldsymbol{b},\boldsymbol{c})=(\boldsymbol{a}\times\boldsymbol{b})\cdot\boldsymbol{c}$ 的绝对值表示以向量 $\boldsymbol{a},\boldsymbol{b},\boldsymbol{c}$ 为棱的平行六面体的体积.

向量混合积的性质：

$(\boldsymbol{a},\boldsymbol{b},\boldsymbol{c})=0$ 的等价条件是向量 $\boldsymbol{a},\boldsymbol{b},\boldsymbol{c}$ 共面.

2. 向量混合积的坐标表示

设 $\boldsymbol{a}=a_x\boldsymbol{i}+a_y\boldsymbol{j}+a_z\boldsymbol{k}$，$\boldsymbol{b}=b_x\boldsymbol{i}+b_y\boldsymbol{j}+b_z\boldsymbol{k}$，$\boldsymbol{c}=c_x\boldsymbol{i}+c_y\boldsymbol{j}+c_z\boldsymbol{k}$，由向量的数量

积和向量积的运算规律可得

$$(\boldsymbol{a},\boldsymbol{b},\boldsymbol{c})=\begin{vmatrix} a_x & a_y & a_z \\ b_x & b_y & b_z \\ c_x & c_y & c_z \end{vmatrix}.$$

§2 空间平面与直线

一、平面的方程表示

1. 平面的点法式方程

设 $M(x,y,z)$ 是平面 Π 上的任一点，那么向量 $\overrightarrow{M_0M}$ 必与平面 Π 的法向量 $\boldsymbol{n}$ 垂直，即它们的数量积等于零：$\boldsymbol{n}\cdot\overrightarrow{M_0M}=0$（如图 I.1）. 若 $\boldsymbol{n}=(A,B,C)$，$\overrightarrow{M_0M}=(x-x_0,y-y_0,z-z_0)$. 则有

$$A(x-x_0)+B(y-y_0)+C(z-z_0)=0,$$

这就是平面 Π 上任一点 M 的坐标 x,y,z 所满足的方程. 上式称为**平面的点法式方程**.

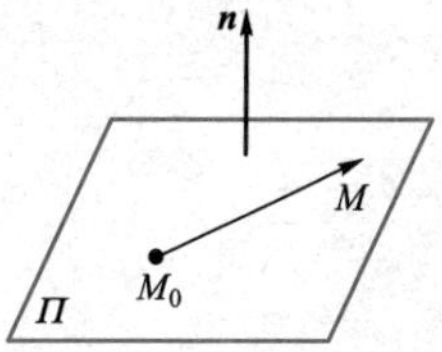

图 I.1

2. 平面的一般方程

将方程 $A(x-x_0)+B(y-y_0)+C(z-z_0)=0$ 整理得

$$Ax+By+Cz+D=0,$$

其中 $D=-(Ax_0+By_0+Cz_0)$，称此方程为平面 Π 的**一般方程**，其中 x,y,z 的系数就是该平面的一个法向量 $\boldsymbol{n}$ 的坐标，即 $\boldsymbol{n}=(A,B,C)$.

二、点到平面的距离、两平面的夹角

1. 点到平面的距离

设平面 Π 的方程为 $Ax+By+Cz+D=0$，$P(x_1,y_1,z_1)$ 是平面 Π 外的一点，从点 P 向平面 Π 引垂线，设垂足是点 $N(x_0,y_0,z_0)$，那么 $|\overrightarrow{NP}|$ 为点 P 到平面 Π 的距离 d. 容易推出平面外一点 (x_1,y_1,z_1) 到平面 $Ax+By+Cz+D=0$ 的距离公式

$$d=\frac{|Ax_1+By_1+Cz_1+D|}{\sqrt{A^2+B^2+C^2}}.$$

2. 两平面的夹角

两平面的夹角定义为这两个平面的法向量之间的夹角（通常不取

钝角).设有平面 $\Pi_1:A_1x+B_1y+C_1z+D_1=0$ 和 $\Pi_2:A_2x+B_2y+C_2z+D_2=0$,那么 Π_1 和 Π_2 的法向量分别为 $\boldsymbol{n}_1=(A_1,B_1,C_1)$,$\boldsymbol{n}_2=(A_2,B_2,C_2)$,且 Π_1 和 Π_2 的夹角 θ 是 $(\widehat{\boldsymbol{n}_1,\boldsymbol{n}_2})$ 和 $(\widehat{-\boldsymbol{n}_1,\boldsymbol{n}_2})=\pi-(\widehat{\boldsymbol{n}_1,\boldsymbol{n}_2})$ 两者中的锐角.因此,$\cos\theta=|\cos(\widehat{\boldsymbol{n}_1,\boldsymbol{n}_2})|$.按两向量夹角余弦的坐标表示式,平面 Π_1 和 Π_2 的夹角 θ 可由

$$\cos\theta=|\cos(\widehat{\boldsymbol{n}_1,\boldsymbol{n}_2})|=\frac{|A_1A_2+B_1B_2+C_1C_2|}{\sqrt{A_1^2+B_1^2+C_1^2}\cdot\sqrt{A_2^2+B_2^2+C_2^2}}$$

确定.

注 由两平面的夹角公式可得如下结论:

(1) Π_1 和 Π_2 垂直的充要条件为 $A_1A_2+B_1B_2+C_1C_2=0$;

(2) Π_1 和 Π_2 平行的充要条件为 $\dfrac{A_1}{A_2}=\dfrac{B_1}{B_2}=\dfrac{C_1}{C_2}$,特别当 $\dfrac{A_1}{A_2}=\dfrac{B_1}{B_2}=\dfrac{C_1}{C_2}=\dfrac{D_1}{D_2}$ 时,Π_1 和 Π_2 重合.

三、空间直线的方程

1. 直线的标准方程和参数方程

设直线 L 通过点 $M_0(x_0,y_0,z_0)$ 且直线的方向向量为 $\boldsymbol{s}=(m,n,p)$,由向量的性质,易得直线的**标准方程**.

设 $M(x,y,z)$ 为直线 L 上的任一点,那么称

$$\frac{x-x_0}{m}=\frac{y-y_0}{n}=\frac{z-z_0}{p}$$

为过点 $M_0(x_0,y_0,z_0)$ 的直线 L 的方程,同时也叫做直线的**标准方程**或**点向式方程**.

注 当 m,n,p 中有一个为零,例如 $m=0$,而 $n,p\neq 0$ 时,这方程组应理解为

$$\begin{cases}x=x_0,\\ \dfrac{y-y_0}{n}=\dfrac{z-z_0}{p}.\end{cases}$$

当 m,n,p 中有两个为零,例如 $m=n=0$,而 $p\neq 0$ 时,这方程组应理解为

$$\begin{cases}x-x_0=0,\\ y-y_0=0.\end{cases}$$

由直线的标准方程容易导出直线的参数方程.

设$\frac{x-x_0}{m}=\frac{y-y_0}{n}=\frac{z-z_0}{p}=t$,称方程组

$$\begin{cases}x=x_0+mt,\\ y=y_0+nt,\\ z=z_0+pt\end{cases}$$

为直线的**参数方程**.

2. 直线的一般方程

空间直线 L 可以看作是两个平面 Π_1 和 Π_2 的交线.

设直线 L 是平面 Π_1 与平面 Π_2 的交线,平面的方程分别为 $A_1x+B_1y+C_1z+D_1=0$ 和 $A_2x+B_2y+C_2z+D_2=0$,那么点 M 在直线 L 上当且仅当它同时在这两个平面上,即满足方程组

$$\begin{cases}A_1x+B_1y+C_1z+D_1=0,\\ A_2x+B_2y+C_2z+D_2=0.\end{cases}$$

上述方程组叫做空间直线的**一般方程**.

注　通过空间一直线 L 的平面有无限多个,只要在这无限多个平面中任意选取两个,把它们的方程联立起来,所得的方程组就表示空间直线 L.

四、直线与点、直线与直线、直线与平面

1. 点到直线的距离

设空间直线 L 过点 $M_0(x_0,y_0,z_0)$,其方向向量是 $\boldsymbol{s}_0=(l,m,n)$, $M(x,y,z)$是空间任意一点. 则平行四边形的高 d 就是点 M 到直线 L 的距离$|MN|$(如图Ⅰ.2). 因此

$$d=\frac{|\boldsymbol{s}_0\times\overrightarrow{M_0M}|}{|\boldsymbol{s}_0|},$$

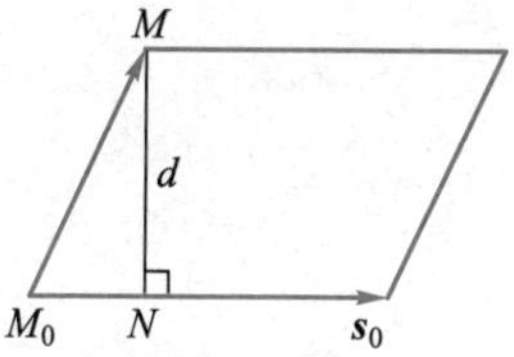

图Ⅰ.2

称上式为**点到直线的距离公式**.

注　用向量的坐标可以表示为

$$d=\frac{\sqrt{\begin{vmatrix}y-y_0 & z-z_0\\ m & n\end{vmatrix}^2+\begin{vmatrix}z-z_0 & x-x_0\\ n & l\end{vmatrix}^2+\begin{vmatrix}x-x_0 & y-y_0\\ l & m\end{vmatrix}^2}}{\sqrt{l^2+m^2+n^2}}.$$

2. 两直线的夹角

两直线的方向向量的夹角(通常指锐角)叫做**两直线的夹角**.

设直线 L_1 和 L_2 的方向向量分别为 $\boldsymbol{s}_1=(m_1,n_1,p_1)$ 和 $\boldsymbol{s}_2=(m_2,n_2,p_2)$，那么 L_1 和 L_2 的夹角就是 $(\widehat{\boldsymbol{s}_1,\boldsymbol{s}_2})$ 和 $(\widehat{-\boldsymbol{s}_1,\boldsymbol{s}_2})=\pi-(\widehat{\boldsymbol{s}_1,\boldsymbol{s}_2})$ 两者中的锐角，因此 $\cos\varphi=|\cos(\widehat{\boldsymbol{s}_1,\boldsymbol{s}_2})|$. 根据两向量的夹角的余弦公式，直线 L_1 和 L_2 的夹角可由

$$\cos\varphi=|\cos(\widehat{\boldsymbol{s}_1,\boldsymbol{s}_2})|=\frac{|m_1m_2+n_1n_2+p_1p_2|}{\sqrt{m_1^2+n_1^2+p_1^2}\cdot\sqrt{m_2^2+n_2^2+p_2^2}}$$

来确定.

注　从两向量垂直、平行的充要条件立即推得下列结论：

设有两直线 $L_1:\dfrac{x-x_1}{m_1}=\dfrac{y-y_1}{n_1}=\dfrac{z-z_1}{p_1}$ 和 $L_2:\dfrac{x-x_2}{m_2}=\dfrac{y-y_2}{n_2}=\dfrac{z-z_2}{p_2}$，则

$$L_1\perp L_2\Leftrightarrow m_1m_2+n_1n_2+p_1p_2=0,$$

$$L_1/\!/L_2\Leftrightarrow\frac{m_1}{m_2}=\frac{n_1}{n_2}=\frac{p_1}{p_2}.$$

3. 直线与平面的夹角

定义 4　当直线与平面不垂直时，直线和它在平面上的投影直线的夹角称为**直线与平面的夹角**，当直线与平面垂直时，规定直线与平面的夹角为 $\dfrac{\pi}{2}$.

设直线的方向向量 $\boldsymbol{s}=(m,n,p)$，平面的法向量为 $\boldsymbol{n}=(A,B,C)$，直线与平面的夹角为 φ，那么 $\varphi=\left|\dfrac{\pi}{2}-(\widehat{\boldsymbol{s},\boldsymbol{n}})\right|$，因此 $\sin\varphi=|\cos(\widehat{\boldsymbol{s},\boldsymbol{n}})|$. 按两向量夹角余弦的坐标表示式，有

$$\sin\varphi=\frac{|Am+Bn+Cp|}{\sqrt{A^2+B^2+C^2}\cdot\sqrt{m^2+n^2+p^2}}.$$

注　因为直线与平面垂直相当于直线的方向向量与平面的法向量平行，直线与平面平行或直线在平面上相当于直线的方向向量与平面的法向量垂直，所以，若直线 L 的方向向量为 (m,n,p)，平面 Π 的法向量为 (A,B,C)，则

$$L\perp\Pi\Leftrightarrow\frac{A}{m}=\frac{B}{n}=\frac{C}{p},$$

$$L/\!/\Pi\Leftrightarrow Am+Bn+Cp=0.$$

4. 异面直线间的距离

设有两条异面直线：

$$L_1:\frac{x-x_1}{m_1}=\frac{y-y_1}{n_1}=\frac{z-z_1}{p_1},$$

$$L_2:\frac{x-x_2}{m_2}=\frac{y-y_2}{n_2}=\frac{z-z_2}{p_2},$$

记 $P_1(x_1,y_1,z_1)$, $P_2(x_2,y_2,z_2)$ 分别是 L_1,L_2 上的点. L_1,L_2 的方向向量 $\boldsymbol{s}_1=(m_1,n_1,p_1)$, $\boldsymbol{s}_2=(m_2,n_2,p_2)$ 分别与 L_1,L_2 的公垂线垂直,所以 $\boldsymbol{s}_1\times\boldsymbol{s}_2$ 是 L_1,L_2 的公垂线的方向向量,$\overrightarrow{P_1P_2}$ 在 $\boldsymbol{s}_1\times\boldsymbol{s}_2$ 上的投影的绝对值就是 L_1 与 L_2 之间的距离 d,即

$$d=\left|\mathrm{Prj}_{\boldsymbol{s}_1\times\boldsymbol{s}_2}\overrightarrow{P_1P_2}\right|=\left|\overrightarrow{P_1P_2}\cdot\frac{\boldsymbol{s}_1\times\boldsymbol{s}_2}{|\boldsymbol{s}_1\times\boldsymbol{s}_2|}\right|.$$

§3 曲面及其方程

一、一般曲面及其方程

在空间解析几何中,任何曲面都可以看作点的几何轨迹. 在这样的意义下,如果曲面 S 与三元方程

$$F(x,y,z)=0$$

有下述关系:

(1) 曲面 S 上任一点的坐标都满足方程 $F(x,y,z)=0$,

(2) 不在曲面 S 上的点的坐标都不满足方程 $F(x,y,z)=0$,

那么,方程 $F(x,y,z)=0$ 就叫做曲面 S 的方程,而曲面 S 就叫做方程 $F(x,y,z)=0$ 的图形.

二、旋转曲面

定义 5　以一条平面曲线 C 绕其平面上的一条直线 l 旋转一周所成的曲面叫做**旋转曲面**,这条定直线 l 叫做旋转曲面的**轴**,曲线 C 称为旋转曲面的**母线**.

设在 Oyz 平面上一曲线 C 的方程为 $f(y,z)=0$,把这条曲线绕 z 轴旋转一周,就得到了一个以 z 轴为轴的旋转曲面. 设 $M(x,y,z)$ 为曲面上任一点,它是曲线 C 上点 $M_1(0,y_1,z_1)$ 绕 z 轴旋转而得到的. 因此有如下关系等式:

$$f(y_1,z_1)=0,\quad z=z_1,\quad |y_1|=\sqrt{x^2+y^2},$$

从而得 $f(\pm\sqrt{x^2+y^2},z)=0$. 这就是所求旋转曲面的方程. 即在曲线 C

的方程 $f(y,z)=0$ 中将 y 改成 $\pm\sqrt{x^2+y^2}$，便得曲线 C 绕 z 轴旋转所成的旋转曲面的方程 $f(\pm\sqrt{x^2+y^2},z)=0$.

同理，曲线 C 绕 y 轴旋转所成的旋转曲面的方程为

$$f(y,\pm\sqrt{x^2+z^2})=0.$$

三、柱面

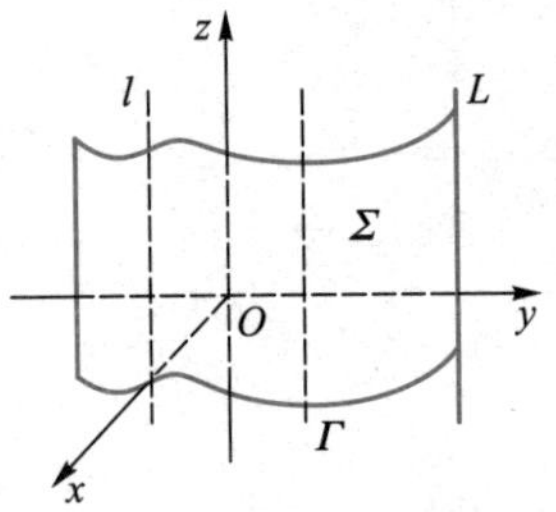

图 I.3

定义 6　空间给定一条动直线 l 与定曲线 Γ，移动直线 l 沿曲线 Γ 做平行于某定直线 L 的移动，形成的曲面 Σ 称为**柱面**，曲线 Γ 称为柱面 Σ 的准线，动直线 l 称为柱面 Σ 的**母线**. 如图 I.3.

四、二次曲面与截痕法

1. 二次曲面与截痕法的概念

与平面解析几何中规定的二次曲线相类似，我们把三元二次方程所表示的曲面叫做**二次曲面**. 把平面叫做**一次曲面**.

怎样了解三元方程 $F(x,y,z)=0$ 所表示的曲面的形状呢？方法之一是用坐标面和平行于坐标面的平面与曲面相截，考察其交线的形状，然后加以综合，从而了解曲面的立体形状. 这种方法叫做**截痕法**.

2. 常见的几种曲面

(1) **椭圆锥面**

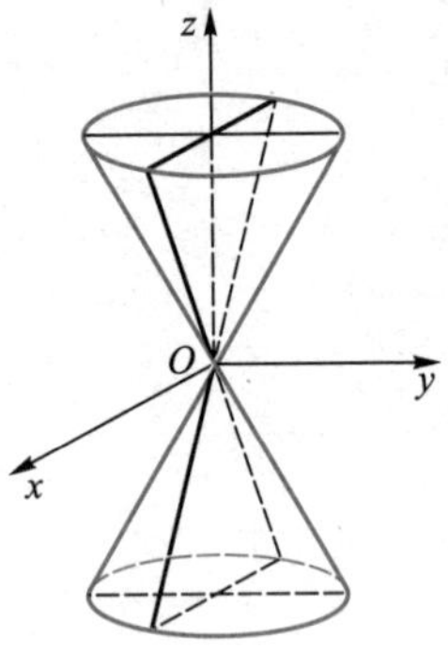

图 I.4

由方程 $\dfrac{x^2}{a^2}+\dfrac{y^2}{b^2}=z^2$ 所表示的曲面称为**椭圆锥面**.

用截痕法来考察此曲面：

以垂直于 z 轴的平面 $z=t$ 截此曲面，当 $t=0$ 时得一点 $(0,0,0)$；当 $t\neq0$ 时，得平面 $z=t$ 上的椭圆 $\dfrac{x^2}{(at)^2}+\dfrac{y^2}{(bt)^2}=1$.

当 t 变化时，上式表示一族长短轴比例不变的椭圆，当 $|t|$ 从大到小并变为 0 时，这族椭圆从大到小并缩为一点（如图 I.4）.

(2) **椭球面**

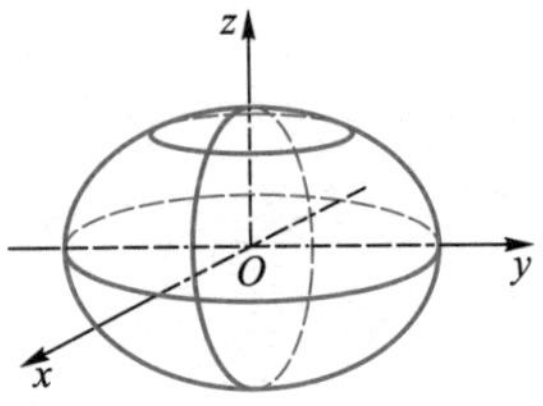

图 I.5

由方程 $\dfrac{x^2}{a^2}+\dfrac{y^2}{b^2}+\dfrac{z^2}{c^2}=1$ 所表示的曲面称为**椭球面**（如图 I.5）.

(3) **单叶双曲面**

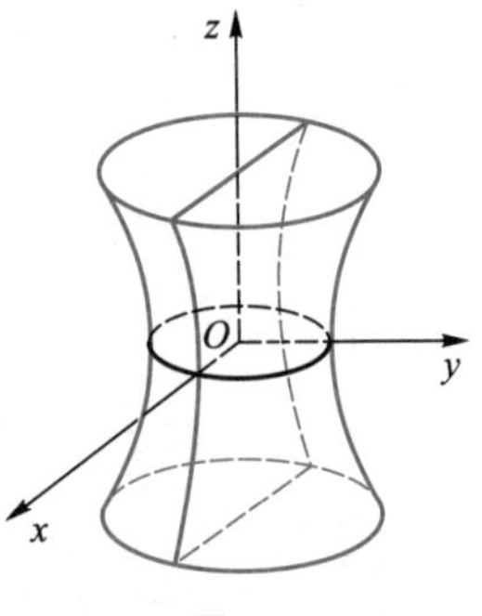

图 I.6

由方程 $\dfrac{x^2}{a^2}+\dfrac{y^2}{b^2}-\dfrac{z^2}{c^2}=1$ 所表示的曲面称为**单叶双曲面**（如图 I.6）.

（4）**双叶双曲面**

由方程$\frac{x^2}{a^2}+\frac{y^2}{b^2}-\frac{z^2}{c^2}=-1$所表示的曲面称为**双叶双曲面**（如图 I.7）.

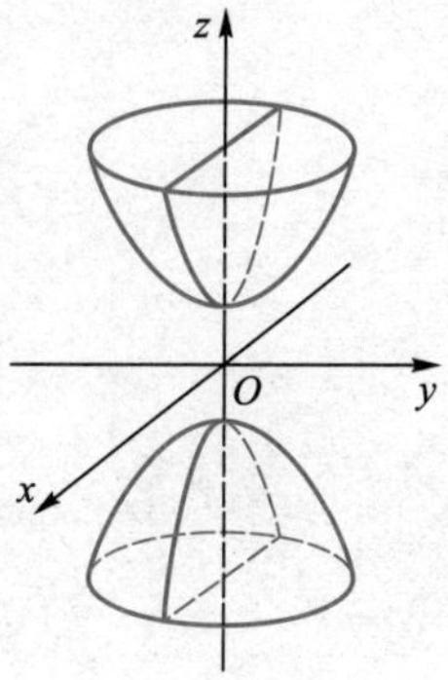

图 I.7

（5）**椭圆抛物面**

由方程$\frac{x^2}{a^2}+\frac{y^2}{b^2}=z$所表示的曲面称为**椭圆抛物面**（如图 I.8）.

（6）**双曲抛物面**

由方程$\frac{x^2}{a^2}-\frac{y^2}{b^2}=z$所表示的曲面称为**双曲抛物面**（如图 I.9）.

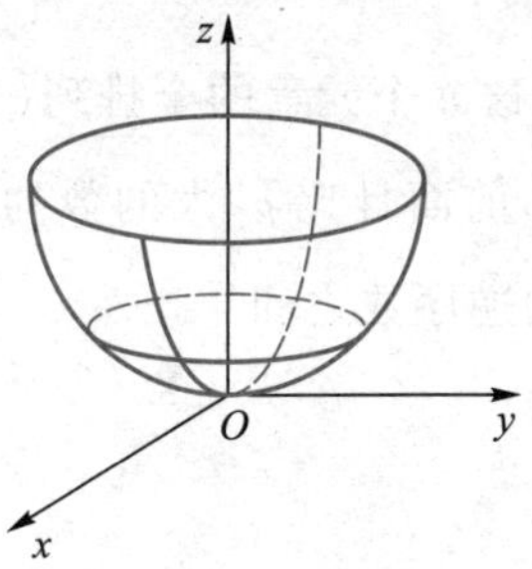

图 I.8

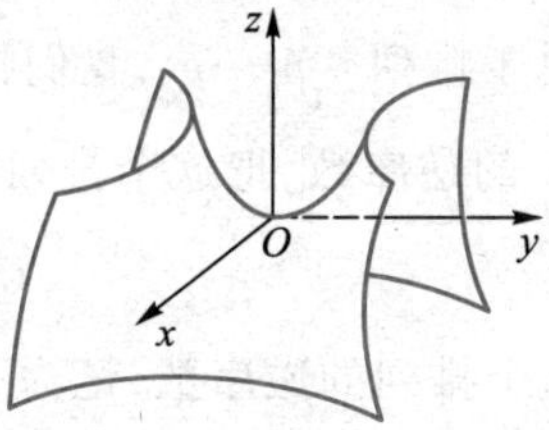

图 I.9

双曲抛物面又称**马鞍面**.

还有三种二次曲面是以三种二次曲线为准线的柱面：

$$\frac{x^2}{a^2}+\frac{y^2}{b^2}=1,\quad \frac{x^2}{a^2}-\frac{y^2}{b^2}=1,\quad x^2=ay,$$

依次称为**椭圆柱面**、**双曲柱面**、**抛物柱面**.

补充知识Ⅱ

行列式简介

一、行列式的定义

把 n 个不同的元素排成一列，叫做这 n 个元素的全排列（简称排列）. 对于排列 $p_1p_2\cdots p_n$，我们把排在 p_i 前面且比 p_i 大的数的个数 t_i 称为 p_i 的**逆序数**，把这个排列中各数的逆序数之和

$$t_1+t_2+\cdots+t_n$$

称为这个排列的**逆序数**，记为 $t(p_1p_2\cdots p_n)$.

定义　设有 n^2 个数，排成 n 行 n 列的数表

$$\begin{matrix} a_{11} & a_{12} & \cdots & a_{1n} \\ a_{21} & a_{22} & \cdots & a_{2n} \\ \vdots & \vdots & & \vdots \\ a_{n1} & a_{n2} & \cdots & a_{nn} \end{matrix} \tag{1}$$

其中 a_{ij} 是第 i 行第 j 列的数（称为元素）. 每取由 1 至 n 的一个排列 $p_1p_2\cdots p_n$，做 n 个元素 $a_{1p_1}, a_{2p_2}, \cdots, a_{np_n}$ 的乘积，并冠以符号 $(-1)^{t(p_1p_2\cdots p_n)}$，得到一项

$$(-1)^{t(p_1p_2\cdots p_n)}a_{1p_1}a_{2p_2}\cdots a_{np_n},$$

这样的项共有 $n!$ 个. 称这 $n!$ 项的和为表(1)相对应的 n **阶行列式**，记为

$$D=\begin{vmatrix} a_{11} & a_{12} & \cdots & a_{1n} \\ a_{21} & a_{22} & \cdots & a_{2n} \\ \vdots & \vdots & & \vdots \\ a_{n1} & a_{n2} & \cdots & a_{nn} \end{vmatrix}=\sum(-1)^{t(p_1p_2\cdots p_n)}a_{1p_1}a_{2p_2}\cdots a_{np_n},$$

其中“$\sum$”是对所有 n 阶排列 $p_1p_2\cdots p_n$ 取和.

由定义，二阶行列式

$$D=\begin{vmatrix} a_{11} & a_{12} \\ a_{21} & a_{22} \end{vmatrix}=a_{11}a_{22}-a_{12}a_{21},$$

三阶行列式

$$D=\begin{vmatrix} a_{11} & a_{12} & a_{13} \\ a_{21} & a_{22} & a_{23} \\ a_{31} & a_{32} & a_{33} \end{vmatrix}=a_{11}\begin{vmatrix} a_{22} & a_{23} \\ a_{32} & a_{33} \end{vmatrix}-a_{12}\begin{vmatrix} a_{21} & a_{23} \\ a_{31} & a_{33} \end{vmatrix}+a_{13}\begin{vmatrix} a_{21} & a_{22} \\ a_{31} & a_{32} \end{vmatrix}.$$

二、行列式的性质

设

$$D=\begin{vmatrix} a_{11} & a_{12} & \cdots & a_{1n} \\ a_{21} & a_{22} & \cdots & a_{2n} \\ \vdots & \vdots & & \vdots \\ a_{n1} & a_{n2} & \cdots & a_{nn} \end{vmatrix}.$$

记

$$D^{\mathrm{T}}=\begin{vmatrix} a_{11} & a_{21} & \cdots & a_{n1} \\ a_{12} & a_{22} & \cdots & a_{n2} \\ \vdots & \vdots & & \vdots \\ a_{1n} & a_{2n} & \cdots & a_{nn} \end{vmatrix},$$

即 D^{T}是这样得到的:把 D 中第 i 行作为 D^{T}的第 i 列.这就是说,D^{T}的第 i 行第 j 列处的元素恰为 D 的第 j 行第 i 列处的元素.称 D^{T}(或记为 D')为行列式 D 的**转置行列式**.

行列式具有如下性质:

性质 1 行列式与它的转置行列式相等,即 $D=D^{\mathrm{T}}$.

性质 2 交换行列式的任意两行(列),行列式的值只改变符号.即设

$$D=\begin{vmatrix} a_{11} & a_{12} & \cdots & a_{1n} \\ \vdots & \vdots & & \vdots \\ a_{i1} & a_{i2} & \cdots & a_{in} \\ \vdots & \vdots & & \vdots \\ a_{j1} & a_{j2} & \cdots & a_{jn} \\ \vdots & \vdots & & \vdots \\ a_{n1} & a_{n2} & \cdots & a_{nn} \end{vmatrix},$$

交换 i,j 两行得行列式

$$\overline{D}=\begin{vmatrix} a_{11} & a_{12} & \cdots & a_{1n} \\ \vdots & \vdots & & \vdots \\ a_{j1} & a_{j2} & \cdots & a_{jn} \\ \vdots & \vdots & & \vdots \\ a_{i1} & a_{i2} & \cdots & a_{in} \\ \vdots & \vdots & & \vdots \\ a_{n1} & a_{n2} & \cdots & a_{nn} \end{vmatrix},$$

则 $D=-\overline{D}$.

推论 如果行列式有两行(列)完全相同,则此行列式为零.

性质 3 把一个行列式的某一行(列)的所有元素都乘同一个数 k,等于用数 k 乘此行列式,即

$$\begin{vmatrix} a_{11} & a_{12} & \cdots & a_{1n} \\ \vdots & \vdots & & \vdots \\ ka_{i1} & ka_{i2} & \cdots & ka_{in} \\ \vdots & \vdots & & \vdots \\ a_{n1} & a_{n2} & \cdots & a_{nn} \end{vmatrix}=k\begin{vmatrix} a_{11} & a_{12} & \cdots & a_{1n} \\ \vdots & \vdots & & \vdots \\ a_{i1} & a_{i2} & \cdots & a_{in} \\ \vdots & \vdots & & \vdots \\ a_{n1} & a_{n2} & \cdots & a_{nn} \end{vmatrix}.$$

推论 若行列式中有两行(列)元素成比例,则此行列式等于零.

性质 4 若行列式的某一列(行)的元素都可分为两数之和,即

$$D=\begin{vmatrix} a_{11} & a_{12} & \cdots & b_{1i}+c_{1i} & \cdots & a_{1n} \\ a_{21} & a_{22} & \cdots & b_{2i}+c_{2i} & \cdots & a_{2n} \\ \vdots & \vdots & & \vdots & & \vdots \\ a_{n1} & a_{n2} & \cdots & b_{ni}+c_{ni} & \cdots & a_{nn} \end{vmatrix},$$

则

$$D=\begin{vmatrix} a_{11} & a_{12} & \cdots & b_{1i} & \cdots & a_{1n} \\ a_{21} & a_{22} & \cdots & b_{2i} & \cdots & a_{2n} \\ \vdots & \vdots & & \vdots & & \vdots \\ a_{n1} & a_{n2} & \cdots & b_{ni} & \cdots & a_{nn} \end{vmatrix}+\begin{vmatrix} a_{11} & a_{12} & \cdots & c_{1i} & \cdots & a_{1n} \\ a_{21} & a_{22} & \cdots & c_{2i} & \cdots & a_{2n} \\ \vdots & \vdots & & \vdots & & \vdots \\ a_{n1} & a_{n2} & \cdots & c_{ni} & \cdots & a_{nn} \end{vmatrix}.$$

性质 5 把行列式的某一列(行)的各元素乘同一数 k 后加到另一列(行)对应的元素上去,行列式的值不变.

例如,以数 k 乘第 j 列,加到第 i 列上,则有

$$\begin{vmatrix} a_{11} & a_{12} & \cdots & a_{1i} & \cdots & a_{1j} & \cdots & a_{1n} \\ a_{21} & a_{22} & \cdots & a_{2i} & \cdots & a_{2j} & \cdots & a_{2n} \\ \vdots & \vdots & & \vdots & & \vdots & & \vdots \\ a_{n1} & a_{n2} & \cdots & a_{ni} & \cdots & a_{nj} & \cdots & a_{nn} \end{vmatrix}$$

$$= \begin{vmatrix} a_{11} & a_{12} & \cdots & a_{1i}+ka_{1j} & \cdots & a_{1j} & \cdots & a_{1n} \\ a_{21} & a_{22} & \cdots & a_{2i}+ka_{2j} & \cdots & a_{2j} & \cdots & a_{2n} \\ \vdots & \vdots & & \vdots & & \vdots & & \vdots \\ a_{n1} & a_{n2} & \cdots & a_{ni}+ka_{nj} & \cdots & a_{nj} & \cdots & a_{nn} \end{vmatrix}.$$

三、克拉默法则

行列式的一个应用是解决一类线性方程组的求解问题.下面就讨论方程个数与未知数的个数相等的方程组的情形.

对于含有 n 个未知数 $x_1,x_2,\cdots,x_n$ 的 n 个线性方程的方程组

$$\begin{cases} a_{11}x_1+a_{12}x_2+\cdots+a_{1n}x_n=b_1, \\ a_{21}x_1+a_{22}x_2+\cdots+a_{2n}x_n=b_2, \\ \cdots\cdots\cdots\cdots \\ a_{n1}x_1+a_{n2}x_2+\cdots+a_{nn}x_n=b_n, \end{cases} \tag{2}$$

记它的系数行列式为 D,即

$$D=\begin{vmatrix} a_{11} & a_{12} & \cdots & a_{1n} \\ a_{21} & a_{22} & \cdots & a_{2n} \\ \vdots & \vdots & & \vdots \\ a_{n1} & a_{n2} & \cdots & a_{nn} \end{vmatrix}.$$

与二、三元线性方程组相类似,它的解可以用 n 阶行列式表示.

定理(克拉默法则) 如果线性方程组(2)的系数行列式 $D\neq 0$,则方程组(2)有解,并且解是唯一的,此时

$$x_1=\frac{D_1}{D},\quad x_2=\frac{D_2}{D},\quad \cdots,\quad x_n=\frac{D_n}{D},$$

其中 $D_j(j=1,2,\cdots,n)$ 是把系数行列式 D 中的第 j 列的元素依次用方程组右端的常数代替后所得到的 n 阶行列式,即

$$D_j=\begin{vmatrix} a_{11} & \cdots & a_{1,j-1} & b_1 & a_{1,j+1} & \cdots & a_{1n} \\ a_{21} & \cdots & a_{2,j-1} & b_2 & a_{2,j+1} & \cdots & a_{2n} \\ \vdots & & \vdots & \vdots & \vdots & & \vdots \\ a_{n1} & \cdots & a_{n,j-1} & b_n & a_{n,j+1} & \cdots & a_{nn} \end{vmatrix}.$$

证明从略.

对于三元线性方程组

$$\begin{cases} a_{11}x_1+a_{12}x_2+a_{13}x_3=b_1, \\ a_{21}x_1+a_{22}x_2+a_{23}x_3=b_2, \\ a_{31}x_1+a_{32}x_2+a_{33}x_3=b_3, \end{cases}$$

若

$$D=\begin{vmatrix} a_{11} & a_{12} & a_{13} \\ a_{21} & a_{22} & a_{23} \\ a_{31} & a_{32} & a_{33} \end{vmatrix}\neq 0, \quad D_1=\begin{vmatrix} b_1 & a_{12} & a_{13} \\ b_2 & a_{22} & a_{23} \\ b_3 & a_{32} & a_{33} \end{vmatrix},$$

$$D_2=\begin{vmatrix} a_{11} & b_1 & a_{13} \\ a_{21} & b_2 & a_{23} \\ a_{31} & b_3 & a_{33} \end{vmatrix}, \quad D_3=\begin{vmatrix} a_{11} & a_{12} & b_1 \\ a_{21} & a_{22} & b_2 \\ a_{31} & a_{32} & b_3 \end{vmatrix},$$

利用三阶行列式,由克拉默法则,方程组的解可表示为

$$x_1=\frac{D_1}{D}, \quad x_2=\frac{D_2}{D}, \quad x_3=\frac{D_3}{D}.$$

索　引

一　画

二　画

三　画

四　画

五　画

六 画

七 画

八 画

十三画以上

郑重声明

高等教育出版社依法对本书享有专有出版权。任何未经许可的复制、销售行为均违反《中华人民共和国著作权法》，其行为人将承担相应的民事责任和行政责任；构成犯罪的，将被依法追究刑事责任。为了维护市场秩序，保护读者的合法权益，避免读者误用盗版书造成不良后果，我社将配合行政执法部门和司法机关对违法犯罪的单位和个人进行严厉打击。社会各界人士如发现上述侵权行为，希望及时举报，我社将奖励举报有功人员。

反盗版举报电话　(010)58581999　58582371

反盗版举报邮箱　dd@hep.com.cn

通信地址　北京市西城区德外大街4号　高等教育出版社法律事务部

邮政编码　100120

读者意见反馈

为收集对教材的意见建议，进一步完善教材编写并做好服务工作，读者可将对本教材的意见建议通过如下渠道反馈至我社。

咨询电话　400-810-0598

反馈邮箱　hepsci@pub.hep.cn

通信地址　北京市朝阳区惠新东街4号富盛大厦1座

高等教育出版社理科事业部

邮政编码　100029

防伪查询说明

用户购书后刮开封底防伪涂层，使用手机微信等软件扫描二维码，会跳转至防伪查询网页，获得所购图书详细信息。

防伪客服电话　(010)58582300